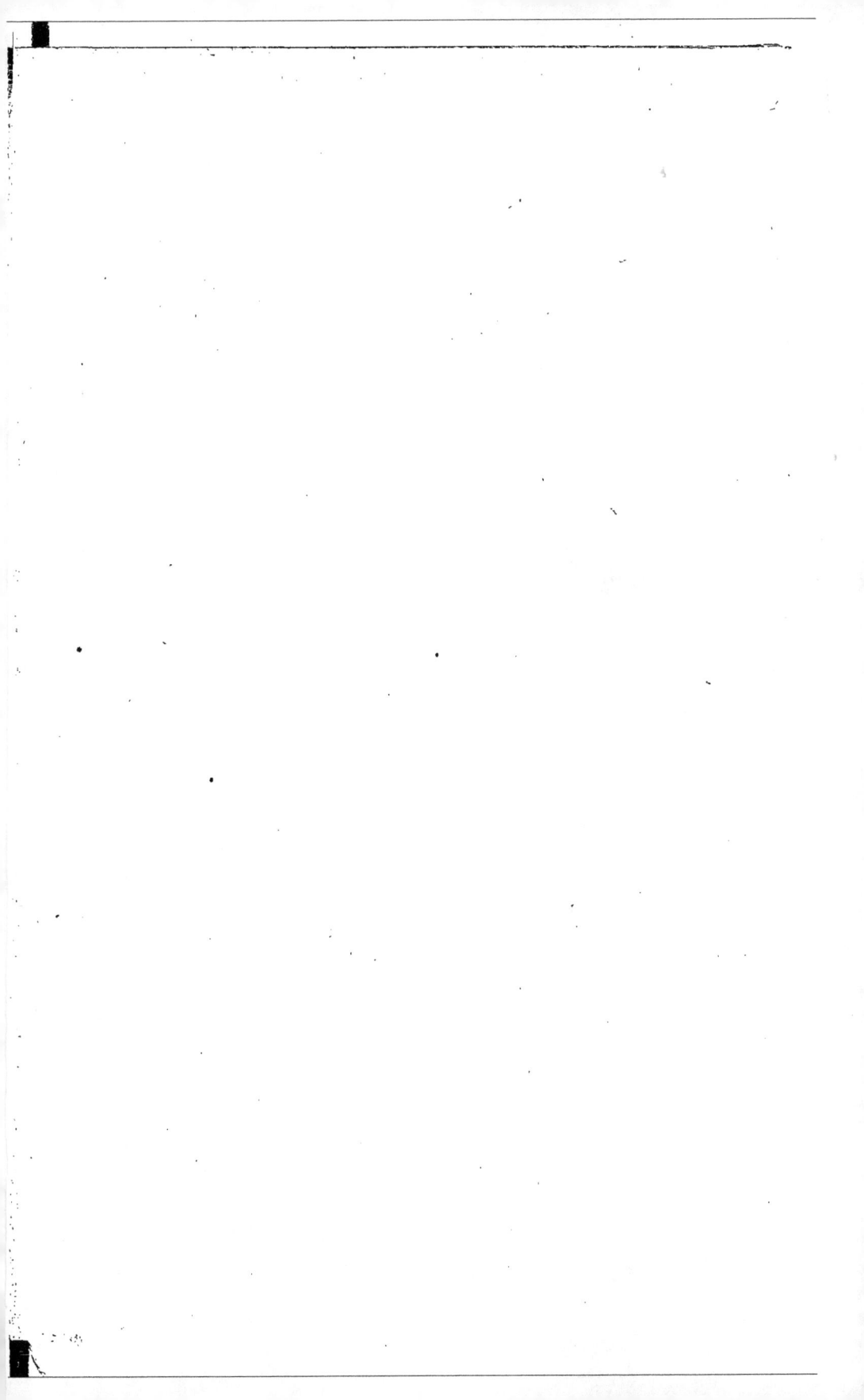

V

ARTHUS BERTRAND, ÉDITEUR, A PARIS,

LIBRAIRIE MARITIME ET SCIENTIFIQUE

21, RUE HAUTEFEUILLE.

L'ART NAVAL

ÉTAT ACTUEL DE LA MARINE

PAR

M. LE VICE-AMIRAL PÂRIS

DIRECTEUR GÉNÉRAL DU DÉPÔT DES CARTES ET PLANS DE LA MARINE,
MEMBRE DE L'INSTITUT, ACADÉMIE DES SCIENCES.

NAVIRES CUIRASSÉS — BLINDAGES — CONSTRUCTION —
TACTIQUE DE COMBAT — PAQUEBOTS — EMBARCATIONS, VOILURES,
DÉTAILS DIVERS — MACHINES MARINES — PROPULSEURS —
ARTILLERIE NOUVELLE

Un volume in-4, imprimé sur papier vélin fin et accompagné d'un bel Atlas
renfermant 21 planches in-folio gravées.

PRIX : 20 FRANCS

PROSPECTUS.

La marine produit des inventions si remarquables et montre aujour-
d'hui des perfectionnements et des nouveautés tellement importantes pour
la navigation comme pour la guerre, qu'il est aussi curieux qu'instructif
d'étudier les navires qui ont changé depuis peu les anciennes conditions
des voyages sur mer et qui ont dépassé ce qui semblait être les limites du
possible.

La matière elle-même a été changée, et le bois employé depuis tant de siècles à construire les navires s'est vu en peu d'années remplacé par le fer.

Jamais époque maritime n'a été témoin de telles transformations, sous l'influence de l'échange rapide des idées et surtout de la puissance de la machine à vapeur, qui, elle aussi, grandit toujours; à peine croit-on ses limites posées qu'elle les dépasse presque aussitôt.

Une grande partie du nouvel ouvrage de l'amiral Pâris est consacrée aux navires cuirassés qui, nés depuis peu de l'initiative hardie de la France, changent tout à coup les conditions de la guerre et de la navigation, déjà modifiées par la vapeur. Cette lourde protection bouleverse nos anciens vaisseaux; elle place sur leurs flancs les poids situés autrefois vers le haut et modifie leurs qualités. Par la manière dont cette cuirasse fera combattre, elle supprime les voiles et réduit le navire à son combustible; six jours à toute vitesse! Elle localise donc la guerre maritime. Jamais époque maritime ne se montra plus extraordinaire et surtout n'apparut plus brusquement.

Mais ce qui a été fait n'a pas de bases certaines; car tandis que d'un côté on fait plier les vaisseaux sous leur cuirasse, de l'autre on invente des canons qui percent des plaques de plus en plus épaisses, et qui rendront le navire cuirassé de mer presque impossible, s'ils réussissent en pratique comme dans leurs courtes et récentes expériences.

Il a donc été intéressant, pour la marine, de réunir et de discuter tout ce que l'on sait sur ces nouvelles questions, et de consacrer la plus grande partie de ces pages au *premier* chapitre destiné aux navires cuirassés. Le *second* s'occupe des paquebots et cite les plus remarquables, en les détaillant assez pour les faire apprécier. Le *troisième* est destiné aux embarcations et à l'examen de divers accessoires. Le chapitre *quatrième* est consacré aux machines à vapeur marines et fait connaître l'application sur les navires des appareils du système de Woolf, pour réaliser des économies de combustible si importantes sur mer au point de vue de la dépense comme du rayon d'action des bâtiments à vapeur. Les propulseurs forment le chapitre *cinquième*. Enfin l'*artillerie nouvelle*, expériences et résultats, forme le dernier chapitre.

ON TROUVE CHEZ LE MÊME LIBRAIRE.

PÂRIS, vice-amiral. — DICTIONNAIRE DE MARINE A VAPEUR. — *Nouvelle édition.*

Propriétés physiques de la chaleur et de la vapeur, tables.
Nature et propriété des métaux, tables.
Physique et chimie appliquées.
Combustibles, leur qualité, leur emploi.
Conduite des feux et surveillance.
Forges et métallurgie.
Types de toutes les machines à vapeur.
Puissance des machines à vapeur.
Description des machines à vapeur.
Détail de toutes leurs pièces.
Chaudières, foyers, cheminées, chauffage.
Outils divers pour les machines.
Fonderies, tour, ajustage.
Machines-outils.
Confection et montage des machines.

Conduite, dressage et entretien des machines.
Appareils destinés à modérer la puissance des machines.
Mécanismes de changement de marche.
Roues à aubes, pales fixes et articulées.
Hélices, construction graphique et formes différentes.
Accessoires de l'hélice et détails.
Hélices fixes, hélices amovibles.
Pompes, leurs diverses espèces.
Avaries et réparations.
Batteries flottantes et navires cuirassés.
Navires à vapeur, mixte et en fer.
Navigation par la vapeur.
Machines à vapeur combinées.
Machines à air chaud.
Notices historiques sur les principaux inventeurs.

Cette nouvelle édition forme un très-fort volume in-8 jésus accompagné de 19 grandes planches gravées sur acier. 22 fr.

— **CATÉCHISME DU MARIN ET DU MÉCANICIEN A VAPEUR**, ou traité des machines à vapeur marines, de leur montage, de leur conduite, de la réparation de leurs avaries; 2e édition augmentée de la manœuvre des navires à aubes ou à hélice et d'une grande table alphabétique de tous les articles, avec renvoi aux numéros où ils sont traités. In-8 grand raisin avec de nombreuses figures dans le texte. 16 fr.
Ouvrage publié sous les auspices de S. Exc. M. le Ministre de la marine.

— **TRAITÉ DE L'HÉLICE PROPULSIVE.** 1 vol. in-8 jésus de 580 pages avec 9 grands tableaux et figures dans le texte, suivi d'une table alphabétique de tous les articles avec renvoi aux numéros où ils sont traités, accompagné de 16 grandes planches gravées. 22 fr.
Ouvrage publié sous les auspices de S. Exc. M. le Ministre de la marine.

— **UTILISATION ÉCONOMIQUE DES NAVIRES A VAPEUR**, moyens d'apprécier les services rendus par le combustible suivant la vitesse et la dimension des navires. 1 vol. grand in-8 accompagné de 25 tableaux et 12 grandes planches gravées, exposant les résultats des expériences et du service à la mer des navires. 8 fr.

ALONCLE, ancien élève de l'École polytechnique, capitaine d'artillerie de marine. — **ÉTUDES SUR L'ARTILLERIE RAYÉE DE MARINE, CONDITIONS INDISPENSABLES AU CANON DESTINÉ AU SERVICE DE LA FLOTTE**, l'artillerie rayée en France et en Angleterre. Opinions du commandant Robert Scott, du capitaine Frishbourne et de sir Williams Armstrong sur le meilleur canon pour la marine. Dernières expériences de Shœburyness. Résultats. Conclusion Suivi de notes et e tableaux comparatifs. In-8 accompagné de 4 grandes planches gravées. 6 fr.

DE FREMINVILLE, ingénieur de la marine, professeur à l'École du génie maritime. — **COURS PRATIQUE DE MACHINES A VAPEUR MARINES**, professé à l'École d'application du génie maritime. 1 très-fort vol. grand in-8, avec figures dans le texte, accompagné d'un atlas renfermant 100 planches. 55 fr.

L'atlas se compose de 90 planches gravées, grand in-folio, représentant l'ensemble des machines et tous leurs détails, avec les cotes exactes à chaque pièce et 8 grands tableaux numériques de comparaison donnant la dimension juste et précise de chaque pièce. Pour chacune d'elles, l'auteur a établi la charge par centimètre carré qu'elle supporte d'un fonctionnement régulier. Ce travail, de la plus grande utilité, n'avait jamais été publié jusqu'à présent.

— **TRAITÉ PRATIQUE DE CONSTRUCTION NAVALE.** 1 fort vol. in-8 accompagné de nombreuses figures dans le texte et d'un atlas grand in-folio renfermant 14 planches gravées. 23 fr.
Première partie. — Tracé des plans de navire et calculs qui s'y rapportent.
Deuxième partie. — Construction en bois.
Troisième partie. — Constructions en fer.
Donnant chacune la description très-détaillée des derniers types et des derniers modèles adoptés dans la construction navale, avec tous leurs accessoires.

DE LA PLANCHE, lieutenant de vaisseau. — **NOUVELLES BASES DE TACTIQUE**

NAVALE DES BATIMENTS A VAPEUR, ouvrage traduit du russe de l'amiral *Boulakoff*, 1 vol. in-8, avec de nombreuses figures dans le texte, et accompagné de 26 planches gravées, dont une grande partie en couleurs. 15 fr.

Ouvrage publié par les ordres de S. Exc. M. le Ministre de la marine.

MERLIN, maître voilier, chargé de la voilerie à Toulon. — **TRAITÉ PRATIQUE DE VOILURE**, ou exposé des méthodes simples et faciles pour calculer et couper toutes espèces de voiles. 1 vol. in-8, avec figures dans le texte, et accompagné de nombreux tableaux de coupes de laizes, de toiles, etc., etc., et de 7 grandes planches gravées. 5 fr.

Première partie. — Du plan de voilure et de ce qui est relatif aux dimensions des voiles.
Deuxième partie. — Du tracé et de la coupe des voiles.
Troisième partie. — Confections, réparations et modifications des voiles.

DELACOUR, ingénieur de la marine et directeur des constructions navales des Messageries impériales. — **ETUDE SUR LES MACHINES A VAPEUR MARINES ET LEURS PERFECTIONNEMENTS**, surchauffe de vapeur, grandes détentes, condensation par surface, haute pression, etc. Brochure in-8 avec figures. 2 fr.

DU TEMPLE, capitaine de frégate, directeur de l'École des mécaniciens, à Brest. — **COURS COMPLET DE MACHINES A VAPEUR MARINES**, fait à Brest aux mécaniciens de la marine. 2 vol. grand in-8 accompagnés de 2 atlas renfermant 36 planches gravées.

Tome premier, avec un atlas de 13 planches. 7 fr. 50 c.
Arithmétique complète. — Géométrie. — Mécanique. — Physique. — Scaphandre.
Tome second, avec un atlas de 23 planches. 13 fr. 50 c.
Exposition générale des machines à vapeur. — Description. — Montage. — Conduite. — Travail. — Entretien et réparations. — Historique. — Tableaux divers.

GARRAUD, capitaine de frégate. — **ÉTUDES SUR LES BOIS DE CONSTRUCTION**. 1 beau vol. in-18 accompagné de figures dans le texte. 3 fr. 50 c.

Formation de végétaux. — Vie des arbres. — Terrains. — Coupe. — Dessiccation. — Écorcement. — Vices des bois. — Qualités des bois. — Monographie des bois durs, résineux, bois blancs et bois fins. — Cubage des bois en grume, équarris, courbes. — Dendromètre. — Résistance des bois. — Conservation des bois. — Extraction des forêts. — Règles générales de recette des bois de mâture. — Tableau de l'âge moyen des arbres au moment de la coupe la plus avantageuse. — Tableau de la hauteur des arbres de leur croissance annuelle et des terrains qui leur conviennent. — Tableau représentant les indices qui signalent les défectuosités des bois et l'influence des vices sur l'emploi ou le rejet d'une pièce. — Modèles de marchés avec le ministère de la marine.

BOURGOIS, capitaine de vaisseau. — **RÉFUTATION DU SYSTÈME DES VENTS DE MAURY**. In-8 accompagné de 3 planches gravées. 4 fr. 50 c.

REECH, directeur de l'École du génie maritime. — **MÉMOIRE SUR LES MACHINES A VAPEUR** et leur application à la navigation. 1 vol. in-4 accompagné d'un grand atlas in-folio. 30 fr.

Faits d'expérience. — Théorie ordinaire. — Des machines à haute pression. — Des explosions et des dépôts salins ou terreux dans les chaudières. — De l'emploi des roues à aubes. — De la forme des bateaux à vapeur et de leurs dimensions absolues. — Des perfectionnements généraux à apporter dans le mécanisme.

GUILLOUD, professeur de mathématiques. — **COURS DE COSMOGRAPHIE**. 1 vol. in-8 avec planches. 3 fr.

LETOURNEUR, lieutenant de vaisseau. — **NOUVEAU GOUVERNAIL DE FORTUNE**. Broch. in-8 accompagnée d'une planche lithographiée. 1 fr. 50 c.

DUBOIS, professeur à l'École navale impériale. — **COURS DE NAVIGATION ET D'HYDROGRAPHIE**. 1 très-fort vol. grand in-8 renfermant plus de 200 grandes figures intercalées dans le texte et 9 planches gravées. 15 fr.

De la boussole. — Des connaissances des temps. — Du cercle à réflexion. — Du sextant et de l'octant. — Des erreurs d'observations. — Des chronomètres. — Les régler. — Détermination de l'heure vraie ou moyenne d'un lieu à l'aide d'une hauteur du soleil ou d'un autre astre. — Détermination de la latitude et de la longitude. — Déterminer la variation du compas. — Des courants. — Des cartes marines.
Géodésie. — Détermination des positions géographiques des sommets principaux du canevas géodésique. — Du nivellement géodésique. — Lever d'une carte marine et d'un plan hydrographique. — Détails topographiques.

Paris. — Imprimé par E. Thunot et Cᵉ, rue Racine, 26.

MANŒUVRIER COMPLET

TRAITÉ

DES

MANŒUVRES DE MER

A BORD

DES BATIMENTS A VOILES ET DES BATIMENTS A VAPEUR.

Paris.— Imprimé par E. Thunot et Cᵉ, rue Racine, 26.

RETOURS DES MANŒUVRES COURANTES SUR LE PONT D'UN NAVIRE DE GUERRE.

Babord

Tribord

| Manœuvres | Manœuvres | Manœuvres | Manœuvres | Manœuvres | Manœuvres | Manœuvres | Observations |

Manœuvres qui s'exécutent au rabattre du mât d'artimon GC.	Manœuvres qui s'exécutent aux entrées et au rabattre du chant, depuis la bande H jusqu'au croisement E.	Manœuvres qui s'exécutent aux entrées du grêlé du Grand-mât EE.	Manœuvres qui s'exécutent aux entrées et au rabattre de puis la coupée C jusqu'à la bouffée H.	Manœuvres qui s'exécutent aux entrées et aux chant de au pied du mât de Misaine DR.	Manœuvres qui s'exécutent aux entrées et aux chant des dont, depuis la bouffée G jusqu'à la Coupée C.	Manœuvres qui s'exécutent aux entrées du grêlé d'avant AA.	Observations.

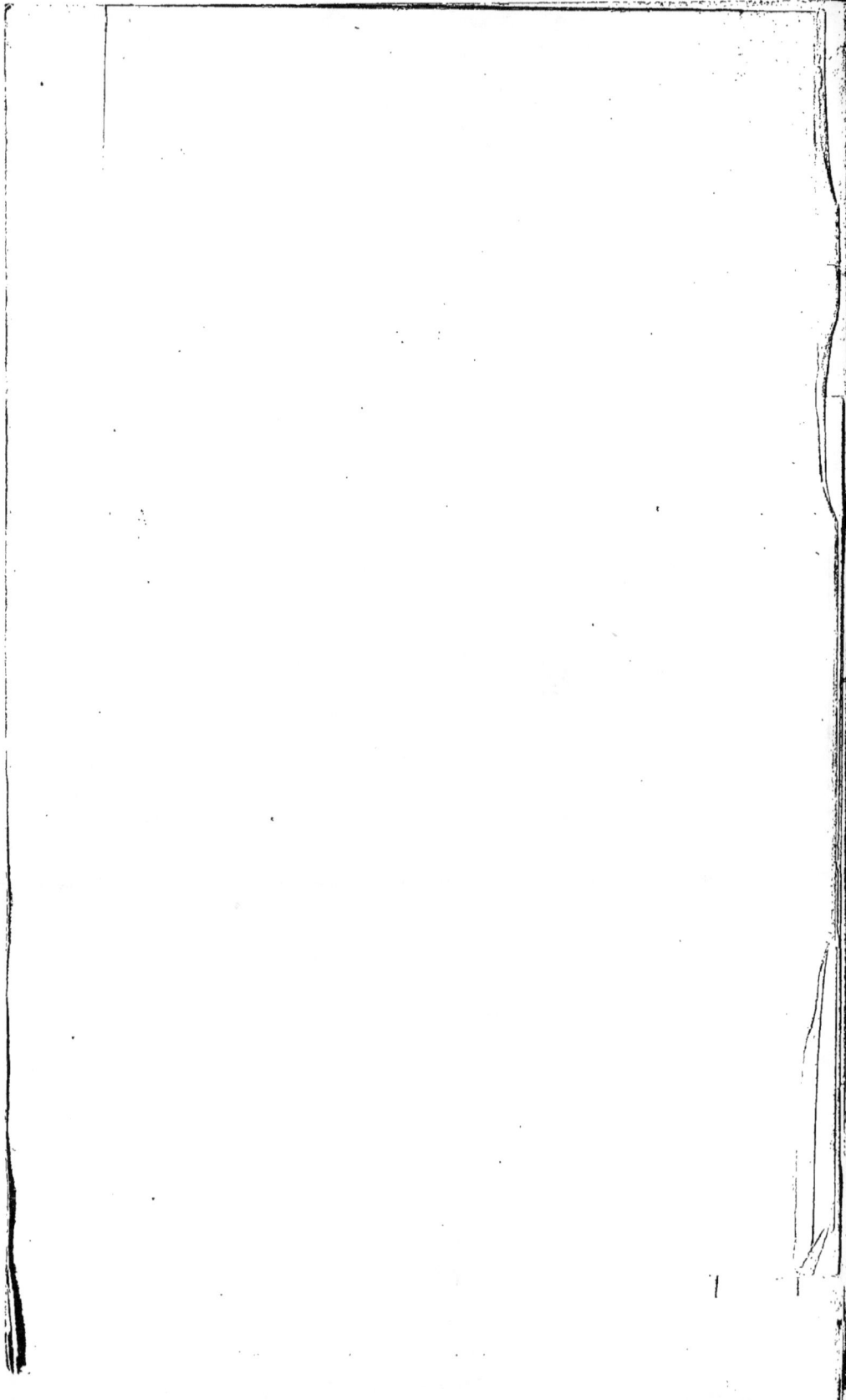

MANŒUVRIER COMPLET

TRAITÉ

DES

MANŒUVRES DE MER

A BORD DES BATIMENTS A VOILES

PAR

LE BARON DE BONNEFOUX,

CAPITAINE DE VAISSEAU,

ET

A BORD DES BATIMENTS A VAPEUR

PAR

M. E. PÂRIS,

MEMBRE DE L'INSTITUT
(SECTION DE GÉOGRAPHIE ET DE NAVIGATION).

Accompagné de 2 grandes planches gravées.

❖

DEUXIÈME ÉDITION

REVUE ET AUGMENTÉE.

❖

PARIS

ARTHUS BERTRAND, ÉDITEUR

LIBRAIRIE MARITIME ET SCIENTIFIQUE
rue Hautefeuille, 21.

Cette dédicace, tout en devenant pour lui, je l'espère, un motif d'émulation, servira, naturellement aussi, de preuve à la tendresse que je lui porte. Est-il rien de plus naturel, en effet, que de voir un homme parvenant au déclin de ses jours, se pencher pour presser contre son cœur celui qui entrant dans la vie, où il lui tient de si près par les liens du sang, y arrive plein de force, brillant de santé, et développant une séve intellectuelle qui semble aspirer à tout concevoir.

Macte animo, generose puer; sic itur!.....

Devenu homme, il parcourra, probablement, une carrière plus brillante que diverses circonstances ne m'ont permis de le faire : philosophiquement parlant, je ne devrais peut-être pas le désirer ; mais ce que je souhaite, en toute sincérité, c'est que mon cher AR-MAND ait autant de résignation que la Providence en a mis, en mon âme, dans les moments critiques ou dif-

a

ficiles de mon existence, et qu'il apprécie, avec un aussi vif sentiment de reconnaissance, les biens et les plaisirs qu'elle peut vouloir nous dispenser dans notre passage en ce monde. Je ne me suis jamais élevé, il est vrai, au-dessus des positions moyennes de notre société, mais ni mon ambition ni mes goûts n'en recherchaient davantage. Puisse mon petit-fils savoir s'en contenter également, s'il n'est pas destiné à parvenir au delà!

B.

PRÉFACE

La première partie de cette nouvelle édition n'a éprouvé que des modifications insignifiantes, et sauf quelques détails, le texte de M. de Bonnefoux a été soigneusement conservé.

C'est donc dans la seconde partie que se trouvent les changements, et ils ont été radicaux, parce que depuis la première édition, de nombreux ouvrages ont successivement reproduit, sous diverses formes, les premiers qui avaient paru, expliquant et réexpliquant ce qui avait été imprimé dès le principe sur le dressage, l'entretien, la conduite et les réparations des machines. C'eût été augmenter le nombre des travaux identiques, que de se baser de nouveau sur ce qui avait formé la première édition.

Il a donc été plus utile de considérer les choses sous un nouvel aspect, et, après quelques idées générales, d'indiquer aux marins les voies à suivre pour se suffire et se créer des garanties pour leur honneur sou-

vent compromis par leur insouciance. Car les choses
ont bien changé : au lieu de la sécurité des machines à
balancier, nous sommes dans une période d'incertitudes et de dangers jadis inconnus. Lors de l'apparition
des machines à hélice, on a été ébloui par la publicité de leurs résultats ; mais en même temps nous
avons perdu la sécurité : les avaries se sont produites,
même avec une marche modérée ; fonctionner à toute
volée est devenu un danger réel, au lieu d'être l'état
normal pour lequel la machine a été livrée. Longtemps
on a dit qu'on était dans les incertitudes des nouveautés ; mais ces nouveautés ont vieilli et elles sont
devenues la totalité ; elles se sont montrées si précaires
qu'on ne peut compter sur elles. Par un contraste
funeste, c'est au moment où le vrai navire de combat
venait d'être produit par l'emploi d'un moteur invulnérable, que celui-ci est devenu tellement délicat, que
l'avantage de ne plus craindre les boulets a été perdu
par les chances trop certaines d'éprouver des avaries.
C'est au point que l'ancien navire a maintenant les
meilleures chances, s'il prend chasse d'assez loin pour
avoir deux ou trois heures de marche à toute volée
avant de recevoir les premiers boulets dans ses roues.
Ce qui se passe démontre clairement ces vérités.

Cependant les feuilles publiques exaltent les résultats
et de la sorte compromettent les marins, ainsi que
l'honneur de leur pavillon ; elles se basent sur les rapports d'expériences de quelques minutes pour la vitesse,
et de seulement six heures pour le fonctionnement, et

ces résultats, bien que démentis peu après par les faits, sont pris par le public pour la vérité. De plus, la pièce officielle qui les certifie reste, et elle est signée par les officiers; ce qui m'a déjà fait dire que c'était leur condamnation à venir signée par eux-mêmes. J'ai donc cherché à porter les officiers de marine à veiller enfin à leurs intérêts, en leur montrant le péril de l'insouciance, maintenant que des actes officiels certifient authentiquement des qualités plus apparentes que réelles, et qui jadis avec les voiles restaient dans le vague de l'incertitude.

J'ai consacré un chapitre spécial à l'indication d'un journal indispensable, si l'on veut savoir à quoi s'en tenir sur cet appareil mécanique, auquel le destin du navire est confié maintenant; pour l'apprécier dès son origine et pour l'entourer de quelques garanties, afin de le surveiller pendant les phases variées de son existence. Prenons pour nos machines, si périssables par leur nature, les mêmes précautions que pour nos chronomètres : il est plus utile de pouvoir marcher longtemps et vite au besoin, que de savoir exactement où l'on est. Il y a cependant une différence dans la manière d'agir, en ce que les montres marines sont à l'abri des détériorations et que leur marche seule peut être suivie; tandis que l'eau et le feu, agissent dans les machines, et les détériorent promptement, si l'on omet d'en visiter et d'en soigner les moindres détails intérieurs. Enfin, c'est en surveillant les consommations de combustible, qu'on apprécie les résultats généraux, et ils présentent de si grandes différences avec ceux des compagnies maritimes, qu'on ne peut s'empêcher d'y voir la preuve d'une infériorité très-marquée.

Le livre se termine par les manœuvres du navire isolé, et par celles du navire en escadre. Les premières sont groupées à peu près comme dans le *Catéchisme du marin et du mécanicien*, qui a été souvent reproduit dans d'autres publications. Les secondes forment le dernier chapitre destiné à présenter la méthode remarquable de l'amiral Boutakov, méthode confirmée par l'expérience de quarante navires de diverses dimensions.

On verra dans ce livre que j'ai abordé un sujet dont personne ne s'est encore occupé, puisqu'on n'a guère écrit que des nomenclatures ou des descriptions sans chercher l'appréciation des résultats. Comment cependant se bien servir des appareils si l'on ne sait pas le degré de confiance qu'ils méritent? J'ai suivi cette voie nouvelle, parce que j'aime toujours la marine, et qu'arrivé à l'âge où l'on pèse le mieux la valeur réelle des choses, j'aperçois pour le corps naviguant des dangers qui, d'abord incertains, ne le sont plus maintenant. Je l'ai fait parce que je vois avec peine un corps instruit et intelligent arrivé à négliger ce qui l'intéresse le plus, et à ne pas lutter contre les effets de l'isolement naturel de ses membres. Les marins se font le plus grand tort pour le présent et pour l'avenir en ne tirant point parti des avantages que leur présentent leur instruction première, la pratique de ceux qui naviguent, les positions variées, qui leur donnent toutes facilités de s'instruire, et surtout celles plus élevées où ils n'ont qu'à employer avec intelligence l'autorité supérieure qu'ils ont entre les mains. Ils commandent partout, ils président à tous les actes qui concernent les machines ; donc, ils répondent de leur premier état aussi bien que de leur emploi, et ils ne peuvent trouver de raisons valables pour se décharger de ce fardeau devenu si pesant. Je les prie de me pardonner de chercher ici à leur présenter avec franchise l'état de leur vraie position, et ce que je crois préférable pour en sortir. Arrivé au but de tous mes vœux, je n'ai plus d'autre moteur que l'estime de mes anciens camarades, et l'espoir d'être utile aux jeunes compagnons de mes fils.

MANŒUVRIER COMPLET

SECTION PREMIÈRE

BATIMENTS A VOILE

CHAPITRE PREMIER

Bâtiment au mouillage sur une seule ancre.

Un bâtiment étant au mouillage sur une seule ancre, il est aisé de concevoir, par la manière dont l'ancre est construite, comment, après être tombée, l'effort de ce bâtiment que le vent ou le courant fait agir sur cette même ancre par le moyen de son câble, doit avoir pour résultat d'en faire coucher le jas dans une situation parallèle au sol, et d'en forcer un des becs à mordre le fond ou à s'y arrêter : ce bec devient ainsi une sorte de point fixe autour duquel le navire doit tourner selon les changements de direction de vent ou du courant.

Si le vent agissait seul, le bâtiment, en venant à l'appel de son ancre et de son câble, se rangerait debout au vent; par un temps calme, il prendrait la direction du courant; mais si, comme il arrive fréquemment, le vent et le courant se font sentir tous les deux à la fois, alors le bâtiment est soumis à l'action de deux

1

forces, et il se place dans une direction intermédiaire
qui participe des deux, mais qui change fréquemment
en se rapprochant davantage de celle qui produit le plus
d'effet. Il prend la direction commune, quand le vent
et le courant viennent du même air-de-vent. Il est
également évident que le point par lequel le navire tient
au fond est d'autant plus fixe, que la patte est plus enfoncée et que la direction du câble est plus horizontale ;
ceci dépend, en premier lieu, de la pesanteur de l'ancre
ou plus encore de la nature du fond ; secondement, du
moins de profondeur de l'eau et d'une plus grande longueur de câble filée. De là l'on peut aisément déduire
ce qu'il faut rechercher pour être le plus en sûreté dans
une rade sous ce rapport ; car il faut encore tenir compte
de la considération des points de cette rade le plus
exposés aux courants, qui sont à éviter, et des endroits
le mieux abrités des vents les plus fréquents ou les plus
dangereux, qui sont à rechercher.

Mais, en supposant toujours le bâtiment sur une seule
ancre, on peut remarquer que les mouvements de rotation qui lui sont imprimés par la variété habituelle
des vents et par le changement périodique des marées,
donnent lieu à trois graves inconvénients : l'un, celui
d'exiger un emplacement circulaire d'une aire d'autant
plus grande que le bâtiment est plus long ou qu'il a filé
plus de câble ; le second, celui d'obliger l'ancre à tourner autour du bec inférieur, ce qui altère la fixité essentielle à ce point ; le dernier enfin, celui de ne
pouvoir souvent empêcher que le navire, lors d'un
changement cap pour cap de marée ou de vent, ne coure
sur son ancre et n'en fasse engager le câble autour de
l'une des pattes ou ne la renverse en passant sous elle ;
ce qui s'appelle la surjaler.

S'il en arrive ainsi, ou si, seulement, on a quelque crainte à ce sujet, il est important de dégager l'ancre ou de vérifier le fait : pour cette opération, on profite d'un moment d'accalmie lorsqu'il s'en présente un ; on s'amarre, le plus promptement possible, sur une forte ancre à jet ; on relève alors l'ancre qui est ou que l'on suppose être surjalée, et on la laisse retomber au fond, aussitôt qu'on s'est assuré qu'elle est dégagée de son câble ou qu'on l'en a dégagée s'il y avait lieu. Faute de cette précaution, et s'il venait à surventer, on pourrait se trouver dans une situation critique, puisque le câble passé sous le jas solliciterait puissamment alors le bec inférieur de l'ancre à sortir du fond, ou que ce même bec pourrait être beaucoup moins bien disposé pour former point fixe ou pour retenir le navire.

Puisqu'il est dans la nature des choses que le bâtiment tourne souvent autour de son ancre, il faut alors tâcher, premièrement, de le faire tourner de manière à revenir sur lui-même, car la rotation continuelle dans le même sens ferait tortiller le câble ; ensuite il faut le faire de telle sorte que le câble soit toujours tendu, et cela afin d'empêcher qu'il ne surjale son ancre.

Lorsqu'il vente, il est facile d'y réussir ; le perroquet de fougue orienté ou masqué, l'artimon bordé plat, le petit foc traversé s'il le faut, suffisent ordinairement, en y ajoutant même, si leur effet est nul ou trop lent, telle autre voile dont on peut disposer.

S'il y a du courant, le gouvernail est un bon auxiliaire à ces voiles ; car le présenter d'un côté, c'est augmenter l'impulsion du courant sur ce bord, et, par conséquent, donner au bâtiment un mouvement giratoire : si, par l'effet de ces mêmes voiles, le vaisseau prenait de l'air pour atteindre sa nouvelle position, le gouver-

nail, après avoir aidé sa mise en route, servirait encore
à le diriger.

S'il faisait calme plat et qu'on craignît qu'au renverse-
ment de la marée le bâtiment, entraîné par le courant
et devenu par là insensible à son gouvernail, ne fût porté
sur son ancre, il faudrait, afin d'y remédier, se faire
éviter par le moyen d'embarcations, ou virer sur une
aussière frappée sur quelque objet fixe qui se trouverait
à proximité, ou enfin jeter au large du travers une petite
ancre sur laquelle on se halerait par l'arrière, et qu'on
ferait ensuite lever par la chaloupe. Dans tous les cas,
si l'on ne pouvait employer aucun de ces moyens, et
surtout qu'on se trouvât dans une rade où il n'y eût pas
de marées, il faudrait virer à pic lorsqu'on se verrait
porté vers son ancre, tenir toujours ainsi le câble tendu,
et ne filer que lorsqu'il pourrait travailler de nouveau.

On voit, par ce qui précède, que l'amarrage sur une
seule ancre est sujet à plusieurs inconvénients ; cependant on l'adopte dans les rades où l'espace ne manque
pas et où le fond est si vaseux que les ancres s'y en-
fouissent et risquent peu d'être surjalées ; dans de pareils fonds, la difficulté de les relever empêche d'ailleurs
d'en employer plus d'une sans une absolue nécessité.
Il y a des ports où la tenue est telle qu'on casse les
chaînes si on ne lève pas l'ancre fréquemment pour
l'empêcher de se trop envaser.

Une seule ancre offre alors de très-grandes garanties :
tout l'effort se fait, il est vrai, sur elle et sur son câble ;
mais l'ancre doit être de nature à ne jamais se briser ;
de plus, la quille étant dans la direction de sa verge, le
bec est aussi bien placé que possible pour donner lieu
à la plus grande résistance ; quant au câble, il risque
moins, vu cette même direction de la quille, de se cas-

ser à l'écubier ou près de l'étalingure. Sur cette seule
ancre, si le courant porte sur vous un bâtiment en dé-
rivé, ou un brûlot drossé, comme ils le sont ordinairement, par le vent et le courant, on peut facilement
s'en préserver par un seul coup de barre dont l'effet,
même n'ayant dehors qu'une touée ordinaire, peut
produire des embardées de plus de deux quarts. Un
navire affourché peut bien lancer au moyen de sa barre ;
mais si les deux câbles travaillent et que ce navire, ainsi
qu'il arrive assez souvent, soit entre les deux ancres,
c'est-à-dire s'il les relève chacune par un de ses bossoirs
ou à peu près, il est évident que la poupe seule évitera,
car alors l'avant est fixé par les deux bords ; cette partie
ne pourra donc pas se soustraire à l'abordage, à moins
de filer un des deux câbles et de venir à l'appel de l'autre, mais ceci est quelquefois long à exécuter.

Si cependant on craint ou prévoit l'événement, il n'en
est pas moins bon d'être sur deux câbles, ou affourché,
parce que, s'étant bien préparé, on peut défier un abordage en filant, coupant ou séparant l'un des deux câbles : si l'on ne coupe ou ne sépare pas et que l'on ne
file pas par le bout, on peut éviter un second abordage
en filant, coupant ou séparant l'autre câble et en se ré-
pandant sur celui-ci ; on peut enfin, sur celui qui vous
tient le dernier, embarder d'un bord sur l'autre comme
si l'on n'en avait eu qu'un. Dans cette position, l'effet
de la barre est si puissant que des officiers d'un grand
mérite, qui citaient de pareilles manœuvres exécutées
avec succès par la flottille de *Boulogne*, ont prétendu
que, lors d'une journée mémorable, une escadre qui se
désunit et se détruisit en quelque sorte elle-même en
rade de *Rochefort*, eût déjoué tous les efforts de l'ennemi et paré ses innombrables machines incendiaires,

si, au lieu de chercher son salut à la côte, elle eût fait bonne contenance et se fût contentée de quelques mouvements de gouvernail favorisés par les voiles latines ou auriques, à l'effet soit d'augmenter les lans lorsque le bâtiment aurait commencé à sentir sa barre, soit de le faire ensuite revenir promptement à son premier cap.

Dans un coup de vent et quel que soit le nombre d'ancres que l'on ait au fond, il est presque impossible, à cause de la direction diverse des câbles et de la longueur différente des touées, qu'une des ancres et son câble ne travaillent pas plus que les autres; il en résulte qu'on peut casser plusieurs câbles l'un après l'autre, et le dernier enfin, par la secousse que lui fait éprouver le bâtiment lorsqu'il vient à son appel. Au contraire, le naufrage aurait pu ne pas avoir lieu sur une seule ancre et avec une bitture assez longue pour rendre insensibles les efforts du tangage, dont l'action verticale tend à faire déraper l'ancre et rompre le câble à l'écubier, d'autant plus que le navire est plus rapproché du point des eaux qui correspond d'aplomb à cette même ancre. La sécurité devra être encore plus grande si, au lieu d'une longueur de câble, on en dispose deux ou trois dont les bouts soient réunis entre eux. Ce nouveau câble unique acquiert ainsi, par sa longueur, une grande inertie qui, jointe soit à l'obliquité avec laquelle il agit sur l'ancre, soit à sa direction par rapport à l'écubier, et à l'augmentation de résistance que l'eau et son propre poids opposent à sa tension, donne de très-fortes garanties. Les chaînes exclusivement usitées maintenant exigent aussi de longues touées, parce qu'alors la courbe caténaire due à leur poids leur donne plus d'élasticité peut-être qu'au câble en chanvre. Aussi on remarqu eque les navires mouillés sur une longue touée de chaîne reculent sous les rafales et vont ensuite de l'avant. Au contraire, avec une petite touée les chaînes cassent quelquefois comme du verre, parce qu'elles ne peuvent résister au choc des masses de plusieurs millions de kilogrammes.

Un exemple remarquable à l'appui de ce qui précède eut lieu à la *Baie de la Table*, en 1805. Pendant un de ces coups de vent qui avaient fait donner au *Cap de Bonne-Espérance* le nom de *Cap des Tempêtes,* la frégate française *la Belle-Poule* cassa successivement tous les câbles qu'elle avait en barbe; on ne pensait plus qu'à s'aller échouer vers une des parties les moins dures de cette rade, sur laquelle deux vaisseaux anglais s'étaient peu auparavant perdus corps et biens, et l'ordre de hisser le petit foc était donné ; le lieutenant en pied, qui avait une forte ancre à jet prête, en donne avis et propose de s'en servir. On tient bon le petit foc qu'on était en train de hisser, on laisse tomber cette ancre, on fait subitement ajût d'un autre grelin, et sur ces cordages si faibles, mais qui formaient près de deux cent quarante brasses de touée et dont la direction était la plus favorable, la frégate étale et se sauve ! Cependant le même malheur arriva presque aussitôt à une autre frégate ; l'ancre à jet ne se trouvait pas disposée et elle fut jetée à la côte. On prétend que des vaisseaux anglais ont étalé des coups de vent de S.-O. dans l'iroise avec deux câbles bout à bout. Que ce soit un grand enseignement ; et voyons dans ces exemples quelle influence peut avoir sur la vie d'un équipage un officier dont la tête est calme, l'esprit actif, et qui connaît le nombre et la valeur des ressources qu'il peut employer. Avec un homme d'un tel caractère, la confiance multiplie les forces à l'infini, l'espoir n'est jamais ravi, et l'on ne succombe que dans des circonstances surnaturelles.

La dernière observation que j'aie à faire sur l'amarrage d'une seule ancre, et elle peut s'appliquer à celui de deux ou de plusieurs, c'est qu'il faut, dans les bourrasques, coups de vent ou tempêtes, veiller spécialement à ce que les câbles, s'ils sont en chanvre, ne soient pas dégarnis de leurs paillets au portage des écubiers ; que ces paillets soient bien suivés ; que l'on ait soin de rafraîchir ces mêmes câbles, en en filant, de temps à autre, une brasse ou deux ; qu'ils soient étalingués au pied du grand mât ; que les autres ancres soient parées ; que les mâts de hune et de perroquet soient calés et dépassés ; que les vergues soient brassées en pointe ou amenées pour être mises carré sur les porte-lofs, ou pour être élongées dans le sens de la quille entre le bas mât et les bas haubans ; que les tangons soient rentrés ; que les embarcations soient, autant que possible, embarquées en cas d'événement qui nécessite leurs secours ; que celles qu'on ne pourrait hisser à bord soient filées, ou mouillées sur leurs grappins un peu de l'arrière ; qu'à toute extrémité l'on soit prêt à couper sa mâture ; qu'on fasse le plus qu'on le peut, travailler les câbles ensemble s'il y en a plusieurs ; et qu'en général on laisse le moins de prise au vent, sans négliger de donner au bâtiment les points de tenue les mieux combinés.

Il n'est peut-être pas inutile d'ajouter que des cloches à plongeur perfectionnées et autres appareils ou moyens ingénieux permettent de visiter sous l'eau, en certaines rades qui en sont pourvues, les ancres, le fond, et même les œuvres vives des navires qui sont mouillés dans ces rades.

CHAPITRE II

Bâtiment affourché.

A l'exception des circonstances particulières mentionnées précédemment, et lorsque le séjour que l'on veut faire dans une rade ne doit pas être un simple séjour de passage, on a, pour obvier aux inconvénients de l'amarrage sur une seule ancre, détaillés dans le chapitre précédent, adopté l'*affourchage* ou l'amarrage sur deux ancres.

Pour s'amarrer ainsi, et afin d'avoir, en dernier lieu, moins de chemin à faire contre le vent ou le courant, il faut laisser premièrement tomber l'ancre qui doit être du côté d'où souffle le vent, ou, s'il faisait calme, d'où vient le courant; ensuite, si le vent et le courant permettent qu'avec le navire l'on se porte sur le lieu où doit être placée la seconde, on se laisse dériver vers ce point en filant du câble; si celui-ci ne suffit pas, on fait ajût d'un grelin afin de pouvoir suffisamment filer. L'on peut aussi, pour y arriver, se servir de quelqu'une de ses voiles, ou même d'embarcations de remorque. En jetant alors la seconde ancre, on vire sur le premier câble de manière qu'ils deviennent assez roides, tous les deux, pour ne pas donner lieu de craindre que, lorsque le bâtiment fera force sur l'un, l'autre, ayant du mou, ne soit porté par le courant vers son ancre et ne la surjale; enfin, quand sur un fond de 15 brasses, il y a dehors 60 brasses environ de la grande touée et 50 de l'ancre d'affourche, on prend le tour de bitte et l'on se trouve affourché. Aussitôt on s'assure de plusieurs relèvements, et l'on sonde pour pouvoir reconnaître, à tout instant, si la position de l'avant du bâtiment n'a pas varié.

Dans le cas où, avec le vent, le courant, les voiles ou les embarcations de remorque, on ne peut atteindre l'endroit où l'on veut mouiller une seconde ancre, on fait élonger par la chaloupe, et dans cette direction, mais plus loin, une ancre à jet sur laquelle on se toue en filant du premier câble ; et, lorsqu'on y est arrivé, on laisse tomber cette seconde ancre ; s'il était d'ailleurs indifférent de laisser tomber en premier lieu l'une quelconque des deux ancres, on commencerait par celle de la grande touée, afin d'obvier à l'inconvénient de faire ajût d'un grelin lorsqu'il faut filer plus d'un câble ordinaire pour se rendre au point d'où doit tomber cette seconde ancre.

Lorsque les chaloupes étaient assez fortes, on suspendait l'ancre d'affourche à leur arrière pour se paumoyer sur le grelin de l'ancre à jet, filer du câble à mesure, et quand la chaloupe était arrivée au point où l'ancre d'affourche devait être mise au fond, les chaloupiers la laissaient tomber, et le bâtiment virait sur le câble pour le roidir et pour se mettre à poste : si le temps était beau, l'on pouvait se passer du grelin, parce que la chaloupe, au lieu de se paumoyer, se faisait remorquer par de petites embarcations et ramait elle-même vers le lieu où devait tomber l'ancre d'affourche. Avec les chaînes, il faudrait des canots placés de distance en distance pour supporter une partie du poids. Lorsqu'une embarcation laisse tomber une ancre à jet, on doit, quand elle est au fond, haler avec quelque force

sur l'orin; cet effort tend nécessairement à faire aussitôt placer les pattes de l'ancre dans la position la plus
convenable pour résister, sur-le-champ et sans chasser,
à l'effet du câble sur lequel on doit virer. Les hélices
ont fait abandonner l'usage des bouées et des orins, à
cause des dangers de les engager autour des ailes. On
ne les emploie plus que pour élonger les ancres à
jet.

Chaque rade, à cause de son ouverture ou des terres
plus ou moins basses qui la cernent ou des parages
dans lesquels elle est située, a toujours un point d'où
il est plus dangereux que les vents soufflent que de tout
autre ; en raison de cela, les deux ancres doivent être
mouillées dans une ligne de relèvement perpendiculaire à la direction du vent le plus à craindre, parce
qu'alors, quand ce vent se fait sentir, chacune d'elles
travaille et contribue à la sûreté du navire. A *Brest*,
par exemple, on s'affourche Sud-Est et Nord-Ouest,
par la raison que les vents les plus à craindre y sont
ceux du Sud-Ouest; de plus, on y place l'ancre de tribord au Nord-Ouest, parce qu'en faisant tête à ce vent
de Sud-Ouest, l'avant du bâtiment se présente sans
qu'il y ait de croix dans les câbles. On a aussi remarqué que ces coups de vent s'y terminent généralement
par une brise du Nord-Ouest carabinée et à grains,
que la marée du flot qui vient du côté de l'ouverture
de la rade est accompagnée de plus de houle que celle
du jusant, enfin que le fond de ce côté va en croissant
d'une quantité assez sensible de la plage vers le milieu
de la rade, et qu'il serait plus dangereux d'y chasser
vers l'Est que vers l'Ouest. Par ces motifs, on place
dans cette rade la grande touée au Nord-Ouest, afin de
pouvoir filer davantage si la brise l'exige, ou si le plan

trop incliné du fond dans cet air-de-vent peut laisser
labourer une ancre qui alors n'aurait évidemment pas
assez de touée. Depuis l'adoption des chaînes les longueurs sont égales, et il n'y a plus à bien dire de
grande touée.

Dans une rade foraine ou sur une côte on s'affourche
sur une ligne parallèle au gisement de la côte, pour résister davantage au vent qui y bat le plus en plein et qui
y porte le plus de mer. De même, dans une rivière où
l'on est à l'abri de tout vent, la grande touée se place
vers sa source ou vers la marée du jusant, qui, renfor-
cée par les eaux mêmes de la rivière, est ordinairement
la plus forte. On appelle alors l'ancre de la grande
touée, ancre de jusant ; et l'autre, ancre de flot.

En tout, cependant, il faut consulter les localités :
dans les parages, par exemple, où règnent habituellement les brises de terre ou du large, mais où le fond
est très-accore, si l'on s'affourchait parallèlement à la
côte, il s'ensuivrait qu'avec la brise du large, on se
trouverait presque échoué par l'arrière, et qu'on n'y aurait aucune chasse; aussi, dans les rades de ces pays, et
particulièrement les foraines, on place les deux ancres,
l'une à terre et l'autre au large. A l'embouchure de
certains fleuves, si l'on peut s'approcher de terre, on
jette une ancre de bossoir vers le milieu du fleuve, et
l'on s'amarre à terre avec un grelin ; on se trouve alors
forcé, quand c'est un port de marée, d'éviter toujours
l'arrière vers l'autre rive ; on y parvient avec des voiles
et surtout avec une aussière frappée sur la bouée de
l'ancre, ou à terre et du côté de cette même rive : de
plus, si le grelin vient de tribord, par exemple, on y fait
embossure par babord ; et en roidissant ou cette embossure ou le grelin même, celui-ci n'étrive jamais. S'il sur-

vente, on double ce grelin, et en général on profite du
courant pour mettre la barre un peu du bord opposé à
ce même grelin, afin d'embarder légèrement vers lui
et de le moins fatiguer. L'ancre de bossoir doit être
celle qui n'étrive pas lorsqu'on fait tête au jusant qui,
dans de pareils ports, est, ainsi que nous l'avons déjà fait
remarquer, plus fort que le flot. Comme l'aussière peut
se casser pendant l'évitage, et qu'il est possible que le
fond ne permette pas d'éviter l'arrière vers la côte la
plus voisine, il faut alors être toujours prêt à virer sur
le câble pour se haler au milieu du fleuve ; là l'évitage peut se faire indifféremment sur l'un ou l'autre
bord ; il est même prudent de laisser tomber l'autre
ancre de bossoir que l'on peut tenir en veille, et l'on
filerait du câble de celle-ci à mesure qu'on virerait sur
l'autre.

Il est facile de concevoir comment l'affourchage remédie à tous les inconvénients de l'amarrage sur une
seule ancre, mais il ne laisse pas d'en offrir lui-même,
comme d'avoir un câble de plus qui travaille, qui frotte
souvent contre l'autre ou contre le bâtiment, et qu'il
faut souvent dépasser quand il y a un tour. A cet inconvénient, il fallait avant la vapeur ajouter ceux de
nécessiter une chaloupe, de rendre les préparatifs de
l'appareillage fort longs, de sacrifier une ancre de plus
si l'on est obligé d'appareiller subitement.

Au premier évitage cap pour cap, les câbles du bâtiment se croisent, ou du moins prennent une direction
qui se croise plus ou moins ; ce n'est encore qu'un petit
mal, puisque nous avons expliqué que lorsque le vent
le plus à craindre souffle, les ancres doivent être placées de manière qu'il n'y ait pas de croix ; mais si l'on
néglige, à l'évitage suivant, de faire tourner le navire de

telle sorte que cette croix se défasse ou qu'on ne puisse l'empêcher, alors on aura un tour, bientôt un tour et demi, les câbles souffriront, la touée sera raccourcie, elle fera étrive et il deviendra difficile, dans un cas urgent, d'embraquer ou de filer aucun des câbles. Dans cette position, s'il y avait lieu à filer, il faudrait frapper un grelin en dehors du tour et sur le câble d'affourche; en virant dessus, on parviendrait à donner du mou dans le tour, et l'on pousserait de ce câble dehors pour en filer; ensuite on filerait du grelin et on laisserait venir à l'appel de la grande touée. Une fois le grelin frappé, on peut aussi filer des deux câbles à la fois, et bientôt la grande touée, quoique étrivée par le tour, devient à peu près libre et le bâtiment est en quelque sorte affourché sur elle et sur le grelin frappé.

C'est donc le premier point de surveillance que celui de faire tourner le navire dans un sens convenable, et s'il est impossible d'y parvenir à l'aide des moyens indiqués dans le chapitre précédent, lesquels sont ordinairement suffisants, il faut dépasser le plus tôt possible celui des deux câbles qui ne travaille pas, et défaire le tour. Il est préférable, si la chose se peut, de dépasser le moins long en profitant de l'instant où la grande touée travaille. Pour prévoir l'effet des calmes, il est utile d'avoir toujours une petite ancre prête à être portée par le travers au moyen d'une embarcation, et sur laquelle on puisse se faire éviter à volonté en se halant dessus par l'arrière. On peut aussi se servir de points fixes sur le rivage, ou à bord de bâtiments voisins, s'ils sont à portée, et enfin de ses bouées; mais cependant peu de celles-ci, car il faut ménager les orins afin qu'ils conservent toute la force nécessaire pour relever et sauver les ancres, si les câbles viennent à être rompus.

Lorsqu'on ne doit faire qu'un court séjour dans une rade, et qu'on n'y craint pas de mauvais temps, on ne s'y affourche ordinairement qu'avec une ancre à jet.

La proportion que nous avons indiquée entre la longueur filée de la grande touée et le fond est d'à peu près quatre fois la profondeur de celui-ci. En excédant cette proportion, on pourrait avoir à redouter que, dans un évitage, le bâtiment ne fût porté, par le vent ou par le courant, en travers sur un de ses câbles qui, ainsi, briderait ou cintrerait le navire : celui-ci serait alors fortement pressé, peut-être s'inclinerait-il outre mesure (il y en a qui ont chaviré), et il serait possible que le câble ne pût supporter cet effort et qu'il cassât. Si l'on craignait qu'il n'en fût ainsi ou que le bâtiment n'en souffrît, il faudrait immédiatement filer, couper ou séparer ce câble. Le poids des chaînes éloigne ces chances dangereuses.

L'adoption exclusive des chaînes a rendu la plupart de ces précautions inutiles, et cependant il est d'autant plus important de les avoir mentionnées, qu'il n'existe plus de méthodes et de précautions connues de tous les marins ; si on est forcé de se servir de câbles en chanvre, on est pour ainsi dire pris au dépourvu. Avec les chaînes, les croix n'ont guère l'inconvénient que d'user l'étrave, les tours empêchent aussi de filer, ou ne le laissent faire que par secousses. Il n'y a jamais à craindre qu'elles se rongent comme les câbles. Il n'est plus nécessaire de les filer pour les rafraîchir et les couvrir de nouveaux paliers et de badernes. Quand il vente beaucoup, il faut avoir les stoppeurs et les bosses

bien saisis pour empêcher de choquer : ce sont les
secousses qu'il faut éviter aux chaînes. Pour défaire les
tours, on les bosse de même que les câbles avec un grelin, lorsqu'il vente ou que le fond est grand, et cela
pour soutenir la genoppe qui réunit les deux chaînes.
Elles offrent surtout l'avantage de pouvoir être facilement séparées de distance en distance par des manilles
dont on démonte la traverse. Il est même possible de dépasser un tour sans avoir la chaloupe en dessous, comme
lorsqu'il fallait qu'elle reçût tout ce qui restait de câble
à bord du navire. On a aussi la ressource des maillons
d'affourche, gros émérillons avec quatre bouts de chaîne
garnis de manilles pour unir les chaînes qui sont au
fond de l'eau et celles qui viennent du navire. Mais
ces émérillons sont des pièces de forge d'une exécution
fort difficile et qui n'inspirent pas autant de confiance
que la chaîne elle-même; aussi on ne les emploie que
dans de beaux pays. De plus, l'opération de les mettre
en place et de les enlever pour pouvoir virer est longue
et difficile lorsqu'il vente ou que le fond est grand.

On se fait peu l'idée maintenant des soins et des
difficultés qu'entraînaient les câbles. On a d'admirables
moyens mécaniques, tels que le cabestan du commandant Barbottin, et le stoppeur du commandant Le Goff,
auxquels on peut dire que rien ne résiste. Il n'y a plus
de touée déterminée à prendre avant d'arriver au mouillage, pour avoir le tour de bitte pris à l'avance, parce
qu'il était impossible d'arrêter un câble en train de filer.
Il n'y a plus de tournevire qui choque, de garcettes
qui cassent ou glissent lorsque tout est pour ainsi dire
graissé par la vase. Mais ces avantages ont fait changer
la place du cabestan; il est de l'avant, ainsi que le puits :
dès lors il serait impossible de lever une ancre avec un

câble, parce que, eût-on une tournevire, elle n'aurait pas assez de longueur pour qu'une quantité suffisante de garcettes travaille à la fois. Il y aurait aussi beaucoup de difficultés à retenir un câble avec les bittes en escargot, qui ont remplacé celles à traversin et à coussinet. Il n'y a plus assez de longueur pour avoir une quantité suffisante de bosses amarrées. Le câble qu'on embarque encore est une inutilité, comme moyen d'amarrage, et il est trop gros pour servir à déséchouer un navire. Aussi commence-t-on à ne plus en donner.

CHAPITRE III

I. Bâtiment sur plusieurs ancres ; lorsqu'il Étale, Chasse ou Échoue. — II. Lorsqu'il Sancit, qu'il Va à la Côte ou Coupe sa Mâture. — III. Lorsqu'il Empenelle ses Ancres ou qu'il se sert de Corps-Morts.

I. Un bâtiment affourché sur une bonne tenue et maintenu clair dans ses câbles est ordinairement à l'abri de grands coups de vent ; cependant il est des tempêtes assez violentes pour le faire chasser, ou même pour occasionner la rupture de ses câbles.

Dans le premier cas, on s'en aperçoit le jour par une forte embardée, par le changement du brassiage, ou des relèvements, ou de la position relative des objets environnants ; avec les chaînes le navire éprouve une secousse violente. La nuit, on le reconnaît en tenant au fond un plomb de sonde, qui indique indubitablement si le navire a culé et par conséquent chassé. Alors il

2

faut filer du câble, et si les ancres ne trouvent pas à
s'arrêter, ou si un câble casse, on jette au fond une
ancre tenue en veille et successivement celle ou celles
qui restent, en ayant soin surtout, pour que les câbles
ne se frottent pas l'un contre l'autre et ne se détruisent
pas réciproquement, de ne laisser tomber ces ancres
qu'en faisant une petite embardée au moyen de la
barre, ou qu'en profitant de la première qui a lieu
lorsqu'on chasse ou que l'on file du câble. Il n'est
même pas nécessaire d'attendre que l'on chasse pour
jeter au fond l'ancre de veille, ni, en second lieu, que
l'on ait cassé un câble; il suffit de penser que le temps
est assez mauvais pour qu'un des deux événements
puisse arriver: s'ils se réalisent, il n'y a plus, pour le moment, qu'à filer de ce câble de veille suivant l'exigence.
Dès que le coup de vent est passé, on relève ces ancres·
de précaution, et l'on reprend son premier poste, ou
on en change; avec la sonde, on en cherche alors un
autre sous un meilleur abri.

Si, en chassant, le navire eût été porté sur un haut-
fond, qu'il se fût échoué à la mer descendante et qu'il
eût risqué de se coucher sur le côté, il aurait aussitôt
fallu apiquer ses basses vergues, les laisser glisser en dehors jusques au fond, et, s'en servant comme d'accores
ou de béquilles, leur faire contre-butter les bas mâts au-
dessous des hunes; on assujettit ces vergues par tous les
moyens possibles; et, pour les moins fatiguer, ainsi que
la mâture, on les installe avant que l'inclinaison du bâtiment soit trop forte. Dans cette position, il est prudent de dépasser les mâts de perroquet et de caler les
mâts de hune. On se béquille encore par-dessous les
porte-haubans, et l'on y fait servir la bôme, la vergue
barrée, le bâton de foc, etc.; on peut soulager les bé-

quilles en mouillant au large, et du côté du bord élevé, une ou plusieurs fortes ancres à jet, sur les grelins desquelles on vire avec force en les faisant entrer à bord par-dessus le pont, ou par les sabords du travers les plus hauts. Nous avons vu un vaisseau de quatre-vingts canons chassant en rade de *Brest*, qui s'échoua sur un des bancs de la partie Est de la rade, et qui s'y maintint droit, à l'aide de ses basses vergues, qu'avec autant de promptitude que d'à-propos il fit glisser jusqu'au fond pour lui servir de béquilles ; c'était le vaisseau *le Tyrannicide*, qui faisait partie de l'armée navale sous les ordres de l'amiral *Bruix*.

II. Quand un bâtiment a laissé tomber toutes ses ancres, lorsqu'il a ménagé le filage de leurs câbles de manière que ceux-ci soient toujours également tendus ou éprouvent un effort aussi égal que possible, et que l'un d'eux se trouve appeler droit de l'avant ; lorsqu'on a ôté au vent autant de prise qu'on l'a pu, il arrive quelquefois que, les câbles résistant toujours, la mer devient furieuse, se rend maîtresse du navire, déferle sur le pont, se fait jour, emplit la cale, et fait *Sancir* ou couler sur les amarres. Dans cette redoutable extrémité, comme aussi s'il se déclare une voie d'eau qu'on ne puisse franchir, il faut prévenir la catastrophe, filer, couper ou séparer ses câbles, mettre une bouée sur le bout pour les retrouver, et s'aller *Échouer* à la *Côte*, parce que les moyens de sauvetage y sont moins hasardeux. Si, avec une petite ancre, en cas qu'il en reste encore, en faisant embossure ou en se servant d'un foc, on peut s'échouer par l'avant ou par l'arrière et s'y tenir, il faut le faire pour être moins promptement démoli ; et, s'il faut abandonner le navire, on doit toujours maintenir l'ordre avec beaucoup de fermeté, et faire sauver son monde sur des embarcations, sur des mâts ou quelques autres pièces flottantes.

Le vaisseau de la compagnie anglaise *le Brunswick* tomba au pouvoir des Français en 1805 et périt ensuite sur la plage de *Simon's Bay*; mais il s'y échoua par l'arrière, il se contre-tint par l'avant, et il sauva presque tout son équipage avant d'être la proie de la mer; deux embarcations dévouées à lui porter secours firent route vers lui, l'une d'elles fut engloutie en route par une lame qui entra vers l'arrière; l'autre parvint à bord, mais témoin du désastre de celle qui venait d'être submergée, elle avait profité d'une embellie, s'était mise debout à la lame, avait borné sa manœuvre à s'y maintenir au moyen de ses avirons et de son gouvernail, et voyant une mer affreuse se briser devant son étrave, elle atteignit *le Brunswick* en culant.

Plus récemment, aux *Antilles*, la flûte *la Caravane* fut partagée en deux après s'être échouée pendant un ouragan; le capitaine eut la gloire de sauver presque tout son équipage en s'opposant avec vigueur à la confusion : cet honorable officier était M. *de Kergrist*.

Dans des circonstances aussi critiques et pour les prévenir, si l'on peut appareiller et prendre le large, il convient de ne pas attendre la dernière extrémité, et surtout de ne pas quitter le mouillage, sans avoir fait tous ses efforts pour conserver au moins une ancre à bord.

Lorsqu'on est réduit à *Couper* sa *Mâture* pour soulager un bâtiment qui, après avoir perdu toutes ses ancres, se jette à la côte, ou qu'obligé de se mettre à l'ancre, parce qu'on est affalé sous la terre par un grand vent du large, on veuille, en se rangeant debout au vent, donner par suite moins de prise à celui-ci, on doit réfléchir qu'après être tombée, la mâture poussée par la mer peut frapper et même défoncer le navire : pour y obvier, il faut amener toutes les vergues, couper tous les cordages, ne laisser que les haubans et les étais, entamer, du côté du vent, le mât jusqu'à moitié avec des haches, couper les rides des haubans de sous le vent et celles du vent moins les deux dernières, continuer à tailler dans le pied du mât, et, à l'instant où le mât va tomber, couper les rides des deux haubans du vent de l'arrière et celles de l'étai en même temps. Ainsi le mât que la mer emporte loin du navire ne l'endommage nullement ; mais il faut en tout cela un grand sang-froid, beaucoup d'ensemble et un soin extrême pour préserver la vie de ceux qui agissent et qui sont exposés à la violence des lames : on amarre donc les hommes avec des laguis, et l'on veille à ce qu'aucun ne soit victime de l'imprudence ou de la maladresse de ses coopérateurs. Si l'on en a le temps, on jette à la mer une petite ancre où est frappée une aussière qui se fixe sur la mâture, et avec laquelle on peut plus tard en sauver les débris.

Si l'on est échoué, et qu'on veuille se sauver à l'aide de ses mâts, il faut, si l'on n'est pas assez incliné, faire passer du côté de terre des canons ou autres objets de poids ; on coupe la mâture, elle tombe du côté de l'inclinaison, on la retient le long du navire avec des filins ; et, comme la mer brise contre le bord élevé du navire, on a plus de facilité pour opérer l'évacuation par l'autre bord. Dès que le bâtiment est dans le cas d'être abandonné, on doit faire tous ses efforts pour envoyer un bout de corde au rivage, afin de servir de va-et-vient. On a vu des bâtiments où quelques excellents nageurs se dévouaient ainsi à essayer de porter à terre un bout de ligne, au moyen de laquelle on y faisait successivement parvenir un ou plusieurs cordages plus forts et plus considérables; mais le succès ne couronne pas toujours une entreprise si hasardeuse.

Cette opération d'établir un va-et-vient entre le navire et la terre est extrêmement facilitée, aujourd'hui, par l'invention successive de plusieurs appareils destinés à remplir ce but, tels que le mortier *Manby* et quelques autres, parmi lesquels il faut citer le porte-amarre *Delvigne* et celui de M. *de Tremblay*. Toutefois, si l'on n'a aucun de ces appareils à sa disposition, on se sert d'une bouée que l'on jette à l'eau avec l'espoir qu'elle arrivera à la côte où l'on pourra, peut-être, la recueillir. La bouée doit être garnie d'une ligne dont un bout reste à bord, pour s'en servir à faire parvenir à terre un cordage plus fort. On trouvera au chapitre XIV de plus amples détails sur le sauvetage.

On *Coupe* aussi sa *Mâture* lorsque, étant sur plusieurs ancres, un câble vient à casser, et que la secousse, lorsqu'on arrive à l'appel d'un autre, fait encore casser ce nouveau câble; il n'y a pas alors de temps à perdre, et, pour rendre cette secousse moins violente sur les derniers, il faut aussitôt couper ses mâts : en 1810, en *rade de Cherbourg*, les vaisseaux *le Polonais* et *le Courageux* étaient sur des corps-morts ; pendant un coup de vent ils y ajoutèrent deux ancres, mais les câbles du *Polonais*, à l'exception d'un seul, venant à casser, le vaisseau fut à la côte, où il talonna en chassant sur le câble qui, seul, avait tenu bon. On rapporte que pareil événement fût arrivé au *Courageux*, si celui-ci, voyant que cet ancrage, réputé auparavant à l'abri de tout danger, avait été sur le point d'être fatal au *Polonais*, n'avait coupé sa mâture; et que plusieurs bâtiments marchands qui prirent ce parti résistèrent à cette tempête, la plus affreuse que de mémoire d'homme on eût vue

dans ce pays. Il existe un grand nombre d'exemples de
ce genre ; d'où l'on peut conclure que des bâtimens qui
ont été jetés à la côte et qui se sont perdus après avoir
cassé leurs câbles, auraient étalé sur leurs ancres, si,
par avance, ils avaient coupé leur mâture pour ôter de
la prise au vent.

III. Un bâtiment qui craint de chasser peut *Empen-*
neler ses ancres, c'est-à-dire faire ajût du grelin d'une
petite ancre sur la bouée d'une des ancres de bossoir ;
on va, avec une chaloupe, porter la petite ancre en dehors de la grande, et, si celle-ci venait à chasser, elle serait bientôt retenue par la petite, sur laquelle il faut d'ailleurs avoir soin de placer une bouée. On peut également, si l'on a un câble douteux, ou un tour qu'on ne
peut dépasser, bosser, sur le meilleur câble, celui qui
est douteux ou bien le plus mauvais ; on file des deux et
le bon se trouve empennelé ; cependant il y a ici étrive,
et il est beaucoup plus avantageux de boucler le mauvais
câble sur le bon au moyen d'un nœud coulant. Il y a
quelque temps, un officier du transport *le Jason* con-
seilla cette opération ; le brig chassait depuis longtemps
et il s'arrêta aussitôt. Nous avons vu, au contraire, la
frégate espagnole *la Soledad*, labourer toute une rade
avec ses ancres en barbe et aller à la côte sans en avoir
perdu aucune ; si elle eût de la sorte empennelé celle de
ses ancres qui avait le moins de touée sur celle qui en
avait le plus, il est probable qu'elle aurait étalé. Il n'est
pas inutile de faire observer que les bâtiments qui viennent d'être cités ne possédaient que des câbles en chanvre qui, quoique très-inférieurs, sous beaucoup de rapports, aux câbles en fer ou câbles-chaînes dont on se
sert généralement aujourd'hui, ont cependant la propriété de se prêter beaucoup mieux que ces derniers

aux opérations particulières dont il vient d'être parlé.

Enfin, on peut se servir de *Corps-Morts* qui, comme on sait, sont des amarrages préparés avec des ancres à une seule patte, afin qu'en cas de perte de ces mêmes ancres, il ne reste au fond aucune aspérité, et qui, par des empennelages, des chaînes et des câbles de très-forte dimension, sont autant que possible à toute épreuve; mais le navire peut y sancir d'autant plus facilement qu'il est plus petit, et que le corps-mort fatigue davantage son avant : aussi, c'est peut-être par cette raison que récemment une galiote coula au *Socoa*, près de *Bayonne*, tandis qu'il serait possible qu'elle eût résisté au mauvais temps, en larguant le corps-mort et en s'amarrant sur ses ancres. Peut-être encore était-elle trop sûr nez par l'effet de sa cargaison, et ne pouvait-elle pas, surchargée de plus par le poids du corps-mort, s'élever à la lame; alors il faut avoir soin de soulager un peu l'avant du bâtiment pour rétablir l'équilibre, ce qui se fait en portant quelque poids de l'avant à l'arrière. Ordinairement les corps-morts en chaîne sont installés à émérillon, de manière que le navire puisse éviter de tous les bords sans que jamais il n'y ait ni tour ni croix.

Au lieu de corps-morts installés avec des ancres à une patte, on a proposé des *Pilots* ou pieux en fer très-solides; on les introduit dans le sol du fond au moyen de cônes creux en fer garnis d'un tuyau dirigeant, et à l'aide de grues et de moutons. Il est douteux que ces points d'appui l'emportent en avantages sur les ancres à une patte.

Maintenant les corps-morts sont en chaîne avec des ancres qui, au lieu d'avoir une patte coupée comme jadis, l'ont courbée à toucher la verge de manière à soutenir celle-ci. Les deux chaînes, placées dans une direction perpendiculaire aux plus forts vents régnants, sont réunies à une manille d'où part la chaîne verticale à laquelle le navire s'amarre. Pour pouvoir prendre le corps-mort la grosse chaîne, munie d'un émérillon, en a une plus petite et quelquefois une plus faible encore à sa suite. Cette dernière est attachée à un coffre de petite dimension et se présente au-dessus de manière à être facilement prise et amarrée au grelin venant du navire. Le coffre est alors séparé et il n'y a plus qu'à haler la grosse chaîne à bord. Pour filer ce genre de corps-mort, sa petite chaîne sort de l'écubier pour s'attacher au coffre, et il n'y a qu'à tout larguer pour qu'il se retrouve prêt à être repris. On voit combien ces procédés sont plus simples et plus sûrs que ceux usités à l'époque des câbles.

Franklin, dont le nom est si cher aux sciences, eut une belle idée en conseillant aux navires qui coulaient à la mer, de jeter hors du bord tout ce qui, dans leur cargaison, avait une pesanteur spécifique plus forte que celle de l'eau, et il ajouta qu'il fallait vider sur-le-champ ses pièces à eau et à vin, les bonder et condamner les panneaux. Cette opération pourrait sans doute s'effectuer à bord d'un bâtiment en danger de sancir, et d'ailleurs je ne pense pas qu'il y ait le moindre inconvénient à l'essayer. Certes, il est évident qu'alors, tant que le bâtiment restera entier, on pourra le voir caler davantage mais non pas aller au fond, et que l'équipage, en se réservant en haut quelques vivres et de l'eau, et les mettant à l'abri de la mer, peut ainsi attendre le retour du beau temps : au large les barils de farine nous paraissent devoir être choisis de préférence pour être conservés sur le pont, parce que, frappés par l'eau, il se forme intérieurement une croûte qui adhère à la paroi du baril, et qui préserve parfaitement tout ce qui se trouve en dedans de cette croûte fort peu épaisse par elle-même. On doit observer qu'à l'époque où *Franklin* proposait ce moyen si ingénieux, l'eau potable des navires était logée à bord, non pas dans des caisses en tôle, comme on le pratique généralement aujourd'hui, mais dans des barriques de grandes dimensions en bois, dont il était beauconp plus facile de boucher hermétiquement l'ouverture. Quant au vin de campagne, il continue à être logé dans des futailles en bois, et l'idée de *Franklin* pourrait y trouver son application.

Ajoutons qu'un Anglais nommé *Watson* a proposé, pour rendre les bâtiments insubmersibles, de placer entre leurs baux et le long de leur muraille, des tuyaux de cuivre de 22 à 39 centimètres de diamètre, et qui ne contiendraient que de l'air atmosphérique.

Les navires en fer ont beaucoup mieux résolu ce problème par leur division en compartiments séparés par des cloisons étanches en tôle ; par des doubles fonds, et enfin en construisant deux navires, l'un dans l'autre, et les unissant par des cloisons, comme le *Great-Eastern*, qui a eu sa coque percée de plusieurs trous sans pour cela faire de l'eau. A cet avantage, ce genre de construction ajoute une solidité aussi impossible à obtenir pour les navires en bois que pour les ponts merveilleux dus à l'emploi du fer.

En général, lorsqu'on jette une ancre, il est utile de prendre des relèvements qui puissent faire retrouver sa position, car les bouées coulent quelquefois, ou bien elles sont volées, d'autres fois elles sont couchées sous l'eau par le tortillement ou le raccourcissement de l'orin ou par la force du courant ; il arrive même que les orins manquent. Comme on l'a déjà dit, l'hélice a fait abandonner l'usage des bouées et des orins.

Toutefois, il ne suffit pas de savoir ce qu'il faut faire en telle ou telle circonstance, il faut encore connaître comment cela se pratique, car de là dépend souvent la réussite de la manœuvre ou de l'opération ; et il est spécialement du devoir des jeunes marins de s'y exercer constamment et d'être présents à tout, car ce n'est qu'en s'accoutumant à tout voir qu'ils apprennent à savoir, en un clin d'œil, si tout se fait de la manière la plus convenable et dans le plus court espace de temps possible. On voit, d'ailleurs, d'après ce qui précède, de quelle importance sont pour les bâtiments au mouillage, les dispositions à adopter ou à suivre pour être le plus en sûreté : il est donc impossible de ne pas en conclure qu'il faut, pour n'être jamais surpris, exercer, à cet égard, une surveillance de tous les instants. Dans son application, cette surveillance donne lieu à une infinité de pratiques, surtout en ce qui concerne la manœuvre des ancres et de leurs câbles, qui sont très-importantes ou très-curieuses, qu'on ne peut bien apprendre qu'en les voyant exécuter, et qui demandent une attention soutenue pour en bien posséder l'intelligence. Le séjour des rades n'est donc pas sans avantages sous le rapport de l'instruction nautique; on peut, en outre, l'utiliser en y étudiant tout ce qui a trait à la science théorique du marin, et en s'y mettant à même de mieux comprendre, à la mer, les grandes scènes qu'on y verra se dérouler ou les phénomènes imposants dont on aura l'émouvant spectacle.

CHAPITRE IV

Du Désaffourchage et des Préparatifs d'Appareillage ; Cas où, alors,
le Bâtiment vient à s'Échouer.

Après avoir parlé du séjour en rade et des moyens d'y
utiliser son temps, le moment est venu de traiter de
l'*Appareillage ;* or, voici comment on peut s'y *Préparer.*
En marine surtout, la prévoyance est un devoir, les
opérations en général demandent tant d'attention et tant
de précision, un si grand concours de forces et un si
grand espace de temps; il y a un tel nombre de choses
à faire, toutes également urgentes, et un tel danger parfois à en négliger quelques-unes, qu'on doit toujours,
quand cela est possible, se débarrasser, par avance, de
travaux qui deviennent plus difficiles, à mesure que la
besogne se complique. Ainsi, avant d'appareiller, il est
prudent, ou au moins convenable, de prendre un ris
(celui de chasse), et, si l'on prévoit du mauvais temps ou
s'il en existe, on en prend davantage ; on embarque sa
chaloupe si l'on ne s'en sert pas pour désaffourcher, ou
au plus tard quand une des deux ancres est levée ; on
embarque aussi tous ses canots, à moins qu'on n'en ait
besoin pour se faire abattre ou remorquer par un temps
doux : puis, quand on est en route, on les file de l'arrière, et lorsqu'on se trouve hors des passes, on détruit l'air du navire en mettant en panne, et on les hisse
à bord.

Il faut aussi préalablement, et surtout si l'on se trouve
en temps de paix et s'il y a apparence de grosse mer,

mettre, avant de se préparer à partir, ses canons à la serre ; car il est souvent trop tard quand on est dehors, principalement lorsqu'on a un équipage peu marin et non encore éprouvé par le mal de mer.

Il n'est pas inutile non plus, avant de sortir, de consulter les baromètres, car ils peuvent signaler quelque tempête qu'il est alors prudent de laisser passer à l'ancre ; je ne prétends pas dire que ces instruments doivent être regardés comme des indicateurs infaillibles, mais on peut lier leurs annonces à d'autres observations météorologiques et en tirer de fortes présomptions. Quant à la coïncidence de telle ou telle phase de la lune avec ces observations, je la regarde comme entièrement dépourvue de toute qualité propre à inspirer la confiance, et comme contraire à toutes les remarques faites par des gens assidus et instruits. L'astronome *Olbers* et *Francœur*, page 166 de son *Uranographie*, s'expliquent à ce sujet de la manière la plus convaincante.

Enfin, il faut avoir souvent ridé et tenu son gréement en rade, spécialement si le cordage est neuf, afin que d'abord on ne soit pas exposé à voir les manœuvres dormantes rendre de manière à ce que la mâture ait du jeu, ensuite pour n'avoir plus besoin à la mer de défaire les étrives, à l'effet de reprendre les étais et les haubans.

Ces travaux exécutés, l'armement étant au complet et ces précautions prises, on *Désaffourche*. S'il n'y a aucun avantage local à lever de préférence une quelconque des deux ancres, on doit commencer par celle de l'arrière ; on file du câble de l'avant pour aller se mettre à pic de l'ancre de l'arrière et pour la lever, et l'on fait, pour y parvenir, ajût d'un grelin si la chose est nécessaire.

Lorsque les deux ancres appellent également de l'a-
vant ou à peu près, on lève l'ancre d'affourche, la première, parce que, pour se rendre à pic de cette ancre,
il faut filer de la grande touée, et que celle-ci offre
sous ce rapport plus d'avantage ; elle en offre aussi sous
le rapport de la solidité, car si on levait cette ancre de
la grande touée la première et que le câble d'affourche
n'eût pas assez de longueur pour permettre de s'aller
mettre à pic, il faudrait faire ajût d'un grelin, et l'on serait moins en sûreté que de l'autre manière. Quoi qu'il
en soit, une des deux ancres étant levée, et pendant
qu'on vire sur l'autre pour s'y mettre à long pic, on établit à poste cette première ancre que l'on vient de lever.
On peut aussi faire lever par sa chaloupe l'ancre que l'on
veut déraper la première, au moyen de l'orin et d'une
caliorne ; dès que cette ancre a quitté le fond, le navire
vient à l'appel de l'autre, et il faut avoir prévu si, alors,
on ne se répandra pas sur un banc ou sur un bâtiment
voisin. Dans ce cas, il faut se contre-tenir par une ancre
à jet ou par des aussières placées à bord d'autres navires ou à terre, jusqu'à ce qu'on soit à pic de la dernière ancre. On vire cependant sur le câble de l'ancre
levée par la chaloupe, pour haler à bord celle-ci qui
doit avoir appelé cette ancre à fleur d'eau ; et, quand
l'organeau a paru et que la chaloupe est sous le bossoir, on croche la caliorne du capon ; alors, tout en
mettant cette ancre au bossoir et la traversant, ou aussitôt après, on vire sur l'autre ancre, et l'on va s'y mettre à long pic en se contre-tenant, comme nous venons
de le dire, si la chose est nécessaire.

On appareille pendant le jusant, lorsque le vent est
contraire pour sortir ; dans cette supposition, c'est à
l'aide du courant que l'on parvient le mieux à gagner

dans le vent. Si le vent est favorable, on préfère appareiller pendant que la mer monte, et ordinairement peu après la mi-flot, c'est-à-dire dès que le courant a assez molli pour le permettre : il y a d'abord l'avantage de pouvoir maîtriser son navire ou d'avoir le temps de prévoir les manœuvres à faire pour éviter les bâtiments ou les écueils qui sont dans le voisinage, et ensuite celui de pouvoir être relevé par la marée, si l'on vient à toucher en abattant, en sortant, ou dans les passes.

Il n'est pas inutile de mentionner ici que toutes les fois qu'on est *Échoué*, il faut se hâter de porter avec sa chaloupe une ou deux ancres au large, et d'en bien roidir les câbles, afin de ne pas s'échouer plus avant ; alors on vide son eau, on se déleste d'une manière quelconque, on change du lest, de l'artillerie et autres grands poids, de bord ou de place, ou bien on suspend, suivant la circonstance, quelque objet très-pesant tout à fait de l'arrière, ou au beaupré, ou aux bouts de vergue, et l'on se prépare par là les moyens de se relever à la marée suivante ou au plus tard aux grandes marées : il faut aussi s'aider de ses voiles, qu'on peut ou masquer ou faire porter, afin qu'elles vous poussent vers les ancres sur lesquelles on vire ; il faut se servir du poids de son équipage, que l'on réunit sur telle ou telle extrémité pour faire coucher le bâtiment, afin qu'il tire moins d'eau, ou pour en faire caler davantage une partie flottante, ce qui déjauge la partie opposée. Enfin il faut utiliser ses embarcations pour se faire abattre ou remorquer : une des premières choses à faire alors est de tirer du canon et de faire des signaux pour appeler du secours : si, dans ce cas-là, on jette ses canons à la mer, il faut que ce soit du côté de la terre, afin de ne pas les rencontrer sur son passage, si l'on vient à se relever de la côte.

Lors donc que le vent est favorable et dans les ports de marée, on doit généralement commencer le désaffourchage vers l'heure de la basse mer ; il faut alors que l'ancre de jusant soit à pic ; mais on ne la déplante que quand le flot se fait sentir, afin qu'après l'avoir levée, on ne soit pas exposé à être emporté au gré du courant : en effet. le jusant aurait entraîné le navire au delà de l'ancre du flot, si l'on avait déplanté l'ancre de jusant la première ; tandis que le flot étant venu, on se trouve arrêté et l'on fait tête ; on vire aussitôt sur l'ancre de flot, tout en mettant à poste celle qui a déjà été levée ; on tient bon, un instant, vers la mi-marée si le courant devient trop violent ; lorsqu'il commence à mollir, on vire encore, et l'on se met enfin à long pic le plus tôt possible.

Si, par la direction du vent et du courant, on devait se trouver, pour lever la seconde ancre, en travers à une grande boule et qu'on roulât beaucoup, il s'ensuivrait que le câble alternativement molli et tendu ne permettrait pas de virer sans quelque danger pour les hommes du cabestan ; il aurait donc fallu s'y être pris plus encore à l'avance, et que cette seconde ancre elle-même eût été levée à l'instant de la mer étale.

En général, il faut régler ses manœuvres sur le temps qu'il fait, ainsi que sur la rapidité du courant, et combiner ses mouvements de manière à avoir le moins de puissance à employer ; surtout, on ne doit jamais courir le danger de ne pas faire tête vers l'autre câble, dès qu'on est désaffourché. En effet, on pourrait alors être obligé de laisser tomber l'ancre de nouveau, car le navire drossé par le vent ou le courant fort au loin de son autre ancre, serait peut-être porté, en balayant cette grande aire, sur quelque écueil ou vers quelque bâtiment avoisinant. C'est par cette raison que nous avons conseillé précédemment, dans les cas généraux, de commencer le désaffourchage par l'ancre de l'arrière, parce qu'alors le bâtiment ne cesse pas ainsi de faire tête. Dans tous ces mouvements, on peut se servir du gouvernail et des voiles, si le temps le permet ; enfin, si l'on craint que le dernier câble ne vienne à casser, il faut, pendant qu'on le vire, avoir une ancre disponible : on la laisse tomber, s'il y a lieu, pour pouvoir être à même de sauver l'ancre perdue au moyen de son orin, ou pour empêcher le navire de se répandre sur quelque danger, aussi bien que sur quelque bâtiment voisin, lorsqu'on peut craindre qu'il en sera ainsi avant d'avoir pu se mettre en route.

Ordinairement, on cesse de virer quand on est à long pic, mais ce n'est pas pour longtemps, et l'on discontinue seulement pour prendre quelques dispositions préalables. Alors, quelques capitaines hissent leurs vergues de hune à tête de bois, mettent leurs huniers et quelques autres voiles sur les fils du caret, brassent leurs vergues de manière à se préparer à abattre sur tel ou tel bord, et larguent les rabans de plusieurs de leurs voiles auriques. D'autres, et en bien plus grand nombre, se contentent de faire leurs dispositions sans mettre en haut leurs huniers, qu'ils bordent et hissent en même temps, et peut-être est-ce plus beau (et par conséquent n'est-ce pas dépourvu d'utilité), sans pour cela occasionner par la suite aucun retard considérable ni aucun surcroît d'opérations. Il est toutefois quelques appareillages où l'on ne doit pas négliger de hisser ces mêmes huniers à tête de bois, à moins de s'exposer à avoir tout à faire à la fois, ce qui peut beaucoup nuire à l'évolution. Ces cas sont faciles à distinguer.

Quoi qu'il en soit, il suffit d'être prêt à établir ses voiles et de s'y être préparé promptement. A cet effet, afin d'être plus en mesure de les établir, et pour que rien n'entrave la manœuvre de l'appareillage, on largue les genopes des manœuvres courantes ; on donne du mou dans les écoutes des huniers, ou bien on les embraque, si on ne veut pas hisser avant de border ; on met, sur les fils du caret, toutes les voiles que l'on est dans l'intention d'établir ; et on love soigneusement sur le pont toutes les manœuvres qu'il n'est pas nécessaire d'élonger, telles que les drisses des huniers, des perroquets et des focs ; il faut, enfin, préparer à l'avance, les palans des bouts de vergue, ainsi que ceux des potences et du portemanteau pour être prêt à hisser les embarcations qui sont encore à l'eau, et mettre le gui sur ses balancines.

Pour le complément de ces détails sur l'ancrage et sur les opérations qui y sont relatives, il faut, au surplus, consulter les chapitres analogues de la seconde section de cet ouvrage relative aux navires à vapeur.

Toutes les dispositions étant prises, quand le moment est venu, on vire au cabestan pour se mettre à pic de la dernière ancre qui reste au fond, et l'on s'occupe à saisir la bouée et à la haler à bord le plus tôt possible, soit par l'aiguillette, soit en l'accrochant avec une gaffe ou un grappin, ou en se servant d'un bout de corde frappé à l'avance.

CHAPITRE V

De l'Appareillage.

En traitant de l'*Appareillage*, nous commencerons par le cas où *le navire n'est pas frappé par le courant, où il fait tête à une brise maniable, et lorsque rien dans le voisinage ne gêne ses évolutions.*

Il est évident qu'alors il faut faire abattre le navire sur un des deux bords; que, pour faciliter cette abattée, il faut, après avoir dérapé l'ancre, la virer vivement en haut; que, lorsqu'on est suffisamment abattu, il faut remplir ses voiles, et enfin les orienter suivant la route à faire. Cependant il n'est pas indifférent d'abattre sur l'un ou l'autre bord : en effet, le cabestan ne suffit pas pour mettre l'ancre hors de l'eau ; en virant sur le câble, il ne peut amener l'organeau qu'à la surface de la mer, et ce n'est que lorsqu'on voit cet organeau qu'on peut travailler à caponner l'ancre; mais, quelque prompte que soit cette opération, il est presque impossible que le bâtiment ne soit pas déjà abattu avant qu'elle soit terminée. Il faut alors faire très-peu de chemin ou arrêter le navire sous voiles, ce qui s'appelle mettre en panne ou en travers, et cela dès qu'on le peut, car en faisant grande route il est fort difficile de hisser son ancre au bossoir et de la mettre àposte. Si l'ancre se trouve alors sous le vent, on verra presque infailliblement une de ses pattes ou son orin s'engager sous le taille-mer, et l'on sera forcé de prendre l'autre bord pour se dégager; il faut donc user de prévoyance, et, si la chose est praticable, s'épargner cette

dernière manœuvre en abattant de manière qu'en prenant la panne sur le même bord, le taille-mer se trouve
sous le vent de l'ancre à caponner.

*Supposons donc qu'on soit à pic sur l'ancre de babord,
et qu'on veuille abattre sur tribord.* — On vire d'autant
plus à pic que la brise est plus molle , afin que l'ancre
tienne encore assez pendant qu'on s'occupe des voiles,
puis on tient bon le cabestan et on bosse même le câble, si la brise est fraîche. Alors on fait monter le monde
pour larguer les voiles dont on doit se servir ensuite.
On borde les huniers et on les hisse, si, comme de coutume, ils ne sont pas encore en tête de bois. On établit
également les perroquets, s'il y a lieu, et les basses voiles restent sur leurs cargues. Cela fait, on brasse comme
au plus près et dans des directions qui dépendent du
bord sur lequel on veut abattre ; si c'est sur babord, par
exemple, c'est tribord devant babord, derrière, afin que
le vent agissant sur la surface oblique des voiles de l'a-
vant pousse celui-ci sur le babord dès que le navire sera
libre. Cela fait, on retourne au cabestan et on dérape.
Au moment où l'ancre quitte le fond, on met la barre
du côté où on veut abattre ; dans le cas présent, c'est à
babord, afin que la surface oblique détermine aussi le
mouvement de rotation du navire. Lorsqu'on est abattu
de deux quarts, on hisse le foc déjà bordé à tribord ;
quand l'arrivée est de deux quarts de plus, on dresse la
barre et l'on change devant et on file l'écoute de foc ;
bientôt toutes les voiles portent, le navire va de l'avant :
on oriente alors, on borde le foc et l'on gouverne pour
faire route vers l'ouverture de la rade. On se maintient
ainsi sous petite voilure, à cause de l'ancre sur laquelle
on continue toujours à virer et des embarcations qui,
parfois. suivent à la remorque ; mais, dès qu'on est en

dehors de tout, on met la barre dessous et le grand hunier sur le mât afin de tenir le bâtiment en travers. La
grand'vergue va ainsi à l'encontre de celle de misaine,
et se trouve bien disposée pour hisser les embarcations
qui doivent l'être par sous le vent à cause de la houle
qui brise au vent ; et tout en même temps on met l'ancre à poste. On change ensuite la barre ; on cargue la
brigantine ou l'artimon, si déjà on l'a mis dehors pour
faire route ou pour venir en travers ; on brasse tribord
le grand hunier, d'abord pour le mettre en ralingue à
l'effet de faciliter l'arrivée, ensuite pour le faire porter
et l'orienter : le navire prend de l'air, il arrive, on rencontre la barre et l'on fait la route et la voilure convenables.

On achève de tout accorer à bord avant d'être tout à
fait au large ; on condamne les hublots, on amarre les
canons pour la mer, on veille les sabords s'il y a lieu ;
enfin, pendant que la terre paraît encore, on prend le
point de partance au moyen de relèvements sur des
points connus.

Quand l'ancre tient trop au fond, on peut, pour déplanter, s'aider du poids de la partie de l'équipage qui
ne vire pas au cabestan : elle se porte sur l'avant du navire qu'elle fait plonger un peu ; le cabestan hale le mou
qui en provient, et alors elle va vers l'arrière pour que
l'avant se relève et agisse de nouveau sur l'ancre. En continuant ainsi, on peut produire un effet favorable, mais
cette opération n'est guère usitée, en raison de quelques
obstacles qui proviennent des localités, et elle sort peu
des limites de la théorie. Il existe, toutefois, un autre
moyen de lever une ancre qui tient au fond, et cela sans
aucun effort extraordinaire, mais en perdant, il est
vrai, un peu de temps ; c'est de virer à pic au moment

de la basse mer, et de tenir bon quand le câble est bien
roidi; la marée montante éloigne, peu après, le bâtiment du fond, et ce mouvement d'ascension doit faire
déplanter l'ancre. Enfin on fait une marguerite double
avec un grelin frappé derrière passant dans une poulie
genopée sur le câble et revenant au cabestan. Avec les
couronnes Barbottin, dont le diamètre est plus petit, il
y a très-peu de cas où il soit nécessaire de faire marguerite.

Ces manœuvres de l'appareillage sont si claires qu'il
est superflu de poser l'exemple où l'on aurait à lever
l'ancre de tribord et où l'on voudrait abattre sur babord ; en général, il en sera de même par la suite, et
nous n'entrerons pas dans l'examen du côté double de
la question, car il est facile de le résoudre par induc-
tion.

Il n'entre pas dans notre plan de parler des principes
par lesquels on démontre les effets des diverses puissances qui agissent sur un bâtiment, et nous les supposons
connues ; il est donc inutile d'expliquer les manœuvres
que nous venons d'indiquer, et nous nous bornerons
une fois pour toutes à rappeler ici :

Que l'effet du gouvernail est de faire tourner le navire du côté opposé à la barre si l'on va de l'avant, et que
c'est le contraire si l'on cule, ou si, comme dans certaines embarcations, la barre est en dehors ;

Que les voiles de l'avant, c'est-à-dire des mâts de
beaupré et de misaine, font généralement arriver quand
elles sont frappées par le vent, et que celles de l'arrière, c'est-à-dire celles du grand mât et du mât d'artimon, font généralement loffer quand aussi elles sont
exposées à l'action du vent.

Sur quoi nous ferons observer :

1° Que l'écoute de misaine et celles des voiles d'étai du grand mât agissent sur l'arrière ; que les voiles carrées de l'avant agissent par leurs bras sur le grand mât, ou au moins par son travers sur le bord ; et qu'ainsi tout l'effort de ces voiles ne contribue pas à faire arriver ;

2° Que le point d'amure de grand'voile agit sur l'avant, et qu'ainsi tout l'effort de cette voile ne contribue pas à faire loffer ;

3° Que lorsque les voiles sont brassées carré ou qu'elles ne sont ouvertes d'aucun côté, elles ne tendent qu'à pousser le navire dans la direction de la quille ;

4° Enfin, que lorsque ces mêmes voiles sont ouvertes, elles ont un effet tout contraire, c'est-à-dire que celles de l'avant font loffer et que celles de l'arrière font arriver, si la direction du vent, soit qu'il coiffe ces voiles ou qu'il les remplisse, est comprise entre les côtés du plus petit angle vers l'avant ou vers l'arrière que les vergues font avec la quille.

Ajoutons enfin que plus un bâtiment tire d'eau par l'avant et moins par l'arrière, plus il est ardent ou apte à loffer ; qu'il en est de même lorsque, ayant un gros avant, il donne la bande, parce qu'il devient d'autant plus gros sous le vent et plus fin au vent, de sorte que la différence des plans inclinés le ramène dans le vent. C'est pour cela que les anciens navires ont le mât de misaine sur le brion et sont si chargés de toile à l'avant, tandis que c'est l'inverse pour les clippers, fins jusque dans les hauts. Enfin, dans le cas contraire, il est plus lâche, plus mou ou plus apte à arriver. C'est aussi par cette dernière raison que les focs sont de très-bonnes voiles pour produire ce dernier effet ; car, outre le bras de levier avec lequel ils agissent, ils sont encore disposés de manière à soulever l'avant du navire ; d'où il suit encore que, lorsque les focs sont traversés au vent ou coiffés, ils contribuent moins, et toutes choses restant d'ailleurs les mêmes, à faire arriver ; enfin, lorsqu'on remarque qu'un foc mis dehors donne un grand accroissement de marche, il est présumable que le bâtiment est trop chargé sur l'avant.

Ces explications présentes à la mémoire, nous allons revenir au sujet principal, et nous passerons au cas où il existe du courant.

Le courant peut avoir la même direction que le vent. — Alors on appareille comme nous venons de le dire ; mais, avant de déplanter, on met la barre à babord ; le gouvernail détermine ainsi l'abattée sur tribord. Dès que l'ancre est dérapée, il faut changer la barre, parce que dès ce moment le navire est entraîné par le courant ; que, par conséquent, ce courant ne choque plus le gouvernail, et qu'ainsi il ne peut y avoir de mouvement communiqué. Si donc on change la barre à tribord, c'est que le navire va culer dans ce même courant par l'effet du vent, et que l'excès de sa vitesse sur celle du courant est une force avec laquelle le gouvernail frappe l'eau, et dont on peut se servir pour faire tourner son bâtiment. La chose est sensible ; cependant quelques auteurs s'y sont trompés : ils ont cru qu'un bâtiment en dérive dans un courant pouvait s'aider de sa translation pour gouverner ; c'est pour cette raison, et pour prémunir contre cette assertion irréfléchie que j'ai insisté sur ce point. *Règle générale :* il faut un choc du gouvernail contre l'eau ou de l'eau contre le gouvernail, pour qu'il y ait une force imprimée ; or, à l'égard du navire qui s'en va au gré seul du courant, comme à l'égard du ballon qu'on abandonne à l'air, il n'existe aucune impulsion dans le sens de la direction de ces fluides ; donc il n'y a pas lieu à gouverner ; et l'un n'éprouve plus alors de choc du courant, de même que l'autre n'en reçoit aucun du vent, quelque violents d'ailleurs qu'ils puissent être.

Il est vrai cependant de dire, et il n'est peut-être pas inutile d'ajouter que le navire conserve quelque temps sa vitesse relativement à l'eau, et que si le courant est moins rapide vers le fond qu'à fleur d'eau, le bâtiment résistera par son pied ou même par son ancre (quoiqu'elle n'adhère plus au fond et qu'elle ne soit que suspendue) à l'action du courant sur les parties les plus élevées de la flottaison ; qu'ainsi il y aura percussion et qu'on pourra se servir du gouvernail ; mais les fonds du navire sont si fins en comparaison de son fort, et cette différence de vitesse entre ce courant supérieur et le courant inférieur est si peu de chose, que l'on peut en général n'y avoir pas égard ; au surplus, on s'en apercevrait le long du bord, car on paraîtrait aller de l'avant, apparence qu'il ne serait pas possible d'attribuer au vent, puisqu'on est masqué dans le cas dont il s'agit, et d'après laquelle on gouvernerait en conséquence. De même, si un grand bâtiment est en travers dans une rivière ou dans un lieu qui soit sujet à de forts courants, l'avant pourra n'avoir pas les courants aussi forts ou aussi faibles que l'arrière, et il y aura lieu à se servir de son gouvernail pour contre-balancer cet effet. Il y a d'ailleurs dans les rivières et dans les détroits des effets du courant très-extraordinaires, et qui, malgré de bonnes brises, forcent le bâtiment à rester quelquefois en travers ; ils sont dus à des chocs de courants divers, produits par des sinuosités ou autres causes locales, et aux combinaisons variées du courant des marées et de celui des eaux douces de la rivière, ou souvent à la superpo-

sition de celles-ci sur les eaux salées. Il est même arrivé
que, dans le *Détroit de la Sonde*, cinq bâtiments de
guerre ont tout à coup cessé de gouverner, quoiqu'il
ventât bon frais, et qu'entraînés irrésistiblement, ils ont
cru leur perte certaine : voiles, ancres, tout était inutile; les voiles n'avaient aucun effet, les câbles cassaient!
La frégate *la Belle-Poule*, entre autres, fut jetée vers
une des îles dont ce détroit est parsemé ; mais elles sont
toutes très-accores, et elles font diverger le courant.
Cette frégate, maîtrisée par ce même courant, longea
donc, avec lui, cette île, sur laquelle elle ne toucha pas,
mais dont les arbres s'engageaient, par leurs longues
branches, dans son gréement; et, l'espoir succédant à
l'effroi très-naturel qui s'était emparé des matelots, elle
se trouva, peu de temps après, dans une mer tranquille.
Dans ces navigations, on doit chercher de loin à découvrir ces courants, dont une des causes peut exister aussi
dans des inégalités sensibles de fond, et qui s'indiquent
assez par de forts remous. Il faut alors les éviter, et, si
l'on vient à s'en trouver enveloppé, le sang-froid seul
peut suggérer les manœuvres à faire et le courage de les
exécuter. Lors de la circonstance dont je viens de parler, un officier d'une grande énergie et d'une figure
très-imposante, *M. Delaporte*, moissonné depuis et encore dans sa jeunesse, n'eut qu'à prononcer le mot de
silence pour faire cesser la confusion, et pour inspirer
à l'équipage la sérénité qui ne l'abandonnait jamais.
Officier plus jeune que M. Delaporte, j'étais alors près
de lui sur le pont, et j'avoue que j'ai été rarement plus
impressionné qu'en voyant cette influence soudaine
d'un noble caractère sur des hommes dont le moral
qui s'affaiblissait n'eut besoin que d'un mot prononcé
par une bouche aimée et respectée, pour se relever

aussitôt. Je crois que quelques exemples convenablement placés ne peuvent qu'ajouter plus de force ou
d'attrait aux règles que je retrace ici, et c'est dans cette
persuasion que je me permettrai d'en citer dans le cours
de cet ouvrage, quand l'occasion s'en présentera.

Nous allons actuellement passer aux cas particuliers
de l'appareillage.

*Le navire peut être évité debout au courant ou à peu
près, et recevoir le vent dans les voiles.* — Alors on borde
et hisse les huniers en dérapant, ou même un peu auparavant pour aider à l'effet du cabestan ; on hisse le
petit foc, on le borde ainsi que l'artimon, dont l'effet est
de ramener le navire au vent ou de balancer les voiles
de l'avant suivant l'exigence ; on se sert de la barre au
même effet, et l'on manœuvre comme il a été dit plus
haut, lorsque, après avoir dérapé, on aurait fait abattre
le bâtiment pour remplir ses voiles. Si l'on était vent
arrière on ne borderait pas l'artimon, mais on établirait
le petit foc ; car, quoiqu'il ne portât pas, il servirait cependant à arrêter les lans qu'on pourrait faire.

*Le navire étant debout au vent, on peut se trouver dans
une position à ne pas pouvoir conserver l'ancre au vent
du taille-mer, ou à ne pas vouloir mettre en panne pour la
placer à poste, soit à cause de l'ennemi, soit à cause d'un
grand vent ou d'une grosse mer en dehors : on peut aussi
avoir sur l'avant, ou par le bossoir et le travers, des dangers ou des navires à éviter et à contourner au loin.* —
Alors il faut en dérapant border et hisser les huniers,
brasser bâbord partout, et mettre la barre aussi à bâbord (nous supposons toujours, pour la commodité de
la construction des phrases, que les bras de perroquet
de fougue sont croisés). Le petit hunier couvre d'abord
le grand hunier ; ainsi, il agit seul et le navire abat sur

tribord en culant; mais bientôt le grand hunier et le perroquet de fougue seront frappés par le vent sur leur surface antérieure, et le gouvernail se fera sentir ; par leur effet, le navire cesse d'abattre sur tribord et il vient sur babord ; actuellement le petit hunier recommence à agir seul : en dressant donc la barre de temps en temps, s'il le faut, ou en s'aidant du petit foc et de l'artimon, on tiendra le bâtiment presque debout au vent; il culera et l'on aura ainsi le temps de caponner l'ancre et de crocher la candelette, ou la facilité de faire un grand circuit sans retoucher à ses voiles. Quand il en est temps on ralingue derrière en carguant l'artimon ; on met la barre au vent, on arrive, et l'on oriente ses voiles suivant la route. Dans ce cas et plusieurs autres analogues, un navire, quand il le peut, doit aller à l'avance, se placer provisoirement en tête de rade où ces inconvénients sont évités.

Le navire peut avoir un danger ou des bâtiments sous le vent. — Pour ne pas tomber dessus, il faut culer le moins possible et remplir promptement ses voiles. Afin d'y parvenir et si l'on veut abattre encore sur tribord, il faut avoir toutes les voiles du plus-près prêtes à établir, tenir le grand hunier et le perroquet de fougue à tête de bois sur les fils de caret, brasser tribord derrière et babord le petit hunier, mais ne hisser celui-ci qu'à mi-mât, c'est-à-dire assez pour qu'on puisse l'effacer en brassant. En déplantant l'ancre, on met la barre à tribord, on borde le petit foc à babord, on largue le petit hunier qui n'a pas été mis en tête de bois afin de moins culer. Dès que les voiles de l'arrière peuvent porter, on les largue et on les borde, on change et l'on oriente devant en hissant le petit hunier, on dresse la barre et l'on continue comme précédemment, en faisant

toutes voiles possibles et en gouvernant au plus-près,
ou de manière à parer les dangers ou les bâtiments. Une
ancre suspendue à l'écubier est toujours un grand obstacle à l'abattée ou au sillage du navire, surtout avec un
câble en filin; aussi, dans cette circonstance, est-il indispensable de virer très-vivement dessus; il ne faut pas
non plus négliger dans tous les appareillages, et surtout dans celui-ci, d'avoir une ancre prête à mouiller en cas que l'on soit porté sur un point que l'on
veut éviter, ou de crainte que le vent ne vienne à changer.

*Le navire peut appareiller en faisant embossure : 1° dans
le cas précédent, et alors il peut déployer à la fois toutes
ses voiles, ce qui est fort majestueux ; 2° pendant un coup
de vent et lorsqu'il n'a pas le temps de lever ses ancres,
ou qu'enfin il est dans un lieu trop étroit pour abattre avec
ses voiles et son gouvernail seulement, car il faut toujours
beaucoup d'espace pour y parvenir ainsi.* — Alors on roidit au cabestan une aussière qui fait embossure ou qui
est frappée sur l'orin, ou sur l'étalingure du câble
mouillé; on la prend par l'arrière dans une galoche et
du côté opposé à celui sur lequel on veut abattre; on
brasse les voiles de l'arrière à contre de celles de l'a-
vant, on abat sur le petit foc et sur le petit hunier qui
est brassé du bord de l'embossure; et l'on y parvient
en virant de force cette embossure, en filant du câble
à mesure et en s'aidant de sa barre; on largue et borde
les autres voiles dès qu'elles peuvent porter, on change
et oriente devant, on coupe le câble ou on sépare la
chaîne, ou on le file par le bout avec une bouée, et peu
après on file ou coupe également l'embossure. On peut,
si l'on veut, brasser le petit hunier comme le grand,
abattre seulement sur l'embossure et le petit foc en y

faisant coopérer la barre de manière à moins culer; et, quand on est assez abattu, on peut mettre toutes les voiles dehors à la fois.

Dans le premier appareillage que nous avons détaillé, on peut encore, soit qu'il y ait ou non du courant, appareiller en mettant dehors toutes les voiles à la fois ; mais il faut que le temps soit doux et qu'il y ait peu de fond ; car, dans le cas contraire, on n'aurait pas assez de temps pour rentrer le câble à bord. Cette manœuvre est fort belle, mais elle exige beaucoup d'habitude et d'ensemble.

On voit également, par un petit temps, appareiller un vaisseau de haut bord, qui, avant de déraper, avait bordé et hissé toutes ses voiles.

Quant aux appareillages avec embossure, il est préférable, lorsqu'on le peut, d'avoir un grelin amarré à terre ou à bord d'un bâtiment voisin, parce qu'alors on peut lever son ancre à l'avance et se tenir prêt à appareiller sur ce grelin que l'on bride à l'avant du navire ; le bout en vient passer dans la galoche de l'arrière pour se garnir au cabestan ; alors, pour appareiller, on largue la bridure de l'avant en établissant le petit hunier ; on abat en hissant le petit foc et en virant au cabestan ; et, quand on est assez abattu, on hèle à terre ou à bord d'un bâtiment voisin, de larguer le dormant du grelin, qu'on rentrera en continuant l'évolution ou en faisant route. Si l'on ne pouvait faire dormant à terre ou à bord d'un bâtiment voisin, et qu'on voulût faire embossure, il vaudrait mieux dans ce cas-ci ne sacrifier ou ne laisser qu'un ancre à jet et son câble; en ce cas, en s'amarrant dessus, on préparerait l'embossure et on lèverait l'ancre de bossoir; on peut encore laisser tomber cette ancre à jet par le travers, en prendre le câble par

l'arrière, et s'en servir comme d'une aussière frappée à
terre ou à bord d'un navire voisin ; on fait ensuite lever
cette ancre par une embarcation qui suit le bâtiment et
qui la porte à bord ; il est bien rare qu'on ne puisse pas
se servir de ce moyen pour recouvrer l'ancre sur laquelle on s'est fait abattre. Quand on est exposé à couper ou laisser l'aussière de l'embossure et qu'elle appartient au bord, il faut chercher à terre ou à bord d'un
navire voisin une boucle ou l'équivalent pour point
fixe ; on fait dormant d'un bout à bord, l'autre passe
dans la boucle et revient à bord au moyen d'un ajût, s'il
le faut ; l'aussière s'use davantage, il est vrai, mais
quand on est appareillé on largue soi-même le dormant,
on hale sur l'autre bout et l'on ne perd rien. Ceci s'applique à tous les cas pareils.

Dans les appareillages avec embossure, le navire abat
beaucoup ; et, comme il n'a pas d'air, il revient difficilement ; il ne faut donc rien négliger pour remédier
à cet inconvénient ; les meilleurs moyens sont de border l'artimon, de mettre la barre dessous, d'orienter
bien près derrière, de n'établir la misaine qu'autant
qu'on peut aussi établir la grande voile, de n'orienter près
devant que lorsque le navire commence à loffer, et de
larguer les écoutes des focs, si on les a hissés et bordés,
pour décider le mouvement de l'abattée ; de même, si
on loffait trop vite, il faudrait également y pourvoir à
temps : un bon manœuvrier, un homme attentif ne tâ-
tonne jamais en tout cela.

S'il ventait grand frais, on compromettrait le mât en
coiffant le petit hunier pour aider à l'embossure, ou en
général pour abattre, car on sait que les mâts sont bien
mieux assujettis par les haubans que par les étais ; il
faudrait alors faire usage seulement de l'embossure ; les

focs peuvent servir à faire abattre dans tous les cas : si,
par un petit temps, au contraire, on craignait de ne pas
bien gouverner, ou s'il existait des courants de sous-
berne, on pourrait, sans préjudice des embarcations,
faire clouer à son gouvernail deux planches en queue
d'aronde.

Lorsqu'on a une voile à border par un vent frais, il
faut mettre une bosse sur l'écoute, si celle-ci fait trop
de résistance, et faire courir cette bosse pour retenir le
coup.

Les appareillages que nous venons de citer doivent
suffire pour éclairer dans toutes les positions où l'on
peut se trouver en partance ; il n'y a plus en effet qu'à
raisonner et manœuvrer par analogie ; ainsi :

L'appareillage, étant sur un corps-mort, n'est autre
chose, en réalité, que *l'appareillage en faisant embossure*,
dont nous avons précédemment parlé. Alors, en effet,
il faut frapper sur le câble du corps-mort un cordage
quelconque, suffisamment fort, et l'amener à bord, après
l'avoir roidi, en arrière du travers ; or, c'est ce qu'on
appelle *faire embossure* ou *mettre un croupiat*. S'il y a
deux câbles distincts au corps-mort, on fait une bridure
sur les deux et en dehors des écubiers, afin qu'ils restent unis quand on les filera ; l'on place ensuite un faux
bras avec une bouée sur l'un d'eux pour en signaler le
bout. Alors on file le corps-mort ; le croupiat se roidit
par l'abattée du bâtiment ; on l'embraque même pour
favoriser, cette abattée après avoir mis le petit hunier
sur le mât, et orienté les voiles de derrière pour le plus-
près, si c'est une allure que l'on doit tenir. Le bâtiment
continue à tourner presque autour de son axe vertical ;
et, quand il est assez abattu, on oriente les voiles de
devant et l'on file le croupiat. Il est inutile d'ajouter

que le croupiat doit entrer à bord du côté qui doit être
exposé au vent après l'appareillage. On peut, en ce cas-
là, ne toucher à ses voiles que lorsqu'on est suffisamment abattu et ensuite les établir toutes à la fois, ce
qui est une manœuvre fort brillante.

Si le courant vient du travers et que l'on soit debout
au vent, lorsqu'on veut abattre du côté opposé au courant, on met la barre du côté du courant, pour que
celui-ci ait moins de prise sur le gouvernail : toutefois,
s'il ventait bon frais et que le bâtiment dût beaucoup
culer, on mettrait la barre du côté où l'on voudrait
abattre. Mais si l'on veut abattre du côté même du courant, on met la barre du côté opposé au courant, à moins
encore que la force du vent ne soit telle que le gouvernail dût recevoir une impulsion plus grande par le sillage que par le courant.

Ainsi encore, un *bâtiment qui dérade* par l'effet d'un
vent violent doit, si les câbles sont cassés, en rentrer
les bouts à bord ; et, si les ancres chassent sans laisser
d'espoir qu'elles s'arrêtent, il doit couper, séparer ou
filer ses câbles en y laissant des bouées sur les bouts ; il
va ensuite se mettre à la cape, le plus possible à l'abri
de la terre, jusqu'à ce qu'il puisse revenir au mouillage
et y draguer ses câbles ou ses ancres.

A ce sujet, il est convenable d'ajouter ici qu'on drague
un câble à l'aide de grappins d'abordage que l'on traîne
sur le fond dans une direction que l'on suppose la plus
perpendiculaire à celle que doit avoir le câble ; les pattes
des grappins doivent ainsi s'engager sous le câble et
servir à le retirer de l'eau.

Quant à une ancre, lorsqu'elle n'a pas de bouée ni
d'orin, on la drague en faisant glisser sur le fond une
corde dont les deux bouts sont portés par deux embar-

4

cations qui nagent dans le même sens, en se tenant
toujours à la même distance l'une de l'autre et en courant parallèlement l'une à l'autre. A l'aide des relèvements qui ont dû être faits, on sait comment il faut diriger la drague. Quand on est parvenu à engager la
corde à une des pattes de l'ancre, les embarcations
tournent en sens inverse autour du point de résistance
qu'elles ont rencontré, afin de fixer la drague à l'ancre ; l'on avise ensuite au moyen de retirer celle-ci
du fond, en coulant des maillons, ou de toute autre
manière.

Dans l'exécution de ces manœuvres, il faut, comme
toujours, entretenir l'ordre, exiger le silence, avoir l'œil
à tout et penser à tout, d'autant que les matelots peuvent être inexpérimentés ou rouillés : il faut donc que,
pendant que le capitaine commande, on veille à ce qu'il
leur soit mis à la main la manœuvre propre, et à ce
que leur nombre soit bien réparti ou distribué suivant
le rôle ; il faut que les voiles que l'on ordonne d'établir
soient bien bordées et étarquées, vivement brassées et
convenablement orientées. Dès qu'une manœuvre n'est
plus nécessaire, il faut qu'elle soit cueillie à sa place :
en changeant une voile, il faut que les manœuvres de
revers soient bien affalées, et ensuite il faut en embraquer le balant. Quant à l'extérieur, il faut observer
si l'évolution a lieu comme on le projette, si l'on ne
tombe sur aucun bâtiment ou si aucun ne tombe sur
vous, si l'on ne s'approche d'aucun danger, dans lesquels cas il faut mouiller, ou éviter le mal soit en
arrivant tout plat, soit en loffant et masquant partout ;
il faut encore remarquer si le courant ne vous maîtrise
pas et si l'on ne se trouve pas en un lieu où il change
de force et de direction, si le cours ou l'intensité du

vent ne varie pas à cause des côtes plus ou moins élevées qui vous environnent ou par toute autre raison.

Il est aussi très-important, quoiqu'on paraisse aller de l'avant, à en juger par le sillage, de s'assurer si, réellement et à cause du courant, on ne cule pas par rapport à la terre; pour y parvenir, on prend des remarques au dehors, ou bien aussi on jette un plomb de sonde au fond. Quand on a du doute sur les passes ou sur la route à suivre, on fait sonder, et l'on place un homme sur la vergue de misaine, ou l'on envoie un canot de l'avant en éclaireur : il faut avoir des embarcations prêtes à vous faire abattre ou à vous remorquer, si le temps est mou; il faut faire attention aux bâtiments qui peuvent se trouver au large pour s'assurer qu'ils n'ont pas des vents différents ; il faut avoir pris note de ses relèvements et avoir un compas sous les yeux pour se diriger entre les terres sans hésitation. Si l'on fait monter un plan ou une carte sur le pont, il faut les consulter sans affectation et de manière à ne pas intimider l'équipage ni à déceler de l'embarras, du trouble ou de la suffisance ; enfin on ne doit rien négliger pour être à même de prévenir l'effet d'événements qui souvent ne sont funestes que par inattention, imprévoyance ou présomption.

Le manque de succès d'une escadre qui sortit de *Toulon* en 1801, sous les ordres du contre-amiral *Ganteaume*, dépendit de deux de ses vaisseaux qui, par un très-beau temps, abattirent à contre et s'échouèrent en appareillant. L'escadre sortait inaperçue; elle ne put faire route que le lendemain, et ce même lendemain, une frégate ennemie arrive, reconnaît l'escadre, et s'échappe aussitôt pour sonner l'alarme et pour donner l'éveil.

Quelque temps après l'appareillage, ou au moins

quand on se trouve à *cinquante lieues de terre*, et que la traversée doit être longue, on détalingue ses câbles, on les met à poste et l'on bouche les écubiers avec des tampons. On ne doit pas oublier, par la suite, d'étalinguer ses câbles de nouveau quand on se rapproche du mouillage et qu'on s'en estime à 50 lieues au plus. Si le trajet devait être de peu de jours, on laisserait deux câbles étalingués, on boucherait les écubiers libres avec leurs tapes, et l'on aveuglerait ceux où il resterait des câbles, avec des demi-tapes ou avec des languettes en bois, dont les plans qui constituent le coin auraient très-peu d'inclinaison entre eux.

Quelquefois on appareille, et nous en avons parlé, en coupant ou en séparant ses câbles, ou en les filant par le bout, et laissant une bouée dessus si l'on a l'espoir qu'ils puissent être sauvés et conservés ; mais on n'en vient à cette extrémité que lorsque l'ancre est engagée au fond et qu'on a inutilement mis tout en œuvre pour la lever, ou que le temps est mauvais, ou que la marée ou toute autre circonstance vous presse, ou qu'on n'a pas de temps à perdre pour fuir une côte sur laquelle on a été forcé de mouiller après avoir été affalé, ou enfin que pour chasser ou fuir un ennemi qui se présente tout à coup à la vue.

On peut aussi appareiller sur le grand foc seulement : alors, après avoir abattu, on se tient en travers en mettant la barre dessous, et l'on traverse ainsi son ancre ; mais il faut, pour en agir ainsi, avoir bon vent et beaucoup de fond, ou point de navire sous le vent. Généralement, en dérapant, il faut virer un coup de force pour déplanter, à l'instant où l'on voit que le bâtiment fait un lan ou une abattée favorable aux amures que l'on veut prendre.

D'autres fois on n'est pas encore à pic que l'ancre
dérape et que le bâtiment chasse; il faut alors virer vivement; mais si le navire est gêné ou borné dans son appareillage, et qu'il craigne un abordage ou un échouage,
il doit appareiller en larguant toutes ses voiles pour entraîner facilement son ancre et la sauver; si cette ancre
devient ou trop gênante ou trop dangereuse, il doit encore couper, séparer ou filer le câble. Il en arrive ainsi
quand le fond est accore, qu'il est dur et plat, ou qu'il
vente grand frais. Le vaisseau *le Jean-Bart* fut obligé
d'avoir recours à ce moyen en 1804, au *Port de Paix*,
île *Saint-Domingue*. Dans ces cas-là, il faut, si la chose
est possible, s'amarrer sur un bâtiment voisin pendant
qu'on lève son ancre.

Dès qu'on a achevé de virer au cabestan, on a dû remettre en place les épontilles qu'on avait fait lever pour
pouvoir virer, et qui empêchent les ponts de s'affaisser.

Il est utile, en général, dès qu'on quitte une rade, de
bien considérer la terre sous tous ses aspects, afin d'être
plus à même de la reconnaître si l'on revient jamais
vers le même point.

CHAPITRE VI

I. De la Panne; un Homme à la Mer; des Différentes Manières de
Mettre en Panne. — II. Mettre à la Mer et Rehisser à Bord une
Embarcation.

I. Nous venons de voir que la première manœuvre
ordinairement à faire après l'appareillage était celle de

la *Panne*, afin de pouvoir mettre commodément son
ancre à poste, ou hisser ses embarcations à bord. On
met encore *en panne*, ou *en travers*, ou enfin *vent dessus,
vent dedans*, quand on veut attendre un convoi ou des
bâtiments de conserve ; qu'on a besoin de mettre un
canot à l'eau ; qu'il faut sonder par de grands fonds ;
qu'on veut s'arrêter pour prendre un pilote, ou parce
qu'on craint de tomber sur la terre aux arrivages et
pendant la nuit ; c'est encore une manœuvre à faire
quand on a le dessein de défier ou d'intimider un ennemi d'égale force placé au vent, soit qu'on ne puisse
le gagner et qu'on veuille le narguer en abandonnant
ainsi la chasse, soit qu'on veuille faire bonne contenance pendant qu'il arrive sur vous ; mais on ne doit
l'attendre ainsi que jusqu'à grande portée de canon
au plus, car un bâtiment évoluant aurait beaucoup
d'avantage sur un bâtiment en panne. Enfin, on met
en panne toutes les fois que l'on veut rester à peu près
à la même place, et surtout quand, malheureusement,
un Homme tombe à la Mer : aussitôt il faut non-seulement mettre en panne, mais encore diminuer de voiles
le plus possible ; il faut jeter la bouée de sauvetage,
faire dessaisir l'embarcation la plus facile à mettre dehors, l'expédier dès qu'on le peut avec un armement
d'hommes adroits et énergiques dont la présence sur le
pont est vérifiée chaque jour par de fréquents appels,
et ordonner expressément à l'un des gabiers les plus à
portée, de suivre constamment l'homme des yeux ; on
peut même, du bord, le relever avec la boussole, surtout s'il y a de la brume ou si la nuit se fait ; enfin, en
expédiant le canot, il faut beaucoup surveiller celui-ci,
principalement dans ces derniers cas : on le munit alors
d'un compas et d'un fanal ; d'un compas, pour pouvoir

trouver l'homme et ensuite regagner le bord ; d'un fanal, pour éclairer le compas et pour que le bâtiment ne
perde pas le canot de vue. On donne à ce canot les
renseignements les plus exacts, les ordres les plus précis, et l'on ne peut abandonner la recherche de l'in-
fortuné que lorsqu'il y a danger ou inutilité évidente à
persister : chaque jour, avant la nuit, le fanal est préparé en cas d'événement, et les hommes destinés à la
manœuvre du canot de poupe et de la bouée sont
désignés. Quelques bâtiments ont l'utile précaution
d'avoir deux bouées de sauvetage, l'une qui tient au
bord par une ligne, et l'autre qui est libre ; ils les jettent à la fois : elles ont un petit mât, un pavillon pour
le jour et un feu de bengale qui s'allume par le fait de
la chute pour la nuit. Ces bouées ont des cordes pour
s'accrocher, et celles-ci sont soutenues sur l'eau par des
morceaux de bois ou de liége. Si l'on navigue en compagnie, il faut aussitôt faire le signal d'un homme
tombé à la mer, pour que les bâtiments qui sont à
portée puissent lui porter secours. Si l'on navigue en
escadre, il faut sortir de la ligne pour laisser passer les
matelots de l'arrière.

Quand l'embarcation a été expédiée, si la mer est
grosse ou le vent violent, le bâtiment doit laisser arriver,
s'il y a lieu, pour aller se placer sous le vent à elle, afin
de faciliter son retour ; l'on pourrait même, dans plusieurs cas, mettre à son bord le bout d'une aussière ou
d'un faux bras, afin de pouvoir haler cette embarcation
vers le bâtiment, et faciliter son retour quand elle aurait accompli sa mission, ou si elle avait trop de peine
à gagner avec ses avirons. Il est telle circonstance où
cette sorte de va-et-vient peut opérer le salut des
hommes et du canot.

Il y a aussi des bouées de sauvetage qui sont garnies de fusées ou d'artifices pour les éclairer pendant la nuit, et pour servir d'indication et de guide à l'homme qui est tombé à la mer. C'est un objet qui attire constamment l'attention des amis de l'humanité, et dont le perfectionnement est incessamment attesté par l'adoption de nouvelles inventions ou améliorations.

Toutes les fois que l'on met en panne, on fait bien de rester sous les huniers, l'artimon, le petit foc et les perroquets au plus, ou de se réduire à cette voilure. Il est évident que plus on aurait de voiles dehors, plus on dériverait ; d'abord, parce que le vent agirait sur une plus grande surface ; en second lieu, parce que le bâtiment serait plus incliné, et que les œuvres-vives auraient ainsi moins de pied pour s'opposer à la dérive.

Il y a deux manières principales de mettre en panne ; mais comme pour exécuter cette manœuvre il faut rallier le vent, nous supposerons que le bâtiment y soit déjà venu et qu'il ait au moins le vent par le travers.

La première manière de prendre la panne consiste à mettre la barre dessous et à masquer en même temps le grand hunier en le brassant au vent ; bientôt le grand hunier qui reçoit le vent sous un angle plus ouvert que les deux autres, suffit pour détruire leur impulsion de l'avant, et le sillage est détruit. Il faut que le petit hunier soit bien effacé, si l'on craint de virer de bord. Comme une fois l'air amorti, le navire devient très-mou, il faut généralement filer le foc et border la brigantine : de la sorte on évite des embardées et des aculées.

La seconde manière consiste à mettre aussi la barre

dessous et à masquer en même temps le petit hunier en le brassant au vent; bientôt le petit hunier, qui reçoit le vent sous un angle plus ouvert que les deux autres, suffit pour détruire leur impulsion de l'avant, et le sil lage est également détruit.

Dans l'un ou l'autre cas, cependant, si l'on craignait de virer de bord ; si la mer était assez grosse pour que le gouvernail en fût frappé trop fortement et en souffrît, ou pour qu'il fatiguât le navire en lui faisant choquer les lames avec violence, et qu'il le fît, ainsi barré, lutter durement contre la mer, je ne crois pas qu'il y eût d'inconvénient, quoique malgré l'usage et quelques auteurs, à dresser la barre et à la diriger comme à l'ordinaire ; je pense au contraire qu'il y aurait de l'avantage à gouverner son bâtiment, ·ne fût-ce que pour mollir la barre au besoin et pour épargner de fortes secousses à la mâture. C'est alors ce qu'on nomme une panne courante, et c'est ce qu'on a soin de faire en escadre pour rester en ordre.

Ces deux pannes sont généralement les seules usitées, et il est facile de comprendre qu'ainsi le navire doit cesser d'aller de l'avant, et que s'il culait c'est qu'on aurait trop brassé le hunier coiffé ; or ceci est d'autant plus à éviter que plus le hunier coiffé serait effacé, plus on dériverait. D'un autre côté, la barre est dessous, parce que, n'ayant pas d'air puisqu'on masque le hunier, il est hors des probabilités qu'on prenne le vent de l'autre bord, et que si, par l'effet d'une lame ou de toute autre cause, on arrivait et allait de l'avant, la barre qui est dessous ou qu'on y mettrait momentanément si elle n'y était pas, ramènerait bientôt le navire au vent. D'ailleurs, comme nous l'avons déjà dit, il faut conserver le moins de voiles possible, et peut-être même

ferait-on bien d'appuyer un peu les bras du vent des
voiles, qui restent pleines, et de masquer à peine celles
que l'on coiffe. Si le vent était fort et qu'on craignît
qu'un hunier coiffé ne fît démâter, il faudrait serrer le
perroquet de fougue, amener principalement le hunier
que l'on veut coiffer, car nous avons déjà remarqué
qu'un mât est bien moins soutenu par ses étais que par
ses haubans; et amener même celui qui porte, si le
vent est assez fort pour donner à penser qu'il y a du
danger pour la mâture, ou sous le rapport de la stabilité,
à le conserver haut. Enfin, si l'on ne pouvait porter
aucune voile carrée, on se mettrait, autant que possible,
debout au vent et sous l'artimon seul. Ce serait bien
alors le cas de ne pas placer la barre dessous, mais de
se tenir prêt à la mollir.   ·

Il est à peu près indifférent de mettre en panne en
présentant tel ou tel bord au vent; cependant, s'il y a
des grains à l'horizon et qu'on ne puisse quitter la panne
et faire route, ce qui est sans contredit ce qu'il y a de
mieux alors, il faut prendre le travers sur le bord qui
fait le plus présenter l'arrière au grain que l'on redoute,
et cela afin de ne pas être masqué s'il s'élève et qu'il
frappe à bord; on fait bien d'amener même ses huniers
à l'avance et encore de les serrer, en se mettant sous
l'artimon seulement et en se tenant prêt à rallier le vent
que l'on présume devoir souffler. De même, si l'on met
en panne au vent d'une terre ou d'une passe, il faut s'y
établir sur le bord qui permet de tenir le plus-près et
de faire route le plus au large, en éventant seulement
le hunier coiffé; car si, dans la position contraire, les
courants ou toute autre cause portaient le bâtiment vers
la côte ou vers quelque danger, il ne resterait peut-être
plus assez d'espace, quand on s'en apercevrait, pour

faire le tour en se mettant vent arrière et prenant le vent
de l'autre bord. Ceux-là doivent bien sentir la nécessité de cette précaution, qui ont vu une division de trois
vaisseaux de ligne se mettre en panne tribord au vent,
au nord des récifs qui ferment la rade du *Cap* (île *Saint-
Domingue*), et qui, attendant un pilote, furent affalés
sur ces mêmes récifs ; lorsqu'ils jugèrent l'imminence
du péril, la bordée de tribord leur était interdite, parce
que, vers l'extrémité occidentale des récifs, leur gisement s'approche du Nord-Ouest; pour prendre celle de
babord, il fallait faire le tour vent arrière ; l'espace man-
qua et ils touchèrent tous : le *Desaix* y périt; le *Saint-
Génar* se sauva par miracle, et le troisième vaisseau talonna : s'ils eussent présenté babord au vent, et si, par
conséquent, ils n'avaient pas été forcés de faire un grand
circuit pour prendre cette bordée, il paraît certain
qu'aucun d'eux n'aurait touché. J'ai également connaissance d'un bâtiment de commerce qui vient de se
perdre en attendant un pilote devant un port, faute d'a-
voir pris la panne du bord qui lui permettait le plus de
faire route vers le large.

Chacune des deux pannes principales que nous avons
décrites détruit le sillage du navire, mais chacune a ses
avantages particuliers. Lorsqu'on est seul, on met ordinairement le grand hunier sur le mât, parce qu'alors
les vergues sont bien disposées pour embarquer ou débarquer des canots par sous le vent, et qu'en outre, la
mâture qui supporte cette voile est mieux soutenue par
la direction de ses étais que le petit mât de hune. Si
l'on a des bâtiments autour de soi, et qu'on se trouve au
vent de celui avec lequel on craint le plus l'abordage,
on prend cette même panne du grand hunier, parce qu'il
suffit d'avoir l'artimon dehors ou seulement le foc d'ar-

timon, pour être sûr qu'en dressant la barre et orientant le grand hunier afin de remettre en route, le bâtiment n'arrivera pas davantage sur son voisin. Au contraire, le bâtiment de sous le vent aura dû coiffer le petit
hunier, s'il a voulu parer l'abordage avec celui du vent;
il suffit alors de mettre la barre au vent, de larguer les
boulines, de peser un peu sur les bras du vent derrière,
de traverser les focs et de carguer l'artimon pour arriver plat et se soustraire à l'abordage; quand on est assez
abattu, on se remet en panne.

Lorsque l'objet de la panne est rempli, on oriente ses
voiles pour faire route, ce qui s'appelle *Faire servir*.
Quand on tient la panne du grand hunier et qu'on veut
faire servir, on a prescrit de coiffer devant, de ralinguer
derrière, de carguer l'artimon et de border les focs au
vent; je crois cependant qu'on peut se dispenser de
coiffer devant; dans les deux cas, on borde le foc, on
dresse la barre dès que le navire commence à prendre
de l'air, on oriente derrière, on établit de nouveau ses
voiles de l'avant si on les a coiffées, et l'on gouverne et
l'on balance ses voiles de manière à faire la route voulue.
Pour quitter la panne du petit hunier, il faut carguer
l'artimon, border les focs, ralinguer derrière; et, comme
on abattrait beaucoup, il faut changer devant dès que
l'abattée est bien décidée et dresser la barre en même
temps; on oriente derrière et ensuite l'on gouverne et
l'on balance ses voiles de manière à faire la route voulue. Généralement, on peut même se dispenser de ralinguer derrière.

Il est une troisième manière de mettre en panne avec
les voiles carrées, mais elle est peu usitée : elle consiste à masquer les trois huniers, et il suffit qu'ils soient
effacés d'un quart de l'arrière du travers; ici l'on cule

un peu, et il faut placer la barre et balancer les voiles
auriques de manière à se tenir toujours légèrement
masqué en culant ; cette panne n'est autre chose qu'une
des évolutions que nous avons indiquées en parlant de
l'appareillage. Pour faire servir alors, il suffit de mettre la barre dessous, de brasser en ralingue derrière, de
carguer l'artimon, de traverser les focs, et, dès que le
navire arrive, on change devant, on dresse la barre quand
on est à peu près étale, on oriente derrière, et l'on fait
la route et la voilure convenables. Cette panne, si elle
n'était pas sujette à des embardées considérables, serait
fort bonne surtout en armée, parce que les voiles y sont
fort bien disposées pour produire peu de dérive ; il est
encore vrai qu'elle fait un peu culer, mais l'on peut y
obvier, comme cela se pratique souvent, en se conten-
tant de ralinguer les huniers ; elle exige en outre
la manœuvre des trois huniers, soit pour mettre en
panne, soit pour faire servir ; et l'on doit, en général,
préférer les manœuvres où l'on touche le moins aux
voiles.

On pourrait encore citer plusieurs pannes analogues,
et entre autres celles-ci : le grand hunier brassé carré,
le petit hunier en ralingue, le perroquet de fougue plein.
Avec cette panne, on cule peut-être trop, mais on dérive peu : en général, toutes ces manières de mettre en
panne reposent sur les effets obtenus par les deux pannes principales que nous avons décrites les premières,
et elles s'en rapprochent toutes plus ou moins. Celle
dont nous venons de parler a l'avantage de masquer
fort peu le seul hunier qui soit coiffé ; on peut en effet
remarquer que lorsqu'un hunier est masqué, il porte
par sa partie inférieure sur les bords antérieurs de la
hune, où le frottement le rague et le détériore ; quel-

quefois, en ce cas, on amène un peu cette voile quand le vent souffle avec quelque force, pour atténuer les suites de ce frottement.

Il est essentiel, quand on se met en panne, de bien observer la direction et la quantité de la dérive, le cap moyen entre les arrivées et les oloffées, le sillage, s'il y en a, de l'avant ou de l'arrière, et la durée précise de la panne ; il faut aussi faire scrupuleusement entrer en ligne de compte l'oloffée si l'on a fait un contour au vent pour venir en travers, et l'arrivée qui a eu lieu en faisant servir. Ces remarques servent ensuite à l'appréciation de la route faite, pour en tenir compte dans le calcul du point.

La panne est de toutes les manœuvres la plus facile peut-être à exécuter ; il faut cependant faire attention à la mâture, car des huniers coiffés peuvent la mettre en danger ; il faut veiller l'horizon et les grains ou les sautes de vent ; et, quand on est entouré de bâtiments et que surtout on fait servir, on doit les observer avec soin, d'autant qu'on n'a pas d'air et qu'on ne peut facilement s'éloigner de quelqu'un d'eux sur lequel on serait porté quand on n'a pas prévu le danger. On vit en 1801, dans le sud de la *Sardaigne*, deux vaisseaux d'une escadre qui venait de mettre en panne et qui faisait servir, s'approcher et s'aborder : l'un démâta du mât d'artimon, l'autre du beaupré et du petit mât de hune ; la nuit, il venta grand frais, et l'on craignit de les perdre sur les côtes de la *Barbarie* ; cependant le vent changea, mais on ne put les abandonner seuls à cause de l'ennemi ; il fallut les escorter au port, et cette expédition, qui portait des renforts à notre armée d'Égypte, fut manquée. Si des évolutions aussi simples peuvent, par un beau temps, avoir de tels résultats, de quelle vigilance et de quelle attention l'officier de marine ne doit-il pas se faire une suprême loi?

II. La panne, comme nous l'avons dit au commencement de ce chapitre, est une manœuvre que l'on pratique lorsqu'il s'agit de *mettre à la mer une embarcation, ou de la rehisser à bord ;* cette opération est très-simple lorsqu'on l'exécute en rade, où les exercices doivent la rendre toute familière ; il n'en est pas ainsi quand il s'agit d'opérer à la mer. Les précautions à adopter pour les hommes, les ménagements à prendre pour les embarcations à cause des roulis et du tangage, en font, surtout quand la mer est forte, un travail qui demande beaucoup de soins et de prudence. Il faut que le temps soit bien gros pour qu'un bon canot bien armé ne puisse pas s'élever à la lame et tenir la mer, principalement si l'on a attention de le ranger, au besoin, debout à sa direction ; aussi n'est-ce pas là la grande difficulté ; elle consiste dans l'action de le débarquer et de le rembarquer sans choc ni abordage, et dans celle de le faire déborder ou accoster sans malheur ni avarie. Cependant il est des bornes à tout, et il y a des lames telles qu'un capitaine doit s'interdire d'exposer l'armement d'un canot à une perte à peu près indubitable, à moins que le salut de l'équipage à bord ne soit très-compromis.

Le bâtiment qui veut mettre une embarcation à la mer doit prendre la panne sur le bord où la mer le fatigue le moins, et dans une direction, par rapport au point où l'embarcation doit se rendre, telle qu'elle puisse l'atteindre le plus facilement et le plus sûrement. Si c'est le porte-manteau que l'on met à la mer, il est à désirer que le cap de ce canot se trouve convenablement évité quand le bâtiment a pris la panne; on met deux hommes à bord avant de larguer les garants, et, ceci est général, on garnit le canot et on le munit de tout ce qui est nécessaire pour sa navigation et sa mission : on largue les saisines, on file ensuite les deux palans ; chacun des deux hommes fait courir les garants, et à peine a-t-il touché la mer qu'on largue en grand. Les autres canotiers s'affalent aussitôt ; on décroche les palans et l'on met le canot en route. Si c'est un canot de portehaubans, on agit de même, mais il faut, en se mettant en panne, que ce canot se trouve sous le vent pour éviter le choc de la lame. Ces canots ont des bosses pour se retenir au bord, en cas qu'il y ait quelque chose d'oublié, ou pour recevoir d'autres personnes qui s'y embarquent.

Si c'est une embarcation du pont et que le temps soit assez mauvais pour ne négliger aucune précaution, voici comment on s'y prend ; mais nous ferons observer qu'on y met d'autant plus de simplicité que le temps est moins mauvais. Après avoir pris le travers en mettant le grand hunier sur le mât, on passe les fausses balancines, et pendant ce temps l'on dessaisit l'embarcation avec prudence. Vous mettez dessus les deux palans d'étai et les deux palans de bout de vergue, un devant, un derrière ; quatre palans de retenue, ou simplement des faux bras, deux devant, deux derrière ; enfin un palan de tangage sur l'avant. On roidit le balan partout, on prend des retours et l'on dispose son monde. Deux hommes sont dans l'embarcation pour affaler les étais et les bouts de vergue quand on amènera, et deux ou un plus grand nombre se tiennent par le travers avec des gaffes pour défendre du bord ; on rentre la batterie par le travers de sous le vent, et l'on a soin d'y placer des bouts de câble ou de grelin pour servir de défenses en dehors du bord. Quand tout est paré, on fait hisser ; or, avec ces précautions et ces moyens bien dirigés, l'embarcation doit être mise lestement et sûrement à l'eau. Si l'on doutait des palans d'étai, ou s'il fallait mettre beaucoup de monde dans une embarcation fort lourde, on se servirait des caliornes de poste. Nous croyons devoir rappeler ici ce que nous avons dit (chapitre III) au sujet d'une embarcation qui, par un très-mauvais temps, allait porter du secours à bord du *Brunswick*, peu après qu'il eut été jeté à la côte.

On a inventé beaucoup de mécanismes pour décrocher promptement les palans et même pour filer le canot sur un seul bout de filin, afin d'éviter le danger de poulies lourdes qui se meuvent violemment en l'air. L'un des meilleurs systèmes est celui de M. Clifford pour les canots légers.

Pour recevoir et rehisser un canot à bord, placez-vous dans une position telle qu'en prenant la panne, l'embarcation puisse facilement gagner le bord ; préparez des amarres pour lui en jeter le bout ou le lui filer avec une bouée, afin de pouvoir le haler à l'échelle ; affalez les mêmes palans et les mêmes retenues pour les crocher, dans tous les cas, avec promptitude ; passez une forte aussière dans les sabords de seconde batterie, devant et derrière, pour servir de retenue ; ne laissez dans l'embarcation que les hommes nécessaires pour crocher ou pour défendre du bord ; hissez les palans d'étai et de bouts de vergue, mais ceux-ci meilleur ; contre-tenez avec les aussières ; dès que l'embarcation est au ras des passavans, crochez les retenues, mollissez les aussières, ayez du monde pour conduire l'embarcation en dedans, comme vous avez pu en avoir pour la pousser à bras au dehors quand elle a été soulagée, et vous la remettrez à sa place et l'y saisirez sans danger ni avaries.

Si le canot à mettre à l'eau était sur le pont et ne se

5

trouvait pas par–dessus les autres, on mettrait ceux–ci
et de la même manière, soit à la mer pour les filer de
l'arrière, soit momentanément sur les passavans, selon
le temps qu'il ferait.

Cet objet de la panne ou tout autre étant rempli, on
fait servir.

CHAPITRE VII

I. Du Bâtiment en route, ou Considérations sur l'Orientement et la
Disposition des Voiles sous toutes les Allures, et en général sur la
Mâture et la Voilure. — II. De la Stagnation, de l'Affolement des
Compas ou Boussoles, et de l'Attraction Locale ; des Girouettes et
Penons ; de la Vitesse relative du Vent, du Navire et des Lames.

I. Après avoir fait servir, le *Bâtiment se met en Route*,
et c'est alors qu'on doit redoubler de surveillance pour
conserver sa mâture, pour ménager ses voiles, et cependant pour faire le plus de chemin.

A l'égard de la *Mâture*, il ne faut pas trop la charger de voiles, surtout pendant les grains qu'on peut attendre de pied ferme, mais qui doivent vous trouver
entièrement sur vos gardes : nous en parlerons en particulier par la suite. Les mâts doivent être coincés et tenus avant le départ, et les mâts supérieurs bien suivés.
La mâture doit, d'ailleurs, être telle qu'elle se trouve
verticale quand le bâtiment est droit (nous parlons en
général d'un trois-mâts dans cet ouvrage) ; car alors,
pendant toutes les inclinaisons possibles, c'est cette position qui paraît conserver le plus souvent à l'action des
voiles l'effet par lequel le navire se meut le plus paral-

lèlement à lui-même. Je sais que ce point est contesté,
et que, bien qu'il arrive parfois de voir le vent souffler
de quelques degrés de haut en bas et presque jamais de
bas en haut, plusieurs officiers pensent qu'une mâture
inclinée sur l'arrière procure plus de marche au bâtiment et de meilleures qualités, surtout celle de lui permettre de mieux se relever au tangage et d'adoucir celui-ci; la question sera peut-être longtemps indécise;
mais ce qui ne l'est pas et qui, avant la solution, doit
faire préférer la mâture droite, c'est qu'alors elle est
plus solide, mieux appuyée, moins fatiguée par le poids
de ses vergues et de son grément, et que, dans un grain,
les vergues hautes sont plus faciles à amener. Il semble
d'ailleurs qu'un mât de misaine incliné sur l'arrière nui-
rait à l'évolution d'abattre quand on serait vent devant,
ce qui est fort utile dans un virement de bord, comme
nous le verrons ci-après. En effet, à l'instant où le navire serait coiffé ou vent debout, une grande partie de
la force du vent serait perdue par l'effet de cette inclinaison. Cette disposition du mât de misaine tendrait
encore à rendre le navire moins apte à abattre.

La mâture droite paraît donc la plus avantageuse, et
c'est l'opinion énoncée par *Romme* dans son *Art de la
marine*. «La direction du vent, dit-il, peut toujours
« être regardée comme parallèle à la surface du globe ;
« par conséquent, la position des voiles la plus favora-
« ble est la verticale, et les mâts qui les portent doivent
« être situés de la même manière. » Cependant le mât
d'artimon se penche habituellement un peu sur l'arrière, sept ou huit degrés environ ; cette inclinaison rend
un peu plus ardent, puisque ainsi le mât agit sur un
point du pont, et par conséquent du navire, qui se
trouve un peu moins de l'avant ; il passe aussi plus de

vent sur le grand hunier quand on court grand largue
et vent en poupe; d'ailleurs, on peut ainsi brasser et ouvrir le perroquet de fougue un peu davantage; les vergues de cette voile sont moins fatiguées au tangage par
le coup de fouet que peut donner la mâture; enfin on
trouve cette installation plus agréable à l'œil; mais ces
raisons sont à peine admissibles pour ce mât, dont les
voiles contribuent un peu au sillage proprement dit, et
sont trop faibles pour détruire les avantages que l'on
trouve à tenir les deux autres mâts droits. En effet, si
le bâtiment est lâche ou ardent, s'il tangue beaucoup,
on peut y remédier par ailleurs; et si les mâts n'avaient
pas été assez écartés pour ne pas s'entre-intercepter le
vent dans certaines circonstances et que la chose eût été
possible, le constructeur les aurait éloignés davantage.
Une plus forte inclinaison du mât d'artimon donne à sa
hune une pente trop grande et un coup d'œil qui dé-
plaît, à moins qu'on ne corrige ces défauts, ce qui encore
a des inconvénients, en garnissant les jottereaux de
coins ou languettes. A bord des bâtiments à voiles latines ou auriques, les mâts sont, il est vrai, penchés sur
l'arrière; mais les haubans doivent y avoir plus d'épatement vers cette partie, pour faciliter le jeu des voiles; et
les mâts y étant très-peu tenus en haubans, ont besoin
de cette pente pour acquérir plus de solidité; par la
même raison de solidité, le mât de misaine s'y place
droit, si l'étai du grand mât aboutit à sa tête.

Les *Voiles* doivent être balancées de manière qu'on
n'ait pas au delà d'un demi-tour de roue de plus d'un
bord que de l'autre; elles doivent être aussi planes que
possible, et pour cela il faut que le voilier y ait laissé
le moins de fond qu'il a pu, et qu'elles soient bien étarquées. Ces précautions paraîtront indispensables si l'on

réfléchit combien les voiles perdent de leur action par
suite de la courbure qu'elles contractent inévitablement
à cause de leur flexibilité. Une voile courbée en hémisphère ne recevrait que le quart de l'impulsion qu'elle
aurait reçue si elle eût été aussi plane que possible.
Cette courbure, telle qu'elle est ordinairement, est moins
considérable à la vérité, mais elle prend de l'accroissement si le vent augmente, et elle va jusqu'à occasionner,
dans l'angle d'incidence du vent sur la voile, une altération qui peut atteindre vingt degrés, et qui même a
fait avancer, par certains physiciens, que le vent ne
pouvait agir dans toute l'étendue concave de la voile que
par l'effet de son ressort ou de sa force élastique. Il est
donc de la première importance de s'appliquer à diminuer cette courbure, car elle influe beaucoup dans
l'expression de la force des voiles ; cette expression est
établie ainsi qu'il suit dans l'ouvrage de Don *Georges
Juan*, intitulé : *Examen maritime* : «Les forces des voiles
« sont en raison directe, composée de la surface de
« toutes les voiles, de la vitesse du vent, du sinus de
« l'angle que la direction du vent forme avec les vergues,
« et de la raison qu'il y a entre le sinus et l'arc de la
« demi-somme des angles que la voile forme avec la
« vergue dans ses extrémités, en raison de sa courbure.»
Toutefois, c'est peut-être le cas de dire ici que la théorie
pure a rendu très-peu de services à l'art de la voilure, et
Forfait, dans son *Traité de la mâture et de la voilure*,
convient expressément que ce n'est qu'à l'aide du tâtonnement qu'on est parvenu à fixer les règles que l'on
suit maintenant. Des expériences citées dans les *Recherches expérimentales* du lieutenant de vaisseau *Thibault*
(1826), indiquent même qu'il serait préjudiciable à
l'effet des voiles qu'elles fussent tout à fait planes ou

sans courbure, ce qui renverse selon lui les raisonnements de tous les auteurs qui ont écrit sur la Manœuvre.
Toutefois la nature des choses, dans la pratique, semble,
pour cette hypothèse, avoir elle-même posé d'heureuses
bornes, car il est peut-être impossible de tailler et de
faire une voile dont la courbure ne pèche par excès.

Quant à la quantité dont les voiles doivent être brassées
pour produire un effet convenable, les géomètres qui
ont traité ce point avec le plus de succès ont trouvé que,
quel que soit l'angle de la direction du vent avec la
ligne vers laquelle doit agir la voile, cet angle devait
être partagé de telle sorte par la vergue, que la tangente de l'angle formé par le vent et la vergue fût double de la tangente de l'angle formé par la vergue et la
ligne vers laquelle doit se mouvoir le navire. Selon cette
règle, il faudrait orienter ses voiles à 25° pour le plus-
près, ou même, suivant *Euler*, à 20° 30′ de l'avant de
la quille. D'après les mêmes autorités, les voiles étant
ainsi disposées, on loferait jusqu'à ce que le vent
frappât les voiles sous un angle de 26°, ce qui ferait
porter à 4 rumbs à peu près. Ce précepte, quoique impossible à exécuter dans la pratique à bord des traits-
carrés, offre cependant l'avantage d'indiquer que les
localités s'opposant de beaucoup à ce que l'on ouvre
autant les voiles, on ne peut être en défaut qu'en ne les
ouvrant pas assez ; ainsi le manœuvrier doit faire brasser autant qu'il est permis ; peut-être même en essayant
de s'approcher de la règle au delà de ce que permettent
les installations ordinaires, y aurait-il du désavantage
à le faire, à cause de la dérive. Afin d'obtenir cet orientement, il faudrait encore que la disposition des haubans
fût changée, ce qui ne pourrait guère avoir lieu qu'en
compromettant la mâture ; or cette mâture, ainsi que

les vergues dont l'obliquité des bras rendrait alors l'appui très-peu efficace au vent, serait plus en danger, puisque l'effort se ferait davantage dans le sens des haubans du travers qui sont ceux qui ont le moins d'épatement. Il y a des traits-carrés qui brassent à 35° environ, ou dont les vergues font avec la quille un angle d'à peu près 1 rumb de plus que le pistolet d'amure de misaine ; le vent, si on le prend à six quarts, frappe alors la voile sous un angle de 30° au moins, et c'est ce qu'il y a de mieux en pratique, si le bâtiment est bon, pour dériver le moins possible, pour laisser à la mâture et aux vergues un appui suffisant et pour faire belle route. Si le vent adonne, on n'a ensuite qu'à fermer la voile de moitié à peu près de la quantité angulaire dont il a culé ; et, quand on sera vent arrière, on se trouvera brassé carré.

Cette quantité de la moitié dont nous venons de parler, pouvant être considérée comme d'une évaluation difficile dans l'exécution, on peut encore prendre pour règle, entre le plus-près et le vent du travers, de s'attacher à fermer les voiles ou à les brasser au vent, jusqu'au point où elles cesseraient de très-bien porter : l'œil le moins exercé sait reconnaître, à leur gonflement, si cette condition est remplie ; alors, en les ouvrant un peu à l'aide des bras de l'autre bord, elles se trouvent bien disposées. Il y a en effet inconvénient à ce que les voiles soient trop fermées, surtout lorsque le vent approche du grand largue ou du vent arrière : c'est que le navire est moins gouvernant, et qu'il est moins appuyé pour résister aux lames qui le portent à rouler. Dans ce cas-là, et dans tout autre analogue, lorsque, par exemple, le navire est sujet à des lans fréquents qui peuvent empêcher les voiles de constamment bien porter, on a le soin de laisser celles-ci encore un peu plus ouvertes.

En général, on ferme les voiles du grand mât un peu plus que celles du mât de misaine quand on commence à avoir le vent de l'arrière du travers, afin de mieux permettre à celui-ci d'atteindre les voiles de l'avant qui tiennent le bâtiment mieux gouvernant ou qui contribuent, le plus efficacement, à régler et à balancer les effets du gouvernail. Au plus-près, tant que l'effet des focs agit latéralement, on apique la civadière, lorsque l'on en a une, en la brassant sous le vent, afin d'appuyer et consolider le bout-dehors de beaupré.

Remarquons à présent que les voiles basses sont celles qui rendent le mieux le navire évoluant, car elles le font moins incliner, ce qui permet au gouvernail de frapper l'eau directement, et laisse le navire conserver davantage ses lignes d'eau les plus favorables. Les voiles hautes ont de leur côté l'avantage d'être plus exemptes de courbure, de soutenir le navire contre le roulis, de se trouver dans une région où, de petit temps, le vent est beaucoup plus frais, d'en offrir quelques-unes fort utiles pour certaines capes, et de n'être point abrités, comme les basses voiles, par la partie inférieure du grément qui est la plus lourde et la plus volumineuse.

Remarquons aussi qu'il arrive souvent que l'addition de quelques voiles, surtout quand elles sont très-élevées, non-seulement ajoute peu au sillage, mais peut même le diminuer; il est évident, en effet, que si le centre d'effort des voiles est à la hauteur convenable pour communiquer la plus grande vitesse, le bâtiment où l'on élèvera davantage le centre d'effort, ne glissera plus aussi parallèlement à lui-même; il plongera par l'avant, il s'inclinera plus fortement par le travers, et comme ce sera peut-être le seul effet que l'augmentation des voiles aura pu produire, la marche en aura pu être retardée.

Les voiles doivent être bien étarquées, mais pas au point de faire arquer les vergues ; les balancines et les palanquins des huniers ne doivent pas être tournés, afin qu'on soit prêt à amener ces voiles. Si l'on serre une voile ou qu'on prenne des ris, les bras doivent être bien amarrés, pour qu'il n'y ait pas de balancement aux vergues et que les hommes y soient moins exposés.

Lorsque le vent fraîchit, il faut, à mesure, rentrer ou serrer les voiles les plus légères ou qui ont le moins de moyens de résister au vent ; un marin exercé voit, à l'aspect seul du navire, de quelles voiles il doit se débarrasser ; on peut d'ailleurs en juger par la mâture, par le sillage, par la bande, ou enfin en s'accoutumant à regarder d'un même point et en divers temps un bastingage ou une enfléchure qu'on aura rapportés à l'horizon pour en faire un objet de comparaison. Si la mer était grosse, il faudrait diminuer de voiles plus tôt qu'on ne l'aurait fait, sans cela, à vent égal.

La misaine a *Trois Points* principaux, ce qui veut dire qu'il y a trois manières remarquables de l'établir ou de la présenter à l'impulsion du vent, suivant la direction de celui-ci. Le *Point du Plus-près* : alors elle est amurée au pistolet, elle est bordée de manière que la relingue d'en bas touche le premier hauban de l'avant sous le vent ; la bouline est bien halée, la grand-voile est établie à son dogue d'amure, et l'on est orienté au plus-près partout. Il serait alors peu convenable, selon moi, de chercher à établir des bonnettes, bien qu'elles eussent des boulines : peut-être la frégate anglaise le *Success* n'aurait-elle pas été prise en 1800, si elle ne s'était obstinée à vouloir en porter sous cette allure. Je crois que leur plus grand effet consiste à déventer les

voiles carrées qui sont sous le vent à elles, et à augmenter la dérive. Quant aux voiles dites d'étai, je pense
qu'étant bien taillées et bien installées, elles sont avan-
tageuses au plus-près, même par une bonne brise ; cependant on y a renoncé peu à peu depuis la paix. Il ne
faut pas oublier de donner du mou aux palans de garde
du vent, ou aux bouts de cordage qui peuvent les remplacer, pour faire porter convenablement la brigantine
et les autres voiles à corne.

Si le vent adonne un peu, on choque les boulines ; s'il
vient du travers, on appuie légèrement les bras du vent ;
s'il cule encore d'un ou deux quarts, on fait bon bras
partout et l'on se contente d'embraquer le balant des
boulines. Quand il souffle de la hanche, on met le point
du vent de la misaine au bossoir, et c'est son *Second
Point ;* il faut en même temps filer l'écoute presque à
l'appel de la vergue et larguer les boulines en bande ;
on cargue aussi le point du vent de grand-voile pour
laisser passer le vent, et l'on file de son écoute, car la
ralingue de chute de sous le vent ferait, en quelque
sorte, sans cette précaution, l'office du bras de sous le
vent : or, l'effort qui en résulterait, contraire à celui du
bras du vent, pourrait, comme nous en avons vu un
exemple sur une bonne frégate, faire casser la grand-
vergue. D'ailleurs, il est nécessaire de filer de cette
écoute, pour l'orientement convenable de la grand-voile,
et on en file jusqu'à ce que le point soit arrivé presque
au-dessous de la vergue, sans, cependant, qu'il y ait
trop de mou. On file enfin des écoutes des voiles auriques et latines ; on porte même le point d'amure de la
grand'voile d'étai au vent.

Sous l'allure dont nous venons de parler, la *Misaine*
est dite être au *Petit-Bossoir.*

Dès que le vent a adonné d'un quart, on a pu mettre les bonnettes du vent ; la vergue de la bonnette et l'écoute passant sur l'arrière des voiles carrées pour que le fasciement de la bonnette ne dévente pas ces voiles ; grand largue, on peut mettre aussi celles de sous le vent : alors la vergue de la bonnette et l'écoute doivent passer sur l'avant des voiles carrées, et quelquefois même on les borde sur le pont.

Enfin, vent arrière, les *Points de Misaine* sont à égales distances du beaupré, la grand-voile est carguée, les voiles latines ou auriques sont serrées, excepté quelquefois la brigantine qu'il est pourtant dangereux de laisser, quelque près des haubans d'artimon qu'on l'ait halée, parce que dans un lan elle peut coiffer et que s'il vente il est très-difficile de la carguer. D'ailleurs, à moins d'être enverguée sur une corne presque horizontale, ce qui est la meilleure manière de l'installer pour le plus grand effet des palans de garde, mais non pour la surface de la voile et la manière dont elle oriente, il est difficile qu'elle ne dévente pas le plus souvent quelque portion du perroquet de fougue, ou qu'elle n'en soit déventée en partie. Quant au petit foc, il faut le hisser pour corriger les embardées, ou même pour empêcher d'être longtemps masqué, si, par saute de vent ou autrement, on venait à coiffer ses voiles. Il est rare que, vent arrière, on mette des bonnettes derrière, parce qu'elles empêcheraient les voiles de l'avant de porter, et qu'ainsi que nous l'avons déjà fait observer, celles-ci, étant plus éloignées du gouvernail, tiennent le navire plus gouvernant. Par ces mêmes raisons, surtout par la première, il est presque sans exemple que l'on établisse des bonnettes de grand-voile et même de perroquet de fougue. Enfin on n'appareille jamais la grand-voile avant

la misaine et on la cargue toujours auparavant, à moins
que ce ne soit par un temps forcé et qu'on ne veuille la
laisser seule dehors.

Une voile ne s'oriente bien au plus-près d'un bord
que lorsque le vent vient la frapper et la remplir obliquement de ce même bord ; c'est évident, car le vent
arrêté par plusieurs manœuvres dormantes ou courantes, aussi bien que par les molécules d'air qui s'échap-
pent sous le vent après avoir frappé la partie du vent de
la voile, le vent, dis-je, a alors d'autant moins d'action
qu'il agit sur une partie plus sous le vent de la voile ;
celle-ci doit donc être sollicitée à s'ouvrir par le seul
effet du vent. Quand on oriente au plus-près, on aide à
cet effet par les bras ; or, ceux-ci sont d'autant mieux
disposés que l'appel se trouve plus à la même hauteur
que la vergue ; tels sont ceux de misaine. Pour faciliter
le brasseyage, on largue les drosses, on mollit le premier
hauban de l'avant sous le vent, et l'on donne du mou
aux balancines de sous le vent, ainsi qu'aux cargues-
points du vent de la basse voile si elle est carguée ; mais
il faut éviter de haler de force sur les boulines avant que
le brasseyage soit fini, car le brasseyage donne à la vergue un balancement qui peut considérablement fatiguer
la ralingue avec la bouline de laquelle on hale. Avant
de prendre le plus-près, on pousse en dehors des hunes
des arcs-boutants qui tendent les galhaubans en leur
donnant plus d'épatement, et, quand on est orienté convenablement, on mollit les bras de sous le vent et l'on
amarre roides ceux du vent, afin de s'opposer au plus
grand effet, dont nous parlions tout à l'heure, du fluide
sur la partie du vent de la voile et par conséquent de sa
vergue. Si le vent est très-fort et que son effet suffise
pour ouvrir indéfiniment la vergue, on ne brassera pas

sous le vent, et l'on se bornera à filer à retour les bras
du vent jusqu'à ce qu'on se trouve orienté ; si, alors, le
bras sous le vent agissait sur la vergue ou venait à être
amarré, il tendrait à faire arquer de haut en bas cette
moitié de la vergue ; l'action de la ralingue du vent sur
l'autre moitié de la vergue tendrait également à faire
arquer cette autre moitié de haut en bas, et ces deux
effets concourraient pour faire casser la vergue vers son
milieu.

Quand il vente grand frais et qu'on veut appuyer les
bras du vent, soit aussi qu'on ait à serrer les huniers ou
à prendre des ris, il est difficile de brasser si l'on ne
dévente un peu la voile : on peut obtenir cet effet en
choquant légèrement la bouline du vent et l'écoute de
sous le vent. On les rehale ensuite avec un palan, s'il
est nécessaire. On y parvient encore en venant un peu
du lof. S'il vente petit frais, il faut d'autant plus orienter ses voiles, ou leur faire faire l'angle le plus aigu qu'il
est permis avec la quille : si alors on roidissait les bras
du vent seulement, on cesserait d'être établi au plus-
près, puisque le vent n'a pas assez de force pour ouvrir
la voile et pour empêcher, au tangage, la vergue de retourner vers l'arrière. En ce cas, on fait bien d'amarrer
roides les bras de sous le vent, et l'on mollit ceux du
vent ; s'ils étaient bien halés tous les deux, on casserait
probablement ses mâts ou ses vergues au premier coup
de fouet que le tangage ferait donner à la mâture. Nous
avons vu l'escadre anglaise de l'*amiral Warren* faire
ainsi, en 1806, plusieurs avaries ; au contraire, nous
avons navigué à bord d'une frégate qui, avec une brise
même assez fraîche, se fiait à ses seuls bras de sous le
vent, et qui gouvernait avec succès à cinq quarts et demi
du vent ; onze sur les deux bords : toujours dans la sup-

position du plus-près, on doit remarquer que si la brise est ronde, sans cesser d'être maniable, et si la mer est belle, la voile sera moins dérangée de position par le roulis ou le tangage et par l'effet de son propre poids ; on peut donc alors ou lofer pour serrer le vent un peu plus, ou moins ouvrir les voiles au vent ; d'où il doit résulter amélioration dans la route pour le premier cas, et augmentation de sillage pour le second.

Vent arrière on mollit les bras du vent et ceux de sous le vent ; on hale sur les palans de drosse et de roulis ; il n'y a plus d'arcs-boutants, on égalise et roidit les balancines des basses vergues, et l'on met les cargue-points de grand-voile à joindre.

Quand, au plus-près, on veut appareiller une basse voile, il faut larguer la bouline du hunier, et on la re-hale quand la basse voile est orientée ; on larguerait et on affalerait aussi la balancine du vent de la basse vergue si elle ne l'était pas, et l'on donnerait du mou à la car-gue-point du vent du hunier.

Le perroquet de fougue est une voile dont on ne peut bien soutenir la vergue contre l'effort du vent ; cela pro-vient de la disposition de ses bras ; aussi faut-il la mé-nager beaucoup, et doit-il y avoir un ris de pris de plus qu'aux autres huniers ; si le temps menace trop, on la serre de bonne heure, à moins qu'elle ne soit nécessaire pour se relever de la côte. On traite de même, avec plus de ménagement, les voiles du mât de misaine que celles du grand mât, puisque celui-ci est bien mieux tenu en étais, et que d'ailleurs l'autre souffre plus du tangage et qu'il a aussi à résister à une partie de l'effort des focs. On peut encore y voir pour motif que les voiles du mât de misaine font canarder ; elles sont plus petites que celles du grand mât, à la vérité ; mais leur éloignement

du centre du tangage leur donne beaucoup de puissance.
On a souvent proposé de rendre la mâture et la voilure
pareilles et égales devant et derrière ; mais je crois que
les raisons précédentes s'y opposeront toujours, malgré
quelques avantages qu'il y aurait sous les rapports de
l'économie et des localités.

Les partisans de cette proposition, outre les raisons
fondées sur l'économie et sur les localités, prétendent
qu'il est préjudiciable et quelquefois dangereux pour
un bâtiment d'avoir une mâture élevée ; ils ajoutent
qu'un surcroît de voiles hautes tend plus, en certains
cas, à faire incliner le navire qu'à le faire aller de l'a-
vant ; et comme il est impossible d'augmenter la mâture
et la voilure du mât de misaine, soit par suite des obstacles que nous venons d'énumérer, soit à cause de la
difficulté de passer alors et de guinder son mât de hune,
soit en raison de la position du point d'amure de sa
basse voile, ils voudraient étendre l'envergure en général, et réduire la mâture du grand mât, afin qu'elle eût
avec celle de l'avant, l'égalité proposée. Il est évident
qu'on peut porter l'envergure jusqu'à ce point où la
courbure inévitable des voiles acquerrait par là un développement trop considérable ; mais on est encore limité en ceci, d'abord par la difficulté qu'on éprouverait pour faire servir après avoir mis en panne, si l'on
donnait aux vergues assez de longueur pour s'engager
dans leurs balancines réciproques ; et ensuite, comme
nous venons de l'observer, par les poulies où s'amu-
rent les basses voiles, qu'on ne peut guère porter plus
de l'avant qu'elles ne le sont, ce qui donne à la largeur
de la grand-voile la demi-longueur du bâtiment.

Il est encore évident que les voiles hautes sont quelquefois nuisibles et dangereuses ; cependant il faut

considérer, 1° qu'il résulte d'une formule établie par
Romme, et des recherches de *Vial du Clarbois*, que le
bâtiment dont la forme est la plus propre à la marche
est aussi celui qui peut porter la mâture la plus élevée;
et que, malgré quelques exemples du contraire, on doit
proportionner la hauteur des mâts à la distance entre
leurs deux porte-haubans respectifs; 2° que dans les
petits temps il est d'une conséquence majeure d'avoir
des voiles élevées, et qu'avec de la vigilance et la stabilité requise, on doit en paralyser les désavantages ou
les inconvénients; 3° que les voiles hautes prennent
moins de courbure sous le vent que les voiles basses, et
que par suite, ainsi que l'a conclu *Don Georges Juan*,
un des plus savants et des meilleurs marins de son
temps, leurs effets sont proportionnellement plus grands;
4° enfin, que la partie centrale du navire souffre beaucoup moins de l'effort des voiles que la partie de l'avant,
et que celle-ci, suivant *Forfait* (voyez son *Traité de la
Mâture*), acquerrait, par cet accroissement, des mouvements d'immersion que sa construction ne permet pas
d'excéder. On voit, d'après cet examen, que la mâture
du grand mât n'est peut-être pas assez élevée, à bord
de nos bâtiments, que celle de l'avant l'est peut-être
trop, et qu'ainsi il est difficile d'opérer un rapprochement dans leurs dimensions.

On a aussi proposé, et je pense avec plus de raison,
de rendre, en général, les bas mâts plus longs et les
mâts de hune plus courts qu'on ne les a ordinairement,
de manière que la hauteur totale des bas mâts et des
mâts de hune fût, en somme, égale dans les deux cas;
il en résulterait sans doute plus de solidité et plus de facilité pour passer et dépasser les mâts de hune, ou pour
manœuvrer les huniers; mais les basses voiles devien-

draient peut-être trop grandes, trop peu maniables, et elles s'orienteraient moins bien.

Il reste à avoir soin que les voiles soient bien rebordées à joindre si les écoutes ont rendu ; à cet effet, on largue la bouline et l'on commence par le point du vent ; on se sert, s'il le faut, de palans à fouet. Il faut aussi que les vergues du même mât soient brassées bien parallèlement entre elles, qu'il n'y ait de balant dans aucune manœuvre, qu'il n'y ait rien qui pende ou qui soit à la traîne en dehors du navire, que les mantelets de sabords soient fermés au vent pour ne pas arrêter la marche si l'on est au plus-près, et qu'aucune harde au sec surtout dans les hauts, ou telle autre chose inutile ne soit exposée à l'action du vent.

11. Je terminerai ce chapitre par deux observations : l'une sur les *Compas* ou *Boussoles*, l'autre sur les *Girouettes* et les *Penons*. Les *Compas* sont sujets à quelques *Affolements* et à certaines *Stagnations* qui dépendent du temps, de leur position ou d'objets influents qui s'en trouvent plus ou moins rapprochés. Pendant les affolements, on peut changer momentanément les compas de place, ou leur en substituer d'autres, ou enfin gouverner sur le terme moyen des déviations : quant aux stagnations, lesquelles font dire aux marins que *le compas dort*, il est bon de s'assurer souvent que ce même compas ne dort pas, soit en abaissant du doigt un des côtés de la boîte, de manière que la glace touche la rose et la réveille, soit en le comparant à celui qui est dans l'autre habitacle ou à tout autre. Il y a toutefois, dans les routes obliques, une légère différence entre le compas du vent et celui de sous le vent : celui-ci, à cause de la courbure des baux, est toujours plus incliné que le premier, et la rose s'y trouve moins d'aplomb sur le

6

pivot ; mais cette cause ne donne pas un résultat assez grand pour qu'on puisse le confondre avec celui qui provient de la stagnation de l'un d'eux. Un officier vigilant doit comparer souvent le cap du navire, tel qu'il est ordonné, à celui que paraissent indiquer les astres dont il est fort utile de s'exercer à connaître le gisement à toute heure. Il est des timoniers assez inattentifs pour gouverner à un air-de-vent, croyant gouverner à un autre ; alors ces officiers relèvent promptement d'aussi grossières inadvertances. Est-il croyable, par exemple, qu'ayant le cap à l'E. 1/4 S. E., on croie le tenir à l'E. 1/4 N. E.? Est-il croyable que le ventre fusant ou adonnant, on s'obstine à le suivre avec les voiles sans regarder le compas qui est sous les yeux, et qu'on croie n'avoir pas changé de route? Cependant de telles erreurs se commettent ; on a vu plus : on a vu un bâtiment se rendre à *Madagascar* en voulant aller à l'*Ile-de-France*. On a vu un autre bâtiment aller à *Pondichéry* et se croire en route pour la même *Ile-de-France...* Si tous les deux avaient porté sur leurs observations et sur les astres un coup d'œil exercé, si le premier avait consulté avec soin la variation du compas, qui est un guide sûr dans ces parages ; de tels exemples, dont je pourrais facilement augmenter la liste, ne viendraient point ici accuser l'impéritie et la négligence.

La construction récente de bâtiments en fer, qu'on a bientôt abandonnés pour les bâtiments de guerre sans cuirasse, mais qui convient mieux que tout autre à ceux protégés de la sorte, et les masses de fer qui entrent dans la construction et dans l'armement des navires en bien plus grande quantité qu'autrefois, exercent aujourd'hui une assez forte influence sur les boussoles, pour qu'on ait été obligé de chercher à y remédier. Cette in-

fluence a reçu le nom d'*attraction locale*. La déviation
qu'en éprouve l'aiguille aimantée est à peu près nulle
quand le cap du navire est dans la direction du méridien magnétique ; mais elle augmente à partir de ce
point, et elle est à son maximum quand le cap est à l'Est
ou à l'Ouest. On s'est attaché à annuler cet effet paa
plusieurs expédients, par exemple, par l'emploi d'une
masse de fer, à laquelle on a donné le nom de *Conden-
sateur Magnétique* ou de *Plateau Correcteur*, et que l'on
place, par rapport au compas de route, dans une direction et à une distance que le tâtonnement indique, telles
que l'influence de cette masse de fer fasse équilibre à
l'*attraction locale*. On peut aussi suppléer un compensateur magnétique à l'aide d'une table dite de compensation que l'on dresse au mouillage en y relevant un point
éloigné : on fait ensuite tourner le navire sur son axe
vertical ; à chaque changement d'un rumb, on relève ce
même point, et l'on prend note de la déviation éprouvée. Il faut alors inscrire les rumbs de vent sur une colonne, et sur une autre les déviations qui correspondent, c'est-à-dire les différences entre les relèvements
pris à chacun de ces rumbs et le relèvement primitif
du point éloigné : l'on se donne ainsi les éléments avec
lesquels il faudra corriger les relèvements que l'on
pourra observer par la suite, ou les airs-de-vents sur
lesquels on aura fait route. Il est à remarquer qu'il se
trouve ordinairement, à bord de chaque navire, un
point non affecté de perturbations magnétiques, et assez
facile à trouver par des recherches : ce point est, à peu
près, placé de 4 à 8 mètres au-dessus du pont et près
du grand mât.

La *Girouette* n'indique jamais bien le vent à bord
d'un navire faisant route que lorsque ce vent souffle

dans la direction de la quille ; en effet, le vent du travers, par exemple, tend à ranger la girouette dans le
même lit que lui, et le bâtiment qui va de l'avant tend
aussi, à cause de la résistance de l'air dans ce sens, à la
ranger dans la direction de la quille ; de ces deux directions se compose celle de la girouette, et si elles diffèrent,
celle-ci participe généralement moins de celle du navire, puisque dans les brises ordinaires un bâtiment à
la voile acquiert rarement plus de la moitié de la vitesse
du vent. Quand le vent est du travers, ce qui est la circonstance où la déviation de la girouette est la plus
grande, la différence entre la direction du vent et la girouette peut aller jusque au delà d'un rumb, et cette
déviation fait paraître le vent plus de l'avant qu'il ne
l'est réellement. Le *Penon*, étant plus bas que la girouette, s'éloigne encore plus qu'elle de la vraie direction du vent à cause du renvoi des voiles.

Quant à cette *Vitesse* relative du *Bâtiment* et du *Vent*,
Bouguer, qui publia son *Traité du Navire* en 1746, lui
donne le rapport de 1 à 3 ; l'*Examen Maritime* de *Don
Juan*, publié en 1771 et traduit par l'*Évêque* en 1783,
fait connaître qu'il peut être de 74 à 100 ; ce résultat est
confirmé par les expériences de *Mariotte, Clare,
Derham* et l'*Évêque;* on a même trouvé plus récemment que les deux termes du rapport pouvaient devenir
égaux à bord d'un vaisseau de 80 canons, naviguant
avec quelques degrés de largue, dans une belle mer et
par une bonne brise unie. *Don Juan* ajoute qu'un ché-
beck, orienté dans la position la plus favorable pour
recevoir une brise faible et maniable, dépasse de beaucoup la vitesse du vent et que le rapport devient celui
de 163 à 100. Une jolie brise possède une vitesse de
10 nœuds, ce qui équivaut à 7 pieds et demi ($2^m,43$)

par seconde ; quand le vent file 30 pieds (9^m,75) par
seconde, on est ordinairement forcé de prendre la cape.
Par une vitesse de 10 et même par celle de 12 nœuds,
il se forme des *Lames* qui ont environ les deux tiers de
cette vitesse ; mais plusieurs personnes, tels que *Wol-*
laston de la *Société Royale de Londres*, paraissent avoir
exagéré la rapidité de ces lames. Il y a tempête quand
le vent parcourt de 60 à 72 kilomètres par heure ; lorsque cette vitesse s'élève de 120 à 150 kilomètres, c'est
un ouragan ; les arbres et les maisons sont renversés.
Dans le premier cas, l'effort exercé par le vent sur une
surface de 1 mètre carré est représenté par 55 kilogrammes. Enfin, on estime que les plus fortes lames
depuis le point le plus creux de l'abaissement de la surface de la mer jusqu'au sommet de ces lames ont une
hauteur de 15 mètres ; la longueur de ces mêmes lames
dans le sens perpendiculaire à la direction du vent qui
les a formées est d'environ 200 mètres.

CHAPITRE VIII

I. Du Changement d'Amures en général. — II. Examen du Résultat approché de la Route, selon que le Vent est plus ou moins
contraire.

1. Dans le chapitre V, nous avons expliqué comment
un navire forcé, en appareillant, d'abattre sur tel ou tel
bord, devait quelquefois prendre le vent de l'autre bord
ou *Changer d'Amures*, pour que l'ancre à mettre à
poste se trouvât au vent du taillemer. Cette manœuvre
s'appelle *Virer de bord* ; dans le cas dont il est question,

elle se fait en laissant arriver jusqu'à se trouver vent arrière, et en continuant à tourner dans le même sens pour rallier le vent de l'autre bord ; alors on a viré *Vent arrière* ou *Lof pour Lof*.

Il est, toutefois, une autre manière de prendre le vent de l'autre bord, mais plus prompte, sans perdre au vent, et même en y gagnant, à moins d'être sur un mauvais bâtiment, ou d'avoir un grand vent ou une forte mer ; cette manière consiste à venir au vent, et à continuer à tourner dans le même sens, jusqu'à ce qu'on soit assez abattu pour orienter les voiles de l'autre bord ; alors on a viré *Vent devant*.

On vire en général vent arrière lorsqu'on a une ancre suspendue dans l'eau, ou que la mer est trop grosse pour être surmontée, ou que le vent est trop fort pour masquer les voiles sans que la mâture soit en danger, ou qu'il fait presque calme, ou qu'on a quelque avarie, ou qu'on a manqué à virer vent devant, ou qu'on veut mettre en panne d'un bord sur l'autre, ou qu'enfin une cause quelconque empêche de virer vent devant. On vire vent devant au contraire, toutes les fois que la chose est nécessaire et possible, surtout quand il s'agit de chasser un bâtiment au vent, de rejoindre des voiles dont on s'est écarté momentanément sous le vent, de s'élever pour doubler un cap ou un danger, de faire de la route vers le vent ; et à ce sujet nous entrerons dans un *Examen* que nous ne croyons pas dénué d'intérêt.

II. Un navire, en général, porte à six quarts du lit du vent, si, par exemple, le vent souffle du Nord corrigé de la *Variation*, ce navire, alors, courra tribord amures à l'O. N. O., et sur l'autre bord il présentera à l'E. N. E. du monde. Supposons un quart de dérive, ce qui est beaucoup quand la brise est maniable, la mer passablement belle et le bâtiment bon, on aura le O. 1/4 N. O. et l'E. 1/4 N. E. vrais. Si la route ne valait que l'Ouest d'un bord et l'Est de l'autre, on ne s'approcherait nullement du Nord, car on compte huit quarts ou 90° de l'Ouest ou l'Est vers le Nord ; mais, en s'élevant d'un quart au vent et en courant deux bordées égales, il y a, il est vrai, une grande partie de la route faite vers l'Ouest compensée et annulée ensuite par celle que l'on fait vers l'Est, cependant il reste toujours du chemin au Nord. En effet, supposons encore qu'on ait couru deux bordées égales de douze heures chacune, et qu'on ait fait 100 milles pendant ce temps ; chacune de ces bordées de 50 milles donnera $49^m,5$ Est-et-Ouest, et $9^m,75$ vers le Nord, d'où il résulte un chemin total et direct de $10^m,5$ vers le Nord ; or, en divisant 100^m par 24, ou bien 33 lieues 1/3 (qui équivalent à 100^m) par 8, on aura 4 1/6 qui expriment le nombre de nœuds moyens qu'il aura fallu filer par heure pour gagner dans la journée $19^m,5$ au vent ; ainsi l'on voit quel beau résultat produit un si faible sillage ; or il n'est pas rare de filer 6 à 7 nœuds au plus-près.

Si les vents sont moins contraires et que, voulant aller au Nord, ils soufflent du N. 1/4 N. E. ; estimant encore le sillage moyen à 4^m 1/6 et multipliant par 8, on aura pendant 24 h. pour chemin total 33 l. 1/3 ou 100^m ; une bordée vaudra l'Est, et l'autre le O. N. O. Celle de l'Est ne produira rien au Nord, mais il ne faudra la faire que de 48^m, parce que les 52^m qui resteront à faire, étant à l'O. N. O., donneront d'abord 48^m à l'Ouest qui détruiront les 48^m déjà faits à l'Est, et de plus 20^m au Nord qui seront le résultat du chemin fait dans les 24 heures.

De même si les vents sont N. N. E., il y aura un bord à

l'E. 1/4 S. E., mais on ne le fera que de 46^m et il en produira 45 à l'Est et 9 au Sud ; l'autre bord vaudra le N.
O. 1/4 O., il sera de 54^m et il en donnera 44 à l'Ouest et
30 au Nord ; faisant la réduction, il résultera en définitive 21^m au Nord.

Si les vents sont N. E. 1/4 N., il y aura un bord à l'E.
S. E. qui ne sera que de 44 milles, et il en produira
40 à l'Est et 17 au Sud ; l'autre bord vaudra le N. O.,
il sera de 56^m et il en donnera 40 à l'Ouest et 40 au
Nord ; d'où résulteront 23^m au Nord.

Si les vents sont N. E., il y aura un bord au S. E.
1/4 E. qui ne sera que de 40^m ; et il en produira 33 à
l'Est et 22 au Sud ; l'autre bord vaudra le N. O. 1/4 N.,
il sera de 60^m et il en donnera 33 à l'Ouest et 50 au
Nord ; d'où résulteront 28^m au Nord.

Si les vents sont N. E. 1/4 E., il y aura un bord au
S. E. qui ne sera que de 35^m, et il en produira 25 à
l'Est et 25 au Sud ; l'autre bord vaudra le N. N. O., il
sera de 65^m et il en donnera 25 à l'Ouest et 60 au Nord,
d'où résulteront 35^m au Nord.

Si les vents sont E. N. E., il y aura un bord au S. E.
1/4 S. qui ne sera que de 26^m, et il en produira 14,5 à
l'Est et 21,5 au Sud ; l'autre bord vaudra le N. 1/4 N. O.,
il sera de 74^m et il en donnera 14,5 à l'Ouest et 72,5 au
Nord, d'où résulteront 51 m. au Nord.

Enfin si les vents sont E. 1/4 N. E., on portera au
Nord toujours avec les mêmes suppositions, tout se fera
en bonne route et il y aura 100^m au Nord.

On voit, par cet aperçu, quelle est la quantité dont
on peut gagner au vent, selon que le vent est plus ou
moins favorable. Les *Résultats* 19, 5, — 20 — 21 — 23
— 28 — 35 — 51, comparés à 100, indiquent pour chacun des airs-de-vent auxquels on est obligé de gouver-

ner quand on ne peut mettre le cap en route, quel rapport il y a entre tout autre chemin total et celui qui
reste fait dans le vent. On voit de plus, en comparant le
même nombre 100 à 50—48—46—44—40—35—
26, quelle inégalité l'on doit établir entre les longueurs
du bon et du mauvais bord, quand le vent n'est pas tout
à fait debout.

Il est utile de s'exercer de bonne heure à retenir par
cœur le résultat de pareilles opérations. Il est certain
pourtant qu'on ne fait ainsi que des calculs approchés,
et que nous-même n'avons, en grande partie, posés ici
qu'en nombres ronds, afin de mieux aider à la mémoire ;
mais il y a mille circonstances où cette exactitude est
suffisante pour satisfaire l'esprit, et où il est avantageux
de voir sur le pont même, d'un coup d'œil et sans avoir
recours aux tables ni aux quartiers, ce que produira
approximativement telle ou telle combinaison.

De même, il est presque nécessaire d'observer et de
se souvenir que, dans un triangle rectangle dont les trois
côtés sont la longueur de la route, le chemin Nord-et-
Sud, et le chemin Est-et-Ouest, si l'un des angles ai-
gus est d'un rumb, le grand côté de l'angle droit vaut
à peu près les 98/100 et l'autre le 1/5 de l'hypoté-
nuse ou du chemin total. S'il y a un angle de deux
rumbs, le grand côté de l'angle droit vaut un peu plus
que les 9/10 et l'autre un peu moins que les 2/5 du
chemin total ; s'il y a un angle de trois rumbs, le grand
côté de l'angle droit vaut un peu plus que les 4/5 et
l'autre les 11/20 du chemin total ; enfin, si l'angle est
de quatre rumbs ou si le triangle est isocèle, chacun
des côtés de l'angle droit vaut un peu plus que les 7/10
du chemin total. Par exemple : nous filons 12^m et 1/2
au S. 1/4 S. E. corrigé ou vrai ; je multiplie par 8, je

vois aussitôt que, si nous continuons ainsi, nous aurons 100 l. dans les 24 h., or il en proviendra 98 au Sud et 20 à peu près à l'Est ; si nous avions gouverné à l'E. 1/4 S. E. corrigé, les 98 l. auraient été à l'Est et les 20 au Sud. Enfin si le cap avait valu le N. O., nous aurions eu un peu plus de 70 l. soit au Nord, soit à l'Ouest.

On n'obtient cependant les résultats que nous avons énoncés, qu'autant que l'on a été attentif à bien gouverner, que l'on n'est pas tombé sous le vent en virant de bord, que l'on n'a pas perdu de temps en virements inutiles ; et l'on en obtient de plus favorables encore, si l'on a loffé à la risée, si l'on a profité des sautes ou variations accidentelles du vent, si l'on a pu balancer sa voilure de manière à tenir la barre droite ou presque droite, si les voiles ont été toujours parfaitement établies, et s'il n'a pas été nécessaire de mollir les bras de sous le vent pour appuyer les vergues avec ceux du vent.

Quant au chemin estimé, il est bon, pour l'obtenir avec quelque précision, de jeter, dans les cas ordinaires, le loch de demi-heure en demi-heure ; on doit alors prendre une moyenne proportionnelle entre le premier loch de chaque heure, et celui de la demi-heure qui suit ; une autre, entre celui-ci et le loch de l'heure suivante, et finalement une autre, entre ces deux moyennes proportionnelles, laquelle donne la quantité à écrire sur le casernet.

Le virement vent arrière ne peut avoir lieu sans faire un circuit plus ou moins grand sous le vent ; ainsi le virement vent devant est le seul à exécuter pour gagner le plus possible au vent.

Ces deux évolutions, celle surtout où l'on change d'amures vent devant, sont à peu près les seules en

marine, où il y ait une suite de commandements con-
venus et marqués.

Dans le cours de cet ouvrage, nous nous sommes
abstenu de citer le texte des commandements pour indiquer l'exécution des manœuvres que nous y détail-
lons, parce que, en effet, ces commandements varient
assez souvent selon les époques; et, dans la même époque, selon les bâtiments ou selon les capitaines et les
officiers de tels ou tels bâtiments. Dans ce cas-ci, ce
pendant (celui des virements de bord), nous donnerons
ces commandements, parce que, en les citant successivement, ils nous serviront de points de division; et
puisque le changement d'amures vent arrière ou lof
pour lof est le virement de bord dont nous avons parlé
le premier en traitant de l'appareillage, c'est aussi par
lui que nous allons commencer.

En écrivant les commandements de ces évolutions,
nous nous conformerons à l'usage le plus général, et
nous les mettrons à la seconde personne du singulier
de l'impératif; nous avons vu cependant des officiers
employer, le plus souvent possible, celle du pluriel, et
ne jamais répéter ni le verbe à la suite du commandement, ni ajouter aucune syllabe inutile; rien n'est indifférent dans notre état, et il est difficile de ne pas convenir que cette dernière manière de s'exprimer est plus
correcte et surtout beaucoup plus sonore, à cause de la
voyelle muette qui termine généralement le verbe dans
le premier cas.

C'est surtout dans les louvoyages, qui ne sont qu'une
succession plus ou moins fréquente de virements de
bord plus ou moins prolongés, et dans les routes au
plus-près, qu'il est important, pour le calcul du point,
de bien apprécier la route, en tenant compte des olof-

fées ou des arrivées accidentelles, du chemin parcouru ou du nombre effectif de nœuds filés, et de la dérive. La route se détermine par une attention soutenue à observer la boussole ou le compas de route ; le chemin parcouru s'estime à l'aide du loch ; et la dérive, à l'aide du renard, ou de relèvements soit à l'œil, soit au compas, soit encore avec un demi-cercle en cuivre garni d'une alidade mobile et fixé au milieu du couronnement : on ne saurait trop se familiariser avec ces moyens d'appréciation. On a, il est vrai, inventé pour ces deux derniers cas, des instruments tels que le *Sillomètre* et le *Dérivomètre,* et il y en a même de plusieurs sortes. Ils sont décrits dans les dictionnaires les plus modernes; mais comme on n'a pas renoncé pour cela aux anciennes méthodes, nous ne ferons pas ici la description de ces nouveaux instruments : nous aurons, toutefois, l'occasion de revenir sur le Sillomètre, lorsque nous traiterons de la Chasse et de la Retraite.

CHAPITRE IX

Des Virements de Bord Vent Arrière ou Lof pour Lof.

D'après ce que nous avons énoncé à la fin du chapitre précédent, nous citerons tous les Commandements du *Virement de Bord Vent Arrière,* et nous les ferons suivre des explications nécessaires.

Pare à virer lof pour lof! — A ce commandement, l'équipage ou le quart se distribue sur les cargues de grand-voile et d'artimon, sur le hale-bas du foc d'arti-

mon, sur les bras du vent derrière, et l'on se tient prêt
à larguer l'amure et l'écoute de grand-voile, et les boulines des voiles de l'arrière.

Caruge la grand'voile et l'artimon ; ralingue derrière!
— On cargue la grand-voile et l'artimon (on hale bas
le foc d'artimon et le diablotin s'ils sont dehors), on
largue les boulines de derrière, et l'on brasse le grand
hunier et le perroquet de fougue en ralingue ; les perroquets, quand ils sont établis, se brassent en même
temps que les huniers et comme eux.

La barre au vent! — Dès que les voiles brassées sont
en ralingue, le timonier met la barre au vent. Par là,
tout étant disposé pour arriver, la barre y concourt à
l'instant où les voiles de l'arrière sont sans effet ; le bâtiment arrive ainsi, en faisant le moins de sillage possible ; on brasse toujours au vent derrière, de manière
à suivre le vent et à se tenir constamment en ralingue,
jusqu'à ce que le vent se trouve venir de la hanche,
moment où, alors, il n'est plus possible de brasser davantage. On amarre donc les bras et l'on hale les boulines à faux frais, car on ne peut bien orienter une
voile lorsque le vent la frappe du côté où l'on brasse
pour l'orienter ; ensuite, on se porte aux cargue-points
de la misaine et aux bras du vent de devant. Les voiles
étant ainsi à contre-bord sont disposées pour faire perdre le moins possible au vent, puisqu'elles sont frappées très-obliquement et qu'elles poussent par conséquent peu de l'avant : le gouvernail continue à faire
tourner, et l'on peut remarquer que, dès que les voiles
de l'arrière portent, elles font arriver jusqu'à ce qu'on
soit vent arrière ; après quoi elles tendent à faire loffer
sur l'autre bord, ce qui est le but proposé.

Lève les lofs de misaine; hale bas les voiles d'étai! —

On pèse sur les cargue-points de misaine, et l'on soulage assez les points pour qu'ils ne s'embarrassent pas
vers les bastingages, les haubans et les jas des ancres
saisies dans les porte-haubans; on carque ou hale bas
les voiles d'étai et l'on en change les écoutes de bord :
pendant ce même temps, on roidit les galhaubans qu'on
avait mollis sous le vent pour faciliter le brasseyage; on
mollit les pareils de l'autre bord, on rentre l'arc-boutant qui était au vent et on le pousse de l'autre côté. Ce
commandement se fait lorsqu'on est vent arrière : il
doit être promptement exécuté, car le vent se fera bientôt sentir de l'autre bord, et la misaine va tendre, ainsi
que toutes les autres voiles qui portent, à faire loffer le
navire; ainsi, elle pourrait faseyer et même masquer;
en effet, la vergue ou la voile de misaine n'est qu'à trois
quarts à peu près du lit du vent, et il faut que celle-ci
ne soit exposée ni à faseyer par sous le vent, parce
qu'elle battrait trop, ni à être masquée, puisque alors
on se trouverait empanné. Je suppose que, pendant qu'on
a levé les lofs de misaine, le bâtiment a continué à tourner d'un quart ou de deux. Quand on s'est trouvé vent
arrière, on a dû changer les focs et contre-basser la civadière.

Change devant ; borde l'artimon ! — On largue les
boulines de devant, et l'on brasse devant, tout en bordant l'artimon ou la brigantine.

Oriente au plus-près ! — On continue à brasser devant; les vergues tournent, elles vont se présenter au
plus près de l'autre bord, le vent facilite le brasseyage,
et, sans désemparer, on amure misaine et l'on oriente
au plus-près devant; on achève en même temps, pour
balancer l'effet des voiles de l'avant, d'orienter le perroquet de fougue au plus-près, et si l'on a assez de monde,

on ajoute le commandement d'*Amure grand-voile!*
Alors on amure aussi tout ensemble, et l'on oriente au
plus-près les voiles du grand mât. On peut en ce moment hisser le foc d'artimon et le diablotin.

Dresse la barre; hisse la voile d'étai ; borde les focs!
— Cette manœuvre se fait lorsque le vent approche du
travers, et pour empêcher que le bâtiment, sur son air,
ne dépasse le point du plus-près (à six quarts), où nous
supposons qu'il doit se trouver après l'évolution. Si
même il est nécessaire, on met la barre au vent et l'on
cargue l'artimon; mais il faut éviter de carguer, larguer, recarguer la même voile pour la larguer encore,
et il vaut mieux rencontrer l'oloffée un peu plus tôt avec
la barre, que tergiverser ainsi avec les voiles.

Appuie les bras du vent ; pare manœuvres ! — Les boulines étant bien halées partout, on mollit les bras de
dessous, on soutient les vergues au vent, et l'on remet
tout à sa place.

Telle est cette évolution, et telle est incontestable-
ment la manière la plus expéditive de la faire en perdant le moins possible sous le vent. Plusieurs auteurs
cependant conseillent, et quelques officiers suivent cet
avis, de ne ralinguer derrière que jusqu'à ce que l'on
soit brassé carré; quand le vent parvient à la hanche,
ils lèvent les lofs de misaine et brassent devant de manière que, quand le navire est vent arrière, toutes les
voiles se trouvent brassées carré; après quoi ils orientent progressivement pour les nouvelles amures qu'ils
veulent prendre : ils craignent de se trouver surpris et
masqués sur l'autre bord, et ils agissent ainsi pour l'é-
viter; ils l'évitent certainement, mais ils ont presque
continuellement les trois huniers et la misaine à manœuvrer à la fois, ce qui mène à la confusion ou exige

beaucoup de monde, et ils font une route considérable grand largue et vent arrière. Or, comme on peut ne pas courir le danger qu'ils redoutent, et mieux répartir son équipage en manœuvrant comme il vient d'être indiqué, et même sans qu'il soit indispensable de beaucoup se presser, il s'ensuit que leur méthode doit être abandonnée, sauf les cas où l'on a un bâtiment qui gouverne mal par un petit sillage, ou que l'équipage est faible et inexpérimenté; alors, quoique le temps soit favorable, on s'en rapproche plus ou moins; et, avec la barre, on met plus ou moins de lenteur dans les mouvements du navire. Je puis assurer avoir vu souvent attendre que les voiles de l'avant ralinguassent du côté de l'écoute de misaine, avant de les changer; et comme des vergues tournent bien plus vite qu'un navire, je n'ai jamais vu aucun mal en résulter.

En virant, en armée, lof pour lof par la contre-marche, il s'agit moins de virer vivement que d'exécuter le mouvement avec précision; alors on met dans l'obliquité des voiles, par rapport au vent, la modération que commande cet à-propos.

S'il faisait presque calme, on ne verrait guère si les voiles de l'arrière sont masquées ou si elles faseyent; en ce cas, de crainte de les masquer, ce qui mettrait en panne, comme aussi pour ne pas ôter au navire le peu d'air qu'il peut avoir et dont il a besoin pour gouverner, on les tient toujours plutôt ouvertes que fermées; quelques personnes prétendent même que, pour conserver plus de force au gouvernail, on ne devrait jamais ralinguer derrière, mais c'est une extension outrée de la circonstance du calme. Dès qu'on peut gouverner malgré les voiles de l'arrière en ralingue, on doit les y tenir, car si elles portent, on fait beaucoup de route sous le vent. Je pense au contraire, lorsqu'on fait bon sillage, qu'aussitôt que l'arrivée est décidée, il serait plus convenable de traverser et de border momentanément les focs au vent, d'amener les perroquets, de lever les lofs de misaine, de haler bas ou de carguer les voiles d'étai, et cela pour retarder le sillage en prenant le largue et le vent par l'arrière.

S'il y a une grosse mer, on se rapproche encore de la méthode que nous avons signalée comme fautive; on tient les vergues moins obliques pour conserver plus de sillage et pour se soustraire à la lame; on passe avec précaution du vent arrière à l'autre bord, et dans ce but l'on dresse la barre de bonne heure; en effet, la lame pourrait être dangereuse en choquant avec force le navire qui, avec la vitesse acquise vent arrière, irait lui-même violemment à son encontre en loffant trop vivement.

Dans les cas précédents et surtout dans le premier, nous avons supposé que toutes les voiles du plus-près étaient appareillées, et, si l'on n'avait pas été au plus-près ou qu'on eût porté des bonnettes, qu'on les avait rentrées préalablement; mais il est des circonstances où il faut virer ayant moins de voiles dehors, principalement lorsque, par un gros temps ou par un vent contraire, on attend, en travers, la fin d'une tempête avec la plus petite voilure possible. Nous offrirons le cas le plus difficile, celui où l'on se trouve alors sous la seule grand-voile. Cet exemple développé et les manœuvres précédentes bien comprises, nul doute qu'on ne puisse faire virer son bâtiment lof pour lof dans toutes les circonstances intermédiaires.

Il faut veiller l'embellie de la lame et une arrivée du navire pour mettre la barre au vent; on hisse et borde le petit foc dès que l'arrivée commence, on file la grande écoute, mais à retour, en douceur et au fur et à mesure que l'on embraque roide l'armure de revers. Le vent venu un peu de l'arrière du travers, on largue la bouline et l'on brasse carré, tout en filant l'amure et en roidissant l'écoute ; lorsqu'on est encore plus arrivé, on roidit les drosses, les palans de roulis, la balancine du vent, et les premiers haubans de sous le vent ; le vent étant de l'arrière, le petit foc doit déjà être halé bas et serré ; on prend de l'autre bord, et avec les mêmes précautions, on continue à brasser, on hale l'amure de l'avant, l'écoute de l'arrière, mais l'on contre-tient avec l'écoute et l'amure de revers, on mollit les drosses, les palans de roulis, et les balancines du vent, surtout on dresse la barre de bonne heure pour ne venir au vent qu'avec circonspection.

Il est visible que l'on ne brasse pas tout de suite au vent, parce qu'on a besoin de la partie du vent de la grand-voile pour arriver ; afin même de faciliter ce mouvement, on peut carguer la partie de sous le vent de cette voile dès qu'il n'y a plus de danger qu'elle faseye, ou bien l'étouffer avec des bouts de corde qui l'enveloppent et la saisissent contre la portion de la vergue qui est sous le vent.

Le danger de cette évolution est que la grand-voile, étant une voile basse, peut être abritée par la hauteur de la lame, et que, lorsque la mer frappe la hanche ou l'arrière, le bâtiment qui a peu d'air et qui ne peut fuir les lames, en soit fortement endommagé. Aussi fait-on bien, si on le peut, de larguer le petit hunier dès que le vent commence à souffler sur l'arrière du travers, et de le serrer quand on présente la hanche de l'autre bord au vent.

Au lieu de hisser le petit foc, on peut faire monter des matelots dans les haubans du vent de misaine ; ils remplissent l'intervalle des haubans et font l'effet d'une voile ; pareillement on peut en faire monter dans les haubans de l'autre bord d'artimon ou de misaine, selon qu'on veut accélérer ou retarder l'oloffée sur cet autre bord, lorsque celui-ci vient à être frappé par le vent.

Jusqu'ici nous avons toujours eu les voiles en ralingue ou pleines en virant de bord lof pour lof ; mais il est une autre manière d'exécuter ce virement, en masquant ses voiles ou une partie de ses voiles. Dans cette évolution on perd beaucoup, il est vrai, mais on vire très-promptement, et c'est l'essentiel quand on se trouve inopinément sur un danger, près d'une terre, ou dans le voisinage d'un bâtiment avec lequel on craint de ne pas pouvoir éviter l'abordage en n'employant que les moyens ordinaires de lancer sur un bord ou sur l'autre et sans amortir son air. Il faut alors et subitement mettre la barre dessous, carguer la grand-voile et l'artimon, lever les lofs de misaine, larguer les boulines, coiffer devant en effaçant beaucoup les voiles, traverser les focs et ralinguer ou même brasser carré derrière pour en coiffer aussi les voiles. Avec l'air qu'avait le navire, la barre fait loffer et hâte l'instant d'être masqué ; le bâtiment est bientôt arrêté dans cette oloffée par l'impulsion presque perpendiculaire du vent sur les voiles de l'avant qui sont tout à fait contre-bassées en pointe ou traversées ; la même cause arrête aussi le sillage et fait culer, de sorte qu'alors tout tend à faire arriver, même les voiles de l'arrière si elles sont brassées carré, puisqu'elles augmentent ainsi l'action du gouvernail : on a bientôt le vent de la hanche ; or, c'est le moment de brasser carré devant, car bientôt l'effet des voiles qui y sont placées serait de faire loffer avec l'air que le navire va prendre. On continue l'évolution comme auparavant en dressant et changeant la barre. Si même on peut espérer de venir vent arrière, ce qui est présumable, sur l'élan qu'a le navire, on peut omettre de brasser carré devant, et les voiles s'y trouvent toutes prêtes à être orientées de l'autre bord.

Il est une infinité d'exemples que nous pourrions citer pour attester l'utilité de cette manœuvre ; nous nous bornerons aux plus remarquables qui se soient passés sous nos yeux. La corvette *la Société* escortait un convoi, en 1800, elle se trouva inopinément, par une forte brume et filant assez bon chemin au plus-près, dans le remous de la roche appelée *Séleufigue* située aux environs de *Belle-Ile*. La roche était non-seulement de l'avant, mais même débordait vers le bossoir du vent ; il était impossible de loffer et par conséquent d'exécuter la première partie de la manœuvre en question ; le danger était imminent ; l'officier de quart (et c'est le grand talent d'un officier d'avoir tellement le sentiment de son métier qu'il puisse former à propos de semblables conceptions), comprit la nécessité de modifier la règle générale ; il mit donc au contraire la barre au vent, il masqua vivement et complétement devant, il traversa les focs, brassa carré derrière, cargua l'artimon et hala bas le foc d'artimon ; son bâtiment s'arrêta court, arriva et cula, il mit alors la barre au vent et il acheva de virer vent arrière.

Pareille manœuvre eut lieu à bord d'une frégate qui avait ordre de se tenir par la hanche de sous le vent et à portée de voix d'un vaisseau avec qui elle naviguait de conserve ; ils étaient un jour au plus-près ; la frégate avec son perroquet de fougue mis à propos sur le mât, ne dépassait jamais son poste ; cependant une fois elle gagna tellement de l'avant, que ses voiles du mât de misaine se trouvèrent abritées par le vaisseau, et que le beaupré de la frégate, malgré la barre qui fut mise toute au vent, menaça le vaisseau de près. La manœuvre fut exécutée de la même manière par l'officier de quart ; elle réussit complétement, et elle empêcha l'abordage.

Qu'il nous soit actuellement permis de faire quelques réflexions particulières à ce sujet et quelques rapprochements entre ces deux circonstances. L'officier de la corvette, M. *Le Gall*, était un jeune homme dont nul n'avait encore deviné les ressources, et qui parut alors tellement supérieur à toutes les personnes qui l'entouraient et qui déjà désespéraient de leur salut, qu'il devint à jamais l'objet de leur vénération. L'officier de la frégate (et c'est l'auteur de ce manœuvrier) avait le bonheur d'avoir été, en sous-ordre, témoin de la manœuvre de la *Société*, et ce fut pour lui chose facile de l'imiter ; mais comme son modèle, il avait le bonheur plus grand encore d'être chéri de ses subordonnés, et il en reçut ici une preuve qui lui procura, selon lui, une des plus grandes jouissances qu'il ait jamais ressenties. L'équipage dînait ; au premier commandement, il porte les yeux au vent, il n'entrevoit pas de danger pour lui-même, mais il craint des reproches pour le chef qu'il affectionne ; aussitôt et avec l'empressement le plus touchant, il écarte d'un sentiment unanime et renverse tous les apprêts de son repas ; et en un clin d'œil tout est exécuté !

Je n'omettrai pas d'ajouter que le vaisseau mit la barre toute dessous, qu'il vint brusquement du lof et que sa poupe se portant à l'encontre de l'avant de la frégate, l'abordage en devint plus long à éviter. On comprend en effet que, si un bâtiment loffe ou arrive par l'effet du gouvernail non combiné avec les voiles, c'est l'arrière qui, ainsi que l'explique *Romme*, change principalement de position ; mais si les voiles contribuent avec le gouvernail à produire un lan vers ou sous le vent, le centre de rotation se place dans l'intérieur du bâtiment, l'arrière ne peut obéir dans un sens si l'avant ne se porte dans le sens opposé, et celui-là s'y porte d'autant moins, que la combinaison des forces qui agissent latéralement rapproche davantage ce centre du gouvernail.

Il est probable que, si le vaisseau eût d'abord loffé légèrement pour obvier au plus pressé, et qu'il eût ensuite laissé arriver en dépendant, le doute aurait été plus tôt dissipé, et dans tous les cas, l'abordage moins violent s'il avait dû avoir lieu.

CHAPITRE X

Des Virements de Bord Vent devant.

Lorsqu'on dit qu'un bâtiment *Vire de bord*, ou même plus simplement, qu'il *Vire*, sans énoncer si c'est *vent devant* ou *vent arrière*, il est sous-entendu qu'il s'agit d'un *Virement vent devant*.

Nous savons quelles sont les circonstances où un bâtiment vire ainsi et quels avantages on en retire ; il nous reste à décrire et à développer cette manœuvre ;

et nous suivrons, comme pour le changement d'amures lof pour lof, l'ordre et la division des commandements.

Le navire, nous le supposons sous toutes les voiles du plus-près, étant bien orienté vers le vent, il faut, avant de virer, faire gouverner à six bons quarts pendant assez longtemps pour acquérir, si l'on faisait peu de sillage, l'air nécessaire à cette évolution ; on met la brigantine ou l'artimon dehors s'ils sont cargués, et l'on donne ce premier commandement :

Pare à virer ! — A cet ordre, ainsi que lors du virement de bord lof pour lof, l'équipage ou le quart se distribue sur les manœuvres qui seront d'abord en usage, telles que l'écoute d'artimon ou de bôme et sa retenue ; les amures, écoutes, cargue-points et boulines, les écoutes des focs et des voiles d'étai ; et plus tard les bras de devant et de derrière.

A-Dieu-va ! ou *file l'écoute de foc !* — Il faut mettre la barre dessous en douceur, ou petit à petit pour ne pas casser brusquement l'air du navire, et en même temps border l'artimon à plat ou haler la bôme pour faire rendre la brigantine au milieu du couronnement ; quand le bâtiment se range au vent et que les voiles carrées commencent à ne plus porter, on file en douceur les écoutes des focs et des voiles d'étai qui sans cela conserveraient longtemps encore le vent dedans, et qui pourraient arrêter l'oloffée.

Quelques marins, surtout parmi les Anglais, sont dans l'usage de larguer en même temps l'écoute de misaine et de choquer la boulinette, et il paraît qu'ainsi le bâtiment doit précipiter son mouvement vers le vent ; mais cet effet ne peut être que momentané, car le gouvernail est ici l'agent principal ; c'est même pour lui

donner plus d'action, qu'avant de virer, on a laissé
courir un instant avec ses voiles un peu plus pleines ;
or, la misaine et le petit hunier se trouvant déventés
en partie, l'air s'amortit et, par suite, l'évolution peut
manquer : supposons cependant qu'en filant l'écoute
de misaine et choquant la boulinette, on continue à
loffer et qu'on aille jusqu'à masquer ; il est encore visible que la voile du petit hunier qui, seule avec la misaine et le petit perroquet, tend alors à continuer à
faire tourner, se trouvera par là ramenée vers l'arrière
du côté du vent, et qu'elle perdra beaucoup de son
effet ; toutefois, c'est là l'instant critique, puisque la
mer agit sur la joue et qu'elle repousse le navire : ainsi,
non-seulement cette manœuvre détruit l'air, annule le
gouvernail ; mais encore elle affaiblit la seule puissance
à peu près ou, pour mieux dire, la plus forte qui agisse
pour vaincre l'obstacle le plus grand, celui de la mer
frappant l'avant du bâtiment et le rejetant sous le vent.
Si donc on croit pouvoir se permettre de filer l'écoute
de misaine, parce que l'on compte sur son air et que
l'on sait avoir un bâtiment lâche, au moins faut-il généralement s'interdire de choquer la boulinette. Cependant lorsque le bâtiment ne veut nullement continuer à loffer et qu'on craint qu'il n'arrive, alors, mais
seulement alors, on peut donner ce choc puisque l'évolution serait manquée ; le vent mordra peut-être ainsi
sur le petit hunier et le fera coiffer ; mais il est fortement probable qu'il ne restera plus assez de puissance
pour faire doubler la direction de la lame. Sachant
qu'il est très-fréquent d'échouer en cette dernière difficulté, beaucoup d'officiers dédaignent une manœuvre
si douteuse, et, afin de ne pas perdre en hésitations un
temps dont, comme marins, le prix leur est connu, ils

préfèrent laisser porter, s'orienter de nouveau près et plein, et quand ils ont repris de l'air, ils recommencent leur évolution.

Au surplus, il faut manœuvrer selon la connaissance que l'on a de son bâtiment, et se rappeler que les mouvements de rotation d'un navire autour de son axe vertical, sont toujours de plus de durée à bord des bâtiments dont les longueurs sont plus considérables. S'il y a beaucoup de mer ou qu'il soit douteux que l'on vire, on peut haler bas les voiles d'étai et même les focs, au lieu de se borner à en filer les écoutes ; mais il faut, par la suite, rehisser ces voiles sur l'autre bord, et nous ne nous lasserons pas de répéter que toute manœuvre qui, sans urgence, fatigue l'équipage, qui montre de l'indécision, dénote la méfiance, et qui sera presque subitement suivie d'une manœuvre contraire, ne doit pas être ordonnée sans les motifs les plus déterminants. On pourrait, après avoir filé les écoutes des focs en douceur pour laisser venir vent devant, les reborder : le vent frappant ainsi sur leur surface antérieure, ces voiles décideraient peut-être le navire à franchir le point douteux. Nous avons même essayé de ne pas filer du tout les écoutes des focs à bord d'un bâtiment qui venait facilement debout au vent, mais qui franchissait ce point avec beaucoup de peine, et cette manœuvre nous a souvent réussi ; en effet, ce bâtiment, se rangeant aisément dans le lit du vent, se trouvait dans le cas de l'appareillage, et les focs qui étaient alors bordés du bord opposé à celui de l'abattée projetée, ne pouvaient que la favoriser ; cette particularité démontre la nécessité d'étudier sans cesse les qualités et même ce qu'on appelle les caprices de son bâtiment. Dans les cas où l'on file ou choque l'écoute

de misaine ou la boulinette, il nous paraîtrait convenable, à mesure que ces voiles seraient de plus en plus
coiffées, de rehaler ces manœuvres à l'effet de corriger
la défectuosité de l'opération, et de donner par là aux
voiles de l'avant plus de force pour continuer l'oloffée.
C'est ainsi que manœuvra M. *d'Auribeau*, Capitaine
de Pavillon de M. le Chef d'Escadre *d'Entrecasteaux*
lors de son expédition à la recherche de *La Pérouse*.
Trois fois la *Recherche* avait manqué à virer de bord
près des brisants de la *Nouvelle-Calédonie ;* elle n'était
plus qu'à *Deux Encablures* des écueils, lorsqu'une
quatrième tentative réussit, mais en filant l'écoute de
misaine au moment où l'on envoya vent devant !

Afin de décider ce mouvement du navire vers le vent
_orsqu'il fait presque calme, on peut faire passer l'é-
quipage sur l'avant et soulager ainsi l'arrière : le bâtiment en devient plus sensible à la disposition actuelle
de ses voiles et il loffe plus facilement ; quand on est
vent devant, l'équipage passe sur l'arrière et le navire
en est plus disposé à abattre. S'il ventait jolie brise, les
voiles contribueraient moins que le gouvernail à faire
virer : or, comme en déjaugeant l'arrière, il y aurait
moins de gouvernail dans l'eau, on ne se servirait pas
de ce moyen : il faut distinguer quand le navire loffe
plus par l'effet de ses voiles que par celui de son gouvernail. Cet emploi du poids de l'équipage, de même
que le moyen analogue mentionné dans le chapitre V
de l'*Appareillage*, est également plus propre à donner
quelques idées théoriques qu'à être usité dans la pratique.

Le commandement d'*A-Dieu-Va !* semble nous venir
d'un temps où les navires et les gréments étaient dans
un état de grossièreté qui tenait de l'enfance de l'art.

On préfère, aujourd'hui, celui d'*Envoyez!* qui s'a-
dresse au timonier pour qu'il mette la barre dessous ;
on fait border le gui ou l'artimon à plat ; et lorsqu'il y
a lieu, on commande : *Filez les écoutes des focs!*

Lève les lofs! — On pèse sur les cargue-points de
grand-voile et de misaine, et l'on en lève les points
assez haut pour qu'ils ne s'embarrassent pas vers les bastingages et dans les haubans et les jas des ancres saisies
dans les porte-haubans. Ce commandement se donne
dès que le vent a commencé à masquer les voiles et
qu'elles ne barbeient plus. C'est une manœuvre de pure
précaution, et mise en usage pour être à même de changer promptement et commodément les voiles : en ayant
soin, en effet, de ne pas larguer les boulines, les basses-
voiles ne perdent que très-peu de leur surface, et elles
sont devenues très-maniables ; alors on se prépare à
filer les amures, les écoutes, les boulines, les bras, et
à haler sur celles et ceux de revers dont on embraque
le mou pour être mieux disposé.

Quoique l'usage soit de lever les quatre lofs, c'est-
à-dire ceux du vent et ceux de sous le vent, cependant,
il paraîtrait qu'il y aurait avantage à ne lever ceux de
misaine qu'à l'instant où l'on change derrière.

Bientôt sur son air, le navire masque partout, mais
avant que la proue soit dans le lit du vent, il n'y a plus
que les voiles carrées de l'avant qui continuent à faire
tourner dans le même sens ou à faire loffer ; celles de
l'arrière tendraient à faire arriver si elles n'étaient
presque abritées par celles de l'avant ; nul doute, sans
cela, qu'il ne fallût les changer dès qu'elles seraient
masquées, et quelques personnes croient même devoir
le faire ; cependant l'évolution est bien loin d'être décidée. Le bâtiment est masqué il est vrai, mais la mer

n'est pas doublée, et quelquefois il y a plus à tourner
encore pour l'atteindre debout, que pour se mettre
dans le lit du vent ; alors si l'évolution manquait et que
la mer vînt à faire abattre le navire, il faudrait encore
contre-brasser et orienter de nouveau derrière, et l'on
aurait perdu beaucoup de temps avant de s'être remis
en route. Par ces considérations, et surtout parce que
l'effet du grand hunier est presque nul, on attend, pour
changer derrière, que le bâtiment soit debout au vent ;
ceci se connaît alors sans altération par la direction de
la girouette. Toutefois, comme le perroquet de fougue
est une voile très-facile à manœuvrer, qu'elle a d'ailleurs plus d'effet pour faire loffer que le grand hunier,
et aussi lorsqu'on a un équipage peu nombreux, on
peut changer cette voile dès qu'elle est masquée ; et si
la manœuvre en devient moins belle, elle est néanmoins plus sûre, n'est guère plus embarrassante si l'on
manque à virer, et quand on réussit, elle laisse plus de
monde pour agir par la suite. Pendant que le foc d'artimon et le diablotin ne portent pas, on en change les
écoutes de bord ainsi que celles des voiles d'étai.

Change derrière ! — Ce commandement se donne
lorsque le bâtiment est droit dans le lit du vent, et il
s'exécute en disposant toutes les voiles carrées de l'arrière sur le bord opposé, et au plus-près autant que
possible, mais à faux frais seulement, car on ne pourra
les bien orienter que quand le vent les remplira. On
change les focs et on les borde ainsi que les voiles
d'étai, pour continuer à faire tourner le bâtiment.

Par une mer passable et une brise ordinaire, un bon
navire doit gagner de l'avant en virant bien ; toutefois,
s'il n'en est pas ainsi et que le bâtiment cule, ou qu'il
vienne seulement à interrompre son virement après

avoir été masqué, il faut changer la barre ou au moins la dresser, et l'évolution suivra ensuite son cours. Les causes qui arrêtent le virement du navire, qui peuvent même faire revenir celui-ci sur le même bord, sont le choc de la mer sur l'avant, le défaut de surveillance à l'égard de la barre ; la direction contrariante des voiles de l'arrière depuis l'instant où elles commencent à être masquées jusqu'à ce qu'on ait dépassé le lit du vent ; quelque lenteur dans le changement de ces mêmes voiles qui, lorsqu'elles se trouvent carré, et même un peu auparavant, peuvent beaucoup nuire à l'effet des voiles de l'avant puisqu'elles débordent sur celles-ci dont la position est très-oblique ; enfin l'action des courants qui, lorsque l'on n'a plus d'air, ne rencontrent plus aucun obstacle à l'action de leur puissance, laquelle tend toujours à placer le bâtiment en travers de leur direction. Lorsque le vent est debout, on doit contre-brasser la civadière ; quand on juge le navire bien pris, on roidit les haubans ou galhaubans qu'on avait mollis sous le vent pour faciliter le brasseyage, on mollit les pareils qui se trouvaient au vent, on rentre l'arc-boutant et on le pousse de l'autre bord. Il faut aussi dans ce moment, si même on ne l'a pas fait un peu plus tôt, faire fermer lorsqu'il y a lieu, les sabords et les hublots du bord où ils étaient ouverts ; quand on est établi sous les nouvelles amures, on peut faire ouvrir les autres s'il n'a pas fraîchi et si l'on ne craint pas d'embarquer de l'eau par là. L'officier de quart doit penser aux sabords et aux hublots dans toutes les manœuvres pareilles ; et c'est l'un des cas où pour la conservation des vivres et des munitions, pour celle du bâtiment et pour sa sûreté, il faut user de prévoyance.

On a vu des accidents funestes provenir de la négli-

gence à faire fermer les sabords d'arcasse par lesquels
il peut s'introduire beaucoup d'eau quand on cule. La
hardiesse, en général, porte avec elle son excuse quand
elle a pour but d'enflammer l'équipage : nous le recon-
naissons sans doute, mais ici cette hardiesse ne pourrait
nullement être justifiée, et sans prudence il n'est point
de marin. On rapporte qu'un vaisseau anglais emplit
par ses sabords et coula à la mer, étant démâté après
une tempête, pendant un calme qui la suivit avec beaucoup de houle ; et les deux vaisseaux *le Thésée* et *le Su-
perbe* de l'armée de M. *de Conflans* pendant son affaire
contre l'amiral *Hawke*, le 20 novembre 1759, périrent
en virant vent devant, faute d'avoir laissé tomber les
mantelets qui allaient se trouver sous le vent. Un trois-
ponts anglais, *le Royal-Georges*, a rempli et coulé
en rade de Portsmouth, pour n'avoir pas fermé ses
sabords de batterie basse et n'avoir pas amarré ses
canons avant le changement de marée. Pour dater de
quelques années, ces déplorables accidents n'en sont
pas moins utiles à rappeler, car sans cela, ils pourraient
encore se reproduire ; et comme les virements de bord
sont des manœuvres très-fréquentes, on se souviendra
mieux des précautions à prendre pendant leur exécution, lorsqu'on aura présents à l'esprit les malheurs arrivés, faute d'avoir pris ces mêmes précautions.

Change devant ! — Le navire continuant à tourner,
ayant dépassé le lit du vent, et étant abattu de quatre
quarts ou de trois au moins, il n'y a plus à redouter qu'il
revienne ; alors on peut dresser la barre et priver le bâtiment de l'impulsion que lui donnaient les voiles masquées de l'avant ; ce qui s'effectue en changeant devant.
Ce mouvement doit aussi s'exécuter très-promptement,
car alors les voiles de l'avant se trouvent d'abord carré

et puis masquées par l'autre bord; si donc en ce moment on ne les démasque pas promptement, elles tendent à faire revenir le navire. Quand ces voiles recommencent à recevoir le vent, on borde l'artimon ou la brigantine, le foc d'artimon, le diablotin, et l'on rencontre l'arrivée avec la barre, soit que l'on cule ou non. En amurant la misaine et orientant au plus-près devant, on balance sa voilure; on oriente en même temps le perroquet de fougue tout à fait au plus-près pour s'opposer au trop grand effet des voiles de l'avant, et si l'on a assez de monde, on achève tout ensemble de brasser et de sailler les boulines derrière. Si le bâtiment ne revient pas assez promptement au vent, on file momentanément les écoutes des focs; quand il revient, on rencontre l'oloffée avec la barre, et l'on gouverne au plus-près.

Appuie les bras du vent; pare manœuvres! — Les boulines étant bien halées partout, on mollit les bras de dessous, on soutient les vergues au vent, et l'on remet tout à sa place comme auparavant. Lorsqu'on court de petites bordées, le commandement de *Pare manœuvres* renferme celui de *Pare à virer;* chacun doit aussitôt se porter à son poste de l'autre bord, et c'est surtout ici qu'il faut avoir grand soin que tout soit à sa place, que rien ne puisse ou s'engager ou s'embrouiller, particulièrement les amures, les écoutes des voiles basses, les bras et les boulines. Les gabiers doivent, de plus, être prêts à se transporter aux trelingages et partout où il y a lieu pour affaler les manœuvres, parer les coques ou engorgements de poulies, ou pour obvier à toute autre cause de retard.

Quelques auteurs étrangers conseillent de changer derrière avant d'être debout au vent, et cela, disent-ils,

parce que le vent facilite le contre-brasseyage : la chose
est claire ; mais le plus important de cette manœuvre
serait, je crois, de donner à ces voiles, comme nous l'a-
vons expliqué tout à l'heure, une direction plus favorable à l'évolution. Ainsi la question se réduit à connaître
son bâtiment, afin de savoir s'il est présumable qu'il
virera, et de ne pas faire une manœuvre inutile à laquelle il faille opposer la contraire, ce qui mène à une
perte quelconque de temps.

En changeant ses voiles, il faut haler sur les boulines
de revers, mais seulement pour embraquer le mou donné
par l'effet des bras ; les ralingues résisteraient mal à
l'action de la bouline, si l'on prétendait en faire un des
principaux agents du brasseyage.

Si l'on abattait beaucoup sur l'autre bord, on n'o-
rienterait tout à fait devant, et l'on ne borderait les focs
que lorsque l'oloffée serait décidée.

S'il vente bon frais, il ne faut, en changeant devant,
filer les bras du vent qu'avec précaution, de peur de
voir les vergues s'ouvrir trop considérablement sur le
nouveau bord pour être ramenées avec facilité ; elles
pourraient même se casser dans ce mouvement. Il faut
aussi avoir ordonné que les bras de sous le vent soient
tenus, pour éviter que les voiles ne se changent d'elles-
mêmes quand elles deviennent masquées, ou tout au
moins pour empêcher que les boulines ne travaillent
trop.

Si, en éprouvant son bâtiment à l'avance, on s'est
aperçu qu'il peut virer sans mettre la barre toute dessous, on fera bien de saisir les occasions pareilles pour
se dispenser d'opposer cet obstacle au sillage ; il doit
arriver ainsi que l'on gagnera davantage en virant.

S'il vente grand frais, on cargue la grand-voile à

l'instant où l'on doit lever les lofs; et cela pour la ménager, pour éviter des accidents et pour soulager l'équipage : on serre en même temps les perroquets, s'ils ne l'ont pas déjà été, afin de ne pas compromettre la mâture; on peut aussi amener préalablement le petit hunier, car il sera le plus frappé par le vent quand on sera masqué; le moment de l'amener sera lorsqu'il commencera à ralinguer; on le rehissera quand il ralinguera de l'autre bord : on appareille ou hisse de nouveau ces voiles de l'autre bord, s'il y a lieu.

Quand on est surpris par un grain pendant que les voiles sont masquées, il faut filer les écoutes des perroquets et faire tous ses efforts pour amener ces voiles ainsi que les huniers; il faut aussi brasser ces voiles en pointe, si elles ne le sont pas en ce moment, pour qu'elles fatiguent moins la mâture et l'évolution, dût-elle en être manquée; car l'essentiel est de conserver sa mâture.

Après avoir changé derrière, si l'on manque à virer, on peut, au lieu de réorienter, virer de bord vent arrière, alors on contre-brasse derrière pour en mettre les voiles en ralingue, et l'on continue l'évolution, comme il a déjà été expliqué.

Nous avons dit, à l'article *Change derrière !* que l'action des courants, au moment où l'on brasse pour changer, pouvait contrarier l'évolution; mais nous devons ajouter que cette même action peut dans certains cas la faciliter. Prenons un exemple pour faire saisir ces différences. Le vent est au Nord, les courants viennent du N. O. 1/4 N., et l'on navigue bâbord amures, le cap à l'E. N. E. Si alors, on veut virer de bord, lorsqu'on sera debout au vent, et, par conséquent, *sans air*, les courants prendront le navire par le bossoir de bâbord;

8

comme leur effet est de le faire venir en travers, ils le
forceront à rabattre sur tribord, et l'évolution sera manquée. Si, au contraire, l'on avait été tribord amures, le
cap à l'O. N. O., et que l'on eût voulu virer : lorsque le
navire aurait été debout au vent, le courant, frappant
alors le bâtiment par le même bossoir de bâbord, et
tendant à le faire abattre sur tribord, aurait naturellement favorisé le virement. Nous avons fréquemment
observé cet effet en louvoyant pour remonter et gagner
au vent le long des côtes de la *Guyane*.

C'est en ce cas-là, entre mille autres, qu'un agent
mécanique placé à bord, et tel que ceux que, dans notre
Dictionnaire de marine, nous avons désignés sous la
dénomination générique d'*Évolueur*, rendrait les plus
grands services au navire ; il ne faudrait même pas qu'il
eût une puissance considérable, car on sait combien il
en faut peu pour imprimer un mouvement de rotation
à un bâtiment qui est sans air. Ainsi que le disent énergiquement les matelots dans leur langage expressif, *un
coup de poing* suffirait souvent pour faire effectuer un
virement que l'on va manquer.

S'il fait peu de vent et que la manœuvre soit urgente,
il faut se servir, derrière et sous le vent, d'avirons de
galère, et ne pas hésiter à mettre à l'avance des canots à
la mer pour se faire abattre.

On peut encore virer de bord en ne changeant derrière
que lorsqu'il est temps de changer devant ; cette manœuvre contribue peut-être à faire culer, et il faut avoir
beaucoup de monde pour l'exécuter, mais elle est très-
brillante, et l'ensemble qu'elle exige est vraiment imposant : toutefois, sans changer derrière aussi tard que
devant, il peut arriver qu'il soit utile d'attendre, pour
changer derrière, que le petit hunier soit bien coiffé et

que le vent vienne de l'autre bord. En effet, nous avons remarqué qu'un grand hunier changé lentement, ou même par son action avant d'être carré, pouvait faire manquer l'évolution.

Il est aussi une autre manière de virer, mais douteuse et par laquelle on perd beaucoup; il en résulte qu'on ne l'emploie que lorsqu'il s'agit d'éviter un abordage, ou de parer un danger, une terre, un navire aperçus inopinément et que la nuit ou la brume dérobaient à la vue. Dans ce cas, on doit subitement mettre la barre dessous, traverser l'artimon, et filer en bande les écoutes des focs, de la misaine et des voiles d'étai. On peut même brasser au vent partout, afin de masquer plus tôt, mais sans faire tourner les voiles de l'avant jusqu'à être ouvertes de l'autre bord, car alors le virement serait impossible. Au reste, il est extraordinaire qu'on parvienne à virer ainsi, soit que l'on brasse ou non pour masquer; mais l'important est moins de virer que de culer. Quand le bâtiment cesse d'aller de l'avant, on change la barre, et suivant qu'il loffe ou qu'il abat, on continue l'évolution, comme nous l'avons expliqué pour virer vent devant ou vent arrière.

En résumant ce qui a été dit dans le chapitre précédent et dans celui-ci, au sujet des *Virements de Bord en Culant*, on peut poser pour règle que, pour *Virer Vent Arrière*, il faut contre-brasser tout à fait devant, et brasser carré derrière; et que, pour essayer de *Virer Vent Devant*, il faut contre-brasser tout à fait derrière, et, tout au plus, brasser carré devant. La barre se manœuvre en conséquence.

Il est toutefois possible de se tirer d'un ces mauvais pas sans virer aucunement de bord, et cela en halant bas les focs et les voiles d'étai, en masquant toutes ses

voiles, et en mettant, lorsqu'on cule, la barre au vent
ainsi qu'il a été dit en traitant des appareillages, ou
encore d'une manière plus relative au cas dont il s'agit,
lorsque nous avons parlé de la panne. Les Anglais ont
donné un nom à cette manœuvre qu'ils appellent *Faire*
ou *Courir un bord de l'arrière* (*To make a stern-board*),
et nous l'avons vu employer fort heureusement sur le
banc de *Saya de Malha*, situé entre l'*Ile-de-France* et
les *Iles-Séchelles*. Nous étions sur ce banc dont les
sondes et la position étaient, ainsi qu'il n'est que trop
fréquent, mal portées sur les cartes ; nous gouvernions
au N. E. avec des vents de S. E. et E. S. E. ; tout à coup on
vit le fond à très-peu de profondeur ; avec le plomb on
ne trouva effectivement que 7 ou 8 pieds de francs sous
la quille ; par un heureux hasard la mer était fort belle
et il n'y avait pas de levée ; aussitôt nous masquâmes
partout en réduisant la voilure aux huniers et aux perroquets ; nous mîmes la barre au vent et nous culâmes
longtemps. Chercher un plus grand fond à droite ou
à gauche, faire un circuit pour virer de bord, nous
exposait à toucher, et il fallait nécessairement défaire
le plus directement possible la route qui nous avait
conduits à ce point du banc. Nous revînmes donc ainsi
sur nos pas jusqu'à ce que, trouvant un peu plus d'eau,
nous pûmes laisser arriver, et nous nous éloignâmes
avec toutes les voiles que nous pûmes porter.

Enfin on peut virer de bord près de la côte, en laissant tomber une ancre à l'appel de laquelle on doit
venir : lorsqu'on est sur le point de faire tête, on coupe
le câble ; et le navire, sur l'élan qu'il a pris pour se
rendre à l'appel, abat et prend sur l'autre bord : l'o-
pération serait plus efficace encore si l'on avait le temps
de frapper une croupière ou embossure sur cette ancre,

à l'effet de se faire abattre en halant dessus par un des sabords de l'arrière.

On dispose alors ses voiles comme s'il n'y avait pas d'ancre au fond. Cette manœuvre est fort dispendieuse, et de plus elle prive d'une ancre qui pourrait être un jour d'un grand secours ; aussi doit-elle être fort rare, car, après l'avoir faite, il est probable qu'il faudra mouiller et s'en tenir là, puisqu'on n'a ordinairement que deux ancres en mouillage et qu'il serait impossible de recommencer sans s'exposer à ne plus pouvoir se mettre à l'ancre. Il vaut donc mieux en général mouiller, et puis serrer ses voiles ; mais il se peut qu'on n'ait qu'un virement à faire ; d'ailleurs il suffit que cette manœuvre puisse une fois empêcher un bâtiment d'aller à la côte ou le garantir d'un abordage, pour que nous ne négligions pas de l'indiquer. On rapporte que la flûte *la Seine* sut ainsi à *Lisbonne*, en 1735, et dans une saute de vent, se préserver d'un échouage qui pouvait occasionner sa perte. Dans les cas dont nous venons de parler, comme on doit avoir ses ancres en mouillage, on peut en laisser tomber une et mouiller, sans même carguer ses voiles, si le temps le permet. La manœuvre se trouve ainsi réduite à un appareillage que l'on effectue en prenant ses mesures comme nous l'avons détaillé (chapitre V) en traitant de cette manœuvre, pour abattre sur le bord le plus favorable ou qui convient le mieux.

On peut enfin virer de bord à l'aide de l'*Ancre Flottante*, machine dont nous aurons bientôt l'occasion de parler. On la laisse tomber des grands porte-haubans du vent ; au même instant, on met la barre dessous, et l'on hale sur l'aussière de l'ancre flottante que l'on a fait sortir par l'écubier du même bord. M. *Baudin*, au-

teur du *Manuel du Jeune Marin*, a plusieurs fois réussi
à opérér de la sorte des virements qu'il avait manqués
avec ses voiles seules. L'ancre flottante se rentre ensuite
à bord.

On ne peut trop recommander aux navires qui lou-
voient près d'une côte de se régler autant que possible
sur les bâtiments caboteurs, qui connaissent bien, pour
la plupart, les brises habituelles et leurs changements
ordinaires : d'observer les vents sur la côte ou au large,
en examinant attentivement les girouettes des édifices
ou tout autre indice à terre, ou en en jugeant par le cap
des navires qui en sont éloignés ; de rechercher et d'é-
tudier quels sont les courants les plus favorables afin
de profiter de ceux-ci et de fuir ceux qui peuvent être
désavantageux ; d'observer entre autres choses, pour
cela, si à sillage égal ou balancé on met plus ou moins
de temps à courir, à telles ou telles heures, la bordée
du large que celle de terre ; de saisir l'à-propos des rafales, de loffer aux risées ; d'amurer autant que faire se
peut sur le meilleur bord, soit sous le rapport des qualités du navire, soit sous celui de la route ; de virer cependant le moins possible ; de faire toute la toile convenable ; d'avoir ses voiles parfaitement établies, et
d'empêcher tout homme de se tenir inutilement exposé
au vent dans les hauts, sur les bastingages ou ailleurs.
Il faut éviter de virer de bord trop près de terre, quelque certain que l'on soit que le fond est bon, et quoique la manœuvre annonce une assurance qui peut
flatter et séduire. Ce qui est bien en marine est assez
beau pour qu'on puisse se contenter de le bien faire, et
dans cette circonstance, si les vents venaient à changer
à l'instant du virement de bord, ou à dévier par le seul
effet de la configuration de la côte ou par toute autre

cause, il est probable que l'on s'échouerait. C'est ainsi que, sous mes yeux, un vaisseau louvoyant dans la rade de *Brest* vit, à bout de bord, les vents lui adonner de trois quarts ; avant d'avoir rallié le plus-près il aurait été à terre ; il fallut masquer partout pour se dégager, mais ce ne fut pas sans toucher.

La nuit, on voit peu la girouette ; le penon indique fort mal le vent, et les objets de comparaison au loin sont interdits ; alors, pour s'assurer que l'on est au plus-près, il faut hasarder quelques oloffées, et, tant que l'on fait bon chemin, on peut, de temps en temps, continuer à serrer le vent. Cependant, tout en voulant faire un essai, il faut soigneusement éviter de masquer et par suite de virer de bord, aussi ne doit-on loffer qu'avec ménagement.

Les machines à vapeur ont rendu la navigation si facile, elles servent si exclusivement à s'approcher des terres, ainsi qu'à entrer dans les ports ou à en sortir, que ceux qui n'ont pas jadis navigué à la voile s'étonneront de l'importance du virement de bord, et surtout de voir qu'on a été jusqu'à sacrifier une ancre pour l'effectuer. Mais s'ils étaient réduits à leurs voiles seules, ils verraient bientôt combien un virement de bord manqué est souvent dangereux et que, puisque le salut des anciens navires a si souvent dépendu de cette évolution, il faut se préparer à la bien exécuter dans le cas de manque de combustible ou d'avarie dans ces machines, plus délicates à l'abri dans le fond de la cale, que la mâture élevée dans les airs et exposée à toutes les fureurs du vent.

CHAPITRE XI

I. Du Bâtiment qui Fait Chapelle. — II. De la Cape.

I. La circonstance dont nous parlions tout à l'heure, d'un bâtiment qui vient à masquer en cherchant à trop serrer le vent, est ce qu'on nomme *Faire Chapelle*. On fait encore chapelle par inattention ou imprévoyance du timonier, dans une saute de vent, pendant une folle risée, quand il fait presque calme, ou par l'effet des courants.

Si, en ce moment, chacune des bordées conduit également près de la route, il est tout simple de favoriser ce mouvement, lorsqu'on le croit décisif, afin d'achever de virer de bord : dans le cas où le bâtiment abattrait avant d'avoir été debout au vent ou avant qu'on eût changé derrière, on se trouverait tout orienté sous les mêmes amures pour continuer sa route. Quand le vent a refusé, il est encore plus avantageux de favoriser ce mouvement puisque alors l'autre bordée se rapproche davantage du point d'où soufflait le vent ; mais lorsque ce virement ne se peut achever, il faut dans le cas où le vent a refusé, et si l'on est libre de sa manœuvre, virer tout de suite vent arrière et orienter promptement au plus-près de l'autre bord.

Quand on a un poste à tenir, ou qu'il existe quelque raison de ne pas changer d'amures, le devoir de l'officier est d'empêcher, de tous ses moyens, que le bâtiment ne vire de bord ; voici ce qu'il peut faire pour y parvenir : mettre la barre au vent ; traverser les focs ; carguer la grand-voile et la brigantine ou l'artimon ; haler bas le foc d'artimon et le diablotin. Si l'on a conservé de l'air, cela doit suffire ; mais si cet air est amorti, il faut lever les lofs de misaine, contre-brasser devant, et changer la barre dès qu'on vient à culer. Bientôt les voiles de l'arrière doivent se remplir ; on les ralingue si l'on veut abattre davantage, et, aussitôt que l'on reprend de l'air, on met la barre comme il convient pour revenir en route. Toutefois, si l'on veut revenir promptement aux plus près, on ne touche pas aux voiles de derrière, on se considère comme étant en panne le petit hunier sur le mât, et l'on manœuvre comme pour faire servir et faire route ensuite au plus-près, ayant soin de ne pas rallier trop vivement le vent, pour que la même cause précédente ne mette pas de nouveau dans le cas de faire chapelle.

Il se peut qu'après avoir contre-brassé devant et halé bas ou cargué les voiles auriques derrière, on continue, malgré cette manœuvre et malgré la barre, à suivre son élan ou à tourner dans le même sens, et que le virement de bord ait lieu ; alors il faut laisser faire le tour et l'accélérer le plus possible pour moins perdre sous le vent. A cet effet, on brasse carré derrière ; on cargue la misaine pour moins culer, et la barre doit être du bord des amures précédentes : ainsi le navire va de l'arrière ; en continuant à tourner, les voiles du mât de misaine se remplissent, de même que les focs qui étaient traversés ; les voiles de derrière sont presque aussitôt en ralingue, et l'on continue à évoluer comme lorsqu'on veut virer vent arrière. Pour hâter le faseiement des voiles de l'arrière, on aurait pu les brasser un peu plus que carré. Enfin, au lieu d'achever l'évolution en virant vent arrière, on peut, et l'on perd moins ainsi, ne pas brasser carré derrière et orienter ces mêmes voiles au plus-près de l'autre bord lorsqu'elles peuvent porter. Les voiles de l'avant se trouvant toutes brassées, on oriente au plus près partout, et, dès qu'on a de l'air, on vire de bord vent devant pour reprendre les mêmes amures ; le gouvernail se place pour obtenir cet effet suivant l'air que l'on a de l'avant ou de l'arrière. Si deux bâtiments voisins font chapelle en même temps, celui du vent doit virer vent devant ou reprendre sur le même bord, afin de laisser à l'autre le temps de faire le tour lof pour lof.

D'après ce qui précède, il est évident qu'un navire qui fait chapelle perd du temps, qu'il se déplace de son poste lorsqu'il en a un à garder ; qu'il peut faire des avaries en masquant, surtout s'il vient à surventer ; qu'il fatigue sa mâture, sa voilure, son grément ; et que son équipage travaille à des manœuvres dont le résultat est ordinairement de revenir au même point qu'auparavant.

Cependant ces manœuvres, toutes nécessaires qu'elles paraissent, ne sont pas indispensables. Un officier dont le bâtiment masqua une nuit, pendant son quart, nous en a donné la preuve : tout était dehors, même les cacatois, et l'on ne filait que deux nœuds ; cet officier jugea que le bâtiment ne reviendrait pas, et il voulut faire une expérience ; il mit donc la barre dessous et, quand il vit l'air détruit, il la fit changer ; bientôt le navire cula assez fort ; or, comme les voiles de l'avant abritaient les autres, il abattit après avoir pris vent devant et il parvint à recevoir le vent par la poupe ; alors les voiles de l'arrière abritèrent à leur tour celles de l'avant ; on continua à tourner, on rallia le vent du bord où les voiles étaient ouvertes, et l'on reprit de l'air ; on dressa la barre, on la changea, et en rencontrant avec précision, on se retrouva sous les mêmes amures, et sans avoir touché à une seule corde. Je ne prétends pas citer ce fait comme un exemple à suivre, car il y eut perte de temps ; aussi cet officier ne se serait pas permis cet essai s'il ne s'était trouvé à un point de croisière, ce qui annulait la considération du temps perdu. On peut pourtant en inférer que les moyens les plus simples conduisent quelquefois au même résultat que les plus compliqués ; il suffit de savoir les employer à propos.

Si l'on masquait plusieurs fois de suite par sautes de vent ou pendant des grains, et qu'il fût indifférent pour la route de tenir l'autre bord, il ne faudrait pas hésiter à le prendre, puisque sur ce nouveau bord le vent adonnerait là où il aurait refusé sur l'autre, et qu'à chaque saute on gagnerait au lieu d'avoir perdu.

Au reste, cette manière de faire chapelle n'est pas la plus dangereuse, et il en est une autre contre laquelle il faut se tenir bien plus sur ses gardes. Lorsque le vent vient deux ou trois quarts de la poupe, les voiles sont brassées carré ou à très-peu près, et elles n'ont aucun effet latéral ; il s'ensuit que le bâtiment cède facilement à l'effort des diverses lames ou à l'action du gouvernail, aussi faut-il un bon timonier pour ne pas lancer considérablement ; et quelquefois on va jusqu'à avoir le vent de l'autre hanche. La lame qui vient alors de vers l'arrière contribue à accroître l'embardée, le vent prend sur les voiles du côté de l'écoute, il les masque toutes et il détruit l'air du navire. Dans cette situation et soit que le timonier ou le changement de vent ait produit cet effet, il n'en résulte pas moins que la brigantine ou même la corne et la bôme courent de très-grands dangers, ainsi que les bonnettes, les mâts supérieurs et les vergues, car il y a une forte secousse, et rien n'est appuyé pour prévenir les avaries. *Don Juan* établit même telle combinaison d'où il résulterait, d'après ses calculs, que le bâtiment coiffé acquerrait une très-forte inclinaison. Si l'on s'en aperçoit à temps et qu'on ait encore de l'air, on revient facilement en carguant la brigantine qu'il faut étouffer et serrer, et en brassant le perroquet de fougue autant que possible dans la direction du vent; mais si l'on ne va plus de l'avant, il faut carguer le point de sous le vent de grand-voile, si déjà on ne l'a carguée tout à fait, ce qui est le parti le plus prudent, brasser les voiles du grand mât en ralingue et mettre la barre dessous, si l'on cule. Il peut même arriver que le navire n'ayant plus d'air soit insensible à cette manœuvre; alors on doit orienter toutes ses voiles sur ce bord, prendre de l'air et ensuite revenir en route en fermant ses voiles à mesure que l'on vient vent arrière. On les ouvre enfin pour recevoir le vent comme auparavant. Les Anglais désignent cette manière de faire chapelle par l'expression de *To be brought by the lee;* quelques marins la distinguent par celle d'*Empanner* que j'adopterai parce qu'elle me paraît bonne, quoique la plupart des auteurs donnent à ce mot la seule acception de *Mettre en panne.*

II. S'il est extrêmement essentiel de conserver ses voiles pleines et de ne pas s'exposer à faire chapelle, c'est surtout lorsqu'on est à la *Cape;* or, un navire est à la cape ou capeie, lorsque des vents forts ou contraires obligent de serrer la presque totalité des voiles et d'attendre, sous la plus petite voilure possible, la fin de la bourrasque en présentant le travers au vent ou à la mer. Alors on s'efforce le plus que l'on peut de défier l'un et l'autre avec son avant, mais on retombe toujours en travers et l'on dérive beaucoup, ce qui éloigne d'autant de l'origine du vent. On sent qu'en cette position, si l'on venait à masquer, le coup de fouet que les voiles recevraient pourrait ou les enlever ou faire coucher le bâtiment d'une manière tellement dangereuse, qu'il ne resterait peut-être de parti que celui de couper la mâture de l'arrière pour pouvoir arriver, et alors on n'en aurait peut-être pas toujours le temps ; aussi est-il prudent de prendre la cape du bord qui offre le plus de garanties à cet égard. Par exemple dans le *Golfe de Gasgogne*, les vents du Sud-Ouest forcent souvent à capeyer, mais ils s'y terminent toujours en passant brusquement au Nord-Ouest en brise carabinée ; il faut donc s'y mettre à la cape en recevant le vent par tribord. La plupart des coups de vent dans chaque parage ont leurs anomalies ainsi marquées, et il est bon de les connaître afin d'agir en conséquence.

Quoiqu'il paraisse facile au premier coup d'œil de mettre un navire à la cape et de l'y tenir, cependant cette manœuvre exige encore de graves combinaisons. La mer est alors poussée par un vent violent : si l'on ne saisit pas un instant d'embellie, on peut, en venant en travers, être fortement endommagé par les lames ; le navire, peu tenu par ses voiles, s'abandonne à de grandes oscillations ; artillerie, ancres, mâture, grément, drôme, tout le fatigue ; et souvent dans cette crise, une voie-d'eau se manifeste ; mais peut-être ne se déclare-t-elle que parce que la cape a été mal choisie, et si l'on reçoit de fâcheux coups de mer, peut-être cela ne provient-il que d'une mauvaise disposition de voilure ou de barre. Il faut donc porter ses soins à faire ces mêmes dispositions avec le plus d'avantage, et suivant le temps, les parages, les saisons, les qualités, les dimensions ou les ressources de son bâtiment.

Nous ferons remarquer ici qu'un coup de vent est beaucoup plus pesant, à vitesse égale, si la température est plus froide : car l'action du vent s'exprime par la masse de l'air qui frappe la voile, multipliée par le carré de la vitesse de ce même vent ; or, la vitesse restant la même et le sinus d'incidence ne changeant pas, si la température est plus froide, l'air est plus dense et l'action totale plus considérable.

Il est rare que l'on capeie avec plus ou moins de deux voiles ; avec plus, on peut faire un peu de chemin et la Cape s'appellerait alors *Courante* ; elle s'appellerait *Sèche*, si l'on n'en avait aucune dehors, et si l'on se tenait en travers par le seul effet de sa barre ; mais il est extraordinaire que le vent soit assez fort pour forcer à capeyer ainsi.

Le choix des voiles à établir pour supporter une cape est un objet fort délicat ; et nous entrerons dans quelques considérations à cet égard. En marine, aucune considération n'est à négliger, la moindre peut se lier aux circonstances les plus importantes, et il faut tout prévoir, tout discuter, afin de ne se décider qu'après avoir tout judicieusement comparé et pesé. Heureux le marin qui saisit avec rapidité cet ensemble de manœuvres et de conséquences, et qui adopte subitement le parti le plus sûr ! Nous allons citer diverses capes, et nous indiquerons leurs avantages et leurs inconvénients.

La cape sous la grand-voile, que nous avons mentionnée en traitant des virements de bord lof pour lof, fait bien présenter le bossoir au vent et à la lame, et

elle laisse peu embarder sous le vent ; mais il est difficile d'arriver si, comme nous le verrons par la suite, la
chose est nécessaire ; et dans une saute de vent, cette
grand-voile est fort embarrassante et court risque d'être
perdue. En outre la même toile fatigue d'autant plus
que sa surface est plus grande.

Sous la misaine, au contraire, on sera plus paré à arriver, mais on embardera plus fréquemment sous le
vent, et en loffant, les coups de mer agiront violemment. Cette cape est avantageuse si l'on se trouve dans
les environs de bâtiments à contre-bord, ou dans le lieu
de passage d'autres bâtiments qui pourraient faire bonne
route, largue ou vent arrière, et qui, tombant inopinément sur vous, de nuit ou de brume, vous forceraient à
laisser arriver sur-le-champ.

Sous la misaine et le foc d'artimon ou *l'artimon*, ou
mieux encore une petite voile triangulaire qu'on peut
installer en lieu et place de l'artimon, on embarde
moins sous le vent, mais on dérive davantage. On peut,
dans ces cas-là, prendre le ris de la grand-voile ou celui
de la misaine ; cependant, et peut-être à tort, c'est encore assez rare aujourd'hui. La misaine a le désavantage de beaucoup charger l'avant et par suite d'exagérer
le tangage, de plus elle est trop basse et n'a pas assez
de levier pour appuyer le navire.

Sous le grand hunier au bas ris, le navire sera bien
mieux appuyé et il le sera toujours, lors même que la
mer serait très-haute et le bâtiment petit, puisque la
voile ne sera jamais abritée ; mais le hunier ne peut
guère être brassé à cause des haubans, et on ralliera
peu le vent, ce qui serait essentiel pour recevoir le plus
possible les coups de mer par l'avant ; d'ailleurs le bâtiment dans les roulis s'inclinera beaucoup sous le

vent, tout se fatiguera à bord, et si le navire est vieux ou mal lié, il pourra considérablement souffrir.

Sous l'artimon, on présente bien au vent, mais le bâtiment n'est nullement tenu ni par le milieu ni par l'avant, et quand, par l'effet de la lame, le bâtiment arrive, les roulis, qui sont très-forts, le tourmentent beaucoup, surtout si l'on a une nombreuse artillerie. Les grands tangages agissent puissamment sur la mâture, aussi c'est une considération à ne pas négliger que celle du genre de navire où l'on se trouve, et de la préférence à donner à la cape qui fait plus rouler que tanguer ou à celle qui a un résultat contraire. Avec la cape de l'artimon, les oloffées peuvent être trop vives et le bâtiment peut trop violemment choquer l'eau ; définitivement ce doit être une mauvaise cape, car il est fort difficile d'arriver ; et c'est une ressource qu'on doit s'efforcer de se ménager.

Sous l'artimon et la pouillouse, on embarde moins, mais on dérive davantage et on roule beaucoup. La pouillouse n'est plus usitée.

Sous l'artimon, la pouillouse et le petit foc, on roule moins, mais on dérive beaucoup, d'autant qu'on ne reçoit guère plus le vent que du travers, et que ce vent du travers tend presque uniquement à produire cet effet : la mer, sous cette cape, peut battre et déferler sur tous les points du vent du bâtiment. Les deux écoutes du foc se mettent alors du même bord, où on les fait travailler ensemble.

Il ne nous reste plus à ajouter à cette énumération que la description d'une cape qui fut combinée à bord de la frégate *la Flore*, pour empêcher l'eau d'y embarquer. Cette frégate était commandée par M. *Verdun de la Craine*, qui employait sans cesse ses talents transcen-

dants aux progrès de la navigation et à l'étude de son
bâtiment; il réussit à garantir son pont de l'irruption
des lames; et la cape à laquelle il en fut redevable était
le *Petit foc, le foc d'artimon et une autre espèce de voile
aurique* qui s'amurait au pistolet de misaine, se bordait
sur le gaillard d'avant et se hissait à la tête du mât de
misaine.

Actuellement, presque tous les navires ont d'assez
grandes voiles goëlettes à leurs trois-mâts; aussi elles
présentent un moyen de cap d'autant meilleur qu'elles
orientent mieux et sont plus élevées que les anciennes
voiles d'étai de cape pour appuyer le navire. Une des
bonnes capes est donc sous les deux voiles goëlettes de
cape de l'arriéré et le petit foc.

CHAPITRE XII

I. Réflexions Générales sur la Cape. — II. Gréer et Dégréer les Perroquets par un Mauvais Temps. — III. De l'Ancre Flottante ou de
Cape.

I. Après avoir cité les Capes ordinairement en usage,
nous ajouterons quelques *Réflexions générales* sur ce
sujet. Sous les voiles carrées, on ne peut jamais présenter au vent autant que sous les voiles auriques et latines; il est beaucoup plus important de les ménager
que celles-ci, et les sautes de vent sont plus funestes.
Dans le premier cas, on préfère généralement la cape
sous le grand hunier; dans le second, celle sous les
goëlettes et l'artimon, et toujours le petit foc doit être

paré à hisser. Les voiles hautes, quoique excellentes, si les ris sont pris, ont le désavantage d'être plus exposées au vent que les basses, et par là plus en danger d'être emportées.

Lorsqu'on est à la Cape sans voiles carrées, il peut arriver que la mâture joue, se fatigue considérablement, et qu'elle fasse prendre beaucoup de mou aux haubans : il est alors très-difficile de les rider; mais on peut donner un coup sur les étais (ce qui tend un peu les haubans), et, de plus, étrangler ces mêmes haubans par un nouveau ou un faux trélingage. Au surplus, la voilure, quelle qu'elle soit, doit être bien établie et bien assujettie; enfin la barre ne doit pas être continuellement dessous.

Il est cependant recommandé, par quelques auteurs et par plusieurs capitaines, de fixer alors la barre à l'opposé du vent; en dérivant, il est vrai que le gouvernail souffre moins ainsi du choc de l'eau, mais comme il est évident qu'en ce cas, le navire, s'il prend de l'air, lance vers le vent et fait barbeyer ou peut-être masquer les voiles, que bientôt il cule et arrive jusqu'à ce qu'il prenne quelque vitesse, le gouvernail fatigue beaucoup plus; qu'au contraire, en gouvernant comme à l'ordinaire, on pourra mettre la barre dessous quand on le voudra, et la mollir au besoin pour défier de fortes lames et pour laisser même arriver tout plat s'il le faut; il s'ensuit que l'on doit renoncer à la méthode conseillée, et dont nulle part je n'ai rencontré l'explication ni jamais vu les avantages. Passe encore à bord d'un très-petit bâtiment où, de crainte d'être emporté par un paquet de mer, tout le monde, après avoir fermé les panneaux, se tient dans l'intérieur; mais parce que dans ce cas, il serait difficile ou périlleux de faire autre-

ment que d'amarrer la barre dessous, faut-il, lorsqu'il
n'y a pas force majeure, agir contre les vrais principes ;
faut-il, quand on a de l'air, s'élancer avec un bâtiment
tout à fait barré à l'encontre d'une mer affreuse ; faut-il
s'exposer, par suite, à culer sur son talon, à fatiguer
extraordinairement et casser, démonter ou perdre cette
machine si essentielle, si précieuse du gouvernail et
de sa barre, et ne doit-on pas diriger son bâtiment toutes les fois que la chose est praticable?

Avant de se mettre à la cape, ou s'y prépare en diminuant de voiles et en les serrant soigneusement et fortement au fur et à mesure. On assujettit aussi les vergues par leurs balancines et leurs palans de roulis et de
drosses ; et, comme en manœuvre, ainsi que généralement en tout, on ne fait bien une chose que lorsqu'on
sait non-seulement ce qu'il faut faire dans le moment
principal, mais encore ce qui doit avoir lieu avant ou
après, nous n'omettrons pas, pour compléter le sujet
dont il s'agit, d'indiquer ce qui peut produire le plus
de sûreté avant de prendre, ou lorsqu'on a une fois
trouvé la cape la plus convenable.

On dégrée les perroquets et on en dépasse les mâts ; on
installe et ride les pataras ; ceux-ci s'aiguillètent ou se
capèlent à la tête des bas mâts, et se roidissent avec des
caliornes ou avec leurs rides ; on peut ajouter aussi des
galhaubans volants.

On appuie les bas mâts sur l'avant avec leurs caliornes en les croisant même et les passant sur l'arrière du
mât ; on embraque toutes les manœuvres, et il n'y aurait sans doute pas d'inconvénient à en dépasser quelques-unes des plus inutiles pour le moment actuel ; on
veille à ce que les voiles restent bien serrées et qu'il ne
pende ni toile, ni rabans, ni garcettes sous la vergue :

on double les amures et écoutes de la misaine et de la
grand-voile si l'on doit appareiller l'une ou l'autre, on
double aussi l'écoute du foc ou, pour parler plus exactement, on passe les deux écoutes du même bord et on
les roidit également; on prépare la barre franche ou
celle de rechange, les coins ou coussins pour rendre le
gouvernail immobile et en faire cesser les secousses, si
la barre vient à casser, et les palans de la barre en cas
de rupture de la drosse; on place des coins au cabestan;
on visite ceux des bas mâts ainsi que les tampons des
écubiers; on enveloppe les canots de cagnards et on
leur met des palans de retenue en dessous ; on visite
les canons à la serre et on les y consolide par des ca-
brions, ou encore avec un grelin qui va de bout en bout
du navire, qui passe sous chaque bouton de culasse et
qu'on approche du bord au moyen de fortes bridures ;
on fait doubler les ancres avec des serre-brosses ou avec
d'autres amarrages ; on s'assure que tout est bien ac-
coré, et l'on peut doubler les saisines de la drome et des
embarcations; on fait sonder les pompes pour voir s'il
n'y a pas lieu à pomper; on se débarrasse dans un cas
pressant de ses embarcations de poupe et de porte-haubans; on jette également à la mer son artillerie si le
poids en est trop nuisible ; lorsqu'un boulet roule
dans une pièce, on fait refouler ou retirer la charge; si
l'on a des manches pour la volée des canons de la batterie haute, on les met en place; on vide les bastingages dont on enlève et roule les toiles; on ferme les
écoutilles sur lesquelles on cloue des prélats; on installe des garde-corps en travers pour qu'on puisse se
tenir sur le pont; on fait un petit cagnard devant pour
l'équipage ou le quart; enfin on a soin que la chaîne
du paratonnerre soit à l'eau s'il y a de l'orage, que les

pompes soient prêtes à jouer, et que les nables soient libres pour que les canots se vident promptement si l'on reçoit quelque grande lame. On peut aussi parer des faux bras, des fausses cargues, des fausses drosses, des fausses suspentes; installer des chaînes sur les basses vergues, des paillets sur leurs voiles serrées pour les garantir du frottement de l'étai; installer les guinde-resses, car on a vu rompre des clefs de mât; on doit alléger les hunes et les haubans de toutes les voiles ou vergues de bonnettes, ou autres choses qui peuvent s'y trouver sans usage pour ce moment; dépasser les mâts de perroquet; amener la vergue sèche et la corne à moins qu'on n'ait besoin de l'artimon; rentrer la bôme, le bâton de clin-foc, le bout-dehors de beaupré, et même caler les mâts de hune. Il est vrai que je n'ai jamais vu recourir à cette dernière mesure, et je ne sache pas qu'on en soit venu jusque-là depuis longtemps; toute-fois je tiens d'un vieux marin qu'autrefois on ne dou-blait jamais le *Cap de Bonne-Espérance* sans cette pré-caution; mais quelle différence des bâtiments d'alors et de leurs ressources, à nos bâtiments et à nos moyens; c'est pourtant cette différence qui accroît, s'il est pos-sible, la gloire des anciens navigateurs, des *Gama*, des *Magellan* et surtout de *Colomb*, le premier peut-être entre tous les grands hommes!

Dans les mers très-dures, il serait utile que les bâti-ments eussent des mâts de perroquet sans flèche, autre-ment dits *Bâtons d'hiver*; ils sont plus légers en effet, et s'il faut les dépasser, on le fait bien plus facilement.

Diverses clefs de mâts de hune ou de calage ont été proposées depuis quelque temps pour corriger l'imper-fection des clefs ordinaires : telles sont, entre autres, celles de M. *Rotch*, de Londres, qui sont connues sous le nom de *Clefs à levier* (*Lever-fids*), celles de MM. *Du-seutre* et *Huau*, et particulièrement celle de M. *Homon-Kerdaniel* qui vient d'être réglementairement adoptée dans notre marine, comme réunissant les conditions de promptitude et de sécurité à l'avantage inappréciable de permettre que, sans larguer les rides des haubans et des galhaubans, on puisse soulever le mât de hune suf-fisamment pour faire disparaître l'arrêt, et ensuite caler ou dépasser ce mât.

Après qu'on s'est mis à la cape, on doit surveiller si tout ce qu'on a établi se tient et se conserve bien à poste. Le maître canonnier doit faire des visites réitérées et scrupuleuses pour s'assurer que ses pièces n'ont aucun jeu et que leurs crocs ou pitons ne menacent pas de céder ; il doit en être de même des maîtres calfats et charpentiers qui doivent porter une attention soutenue aux pompes, et à ce que les mâts, les chouquets, le minot ou pistolet de misaine, n'acquièrent aucun dé-rangement de position : si l'on craint pour le minot, on passe à la misaine une fausse amure qui fait dormant à l'un des bouts d'allonge les plus de l'avant.

Observons en définitive, que toutes les précautions que nous venons d'énumérer sont très-bonnes sans doute, mais qu'en temps de guerre et quelquefois même en temps de paix, un bâtiment doit être sur le *qui-vive*, qu'il faut à chaque instant qu'il puisse manœuvrer, at-taquer, se défendre ou se faire respecter, et qu'ainsi il ne doit adopter ces mêmes précautions que lorsqu'il y a urgence ; mais il faut pourtant être prudent, car on peut tomber dans un autre inconvénient, celui de faire des avaries et de ne plus retrouver ses avantages après la tempête. En 1803, dans un moment de paix douteux, une frégate anglaise fit voile en louvoyant vers une frégate française mouillée à *Pondichéry* où, sur la foi des traités et fatiguée par un voyage orageux, elle réparait son grément. Le capitaine français connaissait son devoir et ses ennemis, en une heure il se met en état, et chacun est à son poste. La frégate anglaise s'approche et fait mine de passer sur les câbles de la française ; le capitaine, piqué de cette insulte et craignant une volée d'enfilade, lui hèle d'arriver ou qu'il coupe ses câbles et qu'il va commencer le feu ; la frégate anglaise, plus faible à la vérité, accède aussitôt, et, en passant à contre-bord, montre sa batterie armée et ses canonniers au pointage.

II. L'action de *Dégréer les Perroquets* et celle de *les Gréer* est si souvent pratiquée en rade, que nous avons cru superflu d'en donner le détail, d'autant qu'alors le temps est généralement beau, et la mer à peu près calme ; il n'en est pas ainsi lorsqu'on se met à la cape, ou lorsque par une forte mer on se trouve forcé de les gréer ou de les dégréer, or, ces circonstances exigent un surcroît de précautions que nous allons exposer : il faut alors, s'il s'agit de gréer, hisser la vergue en la faisant glisser le long du galhauban arrière du mât de hune, au moyen de deux bosses garnies d'une cosse passée d'avance sur le galhauban. A la hauteur des barres, on largue la bosse supérieure, et on appelle la vergue à soi pour capeler les bras et les balancines : quand le milieu de la vergue est à la hauteur du chouquet, on passe le racage ; puis en larguant la bosse inférieure on roidit vivement les bras, et ensuite l'on frappe les écoutes et les boulines. Pour dégréer, on fait la genope sur la drisse, on défrappe les écoutes et les boulines, on dépasse les cargues, mais on ne largue le racage qu'au moment même où, par l'action de la drisse, des balancines et des bras,

la vergue commence à s'apiquer ; des matelots, prêts à
agir dans les haubans de hune, saisissent aussitôt la
vergue, décapèlent les balancines, les bras, et ils frappent sur cette même vergue les bosses à cosse du galhauban. La vergue peut descendre ainsi jusques aux
bas haubans, où on l'amarrera solidement, si toutefois
l'on ne préfère la coucher sur le pont et la placer sur la
drôme. A défaut de cosses, on peut se servir du racage
de la vergue.

Comme la mesure de dégréer les perroquets est souvent suivie de celle de *Caler* et même de *Dépasser* leurs
mâts, nous ajouterons ici les détails suivants : on passe
la drisse du perroquet en guinderesse, on mollit les rides ou amarrages des galhaubans, haubans ou étais ; on
se tient prêt à les roidir ou à les contre-tenir avec des
palans ; on guinde un peu pour retirer la clef, et l'on
amène, en embraquant les galhaubans et l'étai ; ensuite
on bride les deux mâts quand on ne veut que caler. Pour
dépasser, on soulage le capelage et l'on amène le mât ;
mais avant que la tête soit débarrassée du chouquet, on
bride la guinderesse au-dessus de la caisse, et on la genope au clan de la drisse : le mât s'envoie alors sur le
pont, ou comme une vergue le long d'un galhauban.
Il faut beaucoup de précautions dans tous ces travaux :
on envoie en même temps en bas les voiles d'étai de cacatois et de perroquet.

III. Ce fut encore une pensée bien utile de l'illustre
Franklin, que celle d'approprier à la cape et de chercher à perfectionner, pour les bâtiments du commerce,
la voile submergée dont les pêcheurs du Nord se servent
pour s'arrêter sur l'eau quand ils ont perdu leurs ancres. Il conçut d'après cela une *Ancre Flottante*, qui,
lorsqu'elle sert à cet usage, serait peut-être mieux nom-

mée *Ancre de Cape*, et qui est composée de deux verges
de fer de la longueur du demi-bau tournant sur un centre commun, de manière à se plier l'une sur l'autre, afin
d'être logées commodément à bord, ou à se développer
per en croix pour être mises en usage. Une corde bien
roide fixe alors la figure de la croix et un double canevas de toile se lace sur la corde. Si l'on craint que l'effort de la résistance de l'eau ne fasse crever la toile, on
peut y pratiquer une ou plusieurs ouvertures pour la
soulager, et faire ces ouvertures en forme de grands
œillets. Une patte d'oie à quatre branches s'attache aux
quatre rayons de fer vers le milieu à partir du centre,
et communique à bord au moyen d'un câble ou d'un
fort grelin. Les branches inférieures de la patte d'oie
sont plus courtes pour donner un peu d'inclinaison à
cette ancre, et une bouée qui tient aussi au bord par
une aussière la soutient à la hauteur convenable pour
qu'elle résiste perpendiculairement à l'action du bâtiment. L'orin de la bouée est frappé sur une boucle à
l'extrémité de la verge supérieure pour haler l'ancre facilement à soi. Pendant qu'on la met à bord ou qu'on
la jette dehors, il faut avoir l'artimon bordé.

· L'ancre de cape, employée à bord de petits navires
pendant de grandes tempêtes, les a parfaitement tenus
debout au vent et à la lame, et comme l'avant d'un bâtiment est très-solidement construit, ces navires ne faisant que tanguer et même tanguant moins à cause de
l'ancre, ils ont aussi fort peu souffert du mauvais temps.
On ne peut pas assurer, d'après cela, que l'on obtien-
drait d'aussi bons résultats à bord d'un grand bâtiment,
car les petits étant abrités en partie par les lames, le
vent les frappe assez pour les tenir debout, mais non
pour les faire beaucoup culer ; cependant on peut pré-

juger qu'il y aurait avantage, et il en découlerait trop
de bien pour ne pas faire des essais, si déjà l'on n'en a
fait. Quoi de plus simple réellement que de serrer toutes ses voiles, d'embarder au vent sous l'artimon, de
perdre son air, de laisser tomber cette ancre, de venir
à son appel et de défier ainsi les temps les plus orageux.

Il est prudent alors de conserver l'artimon dehors et
d'avoir du monde à la barre; et s'il y a lieu à gouverner,
ce doit être comme en culant, à moins que la vitesse des
lames n'influe plus sur le gouvernail que le sillage du
navire par la poupe. Ainsi, plus de grandes arrivées à
redouter ni de rupture de drosses ou de barre; plus de
paquets de mer à bord ni de voiles emportées; plus de
danger de faire chapelle ni de crainte enfin d'engager
le plat-bord sous l'eau quand les voiles sont trop chargées! Il est vrai que l'on fera peut-être plus de chemin
par l'arrière que l'on n'en aurait fait par le travers en
dérivant sous une cape quelconque à la voile; mais si
l'on est en pleine mer, il importe peu.

D'ailleurs ne peut-on pas augmenter la surface de
l'ancre? Ne peut-on pas amener ses basses vergues et
caler ses mâts? Et au pis aller, si l'on perd ou fatigue
trop, si l'on est près de la côte et qu'on croie s'en approcher plus que de l'autre manière, ne peut-on pas haler
son ancre à bord et capeyer à la voile? Il n'y a donc pas
à balancer, il n'y a aucun inconvénient à faire des expériences, et une si belle idée ne doit pas être abandonnée
légèrement pour les grands bâtiments, et par conséquent pour les marins militaires.

On peut encore employer cette ancre dans les virements de bord, comme nous l'avons vu (chapitre X);
on peut aussi l'employer dans la panne, en la prenant
par le travers du bord du vent et pour diminuer la dé-

rive ; ou lorsqu'on va à la côte et qu'on a perdu toutes
ses ancres, pour s'y échouer de la manière la moins défavorable. Ces propriétés, ainsi que plusieurs autres
que nous aurons occasion de développer, prouvent l'u-
tilité de cet appareil ; mais dans les derniers cas que
nous venons de citer, comme dans ceux dont nous parlerons par la suite, cette utilité est d'une moindre importance pratique que lorsqu'elle a pour but l'objet de
la cape proprement dit. Alors cet objet est direct ; le
péril est souvent imminent : la garantie ne saurait être
trop efficace ni trop prompte, et tout donne à penser
que l'ancre de cape permettrait d'obtenir ces résultats
presque à bord de toutes les classes de bâtiments.

Si l'on n'a pas, à bord, d'ancre de cape telle que celle
que je viens de décrire, on peut assez facilement en
faire une avec les moyens du bâtiment, en employant
deux bouts de bordages, de mâts, de planches etc.,
que l'on établit en croix pour remplacer la croix de fer ;
et l'on y installe des morceaux de toile à voile cousus
ensemble, pour y établir la surface de résistance nécessaire. On peut aussi suppléer à l'ancre de cape par une
ancre ordinaire, sur laquelle on fera bien de fixer des
bordages ou autres objets de beaucoup de surface ; par
une voile enverguée et garnie de gueuses dans sa ralingue inférieure ; par quelques barriques pleines, suspen-
dues à une ou deux pièces de la drôme réunies ensemble ; ou par d'autres moyens semblables : si une bouée
ne suffisait pas pour supporter le poids de la machine,
on y en ajouterait une seconde, ou bien l'on y mettrait
deux ou plusieurs barriques vides et bondées. On a soin
de pousser ensuite dehors tout le câble que l'on peut
filer. C'est à l'aide d'une installation qui rentre dans le
cas des dernières, que quelques bâtiments de la *Médi-*

terranée capeient, et il est remarquable qu'ils filent leur câble par le travers du vent; ainsi, ils perdent moins que s'ils avaient l'ancre en barbe; ils tanguent et ils roulent peu, mais ils doivent recevoir de la mer. Dans la *Manche*, où le fond n'est pas très-bas, les pêcheurs jettent à l'eau leurs énormes filets, ils s'y amarrent par l'avant, et en faisant petit sillage par l'arrière, ils se tiennent, de la sorte, debout au vent et à la lame.

CHAPITRE XIII

I. Du Bâtiment qui Fuit devant le Temps. — II. Du Bâtiment qui Navigue contre une Forte Mer. — III. Du Bâtiment Couché et Engagé, et qui ne Peut pas Arriver.

I. Un bâtiment qui a mis à la cape parce que le vent était fort et contraire, peut souffrir si considérablement en luttant contre le vent et la mer, et peut tellement être couché par la force du vent, que, n'ayant plus alors le pouvoir de s'élever sur la lame qui menace de l'engloutir ou de le défoncer, il est quelquefois obligé de laisser arriver pour *Fuir devant le temps*, en courant vent arrière ou très-grand largue aussi longtemps qu'il n'a pas de côte devant lui; alors il vaudrait mieux encore, à tout événement, courir les chances de rester ou de se remettre à la cape le plus tôt possible. Il peut aussi se présenter le cas qu'étant à la cape sans fatiguer, on ait des inquiétudes relativement aux courants qui peuvent vous trop porter sur telle ou telle côte, ou vous trop affaler sous le vent pour pouvoir ensuite faire vent arrière, et gagner un port ou des parages qui offrent plus d'espace pour dériver, en remettant alors à la cape. Telle fut la position de la corvette *le Département-des-Landes* qui, se rendant à *Brest* en 1814, se trouvait un peu dans le Sud-Ouest du *détroit* appelé *Pas-de-Calais*, lorsqu'un coup de vent de l'O. S. O. se déclara ; elle prit la cape, mais elle perdait considérablement ; en continuant à capeyer, elle aurait bientôt été affalée sous la côte, ou trop sous le vent pour repasser le détroit ; elle arriva donc pendant qu'il en était temps encore, et elle alla se mettre à l'abri dans la *Rade des Dunes*. Cependant il est quelquefois imprudent de chercher le port par un très-gros temps ; mais si la corvette ne s'était pas trouvée en mesure d'entrer dans cette rade, elle avait devant elle la *Mer d'Allemagne*, où elle aurait pu reprendre la cape, si le temps l'avait toujours nécessité.

On fuit aussi devant le temps, lorsque par un très-grand vent qui permet de porter en route, on espère se dérober aux coups de mer qui menacent le navire et qu'alors, voulant ne pas perdre de temps à la cape qu'il peut pourtant devenir indispensable de prendre, on fait toute la toile possible pour augmenter le sillage ; il n'est cependant pas indispensable alors de se ranger directement vent arrière ; on croit même qu'il y a de l'avantage à prendre le vent de 20 à 25 degrés soit à droite, soit à gauche de la quille, puisque alors le sillage n'en saurait être sensiblement différent, et que le bâtiment pourrait être mieux gouverné, mieux appuyé et, par conséquent, moins incommodé du roulis.

Pour quitter la *Cape en travers*, et pour fuir devant le temps, il faut serrer les voiles de l'arrière, hisser, seulement jusqu'à moitié, le petit foc ou la pouilleuse, et mettre la barre au vent en profitant d'une embellie ; on peut envoyer des matelots sur les haubans du vent de

misaine pour servir de voilure ; il faut brasser les vergues pour arriver comme si les voiles étaient établies,
et si, par impossible à prévoir, on n'arrivait pas et qu'on
n'eût pas d'ancre flottante ou autre à jeter par la hanche
du vent, il est conseillé de couper le mât d'artimon et
même le grand mât. En brassant les vergues, il faut
avoir soin de mollir les balancines du vent, les palans
de drosse et de roulis et les palanquins ; on roidit ensuite les galhaubans du bord opposé, et l'on donne du
mou à ceux du vent s'il y a lieu. On peut fuir vent arrière sous la misaine, ou ses fanons, ou ceux du petit
hunier, ou ce dernier au bas ris et sous le petit foc. Le
petit hunier a l'avantage de n'être jamais abrité par la
lame, mais il tend plus que la misaine à faire plonger
l'avant. Étant vent arrière on peut, en ces cas, rouler
beaucoup, et faire de l'eau.

Dans ces circonstances et les semblables, il faut, à
l'avance, serrer soigneusement et fortement toutes les
voiles inutiles, il faut prendre tous les ris, même ceux
des voiles que l'on doit serrer, afin d'être prêt à appareiller ces mêmes voiles si c'est utile par la suite ; il
faut mettre les vergues de cacatois et de perroquet sur
le pont, dépasser les mâts de cacatois et de perroquet,
passer les faux bras, amarrer les balancines roides,
haler de force sur les palans de drosse et de roulis ; il
faut enfin installer les pataras et adopter telles autres
mesures de précautions indiquées dans le chapitre de la
cape, et qui peuvent s'appliquer ici. On ne négligera
pas de placer ses fausses fenêtres ; enfin, on soulagera
un peu les vergues de hune quand leurs voiles seront
serrées, à cause du frottement contre le chouquet.

Si la mer est très-grosse, on doit avoir toute la voilure qu'on peut porter, car il faut faire de la route,

10 nœuds au moins, afin de se dérober à cette mer qui, en tombant à bord, endommagerait un bâtiment dépourvu d'air pour la fuir.

On rapporte que quelques navires ont essayé, en fuyant devant la lame, de laisser à la traîne un hunier qu'ils retenaient à bord par quelques bouts de filin frappés sur une de ses ralingues ; la voile se développait ainsi et s'étendait sur l'eau, où elle contribuait beaucoup à amortir la force et à diminuer la hauteur des vagues qui menaçaient la partie de la poupe.

Selon un capitaine très-exercé, le grand hunier aux bas ris est une fort bonne voile pour fuir, en ce qu'elle ne charge pas l'avant, et qu'il n'y a pas ainsi de contre-effet au gouvernail, lequel conserve toute son action sans exiger de grands efforts ; on est, d'ailleurs, moins exposé à engager. Cependant une bonne voilure pour cette même circonstance est celle de l'avant puisqu'elle prévient les lans, et par conséquent le petit hunier aux bas ris ou aux bas ris moins un, ou la misaine avec son ris pris et garnie de sa *Croix de Saint-André*, ou couverte sur l'avant par une voile qu'on lui applique, telle qu'un hunier de rechange, et qui l'empêche d'être emportée ; tant que la toile résiste, il est évident qu'en raison du sillage, il ne reste pas au vent assez de puissance pour mettre les mâts en danger.

En rapprochant ces opinions ou ces idées, on peut conclure de ce que nous venons d'exposer, qu'un bâtiment fera bonne route et se trouvera sous une favorable disposition de voilure par rapport au gouvernail, lorsqu'il fuira sous la misaine et le grand hunier aux bas ris.

Les meilleurs timoniers doivent être à la barre en bon nombre, car les moindres embardées peuvent être

funestes, et si l'on en faisait au point de craindre que
les voiles ne ralinguassent bientôt, il faudrait se hâter
de brasser celles-ci pour les ouvrir un peu ; aussi faut-
il que les bras, les faux bras, les cargue-points pour
lever les lofs, les amures, les écoutes soient toujours
parés ainsi que le petit foc. Les palans, en cas de rupture de la drosse, doivent être disposés, et, s'il survient
quelque avarie dans la barre ou le gouvernail, on serrera les voiles carrées qui sont dehors, on viendra au
vent en brassant les vergues sous le vent, et l'on mettra à la cape pendant la réparation de l'avarie. Le brasseyage des vergues, encore qu'il n'y ait pas de voiles
carrées déferlées, ôte de la prise au vent et peut s'appliquer à toutes les capes. Il nous reste à faire une observation, c'est de ne pas tenir trop roides les ralingues
des voiles qui sont établies, afin de moins fatiguer les
vergues, la tête des mâts, la toile, les empointures, les
écoutes et les mêmes ralingues de ces voiles. Il faudrait aussi venir à la cape et très-promptement, si,
comme il est arrivé, un sabord d'arcasse venait à être
enfoncé par la lame, et afin de pouvoir mieux réparer
l'avarie.

La force du vent est alors immense ; nous avons déjà
dit (chapitre VII) que sa vitesse pouvait être de 120 à 150
kilomètres par heure ; c'est plus qu'il n'en faut sans
doute pour emporter les voiles ou faire démâter ; mais
dans les tempêtes ordinaires cette rapidité est moindre ;
d'ailleurs la vitesse avec laquelle le navire s'y soustrait
et l'abri des lames, ainsi que celui de la mâture de l'arrière et des œuvres-mortes qui produisent un air am-
biant lequel amortit le vent direct, affaiblissent cette
force. Il est probable en effet, que, si le navire restait à
la même place dans l'espace relativement au vent, il en

résulterait de très-grands malheurs, et le fait consigné par le vice-amiral *Thévenard* dans ses *Mémoires sur la Marine*, le prouve d'une manière convaincante. Le 1er novembre 1764, un navire de 600 tonneaux, luttant dans le N.-O d'*Ouessant* contre un courant de 9 nœuds qu'il refoulait à grande peine, et par conséquent fuyant fort lentement le vent très-violent qu'il ressentait, vit par l'effet de ce vent dans ses voiles et les coups redoublés des vagues en opposition, casser les chaînes des haubans ; les mâts furent enlevés avec toutes les voiles, et la coque, entraînée dès lors en arrière, fut engloutie en quatre minutes par une mer qui glaçait d'horreur les spectateurs. Parfois on voyait de terre les flots s'élever jusqu'au-dessus des mâts, et le navire tourmenté de la manière la plus effrayante, se trouver presque arrêté malgré son sillage. Au large il peut exister quelques courants qui produisent cet effet ou une partie de cet effet, et l'on ne peut le connaître que d'une manière peu positive par l'agitation de la mer ; mais près de terre, la chose est palpable par les relèvements ou par la sonde ; l'on doit alors soustraire son bâtiment à des risques aussi grands en mettant à la cape jusqu'à ce que le courant ait molli ou renversé, et que, le vent et la mer ayant pris une direction pareille, la lame soit tombée et la possibilité offerte de fuir réellement devant le temps. On peut encore, sans mettre à la cape, serrer un peu le vent et chercher, en courant plus ou moins largue, un lieu moins agité.

II. Le danger d'une mer très-forte, si elle est courte surtout, se fait sentir non-seulement quand elle vient de l'arrière ou du travers, mais encore quand on *Navigue à son encontre*, car lorsqu'une lame a dépassé le milieu du navire et que l'avant plonge, une autre lame s'approche avant que le bâtiment se soit relevé, et il est choqué par une force égale à la masse de lame multipliée par le carré des vitesses réunies du navire et de la mer. En supposant une lame de 36 pieds (11^m,70) et la vitesse d'une frégate de 60 canons allant à son encontre, de 10 nœuds ; l'élévation des eaux à la proue doit excéder 20 pieds (6^m,49), calcul, dit *Don Juan*, qui manifeste l'impossibilité de porter toutes les voiles dehors dans tous les temps, comme l'a prétendu *Bouguer* dans son *Traité de la Mâture ;* alors donc, si l'on souffre trop, soit par ce choc, soit par l'eau que ce même choc force à déferler sur le pont, on peut diminuer le sillage, et l'avantage sera encore plus grand si les voiles soustraites pour obtenir cet effet sont des voiles hautes, puisqu'en ce cas ces voiles empêchent de s'élever sur la lame ; ou si ce sont des voiles de l'avant, puisque celles-ci font canarder, à l'exception pourtant des focs qui sont fort utiles dans cette circonstance. Quelques personnes, en pareil cas, font mettre la barre dessous, et lancent vers la lame quand ils en voient quelqu'une qui menace le navire. Cette pratique n'offre aucun avantage, car si la mer vient presque de l'avant, il n'y a ni bien ni mal à loffer un peu plus ou à continuer la même route ; mais si une forte lame vient à peu près de la direction du travers, il ne peut qu'être fort imprudent de ne pas mettre à l'avance la barre au vent, afin de fuir cette lame pour en diminuer le choc.

On peut encore éprouver, en pareil cas, des tangages tellement violents, surtout s'il y a vice dans l'arrimage ou la construction, qu'il ne reste de parti pour se soulager et pour préserver la mâture, que celui de ralentir sa vitesse, et par conséquent de réduire sa voilure. La fatigue que les mâts éprouvent en ce moment se trouve alors accrue sur les bâtiments dont les dimensions, la longueur principalement, sont le plus fortes ; en effet, on a calculé que pour les navires de figures semblables, l'effort que la mâture peut supporter est comme les cinquièmes puissances des dimensions linéaires, tandis que les résistances des mâts en sont seulement comme les cubes ; d'où il suit que les mâts sont d'autant plus exposés à rompre dans les mouvements du navire que les dimensions de celui-ci sont plus considérables.

III. Le vent étant très-fort du travers ou des environs du travers, il peut surventer soit par rafales, soit pendant des grains, et dans ces surventes, on voit quelquefois *Engager* son bâtiment ; il est alors *Couché* par ses mâts au point de voir, sous le vent, l'eau atteindre le pont et principalement le gaillard d'avant. Les voiles ne sont plus frappées en ce moment que sous un très-petit angle, et cependant, comme le vent agit sur la grande partie des œuvres-vives qui est émergée, et que sous le vent, la mer est montée plus haut que la rentrée et qu'elle a même de la prise en dedans du plat-bord, il s'ensuit qu'il est fort difficile de relever son navire. En filant les écoutes et les drisses de toutes ses voiles en bande, hors celles des focs qu'on doit se contenter de mollir un peu, on y réussit quelquefois, et il ne faut pas oublier de mettre la barre au vent ; mais le gouvernail est presque entièrement hors de l'eau et il n'a plus que peu d'effet, d'autant que l'air est bientôt amorti ; aussi dès que l'on s'aperçoit que le résultat de cette manœuvre est nul, il y a peu à hésiter et il serait à propos d'avoir prévu cette catastrophe et de s'y être préparé ; on coupe le mât d'artimon, quelquefois le grand mât, et l'on jette à la mer ses ancres et ses canons de gaillards.

Il suffit quelquefois de larguer ou couper les rides des mâts de hune de l'arrière, ce qui entraîne la rupture de ceux-ci, pour décider l'arrivée ou l'abattée du bâtiment, et l'on sauve ainsi les bas mâts qui deviennent ensuite fort précieux ; mais il faut un coup d'œil bien exercé pour savoir au juste et aussitôt, si l'on aura assez fait en s'en tenant à ce point : il en est de même pour tous les cas pareils. On lit dans un ouvrage nouveau, que deux vaisseaux et quatre frégates ayant essuyé près de *Manille* un de ces ouragans qui y sont connus sous le nom de *Typhons*, tous les bâtiments furent démâtés, et une des quatre frégates disparut à jamais : cependant un Galion frappé du même ouragan, avait eu, dès le premier indice, la prévoyance de sacrifier ses mâts de hune, et il était parvenu à sauver tout le reste de sa mâture.

Il n'est peut-être pas de marin qui n'ait entendu citer comme une règle fixe de manœuvre, qu'en ce cas la misaine amurée et bordée pouvait seule sauver un bâtiment, et qu'il fallait, s'il y avait lieu, périr sous cette voile. Je n'en conseille pas moins de filer l'écoute de misaine, car il est manifeste que dans cette situation, cette voile prend par l'effet du vent une courbure plus grande, que son effort est porté plus en avant du centre de gravité, et que cet effort tend non-seulement plus avantageusement à pousser la proue sous le vent, mais encore à agir avec les focs pour relever le bâtiment. *Romme* professe la même opinion.

S'il y avait fond, on pourrait se dispenser d'en venir au fâcheux expédient de couper ses mâts, car il serait possible de se redresser en laissant seulement tomber l'ancre du vent, si elle est au bossoir. Si elle était traversée, la chose serait fort difficile, pour ne pas

dire impossible, à cause de la bande ; alors on coupe-
rait tout ce qui retient la moins engagée de celles qui
sont à poste sous le vent, et l'on y étalinguerait en
même temps un grelin ; mais il faut en avoir passé le
bout par-dessous le beaupré, de sorte qu'après avoir jeté
l'ancre au fond, le grelin appelle du vent, seul bord
où il tende à redresser le bâtiment. Cette opération peut
de même s'employer en pleine mer ; dans tous les cas
elle est longue et difficile. On a cité des bâtiments restés
ainsi couchés au large jusqu'à ce qu'ils eussent fixé sur
une petite ancre des espars, des bordages, des cages et
autres objets de grande surface ; ils laissaient, pour la
commodité de l'opération, tomber cet assemblage par
sous le vent ; à l'ancre était fixé un grelin qui faisait le
tour du navire et qui rentrait par un des points de la joue
du vent ; en dérivant, le navire se trouvait bientôt sous
le vent de cet assemblage ; alors en faisant tête ou même
en halant dessus, on avait réussi à se mettre debout au
vent et à prendre ensuite le vent de l'autre bord ; on
parvenait ainsi à redresser le bâtiment. Il semble que
l'ancre flottante peut encore être ici employée avec
avantage. Un capitaine doit juger, lui-même, si l'on
peut attendre assez longtemps pour faire ces disposi-
sitions, et quoique le grand effort soit fait quand le navire est couché et que les écoutes et les drisses ont été
filées, cependant le mal peut encore empirer ; et pour
sauver ses mâts, on court la triste chance de périr corps
et biens.

En filant les drisses et les écoutes, on ne réussit pas
toujours à détruire l'effet des voiles. Des gabiers armés
de couteaux doivent alors faire brèche dans ces voiles ;
cette manière d'en diminuer l'effort a été appelée par
les Anglais *Ris à Irlandaise* (*Irish reef*), mot à la fois

plaisant et expressif par l'idée, injuste cependant, qu'on se fait proverbialement en *Angleterre* d'un peuple vif, vaillant, robuste et spirituel ; mot qui peint le caractère du marin habitué à se jouer des périls les plus pressants, et qui conserve, en les bravant, ce sang-froid qui n'exclut pas la gaieté.

D'autres fois, par un fort vent, la mer étant encore belle et le navire ayant du largue, on n'engage pas ; mais on fait si grande route que la résistance opposée par l'eau à la joue de sous le vent devient assez grande pour ne plus pouvoir arriver. Il est clair que plus, par une route oblique, un bâtiment quelconque va de l'avant, plus il doit être ardent ; mais on pense difficilement qu'il en puisse résulter la privation de la faculté de pouvoir arriver ; cependant la chose existe, et j'en puis citer plusieurs exemples. *Bouguer* rapporte qu'un bâtiment sur lequel il se trouvait, se serait infailliblement perdu si M. *de Radouai*, après avoir épuisé tous les moyens offerts par les voiles et la barre pour le faire arriver, n'avait fait passer la plus grande partie de l'équipage du côté du vent, afin de faire diminuer l'inclinaison sur l'autre bord ; il cite de plus M. *de Goyon*, qui avait observé que si l'on veut faire tourner, vers un bord ou vers l'autre, un navire incliné faisant route et qui ne sent pas assez son gouvernail, il faut porter du côté opposé quelque poids considérable dont on peut se servir avec promptitude, tel que celui de l'équipage. Enfin on trouve dans les mémoires de M. *de Roquefeuille*, lieutenant général des armées navales, la confirmation de cette difficulté d'arriver en plusieurs circonstances, et notamment l'exemple d'un gros bâtiment naviguant avec des vents de S.-S.-E. dans la *Manche* et courant le cape sur les *Casquets* qu'il découvrit dans une éclaircie. Il ventait grand, frais, le bâtiment portait ses quatre voiles majeures (les ris pris) : l'artimon cargué et la barre au vent ne purent le faire arriver; la grand'voile fut carguée, et comme on n'arrivait pas encore et qu'on s'approchait toujours des roches, on coupa le mât d'artimon, puis le grand mât, et le bâtiment n'arriva qu'en rangeant ces roches à toucher. Si, l'artimon cargué et la barre mise au vent, on eût diminué considérablement de voiles pour ralentir le sillage, si l'on eût seulement filé quelque peu des écoutes et fait légèrement brasser les voiles au vent pour redresser le bâtiment, je pense que l'on eût arrivé, et à plus forte raison si l'on eût fait passer quelque poids de l'avant à l'arrière, ou si l'on eût mis l'équipage sur la partie arrière du bâtiment au vent, pour faire déjauger l'avant et rendre la résistance du fluide moindre à la joue de sous le vent. On n'aurait donc pas eu recours à l'extrémité si rigoureuse de sacrifier la mâture entière de l'arrière, ce qui d'ailleurs a l'inconvénient de faire déjauger l'arrière du bâtiment, et par conséquent nuit encore à cette même arrivée, laquelle ne s'effectue plus que par la grande force giratoire qu'acquièrent les voiles de l'avant en vertu de la suppression de tout le gréement de l'arrière. Dans cet exemple, les pressions latérales avaient une très-grande puissance pour rendre le navire ardent, puisque cette puissance était en raison du carré de la vitesse et de la grandeur de l'inclinaison ; il fallait donc diminuer l'une ou l'autre, ou toutes les deux si le cas l'exigeait, et seulement laisser la barre au vent pour y coopérer ; mais on n'eut pas cette idée qui se présente si naturellement, quand on apprécie les causes qui agissent sur un navire, et nous voyons par là, combien l'esprit peu habitué à remonter aux principes est prompt à s'égarer et à substituer des moyens extraordinaires à la manœuvre la plus simple ; c'est un rare bonheur quand les suites n'en sont pas funestes. On pourrait peut-être encore, en ce cas, trouver une application du procédé de l'ancre flottante ; il faudrait la jeter sous le vent, la contre-tenir par le bossoir de ce bord, et il est probable qu'on ne serait jamais alors dans le cas de couper sa mâture de l'arrière pour arriver.

CHAPITRE XIV

I. Des Voies d'eau et des Radeaux. — II. Du Bâtiment Cintré et Abandonné, et des Canons Jetés à la Mer par un Mauvais Temps. — III. Des Embarcations Insubmersibles, et des Ceintures de Sauvetage.

I. Le résultat de ces luttes d'un navire contre un grand vent et une mer orageuse, est souvent une *Voie-d'eau*, qui, toutefois, peut s'affaiblir quand le temps s'adoucit, ou en naviguant sous une allure différente ou avec une autre voilure. Quand une voie-d'eau s'est déclarée, il est fort important et fort difficile d'en connaître le lieu, car alors il devient presque toujours possible de l'aveugler. On peut la découvrir en délivrant quelques vaigres vers les endroits où on la soupçonne ; et l'on assure qu'on le peut encore, de calme ou de petit temps, avec un espars dont on promène un bout sur divers des points extérieurs des œuvres vives ; en appliquant l'oreille à l'autre extrémité on entend, si l'on se trouve près de ce lieu, un grondement qui l'indique ; alors, en garnissant de bandes de linge le bout plongé de l'espars, on sentira bientôt ces bandes entraînées par l'eau qui s'engouffre, et l'on saura ainsi à très-peu près où se trouve l'ouverture. Cependant ces moyens de découverte sont presque toujours dus au tâtonnement, et comme le raisonnement jette quelques lumières sur ce sujet, cherchons comment il peut nous servir de guide.

Les pressions de l'eau à diverses profondeurs étant comme les racines carrées de ces mêmes profondeurs, il s'ensuit que l'eau qui pénétrera par une voie-d'eau à 1 pied (0^m,32), à 4 (1^m,28), à 9 (2^m,92), à 16 (5^m,20) au-dessous de la flottaison, entrera dans les trois derniers cas avec une vitesse double, triple, quadruple du premier ; cependant, si l'eau gagnait en dedans la hauteur d'un des trous de ces voies-d'eau ou qu'elle l'excédât, la vitesse de l'eau qui parviendrait par là à bord, ne serait plus que dans le rapport de la racine carrée de la différence de niveau entre l'eau intérieure et l'extérieure. Il suit de là : 1° que les pompes n'affranchissant pas, et que le poids de l'eau qu'on n'extrait pas faisant caler le navire, la vitesse de l'eau s'accroîtra jusqu'à ce que l'eau intérieure couvre l'ouverture de la voie-d'eau ; 2° que si, avec les mêmes moyens de puisage ou d'extraction, on parvient à étaler une voie-d'eau qui augmentait d'abord, c'est que le trou est à une grande profondeur. Supposons actuellement que l'eau s'abaisse à bord en diminuant de voiles, il est alors évident que l'eau devait une partie de sa vitesse à l'action de l'avant du navire, pendant qu'il allait plus rapidement à l'encontre de cette même eau, et que la voie-d'eau est sur l'avant. Au contraire, si l'eau s'élève en faisant moins de route, on peut en conclure que l'ouverture est sur l'arrière : s'il y avait de la dérive et qu'on eût mis en panne, elle pourrait être sous le vent ; et si

enfin une forte dérive fait diminuer la vitesse de l'eau,
c'est que cette même voie-d'eau est au vent. Il résulte
de ce qui précède que les voies-d'eau les plus dangereuses, sont celles qui se manifestent sur l'avant et sous
le vent. On doit alors mettre en panne ou à la cape dans
le premier cas, et changer d'amures dans le second ;
s'il y en avait plusieurs, on pourrait, par analogie, découvrir le lieu présumé de la plus forte ; mais en changeant d'amures, elle pourrait devenir une des plus faibles, et le cas serait très-embarrassant.

Quant aux moyens d'aveugler des voies-d'eau, lorsque la chose n'est pas praticable par l'intérieur, ce qui
s'effectue avec des tampons, des chevilles, des coins ou
un travail quelconque de calfatage, il est possible qu'on
y parvienne en partie, et c'est beaucoup, en étendant
au-dessous du navire, ainsi que le fit l'illustre *Cook*, et
à l'aide de cordes qui aboutissent aux bouts de vergue,
une toile ou une voile goudronnée et garnie d'étoupes,
de morceaux de laine, et de fiente d'animaux. Cette
voile promenée de l'avant à l'arrière, à petite distance
de la carène, doit se présenter à l'orifice de la voie-
d'eau, et pressée par l'eau qui pénètre, elle peut s'appliquer à l'ouverture et remédier au mal ; dans ce cas,
on fera bien d'en mettre une nouvelle sur celle-ci ; mais
on les retiendra bien toutes les deux par l'avant, car il
est très-probable qu'avec un sillage même modéré elles
glisseraient vers l'arrière, ce qui annulerait leur effet.
Je pense qu'on pourrait fixer chaque voile par deux cordages passant par les sabords d'arcasse, et élongeant la
quille de chaque bord par-dessous la voile, pour venir
rentrer par les écubiers les moins en à-bord, et de là
être virés au cabestan ; il y aurait l'avantage que la
voile suivrait parfaitement les façons du navire, et que

nulle part, près même de la quille, il n'y aurait de vide entre cette voile et la carène.

Quelquefois, la voie-d'eau provient de bordages sous l'eau, qui, en travaillant, jettent leur étoupe, et qui, étant peu loin de la flottaison, se laissent apercevoir ; on y clouera des couvertures de laine goudronnées en dehors, lardées d'étoupes en dedans, et par-dessus, on clouera encore de la toile également goudronnée : si l'on peut calfater, on fera fortement bâiller les écarts en mettant en panne, ce bord même au vent et avec beaucoup de voiles bien effacées ; c'est à cause de ce même bâillement de coutures qu'un navire abattu en carène offre bien plus de garanties qu'un navire calfaté dans un bassin.

J'ai plusieurs fois entendu dire qu'un bâtiment ayant une forte voie-d'eau et se trouvant dans les calmes de la *Ligne Équinoxiale*, fit le long de son bord un radeau qu'il chargea considérablement ; il vira en carène sur ce radeau ; le calme dura et l'on aveugla la voie-d'eau. Il est téméraire sans doute de décharger presque entièrement son bâtiment en mer, mais il est des positions où l'on peut tout hasarder.

Si la voie-d'eau a lieu par suite d'un échouage sur un banc, ou sur une vigie en pleine mer, et qu'on ne puisse ni réparer le navire ni le relever, il reste la triste ressource de se sauver dans ses embarcations si l'on en a assez pour tout l'équipage, ou de construire un *Radeau*.

La base d'un radeau se compose de pièces de drôme, de mâture, de bordages fortement liées ensemble avec des cordages, mais espacées pour présenter plus de développement, et disposées de manière à donner trois ou quatre fois plus de longueur que de largeur, c'est-à-dire que le radeau représentera la configuration à peu près d'une section horizontale de bâtiment. Quelques rangs de barriques vides, mais bondées, seraient très-utiles sous cette base du radeau, pour le tenir un peu élevé quand il sera chargé ; une plate-forme en planches bien clouées doit s'étendre, autant que possible, du milieu aux extrémités ; des chandeliers avec des filières seront très-multipliés, surtout sur les bords où ils pourront servir de tolets de nage ; il faut s'efforcer d'installer une mâture, une voilure et une machine pour gouverner. Il ne faut pas oublier des briquets, de l'amadou, de la poudre, et des bougies. Des perriers, fanaux et pavillons sont nécessaires pour des signaux, ainsi que des boussoles, instruments, cartes, lunettes, avirons, ancres, grappins, câbles, grelins, pour la route, et des ains, harpons, foënes, ou lignes, pour la pêche. On doit surtout se munir de vin, d'eau-de-vie, de farine, de viande salée et de biscuit en barriques.

Au surplus, on ne peut indiquer que des mesures générales ; les circonstances, alors, maîtrisent de la manière la plus impérieuse ; et si jamais conseil est peu de saison, c'est assurément ici : tout dépend en effet de ces circonstances ; mais elles peuvent être merveilleusement dominées par la force d'âme, la prudence du Commandant et de l'État-major, ainsi que par la confiance de l'Équipage dans ses chefs. Je me bornerai donc à ajouter que le bâtiment étant perdu, on doit en extraire tout ce que l'importance du moment, tout ce que la prévoyance exigent, mais rien qui soit inutile : on doit par-dessus tout s'efforcer, quand le désespoir le plus poignant va se trouver en face de tous, de maintenir dans les cœurs les vertus qui ne devraient jamais abandonner l'homme, et qui seules peuvent le faire triompher d'aussi terribles événements. C'est alors qu'on peut voir de quel prix est une haute éducation, et combien elle peut donner de puissance à l'État-major qui y puisera toujours sa véritable force, et souvent y rencontrera les moyens d'assurer le salut général.

II. D'autres fois enfin, le navire est tellement délié et les écarts sont si forts qu'à chaque mouvement de roulis ou de tangage, il embarque une grande quantité d'eau. Il faut alors *ceintrer* le bâtiment, opération fort difficile et qui consiste à l'entourer de plusieurs tours de grelin qui passent sous la quille et reviennent par les sabords ou par-dessus le pont s'il n'y a pas de sabords. On vire ces tours au cabestan, on aiguillette, on bride, on garnit de coins pour les mieux roidir ; et on lie aussi, s'il y a lieu, les couples du bâtiment entre eux, en passant d'autres tours de grelin de chaque sabord aux suivants du même bord. S'il n'y avait ni sabords ni hublots (dont on aveugle ensuite la partie qui reste vide), on clouerait des mains de fer, de forts taquets, des oreilles d'âne couchées, ou bien l'on placerait des boucles ou crocs pour installer ces grelins.

Le ceintrage a rarement lieu sans qu'on jette à la mer son artillerie, ou au moins celle des gaillards, afin de soulager le navire : pour *Jeter les canons à la mer*, on sait qu'il faut en élever la culasse autant que possible ; on retire alors les susbandes en ne laissant à la pièce qu'un ou deux tours de raban ; on passe une pince sous chaque tourillon, puis deux anspects un peu en arrière, et l'on fait force sur tous ces leviers à la fois, à l'instant où le roulis est le plus favorable ; il n'est pas inutile d'ôter les roues de devant de l'affût lorsqu'on jette un canon à la mer : les canons qu'on jette doivent être sous le vent, et s'ils n'y sont pas, on les y passe avec précaution à l'aide de palans : s'ils appartiennent à la batterie basse, on ne les débarque que l'un après l'autre, afin de n'avoir qu'un mantelet à ouvrir, et pour être moins exposé à embarquer de l'eau. Ce mantelet s'ouvre d'ailleurs à l'embellie et avec ménagement.

Il n'est que trop souvent arrivé que des bâtiments où l'eau gagnait malgré les pompes, ont été *Abandonnés*, et que ces mêmes bâtiments ont été par la suite trouvés parfaitement conservés et flottants, quoique pleins d'eau, tandis que l'équipage avait péri le plus souvent dans les canots; il faut être en garde contre les terreurs souvent exagérées qu'inspire une pareille situation. Il est rare qu'il y ait rien de plus sûr à la mer que son propre bâtiment, et un exemple funeste et assez récent d'une frégate évacuée au large sur un banc où, environ deux mois après, on trouva encore du monde vivant qui probablement s'était caché lors de l'évacuation, en est une preuve frappante. Nous pouvons ajouter, à ce sujet, avoir vu le vaisseau de la compagnie anglaise *la Sarah* qui, pour se dérober à notre poursuite, se jeta vent arrière en filant huit nœuds, sur la côte dangereuse de *Ceylan;* nous crûmes tout perdu, mais au contraire, ce vaisseau se maintint fort longtemps : il sauva même sa cargaison. On doit donc, avant de prendre ce parti désespéré, voir quelle est la position du bâtiment, quelle est sa cargaison et quelle est son artillerie; il faut essayer si, en jetant celle-ci et les ancres à l'eau, ou si, en laissant jauger le bâtiment, il n'est pas possible qu'il finisse par se soutenir parce qu'il sera chargé, soit de vins, de liqueurs spiritueuses, de farine, de planches, etc., soit d'indigo, de sel, de charbon, de sucre, ou autres objets qui fondent ou dimi-

nuent beaucoup de poids. C'est surtout ici que la précaution, déjà mentionnée dans le chapitre III, de vider
ses pièces et de les bonder ensuite, peut être d'une
grande utilité. Un bâtiment coulé jusqu'aux gaillards
peut encore naviguer ; plusieurs ont fait ainsi de longues
routes ; et quelle douleur, quelle honte pour un capitaine qui a pu gagner la terre dans ses embarcations,
s'il apprend par la suite que son bâtiment a été trouvé
à la mer, ou a été sauvé et conduit au port !

Dans tous les cas, on ne quitte son bâtiment qu'autant qu'on n'a pu réussir à extraire l'eau avec toutes les
pompes qu'on peut employer, et en faisant un puisard
au milieu du navire d'où l'on jette l'eau à l'aide de
chaînes d'hommes munis de seaux. Si les clapets des
heuses sont usés, on les supplée, dans un moment
pressé, par un boulet du calibre de la pompe ; si l'é-
quipage est trop fatigué, on peut le soulager, comme
cela s'est vu pratiquer, au moyen d'une pièce de quatre
pleine et bondée ; on la jette sous le vent en dehors du
bord, et elle tient au navire par une aussière, laquelle
passant dans une poulie de sous-vergue, aboutit au bout
de la bringuebale. Le mouvement des lames et du bâtiment approche et éloigne alternativement cette barri-
que de la vergue ; et comme la bringuebale est rappelée
vers le pont par un poids dont elle est chargée, il en
résulte un mouvement de va-et-vient qui peut faire
jouer la pompe. Rien ne s'oppose à ce qu'on mette ainsi
plus d'une pompe en jeu. Il est fort dangereux alors
d'avoir à bord du sable ou du charbon en poussière,
parce qu'il peut engager les pompes, et il serait imprudent de ne l'avoir pas arrimé de manière à ce qu'il fût
contenu, soit par des cloisons doublées de feuilles de
plomb laminé, soit dans des soutes revêtues de prélats,

ou au moins de fourrure; le sucre, quand il est mouillé
et qu'il n'est point contenu, peut aussi engager considérablement les pompes, en s'y présentant alors sous
la forme de mélasse : nous en fûmes témoins près de la
Nouvelle-Hollande sur notre riche Prise *l'Althéa*; et
plus nouvellement, le navire *le Georges IV*, qui s'est
perdu sur la côte d'*Afrique*, en a fait la triste expérience.

Il y a, enfin, des pompes dont le corps consiste en
quatre ou même trois planches, et qu'il est facile de
construire à bord dans les cas urgents ; elles sont décrites dans notre *Dictionnaire de Marine*, page 578.

On ne doit pas négliger, dans ces circonstances, de
mettre des vivres disponibles dans les hauts, de les y
tenir à l'abri, et d'avoir ses embarcations parées; un
bon canot, bien armé, habilement conduit, suffisamment pourvu, peut franchir de très-grandes distances
et braver quelque mauvais temps. Qui ne connaît en
effet le succès, en ce genre, du Capitaine *Bligh*, élève
et compagnon du célèbre *Cook*, qui, en 1789, dans un
bateau portant dix-neuf hommes, traversa 1,200 lieues,
et eut encore à braver les tourments de la soif? Il ne dut
son salut, d'abord qu'à la force morale de son caractère, et en second lieu qu'à l'expédient de chercher un
moyen de désaltérer son équipage en en faisant mouiller et tremper les vêtements à l'eau de mer.

Si le bâtiment se soutient, on fait voile vers le port
le plus à portée ou vers les parages les plus fréquentés,
on tire de temps en temps des coups de canon ou des
bordées d'alarme, on lance des fusées pendant la nuit
et l'on brûle de fortes amorces; enfin, si l'évacuation
devient indispensable, un capitaine, quel qu'en soit le
moment, ne doit jamais quitter son bord que le dernier:

c'est son devoir. Il y va de l'honneur, et l'honneur nous survit !

III. On a souvent demandé que tous les bâtiments fussent munis d'un *Canot Insubmersible*, soit pour aller porter du secours aux hommes tombés à la mer, soit pour servir à opérer le sauvetage de l'équipage d'un navire jeté à la côte, soit enfin pour les cas fortuits de naufrage au large : cette embarcation serait encore très-utile quand il y a lieu à communiquer avec un bâtiment que l'on rencontre en mer. Plusieurs canots ou chaloupes remplissant ce but ont été récemment proposés et essayés avec succès ; tel est, entre autres, celui de M. *Lahure*, du Havre, qui est décrit dans les *Annales maritimes* de 1846, page 727.

On ne saurait trop recommander également aux marins les *Ceintures de sauvetage*, expression générique par laquelle on entend les corsets, gilets, vogueurs, cuirasses, nautiles, ceintures de toute espèce, inventés pour être attachés au corps de l'homme et le tenir flottant sur l'eau. Les meilleurs et les plus usités sont les liéges cousus à de la toile formant une sorte de gilets, inventés par le capitaine Ward pour les canotiers des bateaux de sauvetage. Les anneaux en liége couvert de toile sont aussi très-usités. L'utilité de ces appareils est d'une évidence palpable, et tous les bâtiments devraient en être abondamment pourvus : il en est ainsi sur la plupart de ceux des *États-Unis d'Amérique*, et on lit dans le rapport du naufrage de l'*Atlantic*, qui se perdit en 1846 près de *New-York*, qu'au moment du danger, des ceintures de sauvetage furent jetées en quantité, soit sur le pont, soit à la mer ; que les passagers ou autres se les attachèrent au corps ou s'en saisirent, et qu'un grand nombre d'entre eux, flottant sur l'eau à l'aide de cet

11.

appareil, furent portés par les lames jusqu'au rivage, et sauvés ainsi d'une mort à laquelle fort peu d'entre eux auraient échappé sans cela.

CHAPITRE XV

I. Des Grains et des Rafales. — II. Des Orages; du Feu ou de l'Incendie à bord, et de la Combustion Spontanée. — III. De l'influence de l'Orage, du Temps et du Bâtiment sur les Boussoles. — IV. Moyen de Suppléer l'Aiguille Aimantée.

I. Il est des circonstances où un navire peut se mettre à la cape, ou fuir devant le temps, sans pour cela qu'il soit exposé à souffrir autant et aussi longtemps que pendant ces crises violentes et prolongées dont nous avons parlé dans les deux derniers chapitres : ces circonstances sont celles des *Grains* et des *Rafales*.

Les *Grains* sont des surventes momentanées quelquefois très-fortes, mais qui durent peu et qui, quoique susceptibles de se réitérer souvent et à de courts intervalles, permettent cependant à la mer de se calmer pendant ces intervalles, et cessent ainsi d'exciter avec la même force l'agent qui contribue le plus à fatiguer le bâtiment pendant les tempêtes; on voit d'après cela qu'un grain est en général moins redoutable qu'une bourrasque ou qu'un coup de temps; mais comme il vient quelquefois à l'improviste, ou que des officiers imprudents l'attendent avec une confiance trop peu réfléchie, il en peut résulter des avaries très-graves dans la mâture ou dans la voilure; quelquefois même le bâtiment engage et se trouve dans l'impossibilité d'arriver.

On reconnaît le plus souvent l'approche d'un grain par un nuage à l'horizon plus foncé que ceux qui l'environnent; il s'élève avec une rapidité qui peut révéler sa force à un praticien. A son approche, le jour et la mer se rembrunissent, ils brisent la crête des lames, et quand un sifflement prononcé se fait entendre, il va fondre sur le navire. D'autres fois les grains s'annoncent par un nuage blanc à l'horizon; ceux-ci sont très-pesants et sont connus sous le nom *grains blancs*. Il arrive encore que les grains passent par le plus beau ciel, sans qu'aucun nuage les indique; ils se nomment alors *grains secs* et ils sont fort à craindre; rien en effet ne peut les signaler, si ce n'est un changement dans l'agitation de la mer vers l'endroit d'où ils viennent, et qui précède de peu leur arrivée; mais on peut ne pas s'apercevoir de cette agitation dans la sécurité où l'on se trouve, et à laquelle un marin ne devrait jamais s'abandonner.

Le grain augmente quelquefois jusqu'à son milieu seulement, et quelquefois il se fait sentir dès l'abord avec le plus de force. Il arrive même que le grain paraît finir, et qu'un moment après, on ressent un coup de fouet qu'on appelle la *queue du grain*, mais qui est ordinairement de peu de durée. Le vent qui, assez généralement, a une direction parallèle à l'horizon, souffle quelquefois de haut en bas pendant les grains et autres dérangements du temps; ce n'est jamais que de quelques degrés, mais cela rend le grain beaucoup plus dangereux. Les grains viennent parfois de sous le vent et en font tout à fait changer la direction; d'autres fois, après le grain, le vent reprend le cours qu'il avait.

On voit aussi des grains qui amènent de violentes
sautes de vent; d'autres sont mêlés d'orage, sont
coupés par des moments de calme plat, quelques-
uns sont très-pluvieux avec ou sans vent, et tous annoncent généralement un changement de temps. Les
grains, quoique très-caractérisés dans certains parages,
près des îles et à certaines époques, sont d'ailleurs de
tous les temps et de tous les lieux; et les divers détails
dans lesquels nous venons d'entrer font un devoir, lorsqu'on en soupçonne l'approche, d'user de beaucoup de
prudence et d'une vigilance extrême, surtout si le grain
s'élève de quelque partie de l'avant ou du côté du bossoir de sous le vent; dans ce dernier cas, si l'on est au
plus-près, il n'y a pas à balancer, et il faut mettre sur
l'autre bord, ou, en général, changer de route afin de
ne pas masquer à son approche, afin de le recevoir par
l'arrière, et afin même de gagner au vent sur la route
précédente, en gouvernant alors au plus-près si la force
du grain ne l'empêche pas.

On ne saurait prescrire exactement la manœuvre à
faire pendant un grain; car tout dépend de l'état actuel des choses. La manière dont un capitaine ou un
officier de quart l'envisage peut seule lui servir de règle; l'un et l'autre sont responsables d'événements qui
pourraient être causés par leur inattention ou par leur
obstination à conserver trop de voiles. Il est néanmoins
convenable de ne pas paraître craintif, car la prudence
ne doit jamais porter l'empreinte de ce caractère; ainsi,
dès qu'on voit paraître quelques symptômes positifs d'un
grain, il faut se borner à éviter d'être surpris, à rendre
son bâtiment manœuvrant, et à avoir moins à faire dans
le moment critique, ou plus de monde prêt à agir par
la suite: d'après cela, il faut se contenter de serrer toutes

les menues voiles, y compris les perroquets, ou toutes
les voiles gênantes, aussi bien que celles qui pourraient
empêcher d'arriver, comme grand-voile, brigantine,
bonnette basse, grand-voile d'étai, grand foc. On peut
pourtant, à cause de l'embarras que donnerait la grand-
voile, se contenter de la carguer; ensuite on s'assure
que les bras du vent sont bien appuyés : si l'on croit
pouvoir conserver le grand foc, on doit le rentrer à mi-
bâton, et à cause de la force du vent, il sera probablement nécessaire de le haler bas pour rapprocher son
amure; en rehissant le foc, on aura soin de le border à
faux frais pour qu'il batte moins. Quant à la bôme, il
faut la placer et la bosser sur son croissant lorsque la
brigantine a été carguée.

D'ailleurs, on évite de gouverner trop près, dans la
crainte de faire chapelle ; on répartit promptement
son monde sur les cargue-points et autres cargues,
sur les drisses, les écoutes des huniers et sur les bras
du vent; et dans cette situation on peut attendre de pied
ferme. Le grain à bord, s'il vente assez pour mettre en
danger les mâts ou les voiles, on arise ou amène les huniers, suivant la force du vent, en brassant au vent, pesant fortement sur les cargue-points, embraquant le
mou de la bouline, et choquant ou filant les écoutes de
sous le vent, s'il est nécessaire, pour déventer ces voiles
ou pour soulager le bâtiment. S'il survente, on laisse
arriver et on cargue les huniers; le grain passé, l'on
revient en route, et, lorsqu'on le juge convenable, on
prend, pour les grains à venir, un ou deux ris de plus
qu'auparavant : il faut alors que la vergue soit bien assujettie, et si l'on n'avait fait qu'amener les huniers, il
faudrait avoir eu soin que les cargue-points eussent été
amarrées, car on a vu, faute de cette précaution, des

huniers gonflés par le vent se rehisser par sa seule action. Si l'on faisait quelque avarie pendant le grain, telle que voile déchirée, écoute, bras, vergue cassée, ou toute autre, on laisserait arriver sur-le-champ et l'on tâcherait de sauver la voile, ou d'empêcher que l'avarie n'augmentât. Plus tard nous parlerons de ces avaries avec plus de détails. Lorsque les grains menacent et viennent de l'arrière ou de la hanche, il y a bien moins de risques et l'on prend moins de précautions.

Les petits bâtiments, dont la brigantine est une des voiles principales, ne s'assujettissent pas toujours à la carguer pendant un grain ; ce serait trop long, et il pourrait y avoir du danger ; ils l'abaissent jusque sur la bôme, ainsi que la corne à laquelle elle est enverguée. A bord des grands bâtiments, où l'on peut la remplacer par l'artimon en cas d'apparence de grains ou de mauvais temps, la corne est installée à demeure, et quelquefois même les drisses y sont suppléées par des suspentes. Les palans de garde auxquels on commence, sur les grands bâtiments eux-mêmes, à substituer de simples manœuvres, immédiatement frappés à la corne, ne sont pas employés à bord des brigs ; on les y remplace par un cordage, qui fait aussi fonction de hale-bas, et qui est passé dans une poulie au pic, lequel est à l'extrémité extérieure de la corne ; les bouts de ce cordage descendent sur le pont, et sont liés par un nœud qui empêche cette manœuvre de se dépasser. A l'aide de ce hale-bas, on peut encore abaisser ou apiquer la vergue dans un grain, pour la ramener en dedans du bord, ou bien on peut la diriger au besoin entre les balancines afin de l'établir. La drisse de la corne sur ces navires est ordinairement à itague, à cause de son fréquent usage et de la faiblesse de l'équipage.

On voit des personnes qui, au lieu d'arriver quand le grain force, lancent dans le vent pour en rendre l'impulsion plus oblique, et afin de soulager ainsi leurs voiles qu'ils carguent, s'il le faut, quand elles barbeient. On reste ensuite à la cape, et l'on fait moins de chemin sous le vent qu'en laissant porter ; mais cette manœuvre est fort dangereuse, car, en allant à l'encontre du vent, son action peut regagner ce qu'elle doit avoir perdu par sa plus grande obliquité ; et lorsque les voiles barbeient, elles peuvent être ou déchirées ou emportées. Qui peut même assurer qu'un lan involontaire ou qu'une déviation du vent ne les fera pas masquer tout à fait et ne compromettra pas la mâture ? C'est cependant la manœuvre à faire quand, par un temps à grains, on cherche à se relever d'une côte sur laquelle on est affalé ; encore vaut-il mieux carguer les huniers avant de lancer au vent ou tout en y lançant, et mettre à la cape sous l'artimon, le petit foc et les huniers cargués ; toutefois il y a perte de temps, car après le grain il faut reborder les huniers, les rehisser et les réorienter. On ne doit pas négliger, dans ce cas-ci, de carguer à l'avance la misaine, que sans de grands inconvénients, l'on ne pourrait exposer à faire faseyer ou masquer, et que l'on doit au contraire conserver lorsqu'on est résolu à laisser arriver, en cas que le grain vienne à trop peser.

Une *Rafale* est encore une survente momentanée moins pesante en général qu'un grain, mais plus forte qu'une risée. Elle a lieu sans changement apparent de temps, et près d'une côte, elle est souvent due à la configuration des terres. Une rafale est d'autant plus dangereuse pour un petit bâtiment surtout, et encore plus pour un canot, qu'il a moins d'air à l'instant où elle éclate ; en effet, l'action du vent sur la voilure est évi-

demment d'autant plus grande, que chacun des points
de la voilure échappe moins à cette action, ou que la
vitesse est plus petite. De plus l'effet du vent se fait
sentir avant que le canot ait pris de l'air et que le gouvernail ait de l'action. Rien ne peut donc changer la direction et le canot est inerte jusqu'à ce qu'il marche.

Quelques navires marchands dont l'équipage est faible, et pendant un temps décidé à grains ou à rafales,
particulièrement s'ils ont quelque peu de largue, ser-
rent leurs voiles carrées, restent sous quelques voiles
auriques et latines, et sont ainsi très-bien disposés à
prendre de courtes capes si le vent force trop.

La manœuvre de lancer au vent, convenable aux
petits bâtiments gréés pour le plus-près, qui essuient une
survente, ne doit s'exécuter à bord de ceux qui ont des
voiles au tiers ou à bourcet, et en filant l'écoute de misaine, qu'autant que le vent est du travers ou de l'avant
du travers ; s'il est un peu plus largue, il faut filer toutes
ses écoutes et laisser arriver : à l'égard des canots surtout, il faut en agir ainsi ; l'on conçoit que dans le premier cas, le canot est debout au vent et par conséquent
sauvé avant d'avoir pu chavirer ; dans l'autre au contraire, l'embarcation courrait le plus grand danger, car,
chargée par sa grand-voile qui porterait encore longtemps et par la partie de l'avant de la misaine qui est
amurée, elle aurait sombré avant d'avoir rallié le vent.
Il est vrai cependant qu'on peut aussi filer l'écoute de
grand-voile et loffer sur l'air que l'on a : le parti le plus
prudent en ce cas-là, quand on a du largue, et qu'on
navigue sur un bâtiment à voiles latines, auriques ou au
tiers, c'est lorsqu'on craint ou prévoit une rafale, de
rallier un peu le vent à l'avance pour pouvoir ensuite
loffer sans danger. On doit redoubler de prudence si la

marée ou le courant porte au vent, puisque alors l'action du courant poussant le navire à l'encontre du vent,
les voiles doivent se trouver plus chargées et conséquemment le canot doit se coucher davantage ; mais c'est là
l'unique effet du courant, et c'est méconnaître cet effet
que de dire, comme il arrive quelquefois, que pendant
que le vent tend à faire coucher la partie émergée, l'action du courant qui prend par-dessous est de relever
la partie immergée vers le bord du vent, et de concourir ainsi avec les voiles et les mâts à faire chavirer l'embarcation. Il est évident en effet que, quelle que soit la
force du courant, son seul résultat, en ce cas, consiste
dans la translation horizontale des corps qu'il entraîne,
sans leur donner aucun degré d'inclinaison par lui-
même.

On sait combien les accidents funestes sont fréquents
aux canots, on sait que de petits bâtiments peuvent être
chavirés pendant un grain, on sait que de grands bâtiments font de fortes avaries et engagent ; il ne faut donc
jamais perdre de vue les leçons de l'expérience ; mais on
doit aussi s'appliquer à essayer et à connaître son bâtiment afin de pouvoir user de toutes ses ressources quand
l'occasion s'en présente. Certes, je n'aurais jamais cru
que des navires du commerce pussent porter les perroquets hauts, pendant une chasse que leur appuyait une
frégate sûre de sa marche ; et si la corvette anglaise *le
Victor* ne fut pas prise vers ce même temps par cette
frégate, c'est que la chasse eut lieu à l'époque du changement des moussons par un temps à grains, et que
cette corvette, placée dans l'alternative d'être jointe ou
de s'exposer à faire des avaries, profita de ces grains
pour serrer un peu le vent, ce qui était déjà une fausse
route, et pour porter une voilure que la frégate, qui

récemment avait eu sa grand-vergue cassée, ne pouvait garder sans courir les risques de faire de nouvelles avaries ; avant de les avoir réparées, la frégate, à son tour, aurait pu être enveloppée, poursuivie et atteinte par des forces supérieures qui croisaient dans ces parages. Un capitaine qui laisse ainsi s'échapper une pareille proie doit avoir sur lui-même un empire bien puissant et bien digne d'envie ; mais il ne faudrait pas qu'on pût dire avec raison qu'il a outré les précautions.

Les *Temps forcés* dont nous avons parlé dans d'autres chapitres, les *Grains* et les *Rafales* ne sont pas les seuls accidents du temps ; il y en a plusieurs autres et de très-variés. Ceux qui ont le plus de rapport avec la navigation sont les *Orages*, les *Ouragans*, les *Tourbillons*, les *Trombes*, les *Sautes de vent*, les *Brumes*, les *Glaces* et les *Calmes*.

II. On appelle *Orage* une réunion de nuages ordinairement arrêtés par des vents opposés à la direction de ceux qui ont conduit ces nuages. Au point de rencontre, ils s'accumulent, et quand le ciel devient trop chargé, l'orage prend un cours et il éclate en pluie, grêle, vent, éclairs, tonnerre. Les orages sont souvent causés par des chaînes de montagnes ou par des terres élevées qui font face à la direction du vent, et qui y fixent des nuages portés par ces mêmes vents. Ils s'amassent, le vent calmit et l'orage commence. Un orage change ordinairement le temps, il le dérange souvent pour longtemps et il est quelquefois suivi d'un coup de vent. Un orage peut être coupé par du calme et par des changements de vent. En général, il faut alors avoir peu de voiles et n'en garder que de maniables ; si l'orage est violent mais avec peu de vent, il convient même de se mettre en panne pour éviter de déplacer l'air trop vivement ; on

ne doit pas négliger d'avoir la chaîne du paratonnerre
à l'eau si le tonnerre gronde; on peut faire remplir
d'eau les sceaux, la pompe d'incendie, les bailles de
combat, retirer les amorces des canons, et boucher la
lumière de ceux-ci avec une mèche garnie de suif; on
ne doit pas oublier de fermer les sabords, les hublots,
les panneaux, les fenêtres et tout ce qui, par l'effet d'un
courant d'air, pourrait offrir à la foudre un moyen de
plus de parvenir à bord. Au lieu de la chaîne de paratonnerre, on emploie beaucoup les conducteurs du commandant Snow Harris formés d'une bande de cuivre
qui prolonge le mât jusque dans la cale et se joint à une
autre qui traverse le navire jusqu'à la mer, de sorte
que le courant électrique traverse le bâtiment. Ce système est pratiqué même sur les navires en fer, parce que
ce dernier n'a pas le sixième de la conductibilité du
cuivre. Ce système est exclusivement usité sur tous les
navires de guerre anglais et sur la plupart de ceux du
commerce.

Si l'orage est d'un temps calme, comme aussi pendant les pluies ordinaires, on peut, lorsqu'on a une
faible provision d'eau, faire les tentes et les utiliser
pour recueillir de l'eau de ces pluies qui, quoique fade,
peut servir à la chaudière ou à des usages de propreté.

Lorsque l'orage occasionne le *Feu* à bord, ou s'il s'y
déclare par toute autre cause et qu'il prenne un caractère alarmant, il est prudent de faire route vers le port
le plus à portée, vers la côte la moins dure si l'on est
près de terre, ou de mettre en panne si l'on est au large,
afin de n'avoir plus à s'occuper de la manœuvre, et de
pouvoir disposer de tout son monde pour éteindre le
feu ; cependant si une allure quelconque présentait de
l'avantage sous le rapport du vent, on la pendrait de

préférence; il faut s'abstenir de conserver, déployée, aucune voile basse qui serait dans le cas de communiquer le feu au grément. Alors, à l'aide de la pompe à incendie dont on a soin d'entretenir le bassin plein, à l'aide de chaînes d'hommes munis de sceaux et qui prennent l'eau soit à la pompe d'étrave, soit à une pompe volante qu'on installe sous le vent, ou qui puisent dans la mer elle-même, on cherche à se rendre maître du feu. Des matelas, des couvertures, des voiles, des hamacs, des sacs, des fauberts, des paillets mouillés, sont des puissants moyens d'extinction en ce qu'ils interceptent la communication immédiate de l'air.

Si le Feu se trouvait enfermé entre deux ponts ou dans la cale et qu'il en repoussât les hommes qui le combattent, il faudrait fermer les panneaux et autres ouvertures, et s'attacher à les calfater de manière que la fumée n'eût aucune issue, et que par conséquent il n'y eût aucun contact avec l'air extérieur. Le Feu peut ainsi s'étouffer de lui-même, et s'il ne s'éteint pas, le mal croît lentement et donne le temps de rencontrer un bâtiment ou de gagner la terre. Plusieurs faits arrivés de nos jours, et notamment celui qui est cité par les *Annales maritimes* (2ᵉ partie de 1818, page 2), prouvent que le Feu peut ainsi se concentrer pendant plus d'une semaine. Le bâtiment est alors miné intérieurement; tout s'y est sourdement consumé ou fondu, et les murailles du navire ainsi que les pieds des mâts sont assez endommagés pour donner des craintes à l'égard des chaînes des porte-haubans et de la mâture. On doit prévenir l'arrachement de ceux-là ou la chute des mâts, et leur chercher d'autres points d'appui, tels que des grelins de ceintrage; si l'on suppose que le pied des mâts sera brûlé, on fera sur le pont une sorte de nouvelle

emplanture aux bas mâts : alors on les soutiendra comme
en sous-œuvre, par des barres de cabestan qui arc-bou-
teront sur le pont et qui s'appuieront sous un fort bour-
relet en bois dont on garnira les bas mâts. Il est im--
portant de s'être assuré de quelques provisions dans les
hauts, d'avoir noyé les poudres dès qu'elles ont été en
danger, et de ne penser à rouvrir les panneaux si l'on
peut croire le feu éteint, qu'avec la plus grande circonspection. Dans tous les cas, lorsque le feu est à bord, il
faut décharger ses canons. Si le tonnerre atteint le
bâtiment par un de ses mâts et qu'il y mette le feu, il
faut se hâter de couper ce même mât. Généralement
parlant, nous supposons toujours que le navire dont il
est question est seul ; dans le cas actuel, s'il est en compagnie et en rade, les bâtiments qui en sont ou trop
voisins ou sous le vent, doivent aussitôt changer de place
ou de mouillage, et si le feu devient menaçant, le navire qui en est atteint doit aller s'échouer près de la
côte ; on y trouve en effet plus de moyens de sauvetage.
Si le bâtiment est à la mer, il doit faire route sous le
vent de tous les autres avant de mettre en panne ; dans
les deux cas, il doit se hâter de signaler l'événement
pour recevoir des secours en hommes, en pompes et en
embarcations.

Nous ne saurions parler de l'*Incendie* à bord sans
nous occuper de celui qui est le plus dangereux, peut-
être, parce que rien n'en révèle l'existence, si ce n'est
lorsque le mal a acquis un grand développement ; c'est
celui qui provient de la *Combustion* ou de l'*Ignition
Spontanée* de substances qui ont, généralement, un
principe d'humidité renfermé en elles, lesquelles peuvent s'embraser au moindre contact d'un courant d'air,
et qu'on ne devrait recevoir à bord que dans un état de

sécheresse aussi complet que possible. Cette sorte d'Incendie ne laisse pas que d'être assez fréquente.

Les substances dont nous venons de parler sont, entre
autres, le charbon de terre (particulièrement l'anthra-
cite), le coton, le chanvre, le lin, la laine, le foin, le
soufre, la chaux et la poudre à canon. On a même reconnu que la graine de lin, le safran, le minerai de
cuivre, le charbon de bois étaient susceptibles d'acquérir une chaleur telle, que, si quelqu'une de ces dernières
étant entassée se trouvait en contact avec quelque autre
d'une nature plus combustible, il en pourrait résulter
l'Ignition Spontanée de celle-ci.

L'Ignition peut, d'ailleurs, se déclarer sans l'effet
d'aucun courant d'air, et par la seule cause de la fer-
mentation : le charbon de terre enflammé par l'effet de
la Combustion Spontanée pourrait être éteint en lui
donnant de l'air, mais sans qu'il y eût de courant établi, c'est-à-dire que dans une soute, il faudrait en boucher le bas pour que ce courant ne se formât pas, et
en découvrir la partie supérieure, en sabordant le pont
s'il le fallait. On sait, en effet, avec quelle rapidité un
feu de forge brûle quand il fait voûte, et comme il s'é-
teint promptement, lorsqu'il touche le sol, et qu'on en
expose les parties à l'air.

Pour les cas où la cargaison consiste en substances
sujettes à la Combustion Spontanée, on a proposé
comme moyen de reconnaître quand il peut y avoir
commencement d'Incendie ou disposition à l'Incendie,
d'établir des tubes verticaux en métal qui traverseraient
la cale ainsi que l'entre-pont, et dont l'orifice, débou-
chant au-dessus, permettrait d'apprécier avec un
thermomètre, s'il y a augmentation sensible de température dans quelqu'une des parties de la cargaison.

Lorsque l'Incendie par Combustion Spontanée se déclare sans avoir été pressenti, comme il fait éruption, alors et immédiatement, avec une grande violence, il n'y a guère autre chose à faire qu'à noyer promptement les poudres, monter des vivres sur le pont en quantité, puis on agit comme nous l'indiquons dans ce même chapitre pour les cas où le feu se trouve renfermé entre deux ponts ou dans la cale. Il faut donc alors boucher, fermer, calfater toutes les ouvertures, afin d'ôter tout accès à l'air extérieur, et faire route vers la terre la plus voisine. Si le navire ne peut s'y rendre, il ne reste plus que la ressource des embarcations ou des radeaux pour sauver l'équipage.

L'Incendie peut encore provenir d'imprévoyance, comme de pièces contenant des spiritueux ou des liquides inflammables qu'on met en perce en en tenant une lumière trop rapprochée. On ne saurait donc être trop en garde contre tout ce qui, à bord, pourrait avoir un semblable résultat.

Il peut arriver, et nous en avons eu le douloureux spectacle, que les matelots mêmes du bâtiment où le Feu s'est déclaré se jettent à l'eau et se hasardent, pour fuir un danger souvent exagéré, à chercher leur salut à bord d'un navire voisin : le mot d'*Incendie* si rarement prononcé à bord de nos bâtiments, la terreur panique dont il peut être la cause, l'envie de se distinguer en voulant se sauver d'une manière qui offre aussi des périls, l'ignorance où sont les matelots des suites funestes de leur désertion, tout porte à concevoir qu'il entre dans cette conduite plus d'étourderie que d'insubordination ; mais les chefs sont coupables s'ils tolèrent une pareille violation de l'ordre. Un coup de sifflet doit être donné à cet effet ; la peine doit être

énoncée, et comme, dès le principe, la garde a dû être
sous les armes, que les sentinelles ont dû être posées
au son de la générale, et que le commandement de
prendre son poste conformément aux dispositions du
rôle d'incendie, a dû être proclamé, il faut sans hésitation sévir envers les contrevenants. On ne doit aussi,
dans ce cas-là, accepter de secours en hommes que le
moins possible et ne les laisser monter à bord qu'avec
leurs officiers, car en certains cas ce pourrait être une
nouvelle source de confusion. Il faut pourtant garder
le long du bord un grand nombre de canots en cas d'é-
vacuation à effectuer ; et si l'on est réduit à cette pénible extrémité, les officiers ne doivent pas souffrir qu'il
soit embarqué un seul sac, une seule malle qui tiendrait la place d'un homme, qui causerait le moindre
retard, qui dénoterait une préférence susceptible d'exciter des récriminations. Ce n'est pas en vain qu'un
marin, en se soumettant à son devoir avec résignation,
se serait confié à l'humanité de ses frères qui l'auraient
accueilli, et à la justice du gouvernement.

III. Plusieurs circonstances atmosphériques et surtout les Orages et les Aurores Boréales *Influent* sensiblement sur l'étendue des variations de l'*Aiguille Aimantée*, au point même, a-t-on dit, de lui procurer une
demi-révolution, c'est-à-dire de voir le Nord dirigé
vers le Sud, et l'on a cité un naufrage sur les côtes de
Barbarie par suite de ce phénomène si extraordinaire.
Nous répéterons à ce sujet qu'en raison des diverses
masses de fer, telles que lest, canons, ancres, etc., que
contient un bâtiment, peut-être aussi à cause de sa mâture, il y existe une Attraction Magnétique spéciale qui
agit sur les Boussoles principalement vers les Régions
Arctiques ; que cette attraction affecte l'aiguille d'une

déviation qui dépend d'abord de la place du compas
sur le navire, et en second lieu de l'air-de-vent auquel on gouverne ; enfin, que l'effet de cette attraction n'a pas de régularité fixe dans sa marche et, de
plus, qu'il est modifié non-seulement par les différences de température ou de densité de l'atmosphère,
mais encore par la direction du vent. Pour obvier, autant que possible, à toutes ces déviations, il est recommandé par des navigateurs peut-être trop scrupuleux :

1° Si le bâtiment change de route, d'observer aussitôt la variation ; s'il doit louvoyer, de l'observer une
fois sur chaque bord ; si le vent ou la température
change visiblement d'intensité, de direction ou de densité, de l'observer encore ;

2° Si l'on prévoit que le temps doive se couvrir et que
l'on ait à changer de route, si un orage ou un grain
s'approche, d'observer la variation pendant qu'on en
a encore la faculté, et même de hâter, si l'on peut, la
manœuvre de changer sa route, pour faire son observation sur celle que l'on doit garder ;

3° Il est également recommandé de ne pas négliger
de multiplier ces observations si l'on est par des latitudes élevées, près de chaînes de montagnes, de volcans,
d'îles ou de continents ; comme aussi de les réitérer à
l'ancre afin d'avoir bon nombre d'indications qui puissent vous diriger, quand les observations seront impra-
ticables ;

4° De remarquer toujours avec soin la déviation ou
la différence qui existe entre les compas d'observation
et chacun de ceux qui sont dans les habitacles ; de veiller à ce que les côtés des habitacles soient exactement
parallèles à l'axe longitudinal du navire, et les côtés
des boîtes à ceux des habitacles ; d'avoir des habita-

12

cles doubles pour y mieux parvenir, et d'empêcher enfin que, pour leur construction ou dans leur voisinage, il n'y ait d'autre métal et d'autres clous qu'en cuivre.

On attribue aussi une grande influence, sur les boussoles, à l'électricité et aux rayons du soleil. Le capitaine *Flinders*, dans certains cas, a observé des différences de 8° et 9° entre divers relèvements d'un même objet, surtout quand ces relèvements se rapprochaient plus de la ligne Est-et-Ouest que de la ligne Nord-et-Sud ; *Cook* en trouva de 5° à 6° en se servant de différents compas qui s'accordaient auparavant.

Pour pouvoir corriger ces variations accidentelles du compas, *Flinders* chercha à dresser une Table qui dispensât de répéter aussi souvent les observations à cet égard ; mais cette table se trouve défectueuse en plusieurs circonstances, et nous ne la citons ici que pour faire remarquer que *Flinders* était, dès lors, sur la voie qui a amené l'invention du *Compensateur Magnétique* et de la *Table de Compensation* dont nous avons eu occasion de parler (chapitre VII) en traitant de l'*Attraction Locale*. L'amiral russe *Krusenstern* a également inventé, pour le même objet, un compas de route garni de fer-blanc.

Les déviations de la boussole prouvent qu'il faut se servir le moins possible de cet instrument pour lever un plan ou pour fixer la position d'un point sur une carte ; les angles sont beaucoup plus exactement mesurés avec des instruments à réflexion, en particulier avec le *Cercle de Borda*, et les triangles qu'on résout par suite donnent des résultats plus vrais. Il est toutefois d'autres déviations qui tiennent aussi à l'*Attraction Locale* et que l'on voit affecter les compas ou boussoles suivant qu'on les place ou transporte sur divers points du navire. Comme le compas qui indique le mieux l'air-de-vent du cap du navire est celui de l'habitacle du vent, on a, pour obvier à ces différences, l'ingénieux *Graphomètre Marin* de M. *Duguerchets*, dont nous nous dispenserons de donner la description en détail, parce qu'on trouve cette description dans les nouveaux dictionnaires de marine. Nous nous bornerons à dire que ce Graphomètre donne toujours le même air-de-vent que le compas de l'habitacle du vent.

Il est nécessaire, lorsqu'on ne se sert pas d'un compas de route, de n'en pas laisser reposer la rose sur le pivot : toutes les roses doivent être serrées ensemble par couples ; la pointe du Nord de l'une touchant la pointe du Sud de l'autre sans être superposées l'une à l'autre ; les aiguilles doivent être toutes les deux dans une même direction, enveloppées d'un épais papier brun, et éloignées de toute autre couple. Avec ces précautions, les aiguilles, loin de se détériorer, acquièrent au contraire une augmentation de vertu magnétique.

IV. Il est sans doute fort rare qu'un bâtiment perde tous ses compas et toutes ses aiguilles aimantées ; cependant la chose est physiquement possible par suite même d'un orage et du feu ; d'ailleurs on peut se trouver séparé de son navire à l'improviste et être privé de boussoles ; deux exemples s'en offrent à ma mémoire ; celui d'un canot du vaisseau *le Marengo* qui, près du *Détroit de Gaspard* et à cause de la force du vent qui le surprit, ne put rejoindre son bord et ne se rendit à *Batavia* qu'après mille traverses ; et celui d'un *Radeau* dont nous avons tous entendu parler. Voici comment on peut se procurer un agent qui *Supplée* en

partie à cette perte, et qui se trouve presque toujours
à la disposition des marins : il est peu d'aiguilles à
coudre qui n'aient une tendance vers le pôle magnétique, et qui, placées délicatement à flot sur l'eau, ne la
manifestent en se dirigeant vers ce pôle, la pointe se
tournant vers le sud. On peut augmenter cette propriété en présentant l'aiguille au Sud avant de la faire
flotter, et en la frottant dans le sens de cette même
pointe avec le dos d'un couteau. Posée doucement sur
l'eau que peut contenir un vase, une aiguille à coudre
surnagera ; mais s'il y a des secousses et que sa partie
supérieure se mouille, elle coulera aussitôt ; pour remédier à cet inconvénient, qui est majeur à bord, on
fait soutenir, par un léger morceau de liége, plusieurs
aiguilles auxquelles on a soin de donner des directions
parallèles ; cet assemblage se range dans le sens du
méridien magnétique plus promptement qu'une seule
aiguille ne le ferait, et il ne coulera pas quelles que soient
les oscillations du navire. La plupart des *Traités de navigation* indiquent les moyens de préparer et d'aiman-
ter une pièce de fer ou d'acier ; et c'est préférable
lorsqu'on peut mettre ces procédés à exécution.

CHAPITRE XVI

I. Un *Ouragan* est une tempête extrêmement forte
qui s'annonce ordinairement avec fracas à la suite d'un

temps calme ou orageux, et dont la violence, qui ne peut être contenue, va jusqu'à renverser les maisons, déraciner les arbres, forcer les hommes à se coucher ventre contre terre pour n'être pas entraînés ou pour pouvoir respirer, et faire sortir les eaux de la mer de leur lit habituel. Les ouragans cependant diffèrent essentiellement des tempêtes communes, en ce qu'ils sont sujets à des sautes de vent impétueuses, tourbillonnantes, spontanées, et que la mer tourmentée pendant leur durée, quelquefois de tous les points du compas et d'autant plus que le vent agit souvent alors de haut en bas, prend une agitation et une hauteur très-dangereuses. On a vu, dans les Colonies, des bâtiments de trois à quatre cents tonneaux que, des ouragans avaient jetés jusque par delà les quais. Nous avons déjà précisé (Chap. VII) quelles étaient, alors, la vitesse et la force du vent.

On peut partout éprouver des ouragans; mais c'est le plus souvent entre les tropiques, c'est pendant les hivernages, c'est au reversement des moussons que se passent ces grandes révolutions de l'air, qui coïncident parfois avec des tremblements de terre. Un bâtiment libre de sa route doit éviter de se trouver à ces époques dans de tels parages; et s'il s'y trouve pendant que l'ouragan se dénote, il ne doit pas l'attendre en rade, où presque infailliblement il périrait, mais entrer dans le port, s'il est sûr, s'y amarrer à terre, ou appareiller pour le recevoir au large. La prudence seule et les circonstances peuvent alors indiquer la manœuvre convenable.

L'expérience semble indiquer, d'ailleurs, quelle est, dans chaque localité, la direction accoutumée de ces grandes crises de l'atmosphère, selon la manière dont

elles s'annoncent à leur début ; d'après ces données, on
peut tirer quelques indices relativement à la route à
faire pour se retirer le plus tôt possible de la sphère de
leur action. Dans le doute de l'air-de-vent à suivre
pour y parvenir, la cape, quand elle est tenable, est regardée comme un bon moyen d'être moins longtemps
exposé à la violence de l'ouragan : tels sont en abrégé
les avis consignés dans les curieux ouvrages du savant
Américain *Redfield* et du colonel anglais *Reid*.

Pendant les ouragans, le ciel est remarquable tantôt
par la rapidité des nuages, tantôt par l'épaisseur et la
rougeur de l'atmosphère ; leur précurseur est souvent
une forte houle et quelques signes particuliers dans le
temps, que les habitants du pays reconnaissent avec
assez de précision. Il paraît que les ouragans se manifestent plus spécialement vers les lieux des zones tor-
rides où se trouvent de hautes montagnes et d'antiques
forêts ; mais l'on prétend avoir remarqué que ceux des
îles Maurice et de *Bourbon* diminuent de fréquence et
de force, depuis que les travaux de la colonisation ont
fait abattre beaucoup d'arbres et défricher beaucoup de
terres.

II. Les *Tourbillons* sont une vive agitation de l'air
tournant sur lui-même, et parcourant en même temps
sur une direction constante de grands espaces avec beaucoup de vitesse. Ils s'annoncent à la mer, en soulevant
les eaux sur lesquelles ils se trouvent placés, et en les
faisant écumer et voler avec un grand sifflement. Un
bâtiment surpris par un tourbillon peut avoir des voiles
emportées, perdre des mâts ou engager, et le tourbillon peut jeter de l'eau à bord ; aussi, lorsqu'on en aperçoit un s'approcher, fait-on bien de prendre la route
qui en éloigne le plus ; si l'on voit qu'on ne puisse l'é-

viter, on manœuvre pour ne pas le recevoir par le travers, et l'on cargue et serre toutes les voiles qui ne servent pas pour cette manœuvre; on peut encore se mettre à la cape : dans tous les cas, on doit fermer les panneaux. On peut aussi apiquer les vergues des voiles serrées, ne laisser personne dans les hauts ni dans les hunes, et ne conserver sur le pont que les matelots absolument nécessaires; encore ceux-ci font-ils bien de se tenir fortement et d'être prêts à s'attacher au bord. Quoique la manœuvre de ne pas recevoir le tourbillon par le travers soit généralement indiquée, et qu'elle paraisse bonne lorsque la vitesse du tourbillon est grande et peut faire coucher considérablement le navire, cependant, s'il paraissait n'en devoir pas résulter de danger pour le bâtiment, nous croyons qu'on ferait bien, au contraire, de manœuvrer pour ne pas recevoir le tourbillon en enfilade, puisque alors il agirait successivement sur tous les mâts et sur toutes les voiles, tandis que par le travers il n'exercerait son action que moins longtemps et, peut-être, sur une partie moins considérable du grément.

Une *Trombe* est une masse d'eau qui s'établit en colonne souvent évasée dans sa partie supérieure. Il se développe, dans cette partie, un nuage que l'on voit croître à vue d'œil et qui jette souvent de la pluie et de la grêle. Le milieu de la colonne est d'une couleur blanchâtre; il se compose de l'eau écumante qui se porte en bouillonnant de la mer au nuage, et qui est enveloppée d'une atmosphère plus brune, mais transparente; ces trombes sont ascendantes, il y en a quelquefois de descendantes. La trombe paraît engendrée par l'action d'un tourbillon à laquelle semblent, ainsi que dans la plupart des phénomènes dont nous parlons, se mêler des causes électriques. L'eau qui retombe des nuages a perdu son goût salin. Quoique la plupart des trombes se forment généralement pendant le calme, cependant elles doivent produire à bord les mêmes effets qu'un tourbillon, et y répandre beaucoup d'eau. Il est donc très-prudent de les éviter comme on évite les tourbillons. On a, d'ailleurs, pour usage, quoique ce ne soit pas admis par certaines théories, de chercher à rompre, à coups de canon, la communication directe de la mer avec le nuage, et à y introduire ainsi un courant de l'air extérieur. On n'en voit guère que dans les lieux et pendant les saisons où la chaleur est assez forte.

Le capitaine *Melling,* se rendant des *Antilles* de sous le Vent à *Boston*, vit passer une trombe sur l'avant de son bâtiment où il était alors posté. Le docteur *Perkins* rapporte qu'il tomba tant d'eau sur le capitaine, et avec telle violence, que celui-ci en fut presque renversé. La trombe passa avec le bruit des fortes lames, et l'eau en était parfaitement douce.

On cite encore la relation de la trombe vue le 6 septembre 1814 par le capitaine *Napier*, de la Marine royale anglaise, à la latitude et à la longitude d'environ 31° N. et 65° O. Elle était à 800 brasses de distance; sa base, d'où l'eau bouillonnait et s'élevait avec un grand sifflement, avait 100 mètres de diamètre; sa hauteur angulaire de 40° indiquait une hauteur réelle de 1,200 mètres; on y remarqua un mouvement rapide en spirale; le vent était inconstant, assez vif, mais il n'y eut ni éclairs ni tonnerre. Coupée par un boulet, chaque segment flotta séparément; ils se réunirent ensuite, après quoi le phénomène se dissipa, et l'immense nuage noir qui lui succéda laissa tomber beaucoup de pluie n'ayant aucun goût de sel.

Mais, en fait de Trombes, rien n'égale ce qu'on vient d'éprouver dans les parages de la Sicile, à la suite d'une tempête des plus violentes. Deux trombes, ayant la forme de deux cônes renversés et passant avec une extrême rapidité, ont traversé la *Sicile*, près de *Marsala*, enlevant les toits des maisons, déracinant les arbres, et soulevant les hommes et les animaux qu'elles emportaient dans leurs flancs pour les laisser retomber plus loin, soit sur la terre, soit dans la mer. La pluie tombait par torrents; elle était accompagnée de grêle et de forts morceaux de glace. En passant par *Castellamarre*, près de *Stabia*, les deux trombes ont détruit la moitié de la ville et ont transporté et jeté deux cents personnes à la mer. Plus de cinq cents individus ont alors péri, tant sur terre que dans les ports et sur les navires qui se trouvaient sur leur route. Dans une étendue de plusieurs lieues, le pays a été complétement ravagé. A ce récit, on doit très-bien comprendre la nécessité de diriger la route d'un navire de manière à s'éloigner, autant que possible, des trombes, lorsqu'on en voit se produire ou se former sur l'horizon, et, surtout, à tout faire pour éviter d'entrer en contact avec elles.

III. On appelle *Saute de vent* une variation soudaine et considérable de la direction du vent : lorsque, après un calme un peu prolongé, le vent change, il y a changement et non saute de vent; de même, lorsque la direction du vent quitte le rumb d'où il venait et se rapproche d'un autre, en soufflant quelques instants de chacun des points intermédiaires, nous ne disons pas qu'il y a eu saute de vent, mais que le vent est monté vers le Nord ou descendu vers le Sud. C'est ainsi que le vent, dans les beaux jours d'été de nos latitudes tempérées, se lève assez ordinairement avec le soleil, souffle du Sud à midi, et vient le soir de la partie du nord-ouest; comme alors il a suivi le cours du soleil, on nomme cette révovolution brise solaire. Dans les colonies ou dans les lieux où la chaleur est très-grande, il y a aussi des variations de vent très-marquées, très-soudaines, mais qui, étant régulières, ne sont pas qualifiées du nom de sautes de vent : je veux ici parler des brises de terre et de mer dont la raison physique et principale paraît subsister, comme pour tous les vents réguliers et peut-être même les variables, dans la tendance qu'a l'air de se porter vers les parties de l'horizon où il est le moins dense. La connaissance de ces brises et de ces vents réguliers, tels que les vents alizés, les vents généraux, les moussons et autres particuliers pendant certaines saisons, ou en certains parages comme la *Méditerranée,* la *Manche,* les divers archipels, golfes ou détroits, est une partie fort utile de la science de la navigation ; elle sert beaucoup pour faire de courts, de bons voyages, et pour atterrir ou gagner le port avec succès. Nous n'entrerons pas dans ces considérations, qui ne sont évidemment pas du ressort de cet ouvrage; il nous suffit d'indiquer aux marins les travaux remarquables du capitaine Maury, qui, en réunissant de nombreux éléments a établi pour chaque saison des routes probables suivant lesquelles des vents favorables donnent une marche rapide.

Les sautes de vent, comme celles que l'on éprouve assez fréquemment dans la *Méditerranée,* sont fort peu dangereuses, parce que le vent s'affaiblit graduellement, et que l'on aperçoit, d'un autre côté de l'horizon, marquer la nouvelle brise qui peut-être bientôt va nous masquer, mais sans danger. A l'aide de ces brises con-

traires, il n'est pas rare de voir dans cette mer deux bâtiments ayant le cap l'un sur l'autre et être chacun vent
arrière. Ils s'approchent ainsi jusqu'à portée de voix,
alors la plus faible des brises cède, et la plus forte poursuit son cours ou cesse même bientôt. Mais telles ne
sont point les sautes de vent pendant les grains ou les
orages, quand règnent les ouragans, lors du reversement des moussons, et surtout dans les mers du *Canal
de Mosambique,* ou dans celles qui l'avoisinent vers le
Sud et le Sud-Ouest. Nous y avons vu gouvernant à l'O.
S. O., filer 11 et 12 nœuds vent arrière; le soir, vers 3
heures, le vent cessait, nous allions encore à 6 nœuds
sur notre air, et les vents soufflaient déjà du Sud-Ouest
au point de faire prendre la cape ; le lendemain, à la même
heure, le vent passait au N. E. avec la même promptitude ; et pendant trois autres jours consécutifs, nous
avons été témoins du même phénomène. On ne saurait
alors être trop prompt à carguer les basses voiles
(ou tout au moins la grand-voile), l'artimon, les
perroquets, le grand foc, les voiles d'étai ; à amener les
huniers, à les brasser en pointe devant à l'encontre
de derrière et de manière à faire abattre : on gouverne
à cet effet, suivant que l'on fait du sillage par la proue
ou par la poupe. Nous avions été également repoussés
quelques années auparavant de la *Baie de False,* ensuite
de celle de *Lagoa,* par des sautes de vent très-violentes,
après avoir pénétré avec bon vent jusqu'à moitié baie :
il ne serait pas sans exemple qu'éprouvant de pareilles
sautes de vent, un bâtiment se couchât jusqu'au point
d'engager. Au large de Rio de la Plata, un vent de S.O.
des plus violents balaye l'atmosphère et succède presque instantanément au grand vent d'Est et à la pluie. Ce
vent vient des grandes plaines des Pampas et se nomme

Pampéro. Sur le côté ouest d'Afrique, les Tornades arrivent aussi avec une grande violence.

IV. La *Brume* est une grande quantité de vapeurs ou de gouttes d'eau très-déliées, répandues sur l'horizon, et qui obscurcissent le jour ou troublent la transparence de la partie de l'atmosphère la plus voisine de la terre, au point de pouvoir restreindre la portée de la vue à quelques pas autour de soi. Un bâtiment seul, au large, n'en est incommodé que sous le rapport de l'insalubrité, car alors tout est humide à bord. Si l'on navigue en compagnie, il faut, pendant le jour, indiquer sa position par des coups de sifflet, de tambour, de cloche, de fusil ou de canon ; la nuit on y ajoute des fanaux, des fusées, des amorces, et dans l'un et l'autre cas, il faut beaucoup veiller et se préparer pour manœuvrer ou pour opérer, en cas de danger d'abordage, comme nous allons le voir en traitant du calme. C'est principalement dans les armées navales, les escadres ou divisions et les convois, c'est aux points de croisière ou d'intersection de routes fréquentées, c'est sur les fonds et les mers des grandes pêcheries et autres, qu'il faut alors user de la plus grande surveillance.

Près de terre, il faut être très-circonspect dans sa route ou ses bordées, appeler des pilotes si l'on vient du large, leur faire connaître sa situation par des fanaux, des fusées ou des amorces, par des coups de canon répétés, et ne naviguer que sous petite voilure et la sonde à la main. Pendant les temps ordinaires de brume, il est sage d'ailleurs de laisser sur le pont le moins de monde possible, de tenir l'intérieur du bâtiment bien fermé, de le chauffer, de le fumiger et de l'aérer, quand le temps redevient beau, au moyen de fourneaux et de ventilateurs ou manches à vent. Il faut aussi interdire à la brume l'entrée des habitacles autant qu'on le peut. Les régions du noid et celles des zones tempérées pendant l'automne et l'hiver, sont sujettes aux brumes. On en voit aussi dans les parages qui avoisinent l'équateur ; et, faute d'avoir observé les précautions dont on ne doit jamais s'écarter surtout en temps de guerre, dix vaisseaux de la Compagnie anglaise des Indes, portant trois mille soldats, seraient facilement devenus la proie de deux bâtiments de guerre français, qui s'en trouvèrent inopinément à portée de canon pendant un temps de brume et vers le tropique du Capricorne ; le vaisseau de soixante-quatorze, *le Blenheim*, qui les protégea en ce moment, put seul les sauver, malgré leur notable supériorité de force ; mais, avant de s'être pu reconnaître, ce vaisseau lui-même lutta avec désavantage contre un seul des deux bâtiments qui était une frégate, et il fut très-maltraité.

V. On ne connaît qu'imparfaitement la région occupée au sein de l'Océan par les *Glaces Polaires*. Celles du pôle Sud sont beaucoup plus étendues que celles du pôle Nord, soit à cause du plus petit nombre de terres qui l'avoisinent, soit parce que le soleil réside un peu moins longtemps dans cet hémisphère, et qu'enfin la terre alors est dans son apogée. Celles du pôle Nord sont d'ailleurs moins inconnues ; on les trouve souvent sous la forme de montagnes, même pendant le solstice, du 45e au 56e degré de longitude Ouest et jusque par le 41e de latitude ou quelquefois plus près de la ligne équinoxiale. Le capitaine *Gooday* du *Jones* vit, le 31 août, une île de glace de 1 mille et 1/2 de longueur et de 55 pieds (17^m,85) de hauteur, et le capitaine *Skidmore* du *Mississipi* en trouva plusieurs le 12 juin, qui étaient entre 50 et 54° de latitude, et par 42 ou 41° 30′ de lon-

gitude Ouest. En janvier 1840 l'*Artémise* en vit plusieurs
par 45° Sud et 46° Ouest; la plus grande avait un mille
et demi et 40ᵐ de hauteur, la brume que le soleil en
faisait échapper, lui donnait l'aspect d'un volcan. On
a moins de renseignements sur celles qui sont comprises
entre l'*Asie* et la partie du Nord-Ouest de l'*Amérique*.

L'atmosphère des glaces flottantes est grise et froide;
le dégel est suivi de brouillards épais occasionnés par
la perte de calorique que l'air éprouve en favorisant la
fonte de la glace ou des neiges. Il est du devoir des marins d'éviter soigneusement ces glaces; des navires
froissés entre leurs énormes blocs ont été écrasés ou
fortement avariés par eux; les exemples en sont nombreux. Il faut donc prendre la route qui en éloigne le
plus; il faut ou se faire remorquer par ses canots, ou
ramer avec ses avirons de galère, pour se déhaler promptement de dessous les calmes qu'ils occasionnent et
qui facilitent leur rapprochement du navire. L'instant
où ces masses changent de base par la variation de
forme que le dégel leur fait subir, est surtout très-dan-
gereux. En pareille circonstance, le capitaine *Bennet*
de l'*Oliver Elsworth* montra une grande prévoyance,
en enveloppant son bâtiment de câbles et de pièces de
bois en travers; il fut si froissé que les pièces de bois
furent toutes réduites en morceaux, et il courut de
grands dangers.

La partie d'une île de glace plongée dans la mer est
à celle qui est émergée comme 60 est à 50. On voit par
là qu'un bloc de glace qui aurait 10 mètres d'élévation
au-dessus du niveau des eaux, supposerait une masse
cachée de 12 mètres. La partie apparente pourrait facilement être dérobée à un œil même assez attentif par
une mer médiocrement agitée, si le temps était bru-

meux ; or, comme la partie couverte par les eaux serait
suffisante pour occasionner de graves avaries, on ne
saurait trop recommander la vigilance la plus soutenue.
En conseillant cette vigilance, nous avons particulièrement présente à l'esprit, la perte du brig *la Mount-Stone*,
qui dans sa traversée de *Plymouth* au *Banc de Terre-
Neuve*, toucha, un 7 de mai, avec un sillage de 8 nœuds,
sur une masse de glace que personne n'avait aperçue.
Le choc fut si violent, que le capitaine *Colmann* et son
équipage n'eurent que le temps de mettre la chaloupe
à la mer et de s'y retirer avec quelques vivres ; le brig
s'engloutit aussitôt, et il restait 100 lieues à faire ; le
17 mai, Clemann et un de ses compagnons étaient seuls
existants, lorsqu'un navire les rencontra et les recueillit,
mais réduits au dernier degré de faiblesse.

On a conservé le souvenir d'une glace très-considérable portée sur *Belle-Ile*, et qui ne fut fondue qu'au
bout d'une année. On peut être averti de l'approche de
ces espèces d'îles mouvantes, par des phénomènes météorologiques aisés à remarquer, entre autres, par une
lumière propre que les nuages réfléchissent et qui a
quelques-uns des caractères de l'auréole boréale.

Ces glaces ne peuvent provenir que des régions où
règne un froid continuel ; on y distingue des zones de
diverses nuances régulièrement superposées et jointes
ensemble par des lits de neige ; quelques-unes sont dia-
phanes et blanches, d'autres tirent sur le vert et le
bleu. Il est facile de reconnaître ici les produits accu-
mulés de plusieurs hivers ; lorsque ces masses ont acquis beaucoup d'élévation, la force du vent, le dégel, les
pluies en détachent quelques parties que les courants,
le vent et le gisement des côtes dirigent vers certains
parages ; il en arrive, par 50 et 55° de latitude, de 4 mil-

les de circonférence sur 25 mètres de hauteur. Au delà
du cercle polaire, il existe des îles de glace de 500
lieues de tour qui perdent moins en été qu'elles ne gagnent en hiver, et qui obstruent des baies et des côtes
autrefois praticables. Tel est, entre autres, le passage
entre l'île *Disko* et le *Vieux Groënland* que les habitants
du *Nantuket* visitaient il n'y a guère plus de 60 ans.

VI. Le *Calme* est une cessation absolue du vent ; le
navire ne fait aucun sillage, il ne gouverne pas (du
moins par l'effet des voiles), et si, comme il arrive quelquefois, la mer quoique nullement ridée a conservé une
forte houle, on roule excessivement puisqu'on n'est pas
appuyé, et l'on souffre beaucoup. C'est le cas de bien
peser les palans des drosses, ceux de roulis, de mettre
les canons à la serre et de serrer les voiles qui, sans cela,
seraient exposées à se beaucoup détériorer par les divers
frottements qu'elles auraient à subir. Si l'on navigue
avec d'autres bâtiments, on doit être paré à armer ses
avirons de galère, à défendre les abordages avec des
espars, à brasser les vergues en pointe pour être moins
engagé, et à mettre les embarcations à la mer : les courants, quelque faibles qu'ils puissent être, et il y en a
dans presque tous les parages, pourraient agir sur tel
bâtiment plus ou moins que sur tel autre en raison de
leur différence de tirant d'eau, occasionner des abordages, et les canots les préviendront en remorquant au
large le plus léger des bâtiments qui s'approchent.
Pendant le calme on remarque des brises folles qui mar-
quent au loin sur la surface de la mer et qui souvent
n'arrivent pas jusqu'au navire ; cependant, lorsque ces
brises se succèdent à de moins longs intervalles, elles
annoncent le terme du calme. Dès qu'on en voit paraître
quelqu'une à l'horizon, il faut établir ses voiles et les

orienter pour la recevoir ; et si elle vient jusques à bord, forcer de voiles et surtout de voiles hautes et légères.

Quand le côté d'où ces brises peuvent souffler est douteux, on brasse les huniers à l'encontre l'un de l'autre afin qu'ils s'usent moins en battant, et pour qu'il y en ait au moins un de plein de quelque côté que la brise vienne à souffler. Cette attention de veiller le vent, et celle de mouiller ses voiles avec une pompe à incendie pour qu'elles le retiennent mieux, est de la plus grande utilité ; un mille seul que l'on fait de plus en route, peut permettre de recevoir quelque autre brise qui n'aurait pas atteint le navire, et occasionner dans la traversée une différence de plusieurs jours. Devant l'ennemi elle peut vous sauver, et le vaisseau *le Jason,* que montait *Duguay-Trouin,* en fournit une preuve glorieuse : il prima de manœuvre, il eut même le talent et le bonheur de canonner un de ses adversaires, et il se déroba à une escadre entière qui l'entourait.

Si l'on navigue, de calme, sur des mers où le fond laisse la faculté de mouiller, on jette un plomb de sonde à la mer, ou bien l'on prend des relèvements pour s'assurer si l'on perd, et en ce cas, s'il n'y a pas trop de houle, on mouille, toutes voiles hautes, une ancre à jet, dite, alors, Ancre de Détroit, et qu'on installe sous le beaupré en orin de galère ; on peut ainsi, et nous l'avons vu au milieu des *Iles de la Sonde,* en nous rendant dans les *Mers de Chine* à contre-mousson, faire jusqu'à vingt mouillages par jour sans trop fatiguer son équipage. Dans la zone torride, pendant l'été des latitudes tempérées, il fait souvent calme durant la nuit sous la terre, et s'il vente alors, c'est en général moins fort que pendant le jour.

Les calmes les plus constants sont ceux de l'équateur ;

13

plusieurs fois nous y en avons éprouvé de plus de douze jours sans ressentir la moindre agitation de l'air ; nous avons fait d'ailleurs dans le *Golfe du Bengale,* lors de la mousson du Nord-Est, une croisière de soixante-douze jours pendant laquelle nous ne pûmes jamais atteindre trois nœuds ; et une autre fois, un voyage des *îles Séchelles à Sumatra,* qui dura un peu plus de deux mois et lors de la saison la moins défavorable ; sur les côtes du *Pérou,* les brises sont souvent aussi très-faibles, et le vent n'y acquiert le plus ordinairement qu'une force médiocre.

Un bâtiment léger peut avoir la ressource de se faire remorquer pendant le calme par ses embarcations ou canots ; on doit alors avoir soin de les couvrir de leurs tentes de nage et d'en faire relever les hommes de temps en temps ; mais cette ressource est très-insuffisante et ne peut guère être employée au large, surtout si la capacité du bâtiment est quelque peu considérable ; un moyen se présente cependant de franchir ces parages et de chercher des latitudes peu éloignées où les calmes soient moins fréquents. Il a été employé avec succès par le capitaine *Porter,* qui a été l'un des directeurs du service maritime aux *États-Unis d'Amérique* et qui commandait pendant les années 1812, 1813, 1814, la frégate *l'Essex* croisant dans l'*Océan Pacifique*. Cette opération, ainsi que plusieurs autres du même genre, telles que roues latérales mues par le cabestan ou par d'autres agents, est certainement fatigante ; mais ne jugeât-on utile de l'employer que quatre heures le matin et quatre heures le soir, ce serait encore fort avantageux ; d'ailleurs, près de l'ennemi, d'un danger ou aux atterrages, elle peut tirer un bâtiment d'un mauvais pas ; en voici le détail : le capitaine *Porter* construisit deux ancres flottantes dont le côté du carré était de 2 mètres, et il les plaça tribord et bâbord en dehors de la frégate; le grelin de chaque ancre appelait de l'arrière et le hale-à-bord de l'avant; quand on halait sur celui-ci, l'ancre, glissant sur la surface de l'eau, se rendait de l'avant; là, elle prenait sa position verticale; et en faisant force sur le grelin, le navire allait de l'avant. Un équipage de 300 hommes peut, par ce procédé, faire filer 2 nœuds à une frégate. Une conséquence de cette expérience est qu'on pourrait employer l'ancre flottante dans les touages en la faisant haler de l'avant par un canot; il faut cependant supposer le courant nul et le vent calme.

On peut profiter du calme pour reprendre ses étrives de haubans et pour rider ceux-ci ainsi que les galhaubans. A ce sujet, nous citerons les *Crémaillères* et les *Vis* de *Ridage* en fer, dont le mécanisme est connu de tous les marins. Les Crémaillères sont de l'invention de M. *Painchaut*, mécanicien de Brest; mais M. *Huau*, autre mécanicien du même port, y a apporté une amélioration notable, en y adaptant le mouvement du cric, par l'effet duquel une roue dentée jointe au levier produit un mouvement continu qui n'existait pas, et qui donne une puissance considérable. Les Crémaillères sont cependant dispendieuses, elles donnent un ridage inégal à cause de l'intervalle des dents, elles sont plus fragiles que le ridage avec du filin; cependant elles se recommandent par une grande promptitude d'effet, et elles s'opposent au pointage des bouches à feu moins que les rides ordinaires et leurs caps-de-mouton. Quant aux vis de ridage, elles donnent plus de précision dans le ridage que les crémaillères, mais malgré les étuis ou les boîtes en fer qui les recouvrent, elles craignent da-

vantage l'oxydation. Toutefois, essayées sur la frégate
l'*Érigone* pendant deux de ses campagnes, l'une aux
Antilles sous les ordres de l'Auteur de ce Manœuvrier,
l'autre dans les mers de *Chine* sous ceux de M. *Roy*,
capitaine de vaisseau, elles ont été l'objet de rapports,
dans lesquels ces officiers déclarent avoir eu à se louer
de leur emploi. Depuis lors, elles ont été perfectionnées
par M. *Huau*, précédemment cité, et essayées ensuite
sur le *Caraïbe*, commandé par M. *Bouët-Willaumez*,
capitaine de vaisseau ; cet officier a également attesté,
dans un rapport, que l'emploi en avait été favorable, et
que les modifications de M. *Huau* procuraient, à cet
égard, épargne de soins, de temps et de travail. On voit
que ces mécanismes pourraient être fort utiles pour
roidir les haubans dans le cas dont nous avons parlé au
commencement du chapitre XII.

Mais pour en revenir au Calme, nous ajouterons que,
pendant qu'il règne, un bâtiment peut aussi en profiter
pour changer quelque vergue ou quelque pièce de mâture si elle est douteuse ; ou enfin pour faire telle autre
opération de conservation d'objets ou de précaution qui
alors n'occasionne aucune perte de temps, qui entretient
l'activité dans l'équipage ou que la circonstance permet. Il faut faire ses tentes et arroser le corps de son
bâtiment pour le conserver en bon état ; il faut roidir
les palans de drosse du gouvernail pour diminuer le jeu
de celui-ci ; il faut aussi visiter le navire à l'extérieur
et en nettoyer le cuivre le plus bas que l'on peut, s'il
en a besoin.

Une des occupations les plus importantes pendant le
calme doit être celle d'étudier les courants ; l'on peut
parvenir, en général, à en déterminer la force et la direction avec quelque précision, en faisant beaucoup d'ob-

servations astronomiques et en comparant, entre eux,
les changements de position qu'elles indiquent; on peut
aussi faire plonger, à diverses profondeurs, des corps
d'assez de volume pour offrir quelque résistance; ceux
qui sont le plus à la surface de l'eau ressentent davantage l'influence de courants qui seraient superficiels.
Enfin, on peut jeter, par l'avant d'un canot, un fort
plomb de sonde ou un grappin, et faire ajut d'une autre
ligne. Le canot se met debout au courant; il est moins
entraîné par lui, qu'un autre canot ou qu'une bouée
qu'on laisse aller en dérive pendant quelque temps. S'il
y a fond, on prend dans tous les sens, avec des embarcations, autant de sondes que l'on peut, et l'on en garde
note. On est aussi dans l'usage de jeter à la mer, de
temps en temps, des bouteilles bouchées, cachetées et
portant enfermé un morceau de parchemin ou de papier
indiquant, par une écriture forte, le point du navire et
la date de ce point. Ces bouteilles, trouvées par la suite,
peuvent donner d'importantes notions sur la direction
des courants, en comparant les différences d'époques et
de parages, car, pour qu'on puisse établir ces comparaisons, on est dans l'usage de publier toutes ces circonstances dans les journaux de diverses nations. Quand
un canot s'éloigne du bord, il ne doit pas négliger de
donner un coup d'œil sur le bâtiment; il verra si rien
au dehors n'est à la traîne, ou déplacé ou dégradé; et
il pourra rendre compte à son retour de quelque arc ou
déformation de la mâture ou des vergues s'il y a lieu.
Toujours un bâtiment doit concentrer les pensées, l'attention, les vœux de ceux qui sont destinés à y naviguer.

VII. Si, de calme ou de petit temps, on donne dans
une passe et qu'on craigne de mal gouverner, il faut

faire clouer des planches en queue–d'aronde sur la partie supérieure du gouvernail, afin d'augmenter sa surface et pour lui donner plus d'action.

Passant à d'autres *Considérations sur le gouvernail,* nous remarquerons que, d'après *Bouguer,* l'angle le plus favorable de cette machine, avec le plan longitudinal, est de 50° 44'; *Don Juan* l'établit de 45° sans dérive, c'est-à-dire de 45° moins la dérive s'il s'agit d'arriver, de 45° plus la dérive s'il s'agit de loffer; et c'est sur ces données que l'on peut calculer son plus grand effet; mais pour obtenir cet angle, la largeur des bâtiments n'est pas suffisante, elle ne permet pas à la barre de s'éloigner assez de l'axe longitudinal du navire, et il faudrait la faire plus courte : pendant les petits temps, cette disposition serait avantageuse; mais dans les brises qui ne seraient même que modérées, il en résulterait l'inconvénient d'exiger l'application d'une très-grande force pour gouverner, et peut-être des drosses de plus de diamètre; or, comme l'angle de 35° suffit dans la pratique, on combine la longueur de la barre à cet effet, et d'ailleurs le gouvernail en est mieux maintenu.

Quelques personnes ont proposé de donner au gouvernail moins d'épaisseur à la partie qui avoisine l'étambot qu'à celle qui en est le plus éloignée, les deux autres surfaces qui, dans les gouvernails actuels, sont, lorsque la barre est droite, parallèles au plan longitudinal qui partage le bâtiment en deux parties égales et passe par l'axe de la quille, feraient alors avec ce même plan et de chaque côté, un angle de 8 à 10°. Par là, on aurait, sans raccourcir la barre, un angle de 45°; mais le gouvernail deviendrait plus lourd; il le serait vers les extrémités les plus éloignées des points de rotation ou de suspension; en culant, l'eau ne pourrait plus le frapper que sous un angle de 25 à 27° au plus; et quand le gouvernail serait droit ou à peu près, il tendrait davantage à diminuer le sillage. Ces obstacles empêcheront probablement cette forme de prévaloir. On a aussi proposé de se servir d'une barre plus courte, et d'installer une barre brisée pour obtenir l'angle de 45°.

Cette occasion de parler du gouvernail nous conduit à ajouter les développements suivants. La force du gouvernail ne doit pas être employée sans nécessité, car cette machine ne peut agir qu'en portant préjudice à la marche du navire; elle doit seulement venir au secours de quelques-unes des autres puissances qui seraient trop faibles, ou prévenir et corriger les lans produits par les coups de mer. Cette force est très-considérable en général; pour me servir des expressions de *Don Juan*, elle devient excessive à l'égard des autres, dans le cas où l'on court grand largue ou vent arrière; par conséquent une très-grande obliquité du gouvernail suffit alors pour obliger le bâtiment à tourner, et c'est ce qui rend si délicate l'opération du timonier sous ces allures. A angles égaux et quand il y a de la dérive, la force du gouvernail est plus grande pour faire arriver que pour faire loffer, et cela s'explique par cette même dérive en vertu de laquelle la première de ces impulsions est augmentée. Un navire à la bande sent d'autant moins son gouvernail qu'il est plus couché; s'il veut arriver et qu'il éprouve à cet égard quelque difficulté, la barre étant au vent, la position du gouvernail tend elle-même à faire plonger l'avant et peut contribuer, comme l'observe *Romme,* à augmenter cette même difficulté; c'est un effet immédiat de la direction des forces qui agissent sur lui en ce moment. La figure du

corps du navire peut altérer très-considérablement non-
seulement la direction, mais aussi la vitesse avec laquelle l'eau frappe le gouvernail. Il paraît que l'étambot sans quête donnerait plus de puissance à cette
machine puisqu'elle pourrait être plus directement opposée au choc de l'eau ; enfin, la recherche des lignes
d'eau les plus favorables à la marche et au gouvernail,
doit sans cesse occuper les officiers qui désirent les progrès de leur art.

Pendant le cours des explications des manœuvres
qui ont été jusqu'ici l'objet de notre attention, nous
avons généralement supposé la voilure et la mâture
exemptes d'avaries ; mais malheureusement, il n'en est
pas ainsi dans la pratique ; la science du navigateur est
non-seulement de faire évoluer son navire, mais encore
de prendre des précautions pour prévenir ces avaries,
et quand elles ont lieu, de savoir les réparer. Celle de
la perte du gouvernail demande particulièrement qu'on
entre dans plusieurs détails pour expliquer les manières proposées ou usitées de remplacer cette machine,
ou d'en installer une autre non adhérente elle-même
au corps du bâtiment, et qui puisse la suppléer au
moins en partie. Notre tâche serait donc incomplète si
nous négligions de parler de ces points essentiels ; nous
y consacrerons quelques pages avant de passer aux manœuvres dont il nous restera à nous occuper.

Nous allons commencer par traiter des moyens de
prévenir les avaries, en réduisant la voilure lorsque le
temps est mauvais.

CHAPITRE XVII

Établir, Carguer, Serrer les Voiles, de Mauvais Temps.

J'ai dû supposer jusqu'ici que nous savions tous comment on *Établissait, Carguait* et *Serrait* une voile ; on a pu l'apprendre, même avant d'avoir fait campagne, soit pendant l'armement, soit en participant aux exercices des rades, ou enfin lorsqu'il y avait lieu à mettre les voiles au sec ; mais ceci ne comprend que les cas ordinaires de la navigation, et en le détaillant, je n'ajouterais rien qui ne fût superflu. Il n'en est pas ainsi, lorsqu'on passe aux cas *de Mauvais Temps* ; les avis sont même partagés, sur certains points, parmi les Officiers de mérite. Après avoir pesé le pour et le contre avec beaucoup de soin, j'ai adopté le parti qui m'a paru le mieux fondé en raisonnement et le plus avantageux. Je l'exposerai avec les raisons qui ont déterminé mon opinion, opinion que j'ai fortifiée par de nombreuses expériences.

Je supposerai en outre que le vent est du travers ou du plus-près, parce que, lorsqu'il est de l'arrière, on opère sur les deux points à la fois, et qu'il n'y a de risque à courir qu'autant que l'on filerait, quand on veut établir, plus des cargues qu'on n'embarque des écoutes ; ou lorsqu'on veut carguer, que l'on filerait plus des écoutes qu'on n'embraque des cargues, en un mot, qu'on se laisserait gagner. Observons aussi qu'en général, dès que les voiles sont carguées, il faut mettre

beaucoup de promptitude à les serrer. Par un temps
ordinaire les hommes doivent être éloignés, l'un de
l'autre, de 2 pieds (environ 67 centimètres) pour serrer
une des voiles majeures d'un vaisseau ou d'une frégate.

ÉTABLIR ET CARGUER UNE BASSE VOILE, DE
GRAND VENT. — Il faut que les bras et les balancines soient bien roides pendant que les gabiers sont sur
la vergue ; dès qu'ils ont largué les rabans, ils les cueil-
lent sur l'avant de la vergue et l'on travaille à amurer
la voile. On ne file les cargues qu'au fur et à mesure
que l'amure appelle, ensuite on borde avec vivacité en
achevant de filer les cargues à la demande. Pendant ce
temps, il faut gouverner et brasser de manière à tenir
la vergue telle que la voile soit à peine pleine, c'est-à-
dire que le vent la gonfle le moins possible et qu'elle
faseie même par intervalles. Dès que l'écoute est à poste,
on brasse pour orienter, et l'on hale la bouline ; on appuie ensuite les bras du vent. S'il ventait assez pour faire
ouvrir la voile et la faire orienter par le seul effet du
vent, on se contenterait de filer le bras du vent en le contre-tenant à retour. Cette opération est la même lorsque
le vent est moins fort, puisqu'on commence par le point
du vent et qu'on finirait par celui de sous le vent ; la
seule différence qu'on y remarque, c'est que l'on prend
plus de précautions ; et cela afin que la voile batte
moins, qu'elle ne s'applique pas contre l'étai, et pour
ne pas se laisser gagner. Si l'amure et l'écoute sont en
simple, il devient peut-être nécessaire de frapper un
palan pour les haler à poste, mais il faut auparavant en
embraquer autant qu'on le peut à la main.

Pour carguer une basse voile, pesez sur la cargue-
point et autres cargues de sous le vent, en filant l'écoute
à la demande ; brassez un peu au vent en choquant la

bouline du grand hunier s'il est dessus, ou bien loffez
un peu pour diminuer l'action du vent ; halez toutes ces
cargues autant à joindre qu'il est permis de le faire, afin
que, lorsqu'on vient à carguer au vent, il y ait le moins
possible de toile libre qui puisse s'appliquer contre l'é-
tai ; disposez du monde sur la cargue-point du vent et
sur celles de fond ou de bouline qui ne sont pas à joindre ; larguez l'amure en douceur ; carguez jusqu'à ce
que seulement la bouline commence à résister, alors
filez-la à retour pour contre-tenir la toile et achevez de
carguer partout à joindre. Aussitôt roidissez les drosses,
les bras, les balancines, les palans de roulis, et envoyez
autant de monde qu'il est nécessaire pour serrer la voile
soigneusement et promptement. La promptitude est
toujours une convenance du service ; dans ces cas-ci et
les semblables, il y a de plus l'intérêt majeur de la conservation des hommes, des voiles, des vergues et de la
mâture.

Au lieu de loffer, comme nous l'avons dit, pour diminuer l'action du vent, quelques personnes, pensant
que cette oloffée peut devenir dangereuse, conseillent
de filer un peu de la bouline de grand-voile ; cette manœuvre nous semble judicieuse, mais il y faut employer
des hommes bien entendus qui ne filent que ce qui leur
est prescrit et qui ne se laissent pas gagner. Dans ce
cas, en effet, les battements de la voile seraient très-forts
et il faudrait laisser arriver sur-le-champ.

Lorsqu'on serre une voile majeure, de mauvais temps,
il serait difficile de soulever les bouts-dehors ou de les
pousser ; alors, au moyen des rabans, on saisit la toile
par-dessus ; mais on observe avec soin de ne pas engager
en même temps les écoutes de la voile supérieure. On
ne doit pas trop relever les fanons de la grand-voile en

la serrant, à cause du frottement du grand étai. Si le
vent était grand largue, on pèserait sur toutes les cargues en même temps, et l'on brasserait la vergue le
plus en ralingue possible, pour pouvoir serrer la voile
plus facilement.

ÉTABLIR ET CARGUER UN HUNIER, DE GRAND
VENT. — On largue un hunier comme une basse voile ;
il faut aussitôt travailler à haler sur l'écoute de sous le
vent qu'on hale à poste en ne filant encore les cargues
qu'à la demande ; il faut ensuite border de même au
vent en se servant de palans s'il le faut, hisser la voile
et haler les boulines. Il faut avoir soin de gouverner ou
de brasser toujours de manière à ne mettre que très-
peu de vent dans la voile. On ne négligera pas d'appuyer fortement le bras du vent, et il est prudent alors
de soutenir les vergues par des faux bras. Ici l'opération
est différente de celle où le vent est trop peu fort pour
mettre la voile en danger, puisqu'on commence par
fixer le point de sous le vent ; nous en verrons tout à
l'heure la raison.

Pour carguer un hunier, halez sur le bras du vent
afin de diminuer l'action du vent sur la voile et celle de
la vergue sur les haubans de sous le vent ; amenez la
vergue sur ses balancines en pesant sur les cargue-
points et en embraquant le mou de la bouline ; filez
l'écoute du vent et de la bouline à la demande des cargues du vent ; conservez alors un peu de vent dans la
voile, et il en résultera que son action sur le fond de la
toile sous le vent et par-dessous le point de vent, faci-
litera l'opération. Dès que toutes les cargues du vent et
même une partie de celles de sous le vent sont autant
halées que possible, on file l'écoute sous le vent en
douceur, on pèse en même temps la cargue-point et les

autres cargues de sous le vent, et comme alors rien ne
retiendrait plus la voile sur l'avant et l'empêcherait de
battre très-fortement, on la masque, mais peu, car elle
pourrait trop s'appliquer contre les haubans. Dans cette
partie de l'opération, l'action du vent, qui prend par-
dessous le point de sous le vent, la facilite encore, ou,
pour mieux m'exprimer, lui nuit beaucoup moins que
si l'on avait commencé par carguer le point de sous le
vent pendant que la voile aurait été pleine dans cette
partie. Il y a d'ailleurs, en débordant au vent premier,
l'avantage que la voile bat fort peu, et celui de pouvoir
aisément brasser au vent, ce qui est presque impraticable lorsqu'on veut carguer sous le vent avant de carguer au vent. Le timonier doit être très-attentif à gouverner et à ne point donner de faux coups de barre qui
puissent ou trop masquer ou trop remplir les voiles.

Cette manière de procéder, entièrement opposée à
celle dont on se sert pour une basse voile, rencontre
quelques improbateurs qui prétendent qu'il faut agir
pareillement dans les deux cas, et toujours commencer
par établir au vent et par carguer et sous le vent. Il serait certainement à désirer qu'il y eût uniformité entre
les basses voiles et les huniers sous ce rapport ; mais
alors ce seraient les basses voiles qu'il faudrait carguer
comme on doit carguer les huniers, et non pas les huniers comme on cargue les basses voiles, et on l'exécu-
terait sans doute si la nature des choses le permettait et
sans quelques autres causes qui s'y opposent ; nous allons développer ces idées.

Avant de carguer un hunier, on amène la vergue de
hune sur le ton, les fonds de la toile sont fort loin de
l'étai, et il y a peu de distance du point du vent à la
poulie de cargue-point ; rien n'empêche donc que l'on

ne cargue ce point, et l'opération ne peut durer longtemps : remarquons encore qu'un hunier s'établit sur
deux vergues que l'on peut brasser à volonté, et de manière à déventer la voile s'il le faut ; enfin quand on vient
à déborder le point de sous le vent d'un hunier, on peut
masquer la voile ainsi amenée, et il n'y a aucun danger à le faire. Au contraire, une basse vergue ne s'amène
point ; les fonds de la basse voile, si l'on carguait au
vent premier, s'appliqueraient avec une force considérable contre l'étai dont ils sont fort près, et il y a beaucoup de distance du point à la poulie de cargue-point ;
l'opération serait par conséquent fort longue. Observons
qu'une basse voile s'établit par en haut sur une vergue,
il est vrai ; mais si le hunier est dessus, on ne peut guère
brasser cette vergue ; dans tous les cas, les points inférieurs sont des points du bord, fixes de leur nature et
qui ne permettent pas de déventer la partie basse de la
voile ; enfin dans ces circonstances, on ne saurait masquer une basse voile sans les plus grands inconvénients :
pour citer un des moindres, la vergue ne s'amenant pas,
la voile dans toute sa hauteur serait très-fortement ap-
pliquée contre les haubans.

Je me résume donc et j'établis ces points principaux :
par un grand vent on doit carguer un hunier en commençant par le point du vent ; il faut moins de force,
conséquemment moins de temps, et la voile bat moins
que si l'on commençait par le point de sous le vent.
Une basse vergue ne devant pas s'amener, et une basse
voile ne pouvant être, dans toute sa hauteur, brassée
au vent et ne devant pas être masquée, l'étai étant de
plus un obstacle insurmontable qui empêche de la carguer le point du vent premier, on doit commencer,
pour une basse voile, par carguer le point de sous

le vent, ce qui d'ailleurs soulage beaucoup le navire.

Il s'ensuit évidemment qu'on a dû manœuvrer à l'inverse quand on a voulu établir une voile, et qu'ainsi avec
les mêmes précautions et les emplois analogues de bras,
de cargues, d'amures, d'écoutes, de boulines, on commence, pour une basse voile, par fixer le point du vent ;
et pour un hunier, par fixer celui de sous le vent. De beau
temps, on pourrait en agir ainsi à l'égard des huniers,
mais comme il n'y a aucun danger pour la vergue ni
pour la voile, et qu'alors on cargue ces voiles non pour
les mettre à l'abri, mais pour détruire leur effet, on
déborde, pour y parvenir plus promptement, le point
de sous le vent le premier, ou mieux encore les deux
points à la fois, afin de pouvoir plus facilement brasser
au vent. Il suffit donc de savoir reconnaître si l'on serre
sa voile par précaution de sûreté ou pour cause d'inutilité. De même, pour border, on commence par le
point du vent, parce qu'alors on peut exposer la voile à
battre, et qu'une fois ce point rendu et la voile étant en
ralingue, il devient très-facile de border à joindre sous
le vent. Il est évident que le contraire serait plus pénible
en ce cas-ci. Nous avons vu, d'ailleurs (chapitre XV),
que, lorsqu'on craint pour un bâtiment dont l'inclinaison devient trop forte, on doit, dans tous les cas, filer
les écoutes, surtout celles de sous le vent.

ÉTABLIR, CARGUER ET SERRER DES VOILES
MOINS IMPORTANTES QUE LES VOILES MAJEU-
RES, ET DE GRAND VENT. — Lorsque ces voiles
sont établies, il est possible que le temps devienne assez
mauvais pour qu'on doive les serrer avec des précautions, mais comme, lorsqu'on les a établies, une des
conditions nécessaires était, en général, celle d'un

temps maniable, nous passerons tout de suite à l'opération de les carguer et de les serrer.

Un Perroquet : Les vergues de perroquet sont si
peu assujetties, si élevées, si frêles, la toile en est si
fine, il y a d'ailleurs si peu de force à employer et il
faut si peu de temps, que le plus pressé est de soulager
le mât et la vergue ; aussi cargue-t-on partout à la fois
pour un perroquet et cela en l'amenant, le brassant au
vent, et ne filant les écoutes et la bouline qu'à la
demande des cargues ; si on se laissait gagner et que
la voile se capelât sur le bout de vergue ou s'engageât
dans l'étai, il faudrait laisser arriver. On voit aussi
carguer les huniers de la sorte par un mauvais temps,
sans faire de différence entre le point du vent et celui
de sous le vent : avec beaucoup de monde cette méthode est bonne, mais je crois qu'il y a plus de sûreté
à agir de l'autre manière.

Lorsque, par suite, on dégrée les perroquets et qu'on
les met sur le pont, on doit aussitôt passer la drisse en
guinderesse pour être prêt à caler le mât ; et si l'on
vient à caler ce mât ou un mât de perroquet de fougue,
ou même un mât de hune, on peut, si on le juge convenable, faire vent arrière, on doit installer un bon
braguet, établir une cravate qui empêche le mât que
l'on cale de trop s'éloigner au roulis du mât inférieur,
et ne mollir les rides qu'au fur et à mesure que l'on
vire ou palanqué sur la guinderesse.

Le Petit Foc : Pesez sur le hale-bas en larguant la
drisse ; quand la voile est bas, il faut la mettre dans le
filet, l'y étouffer et la serrer ; on file l'écoute avec
beaucoup de précaution afin que le point ne batte pas,
ce qui, d'ailleurs, serait dangereux pour les gabiers de
beaupré ; si l'on craignait que le foc ne fît trop de

force ou ne battît trop, on pourrait laisser un peu arriver. Comme il peut y avoir lieu à établir cette voile de gros temps, nous dirons pour cette voile et pour les voiles latines ou auriques en général, qu'il faut les border avant de les hisser, et ne filer de l'écoute, si cela devient nécessaire, qu'à la demande de la drisse.

La Grand-Voile d'Étai de Hune : Carguez sous le vent meilleur, halez bas en même temps, embraquez le mou des cargues du vent, filez l'écoute à la demande, larguez le point d'amure quand la voile est bas ; aussitôt étouffez et serrez la voile.

L'Artimon : Carguez sous le vent meilleur et particulièrement les cargues d'en bas où il y a le plus de toile afin de l'étouffer promptement ; en même temps halez bas s'il s'agit d'une brigantine ; embraquez le mou des cargues du vent, filez l'écoute à la demande, et, dès que la voile est rendue contre le mât, étouffez-la par quelques tours de raban et serrez-la soigneusement. Il est utile de loffer pendant cette opération.

Une Bonnette basse : Pesez sur le lève-nez en halant la toile dedans par en bas et en filant à retour la patte d'oie ; quand le lève-nez est assez pesé pour que la voile puisse se rentrer, filez la drisse d'en dehors, pesez d'abord celle d'en dedans, filez toujours la patte d'oie, rentrez alors la vergue d'en bas, et, lorsqu'il n'y aura plus que la drisse d'en dedans qui fera force, filez-la, mais seulement à la demande et à retour, car, si vous vous laissiez gagner, le vent emporterait au loin le haut de la voile et la ferait déchirer ou engager quelque part. Si l'on craint pendant cette opération que la bonnette ne masque, il faut laisser arriver sans hésiter, et le timonier doit être très-attentif à sa barre jusqu'à ce que la bonnette soit rentrée.

14

Une Bonnette de Hune : Il faut agir comme de beau temps si l'on veut la mettre dans la hune ; seulement il faut plus de monde qu'à l'ordinaire, et avoir soin de ne pas la masquer, ni de ne pas filer la drisse avant que la queue soit toute dans le hunier, ni enfin de ne pas la laisser emporter sur l'avant du hunier. Si l'on veut la mettre sur le pont, et c'est préférable par un gros temps à cause de la plus grande aisance qu'ont ceux qui la manœuvrent, du nombre plus considérable d'hommes qu'on peut y employer et de la direction presque verticale qu'acquiert alors la voile en descendant, il suffit d'envoyer une écoute en bas, et de haler dessus en filant l'amure et en tirant en dedans pour que la voile soit promptement déventée ; on file alors la drisse et l'on rentre la bonnette.

CHAPITRE XVIII

Prendre et Larguer des Ris.

L'action de *Prendre des Ris* consiste à réduire la surface de la voile en la repliant sur elle-même ; pour y parvenir, on fixe sur une vergue, ou quand il s'agit de voiles latines ou auriques, on roule sur la ralingue de fond, successivement ou par portions, une ou plusieurs bandes de toile dont la hauteur est marquée par une rangée d'œils de pie. Le grand et le petit hunier ont quatre, et le perroquet de fougue trois de ces bandes dont la hauteur totale est les 3/7 ou plus exactement les 23/56 de la voile. Quelquefois, les ris de chaque

hunier sont égaux entre eux ; plus souvent le ris de
chasse est de 10 ou 12 pouces (0^m,27 ou 0^m,33) moins
haut que les autres. La grand-voile, la misaine, les
perroquets, l'artimon, doivent en avoir un dont la
hauteur est le quart de la hauteur de la voile, ou de la
chute au mât pour l'artimon. La brigantine n'en a qu'à
bord des brigs ; à bord des trois-mâts, ce n'est pas une
voile de mauvais temps. Lorsque le ris se prend sur
une vergue haute, la vergue s'amène, se trouve ensuite
placée plus bas qu'auparavant, et le centre d'effort de
la voile est abaissé ; s'il se prend sur une des basses
vergues (qu'on n'amène pas), ce centre se trouve élevé
et c'est moins avantageux ; cependant les vergues hautes, en descendant vers le plus grand écartement des
haubans de hune, ne sont plus susceptibles d'être aussi
bien brassées ni aussi bien orientées ; et les basses
voiles, avec un ris pris, ont l'inconvénient d'avoir alors
les points d'amure et d'écoute très-hauts, ce qui les
empêche de bien établir. On est peu dans l'usage de
prendre des ris aux perroquets et aux basses voiles ;
nous pensons cependant qu'à l'exception de la grand-
voile qui doit être serrée de mauvais temps, la chose
serait fort utile ; encore cette voile peut-elle être d'un
très-grand secours pour se relever d'une côte ; or, avec
un ris pris elle serait plus maniable et moins exposée.
Quant aux perroquets, on pourrait les porter ainsi presque de tous les temps, ils établiraient bien et la tête du
mât se trouverait soulagée. La misaine enfin non-seulement prendrait moins de vent, serait plus facile à manœuvrer, mais surtout à bord des petits bâtiments, elle
aurait sa ralingue de fond plus élevée, et par là elle
serait moins sujette à recevoir des coups de mer. Les
bonnettes de hune ont quelquefois un ris qui se prend

avant de les établir, quand la circonstance l'exige.

PRENDRE DES RIS a un Hunier. Il faut amener le hunier en appuyant les bras du vent et en pesant sur ses cargue-points, et amarrer celles-ci quand il est bas, de peur que l'effort du vent ne fasse rehisser la vergue ; il est toujours plus prudent d'amener le hunier tout bas sur le ton, que de le laisser un peu haut et que de se fier à la résistance de la drisse et des balancines : on brasse ce même hunier au vent en larguant la bouline jusqu'à ce qu'il soit en ralingue, afin que, pour la conservation des hommes ou de la voile, ce même hunier batte peu ou fasse moins de résistance. On pèse suffisamment les palanquins suivant le nombre de ris que l'on veut prendre, et celui du vent premier comme étant le plus difficile à haler ; on amarre bien les bras afin que la vergue ait moins de mouvement, et l'on envoie du monde sur cette même vergue. On prend les empointures, celle du vent la première, car la toile tend toujours à se rendre sous le vent ; ensuite on ramasse la toile par plis sur l'avant de la vergue pour le premier ris en la portant vers le vent, et l'on noue fortement les garcettes en commençant par celles du bord du vent. Avant que l'on croche dans la toile, quelques personnes font roidir les cargue-fonds pour faire plisser la toile, et quand l'empointure est prise, elles font aussi haler un peu sur la bouline pour tenir la voile plus fixe ; elles y trouvent plus de facilité et plus de sûreté pour les hommes qui sont sur la vergue. On peut prendre des ris aux huniers, tout en ayant les perroquets dehors : dans ce cas on file les écoutes de ceux-ci, et quand les huniers ont été assez amenés, on amarre les drisses, les balancines, les bras, et l'on embraque et tourne les écoutes de perroquet pour en faire porter les voiles.

On souque, en général, le premier ris sur l'avant de la vergue, le second sur l'arrière pour que la toile ne se trouve pas nouée toute en paquet sur la même ligne ; par la même raison, on prend le troisième sur l'avant ou entre les deux premiers, et le quatrième sur l'arrière. Il y a cependant de l'avantage à ce que le dernier ris pris soit souqué sur l'arrière, parce que la voile établit mieux, que les ris précédemment pris soutiennent le dernier, et que, si les garcettes ont ou prennent du mou, la toile s'éloigne moins de la vergue ; aussi, comme le premier ris est fort peu important pour la sûreté de la voile, qu'il est le plus facile à bien prendre, qu'il est ordinairement moins grand que les autres et qu'il est presque toujours pris, surtout quand les voiles ont un peu rendu, et afin qu'elles établissent mieux, on peut le souquer sur l'avant, particulièrement si l'on prévoit que bientôt on en aura quelque autre à prendre ; le second en acquerra par la suite plus de solidité. Il est vrai que le troisième se trouverait en avoir moins, mais on peut porter le second sur l'avant et souquer le troisième sur l'arrière, ou prendre à la fois le second et le troisième et les souquer ensemble sur l'arrière : quant au quatrième, il faut user de prévoyance et de combinaisons semblables, afin qu'il soit également pris sur l'arrière, car il est important qu'il en soit ainsi, puisqu'on ne réduit la voile à ce point que lorsque le temps est très-mauvais.

Les garcettes étant toutes nouées, on s'assure qu'elles sont souquées également, que les nœuds sont convenablement alignés afin que la voile risque moins à être déchirée, que la toile soit bien lisse et bien pliée, surtout qu'il n'y ait pas de nœud de vache ou susceptible de se défaire. On largue les cargue-points, on hisse le hunier

en contre-tenant le bras du vent et on le réoriente. Un
bâtiment de guerre doit, en général, prendre les ris à
tous les huniers à la fois ; c'est plus militaire et il y a
moins de temps perdu. Il en est de même de toute
opération qui exige la même manœuvre pour les voiles
pareilles ; il est dans l'ordre qu'elle commence et finisse
en même temps. En prenant les ris inférieurs, les galhaubans volans ont été mollis ; une estrope à cosse, qui
entoure les mâts de hune et où passent ces galhaubans,
est amenée jusqu'au point où viendra la vergue quand
on la rehissera, de sorte qu'alors, en roidissant les galhaubans du vent, ils fassent force au portage de la
vergue. Lorsqu'on pèse les palanquins pour prendre le
dernier ris, on est quelquefois forcé de filer quelque
peu des écoutes des huniers.

Si le vent est trop de l'arrière pour qu'on puisse brasser le hunier en ralingue ou sur le mât, on brasse en
pointe autant que possible à l'encontre du vent, après
quoi l'on prend le ris comme nous venons de le décrire ;
alors et dans les cas particuliers, pour conserver de
l'air au navire et diminuer l'impulsion du vent sur la
voile, on peut ne prendre les ris aux huniers qu'une
voile après l'autre, et si cette impulsion était encore
trop forte, il faudrait ou serrer le vent ou carguer le
hunier pour faire cette opération.

Ordinairement, avant de prendre des ris aux huniers,
les vents étant du travers ou du plus-près, on cargue la
grand-voile et l'on reste sous la misaine, le petit foc,
l'artimon ; c'est une sorte de panne ; cependant, si l'on
était pressé pour sa route, il n'y aurait pas d'inconvénient, pour la voilure, à avoir dehors la grand-voile et
des voiles d'étai ; mais il faudrait gouverner avec bien
de l'attention à cause des hommes, et ne pas lancer de

manière que les huniers fussent tantôt pleins et tantôt masqués ; on peut encore dans ce cas ne prendre des ris aux huniers que l'un après l'autre ; si cette opération est faite avec soin et diligence, la vitesse du sillage s'en ressent fort peu. Quand le ris doit être souqué sur l'avant, peut-être convient-il de brasser de manière que la voile soit un peu pleine ; si au contraire on doit le souquer sur l'arrière, peut-être convient-il qu'elle soit légèrement masquée ; on peut même dire, en général, qu'on ne voit que de l'avantage dans presque tous les cas, à tenir son navire gouvernant, et par conséquent à avoir un peu d'air en prenant des ris ; on règle sa voilure en conséquence ; et cet effet peut facilement être obtenu, fallût-il faire usage des voiles auriques ou latines qui appuient d'ailleurs le bâtiment.

A bord de quelques bâtiments, les palanquins servent d'écoutes de perroquets ; le grément peut en être plus léger, mais cette installation nous paraît vicieuse en ce qu'ils empêchent ainsi d'amener facilement les huniers. Excepté quand on prend des ris ou qu'on serre un hunier, les palanquins ne doivent pas être tournés, parce qu'il faut toujours être paré à amener vivement les vergues si le temps l'exige : quant aux balancines, elles doivent avoir été tournées à demeure avant que le hunier ait été hissé ; le mou qui en provient alors se perd en lui faisant faire l'esse dans les haubans ; elles doivent s'amarrer sur les mêmes haubans que les cargue-points et, quand on amène un hunier pour prendre des ris ou pour le serrer, la roideur seule de la balancine doit faire connaître s'il est sur le ton ; on doit peser sur les cargue-points jusqu'à ce que les balancines fassent force.

Pour la sûreté des hommes, il faut éviter de prendre

des ris pendant un grain ; d'ailleurs il est impossible de les bien prendre alors ; il vaut mieux amener ou même carguer le hunier, faire vent arrière si le vent pèse trop, et attendre la fin du grain. On cargue également le hunier pour prendre des ris si, par un temps fait, la force du vent rend l'opération inexécutable à cause de la difficulté de crocher dans la toile et de la haler contre la vergue : il faut préalablement l'avoir amené. On laisse de même arriver vent arrière pour prendre le ris, si l'impulsion du vent est encore trop forte. Le hunier doit être bien cargué à joindre ; c'est une précaution essentielle à ne pas négliger avant d'envoyer du monde sur une vergue, soit qu'on y prenne des ris ou qu'on les serre le vent dedans. La toile sans cela pourrait se coiffer par-dessus la vergue et jetterait à la mer les matelots qui sont dessus. Dans ces mêmes cas, on ne saurait trop rappeler qu'il faut s'assurer que les drosses, les bras et les balancines sont tournés bien roides, et que généralement, pour prendre un ris, il faut mettre la voile en ralingue ; l'on y parvient en la brassant au vent, ou, ce qui revient au même pour cet effet, en venant du lof : il faut embraquer ensuite la bouline de revers pour empêcher la toile de se capeler sur la vergue et de s'engager dans les taquets de sous le vent des bouts de vergue. On peut encore mettre le bâtiment à un quart de largue, peser à joindre les cargue-points et les cargue-fonds de sous le vent, carguer ensuite à moitié le point du vent, larguer la bouline et amener le hunier en achevant de carguer ; on embraque enfin le bras du vent, et on loffe pour faire ralinguer les voiles.

On prétend qu'il est avantageux d'avoir toujours un ris pris aux huniers parce qu'ainsi ces voiles établissent mieux ; je demande alors à quoi ce ris est nécessaire ;

et si l'on avance que c'est pour que la voile puisse être bien tendue avant qu'elle ait rendu, c'est-à-dire avant qu'elle ait vu croître sa surface par l'usage, je pense qu'il faut avoir prévu cet accroissement quand on taille la voile, ou qu'il est plus convenable de la réduire si l'on n'a eu cette prévoyance.

M. *Béléguic*, officier de marine, a proposé une nouvelle manière de prendre des ris qui a été expérimentée avec beaucoup de succès, et qui est adoptée à bord d'un grand nombre de bâtiments. Il y a un palanquin de plus au milieu de la bande du ris, et, au lieu de garcettes, la voile a une filière sur l'avant et une autre sur l'arrière, tendues pour chaque bande et réunies entre elles par des amarrages à travers les œils de pie. Sur la vergue sont des garcettes munies d'un cabillot, le bout se passe entre la filière d'en avant et la voile, puis il vient s'amarrer au cabillot, de la sorte la toile de la bande de ris pend sur l'arrière. On a modifié la manière de fixer la filière. Mais de toutes les inventions modernes pour réduire à volonté la surface d'une voile, la plus remarquable est celle du capitaine Cunningham de la marine Royale anglaise. Il a mis une couronne barbotin au milieu de la vergue, et il fait passer dessous une itague en chaîne dont les deux bouts ont des palans de drisse, de sorte que, lorsqu'il file l'une de ces dernières, la vergue descend, mais tourne en même temps et enroule la voile autour d'elle, le milieu du hunier a une fente pour le passage de l'itague. M. Brouard, capitaine au long cours de Saint-Malo, a évité cet inconvénient en faisant tourner une vergue supplémentaire ; il n'emploie pas de chaîne à sa manœuvre. Enfin beaucoup de grands navires ont adopté de nouveau les huniers doubles dont l'un a sa vergue fixée au chouque et l'autre se hisse. Si cette méthode est plus lourde, elle est certes la plus maniable pour suivre les variations du vent avec beaucoup de toile.

A une basse Voile : On établit de faux palanquins qui passent par une poulie aux bouts de la vergue ; les drisses des bonnettes peuvent servir pour cet objet. On cargue la voile et on la brasse en ralingue : outre les bras et les balancines, on roidit de plus les drosses et les palans de roulis. On agit ensuite comme pour le premier ris d'un hunier ; quand le ris est pris, on établit la voile. Autrefois, on n'installait pas de palanquins aux basses voiles et l'on prenait ce ris à force de bras en crochant dans la toile ; il en était de même du perroquet de fougue ; ce serait encore praticable sans doute, mais ce doit être plus long et plus dangereux pour les hommes. Quelques bâtiments, pour la plupart étrangers, amènent leurs basses voiles quand le ris est pris. Par là, le point d'amure arrive aussi bas que lorsque la toile est toute développée et la voile établit mieux. Mais l'installation actuelle s'y oppose, chez nous, car elle fait disparaître les poulies de drisses et n'admet plus que des suspentes ; d'ailleurs il y a tant d'écartement entre les grands haubans que la vergue ne peut plus bien s'orienter : on voit que l'inconvénient surpasse l'avantage. On peut encore employer le moyen suivant : on se sert de garcettes simples portant un œil à l'une de leurs extrémités ; ces œils sont passés dans ceux de la bande de ris de l'avant à l'arrière ; une filière les traverse tous, et elle est fixée bien roide sur les ralingues de chute près des cosses d'empointure des ris. On prend les empointures comme à l'ordinaire, puis chaque homme s'empare de sa garcette, et la toile comprise entre la bande de ris et la toile reste pendante sur l'arrière. Cette méthode est plus prompte, et elle sauve la difficulté que la grosseur des vergues apporte à l'opération telle que nous venons de la décrire ; toutefois la méthode *Béléguic,* que nous avons expliquée en traitant des ris pris aux huniers, est préférable en ce cas.

A un Perroquet : Les vergues de perroquet sont si hautes, si légères, si volages, leurs bras et leurs balancines sont si faibles, des palanquins pour ces voiles seraient si élevés, si gênants, si désagréables à l'œil, qu'il est prudent et convenable d'envoyer ces vergues sur le pont ; là on prend le ris très-bien et sans aucun risque. On regrée ensuite le perroquet, on l'établit et on l'oriente. Si cependant on croit, sans inconvénient, pouvoir faire prendre les ris sur la vergue, à force de bras et après avoir amené et cargué la voile, l'opération est beaucoup moins longue : c'est au capitaine à en juger.

A l'Artimon : Il faut le carguer, amener la corne parallèlement à elle-même de la hauteur du ris et un peu plus, donner du mou aux cargues d'en bas pour laisser la bande libre, et rouler cette bande le plus uniformément possible en souquant les garcettes bien et également ; on étarque ensuite la voile en rehissant la corne. Nous pensons qu'il vaut mieux avoir pour le mauvais temps, comme nous l'avons dit chapitre XI, une voile triangulaire qui se hisse au mât jusqu'au trelingage, s'amure près du collier de la bôme et se borde à 2 ou 3 mètres du couronnement. Les voiles à cornes ont aussi des bandes de ris à lacer ; c'est à bien dire un morceau de toile supplémentaire joint à la voile par une série de hanets qui passent dans l'œil de pie et dans l'œil qui termine le précédent réunissant les deux toiles. C'est la meilleure méthode lorsque les voiles à cornes

prennent de grandes dimensions, comme sur les navires
à vapeur.

Larguer des ris. — Il s'agit, pour *Larguer des Ris*,
de défaire l'opération en vertu de laquelle on a pris ces
mêmes ris, et il suffit de dire qu'on brasse la vergue en
ralingue, qu'on roidit et amarre les palanquins si c'est
un hunier, et qu'on l'amène afin de donner du mou à la
partie de la ralingue comprise entre les empointures et
la patte du palanquin. Lorsqu'on ne largue qu'un ris,
les gabiers, après l'opération, ne doivent rentrer à bord
qu'autant qu'ils se sont assurés que toutes les garcettes
du ris supérieur, qui reste pris, sont bien amarrées. Si
c'est une basse voile, on la cargue et l'on pèse sur les
palanquins avec un palan pour donner également du
mou à la partie supérieure de la toile ; ensuite pour l'une
comme pour l'autre de ces voiles, on dénoue les garcettes en allant du milieu vers les empointures, et l'on
n'en oublie aucune, car elle ferait déchirer la voile ; on
largue les deux empointures ensemble en se donnant le
mot, et l'on établit sa voile. Quant aux perroquets, on
les cargue pour larguer les garcettes. Dans toutes ces
circonstances, si l'on était vent arrière ou largue, on
brasserait préalablement en pointe autant que possible
à l'encontre du vent, afin qu'il agît moins fortement sur
la toile, ou bien on lancerait sur un bord pour opérer
comme nous venons de le dire ; et enfin si, ce qui arrive
quelquefois, il fallait, de gros temps, larguer un ris à
un hunier pour fuir à la lame, on mettrait une autre
voile dehors qui en remplacerait momentanément l'effet,
et on le carguerait afin de larguer les ris, après quoi l'on
établirait le hunier, et l'on serrerait l'autre voile.

En général, quand on serre une voile ou qu'on prend
des ris, il est à propos que les matelots destinés pour

cette opération soient rendus dans les hunes ou sur les barres avant que la voile ait été amenée ou carguée ; il faut aussi recommander avec soin aux gabiers de veiller à ce que les rabans de ferlage ou les garcettes de ris n'engagent ni ne brident les écoutes de la voile supérieure ou le jeu des bouts-dehors. Les matelots ne doivent pas non plus faire force sur les garcettes pour haler la toile plis par plis sur la vergue ; la garcette peut se dépasser ou se larguer, et l'homme alors pourrait tomber à la mer. Enfin il paraît utile de faire peser les palanquins de ris lorsqu'on serre un hunier, pour en faciliter l'opération.

Nous ajouterons aussi que les grand-voiles à bord de quelques petits bâtiments à mâts nus ou à voiles latines ou auriques, ont quelquefois un ris diagonal qui se prend comme les ris transversaux sur la ralingue de fond ; la corne est alors plus apiquée ; et la voile, ainsi diminuée de surface, ne sert plus que pour la cape. Dans tous les cas, on borde préalablement la voile avec force, savoir sur la bôme pour les ris transversaux en y bridant le point extérieur de la bande du dernier ris pris, et au coin du navire pour le ris diagonal. Nous ne pensons pas qu'une brigantine, réduite à ce ris diagonal, vaille pour la cape une voile taillée en foc telle que celle qui est citée au chapitre XI que nous venons de rappeler, et qui permet d'amener et de rentrer le pic.

CHAPITRE XIX

Réparer des Avaries ou y Remédier. — I. Avaries dans les Manœuvres Courantes. — II. Dans les Manœuvres Dormantes. — III. Dans
la Voilure. — IV. Dans la Barre du Gouvernail et dans sa Drosse.
— V. Dans la Mâture, et en supposant le Bâtiment en relâche
dans une baie, démâté et dépourvu de presque toutes ressources.

I. **Avaries dans les manœuvres courantes**. —
POUR UN BRAS DE BASSE VERGUE : *Si c'est au vent*, loffez
pour déventer la voile ; amenez et carguez le hunier ;
carguez la basse voile en pesant fortement sur la cargue-point du vent meilleur afin de tenir la vergue du
bord du vent, et passez un autre bras ou épissez l'ancien.
Sous le vent, on change ou on épisse le bras sans
toucher aux voiles.

POUR UN BRAS DE HUNE : *Au vent*, amenez et carguez
le perroquet ; loffez pour déventer la voile ; amenez le
hunier sur les balancines en pesant fortement sur la
cargue-point du vent meilleur, et changez ou épissez
l'ancien. *Sous le vent*, on amène la vergue en brassant
au vent, et l'on change ou épisse le bras avarié.

POUR UN BRAS DE PERROQUET : On agit d'une manière
analogue ; et dans toutes ces opérations, si l'on était
grand largue ou s'il y avait du danger à loffer et que la
voile fût trop chargée, il serait plus court et plus prudent de laisser arriver vent arrière.

Quelques capitaines installent à demeure les faux
bras aux vergues des quatre voiles majeures ; c'est em-
barrassant à la vérité, c'est même dangereux pour les
vergues dans les virements de bord vent devant et autres

manœuvres vives ; mais il y a sûreté contre les avaries dont nous venons de parler, l'on brasse plus facilement et l'on oriente mieux.

POUR UNE ITAGUE : Amenez la vergue sur ses balancines : il n'est pas nécessaire de carguer la voile pour changer ou épisser l'itague.

POUR UNE BOULINE DE BASSE VOILE : *Au vent*, laissez arriver de manière à ce que la voile porte ; passez subitement un bout de manœuvre dans les branches de la patte pour remplacer à faux frais cette même bouline, et changez-la ou épissez sans carguer la voile ; si l'on tient le vent et qu'on ne doive pas laisser porter ou si le vent est frais, carguez la voile pour réparer l'avarie. *Sous le vent*, et en ce cas pour la bouline d'une voile quelconque : cette manœuvre ne peut s'être cassée que pendant un combat ou qu'en se trouvant engagée lors d'un virement de bord ; et comme elle n'empêche nullement la voile d'établir aussi bien, il est rare que l'on cargue la voile pour y remédier ; on se contente d'affaler un homme comme il va être dit.

POUR UNE BOULINE DE HUNIER : *Au vent*, amenez et carguez le perroquet ; amenez le hunier ; masquez celui-ci légèrement pour mettre le point et partie de la ralingue du vent dans la hune, et changez ou épissez cette bouline : par un beau temps ou quand on ne veut pas diminuer son sillage, on affale un gabier au moyen d'une chaise suspendue par la drisse de bonnette de hune, et il refrappe une autre bouline, ou la même après qu'elle a été épissée ou rafraîchie.

POUR UNE BOULINE DE PERROQUET : *Au vent*, amenez, carguez la voile, et réparez l'avarie.

POUR UNE AMURE OU ÉCOUTE DE BASSE VOILE : Carguez la voile et bossez le point sur le premier hauban

pour l'empêcher de battre et pour remplacer plus facilement la manœuvre cassée, ou pour remettre la même
après l'avoir épissée.

Pour une Écoute de Hune : Amenez, carguez le hunier, masquez-le ; mettez le point dans la hune, et
bossez-le s'il est disposé à battre. Si l'écoute épissée ou
neuve doit être en simple, faites un nœud d'écoute ; si
elle doit être en double, passez le courant dans la poulie.

II. **Avaries dans les manœuvres dormantes.** —
Nous dirons peu de chose sur les avaries des manœuvres
dormantes, car à l'exception des Étais, des Drosses et des
Raccages, aucune avarie partielle dans toute autre partie
du grément n'est, pour la mâture ou les vergues, d'un
danger pressant ; nous nous bornerons en conséquence
à voir quels sont les moyens usités de réparation pour
les avaries que nous venons de mentionner.

Pour un Étai : Il faut faire vent arrière, prendre le
bout supérieur de l'étai dans la hune ou sur les barres
de perroquet, l'épisser avec l'autre bout auquel on a
donné le mou nécessaire, et rider ensuite. Si le vent
n'était pas assez fort pour gonfler les voiles et les empêcher de retomber et de battre sur le mât, il faudrait
serrer les voiles du mât qui est dépourvu d'étai et celles
des mâts qui le surmontent ; et si l'on voulait mettre en
place un étai neuf, on ne dérangerait rien à la tête du
mât, on ferait un dormant ou un collier d'étai sur le
capelage, et l'on roidirait ensuite l'étai convenablement.
Sur un vaisseau à vapeur dont les deux grands étais
tombèrent à la fois sur le pont par un temps forcé et sous
les goëlettes, on laissa porter vent arrière et on maintint
le grand mât par les amures de grand-voile et ensuite
par les pataras portés en avant jusqu'à ce qu'il fût possible de monter en haut.

Pour les Drosses et les Raccages : Il faut carguer la voile, brasser la vergue carré ou sur le mât après l'avoir amenée sur le ton, roidir les bras, les balancines, les palans de roulis, croiser les cargue-points sur l'arrière du mât, faire plusieurs tours et réparer l'avarie.

III. **Avaries dans la voilure.** — Après la visite journalière que font les gabiers et les voiliers, ils doivent rendre un compte exact de l'état du grément et particulièrement des manœuvres courantes et des voiles. Les élèves doivent également s'assurer que cette visite a été faite avec soin ; et pour la sûreté des hommes, ils doivent porter leur attention aux étriers, aux marche-pieds et aux enfléchures.

Il est essentiel de bien faire cette visite, car une manœuvre, une voile peu endommagée et radoublée aussitôt, ne cause aucun retard, ne coûte que peu de réparation ; mais le mal, quand il est négligé, devient quelquefois très-considérable. Il y a deux manières de réparer les avaries dans une voile : elles consistent à carguer la voile ou à affaler un voilier. Le temps, le lieu de l'avarie, l'adresse des voiliers, guident pour le choix. Si l'avarie est trop forte, on dévergue la voile et on la remplace, ou, si on ne peut remplacer cette voile, on se hâte de la réparer et on la renvergue aussitôt. Si le temps est trop mauvais, il est plus facile de serrer la voile que de la déverguer, alors on prend ce parti jusqu'au beau temps ; et si la voile est maltraitée jusqu'à être partagée et qu'on ne puisse la serrer en totalité, on en serre ce que l'on peut et l'on fait ses efforts pour sauver promptement ce qui reste, et pour empêcher que ce reste ne s'endommage davantage. Si, en carguant une voile, ou si, après quelque avarie, la toile se capèle sur le bout de la vergue ou s'applique contre l'étai, il faut

15

laisser arriver vent arrière s'il est nécessaire, prendre même le vent de l'autre bord et la dégager, mais n'envoyer des gabiers pour cette opération que lorsqu'il ne peut y avoir aucun risque pour eux. En général, il faut porter une grande attention à ne pas faire chapelle, à ne pas empanner, à ne pas masquer les bonnettes, car les bouts-dehors ne sont nullement soutenus par l'avant; et si l'un de ces événements a lieu, il faut aussitôt gouverner pour remettre le vent dans ses voiles. Si l'avarie avait lieu entre les bandes de ris, et qu'on ne pût la réparer d'en haut, ni déverguer la voile à cause du temps, d'une chasse ou de quelque autre circonstance, on prendrait autant de ris qu'il le faudrait pour que la partie avariée y fût renfermée.

Enfin, pour les cas où il devient nécessaire de déverguer une voile majeure et de la remplacer, nous dirons qu'il existe une manière de serrer les voiles de rechange dans leurs étuis, telle qu'il n'est nullement nécessaire de les déplier en les sortant de ces étuis pour les envoyer en haut, et que les itagues, cartahus ou cargues qui auraient servi à descendre la voile avariée, puissent se frapper aussitôt aux mêmes endroits de la voile de rechange, et resservir à la hisser à sa place : cette manière de serrer ces voiles se comprend aisément; d'ailleurs, la pratique et l'expérience l'enseignent plus vite que ne pourraient le faire les plus longues descriptions.

Il est utile d'ajouter que, s'il s'agissait d'enverguer un hunier par un gros temps, on ferait bien, à l'avance, de prendre tous les ris sur la ralingue de têtière; la voile, ainsi réduite, éprouverait moins de battements, et pourrait s'établir aussitôt sans inconvénient.

IV. **Avaries dans la barre du gouvernail et dans**

sa drosse. — Si le tenon de la barre joue dans la mortaise de la tête du gouvernail, il faut coincer ce tenon pour empêcher que les secousses ne fassent casser la barre; si la barre casse, il faut aussitôt mettre en panne ou à la cape et coincer ou assujettir la tête du gouvernail. On installe ensuite la barre franche de grand-chambre qui se place dans la mortaise supérieure. On travaille à arracher avec des palans le tronçon qui tient au tenon, et pour points de halage, on peut percer dans ce tronçon des trous de tarière et y pousser des boulons en fer qui dépassent l'épaisseur de ce tronçon: on établit ensuite la barre de rechange. Quelques bâtiments embarquent des barres franches en fer, mais elles ont l'inconvénient de trop tendre à faire éclater la tête du gouvernail.

Si la drosse du gouvernail casse *sous le vent*, mettez la barre au vent, virez lof pour lof et prenez la panne de l'autre bord. Si c'est *au vent*, poussez la barre dessous et mettez en panne sur le bord où vous vous trouvez. Quand on est en panne, on change ou répare la drosse cassée. Si l'on est pressé ou si la roue est cassée ou démontée, gouvernez en bas avec les palans destinés à cet usage, portez-y un compas de route, et faites passer la voix.

Depuis quelque temps, on a eu l'heureuse idée, à bord de bâtiments à batteries couvertes, d'installer des roues de gouvernail supplémentaires qui sont à demeure dans ces mêmes batteries.

V. Avaries dans la mâture. — GRAND MAT : Dans un combat, un abordage, un échouage, une tempête, on peut perdre son grand mât; il faut aussitôt couper tout ce qui le tient au bord, car il pourrait le heurter fortement et l'endommager; si la circonstance le per-

met, il est cependant utile de frapper sur quelques-
unes de ses parties une longue et forte aussière qui
permette de le conserver à quelque distance, afin de
pouvoir, par la suite, sauver plusieurs objets qui en
font partie, tels que mâts de hune et de perroquet, vergues, barres, grément, hunes, voiles. Il est surtout important de couper promptement les manœuvres appliquées au grand mât qui tiennent à d'autres mâts ou qui
y aboutissent, afin de ne point fatiguer ceux-ci ni les
laisser en danger ; aussitôt on leur cherche de nouveaux
points d'appui s'il y a lieu ; en même temps on fait vent
arrière, ou bien l'on se met à la cape, et l'on travaille
à installer un nouveau mât. A cet effet, on coince bien
le tronçon ; on fait deux coulisseaux qui y conduisent,
qui sont disposés dans le sens de la longueur du navire, et qui sont destinés à diriger le pied du nouveau
mât et à lui servir de carlingue ; on y pose un grand
mât de hune tout garni, ou mieux encore le mât d'artimon que l'on démâte au moyen de bigues ; on rouste
solidement ce mât contre le tronçon ; on y installe des
barres et un mât de perroquet si l'on s'est servi d'un
mât de hune ; ou bien la hune et la mâture de perroquet de fougue et de perruche si l'on a fait usage du
mât d'artimon, et on les consolide assez pour pouvoir
y déployer de la voile. Si l'on s'est servi du mât d'artimon, on installe, en lieu et place du mât d'artimon, un
mât de hune, des barres et un perroquet ; pendant ces
opérations on prend l'allure et l'on porte les voiles qui
les favorisent le plus et qui appuient le mieux le navire.
Il a fallu préalablement épontiller les baux pour que
les ponts résistent au pied du nouveau mât ; et il ne
reste plus qu'à achever l'emplanture de celui-ci, au
moyen de deux pièces de bois transversales dont l'une

touche le mât, et l'autre le tronçon ; on remplit les vides par des bouts de cordage ou par des coins.

Si après le remâtage, les haubans se trouvaient trop longs, et qu'on n'eût pas le temps de les reprendre, on les raccourcirait au moyen de l'amarrage appelé *Jambe de Chien*.

Mat de Misaine : Il y a de la différence entre cette avarie et la précédente, que la nécessité de mettre à la cape, car il n'est guère possible de gouverner alors, faute d'équilibre entre la voilure et le gouvernail.

Mat d'Artimon : La perte de ce mât est une avarie peu considérable si on la compare à celles dont nous venons de parler ; on remplace ce mât par un mât de hune.

Mat de Beaupré : Il faut, dès qu'on a coupé toutes les manœuvres qui peuvent mettre le reste de la mâture en danger, faire vent arrière pour que la mâture du mât de misaine puisse mieux se passer de ses étais ; il faut ensuite assujettir le mât de misaine avec ses caliornes en les croisant par l'arrière du mât et les frappant sur les bossoirs ou le plus possible de l'avant ; on choisit aussitôt un mât de hune qu'on fait saillir en dehors, qu'on garnit, qu'on rouste au tronçon, qu'on assujettit fortement, et qui doit remplacer le mât de beaupré. Il est prudent de dépasser le petit mât de perroquet pour tout le voyage et de caler le petit mât de hune pendant l'opération : faute de cette précaution, nous avons vu le vaisseau *le Dix-Août* perdre ce même petit mât de hune ; sa chute fit casser la vergue et éclater le mât de misaine. L'avarie, dès lors, devint trop forte pour que ce vaisseau continuât à pouvoir tenir la mer, il fallut rentrer au port ; c'était en temps de guerre, et sa mission fut manquée.

Quand un bas mât n'est qu'éclaté ou s'il n'est qu'en-

dommagé par un boulet, on le consolide par de nouvelles jumelles, on multiplie les roustures, et l'on ne
force pas de voile sur ce mât. Si le mât est craqué dans
sa partie supérieure, et qu'il n'en doive résulter qu'une
faible diminution de longueur en en raccourcissant la
tête, on dégrée les mâts supérieurs, et l'on décapèle ou
descend la hune : on bride ensuite au tronçon inférieur,
un mât de hune garni d'un appareil funiculaire à l'aide
duquel on soutient la partie supérieure qu'on achève de
séparer par un trait de scie. Les bas haubans, les basses
voiles (par leur ris) sont ensuite réduits en conséquence.

TOUS LES BAS MATS : On sauve le plus de débris que
l'on peut, et l'on travaille à mettre en place des mâtereaux ou des mâts de hune et de perroquet ; le plus fort
sert pour le grand mât, ceux qui le suivent pour le mât
de misaine et successivement pour le beaupré et l'artimon. Pendant l'armement, on commence par mâter
le beaupré ; mais, dans le cas actuel, il y a de l'avantage
pour la voilure et pour faciliter les opérations subsé-
quentes, à mâter le grand mât le premier, puis le beaupré, ensuite le mât de misaine et enfin le mât d'artimon. Toutes les fois que l'on veut substituer un mât de
hune à un bas mât, on ne doit pas négliger d'y adapter
préalablement son chouquet. Il faut au surplus se hâter
dans ces opérations non-seulement à cause du mauvais temps qui peut arriver, mais parce que le bâtiment
démâté n'étant plus appuyé, se trouve entièrement
abandonné à l'agitation de la mer, et que les violentes
oscillations qui en résultent, entraînent ordinairement
la perte du gouvernail.

Un bâtiment démâté de tous les mâts doit souffrir
considérablement étant en travers, position où il se
range naturellement alors ; on le soulagera beaucoup

en prenant la cape sous l'ancre de cape ou en y substi-
tuant, si l'on en est dépourvu, une ancre ordinaire
chargée de quelques bordages ; ainsi l'on pourra beaucoup plus facilement travailler à se remâter. Afin de
tenir le navire mieux gouvernant, quelques marins
opinent pour mettre le mât d'artimon ou le plus fort
mât de hune que l'on ait, à la place non du grand mât,
mais de celui de misaine : c'est au commandant à prononcer sur cette disposition.

On peut se trouver en *Relâche* dans une *Baie* après
un démâtage total et n'y avoir, à peu près, de ressources
qu'en soi-même : nous supposerons qu'il existera à
terre des bois d'une longueur convenable pour des bas
mâts, mais que le diamètre de ces bois n'excédera pas
celui du bout-dehors de foc : nous pouvons encore
ajouter, pour difficulté trop ordinaire en pareil cas, que
le bâtiment manquera de cordages essentiels. Il faut
alors installer ses bas mâts en bigues, car un seul bout-
dehors de foc vertical pour chaque bas mât serait insuffisant ; on acquiert par là de la force, et l'on peut,
ainsi, se passer de bas haubans du travers ; enfin les
basses vergues se hisseront jusqu'à la croisure des bigues, ce qui leur permettra une quantité suffisante
d'orientation. Cependant il faut des étais à cette mâture :
or on pourra en fabriquer avec des torons de câbles.
Nous avons entendu parler d'un brig de Nantes dont la
mâture était en bigues et à charnière, de sorte que le
grand mât pouvait s'incliner sur une fourche près du
couronnement, et le mât de misaine sur le grand mât ;
ce bâtiment avait des hunes, des mâts de hune, et des
mâts de perroquet. On imagine, par l'analogie, que ce
moyen est susceptible de fournir de bonnes idées et
d'heureux résultats. Ce système de mâts triples est

employé par les Malais, et il vient d'être proposé pour les navires de guerre par le capitaine Coles, en faisant tout en tôle.

MAT DE HUNE OU DE PERROQUET : Si le mât a seulement consenti ou qu'il soit éclaté, si l'avarie est près de la noix et qu'on n'ait pas de quoi remplacer ce mât, on cale et on dépasse le mât supérieur s'il y en a un, et l'on ne hisse jamais la voile qu'avec des ris et jusqu'à la hauteur de l'avarie. Quand, au contraire, l'avarie est dans la partie inférieure, on abaisse le mât jusqu'à ce que cette avarie se trouve au-dessous du chouquet ; on lie, bride et rouste le mât au ton du mât inférieur ; on garnit les vides de coins ou languettes, on reprend les haubans, galhaubans, étais, et l'on porte la voile avec des ris. Peut-être vaut-il mieux substituer à ce mât un autre mât de dimensions plus petites, mais nous ne pouvons donner ici que des notions générales ; la nature, le lieu de l'avarie, les ressources du bord permettent seulement de décider en dernier ressort. Lorsqu'on prend le parti d'abaisser le mât avarié, si la caisse descend trop et qu'elle gêne la vergue inférieure, on peut brider ce mât, puis scier la caisse et enfin passer un braguet. Il est rare qu'un démâtage de quelque pièce de la mâture du grand mât, surtout, ne fracasse pas les embarcations qui sont sur le pont ; il faut faire ce qu'on peut pour éviter ce surcroît d'avaries ; on sent d'après cela l'avantage d'avoir, en ce cas, des embarcations placées à poupe ou près des porte-haubans.

CHAPITRE XX

I. **Avaries dans les vergues, et avaries générales.** — C'est particulièrement aux vergues qu'il faut faire attention lorsque l'on démâte d'un mât supérieur, car la conséquence ordinaire en est la rupture de quelque vergue : il faut donc dégager la mâture le plus possible de manière à ce qu'elle ne heurte aucune d'entre elles, et il faut apiquer celles-ci, les brasser, ou les amener pour diminuer le choc s'il est inévitable. Lorsqu'une vergue n'est qu'éclatée, on la répare ordinairement, à moins que ce ne soit une vergue de perroquet, sans la mettre sur le pont et au moyen de jumelles, de bridures et de roustures. Si l'avarie est trop forte, on bride la vergue aux haubans, s'il est nécessaire, pour déverguer la voile ; on dégrée ou dégarnit la vergue, on la met sur le pont, on la remplace aussitôt si l'on est pourvu, et l'on travaille en bas à la radouber en cas de besoin à venir. On y parvient ordinairement en rapprochant les parties brisées, après y avoir inséré des boulons, des pinces de fer ou des languettes, et en les consolidant par des jumelles, des chevilles, des cercles et des roustures : on y parvient encore en se servant d'un bordage ou d'une vergue plus petite qu'on saisit

avec les tronçons pour replacer et fixer ceux-ci dans
leur position primitive. Dès que la vergue est cassée, il
a fallu en brider les tronçons aux haubans, carguer ou
étouffer la voile et la déverguer. On peut aussi diminuer
l'épaisseur des deux bouts cassés dans une longueur
de 2 à 3 mètres, et de manière que la vergue étant
droite sur ses balancines, les deux parties réduites
soient placées pour offrir plus de résistance à l'effort
du vent, non l'une à côté de l'autre, mais bien l'une sur
l'autre ; l'assemblage rétablit ainsi la vergue dans sa
grosseur primitive ; on a soin de pratiquer, à ces parties, des écarts ou entailles pour donner plus de liaison,
et l'on renforce le tout comme nous l'avons dit ; j'ai
ainsi vu réparer une grande vergue de frégate, et nous
n'eûmes qu'à nous en louer. Cependant il y a raccourcissement, et affaiblissement à la portée des écarts, ou
si les jumelles compensent cet affaiblissement, il en
résulte une grosseur tout à fait hors de proportion et
qui empêche de bien orienter. Pour obvier à ces défauts,
on peut faire usage d'un procédé que nous allons détailler, et dont le seul défaut est d'être un peu long à
mettre en usage.

Sciez dans le sens de la longueur chacun des bouts
cassés en deux parties égales par un trait de scie qui sera
horizontal si nous supposons la vergue sur le pont ;
prenez les deux plus longues moitiés, mettez un boulon
au point qui était le milieu de la vergue ; faites tourner
ces deux moitiés autour du boulon comme un compas
sur sa charnière, et jusqu'à ce qu'après s'être dédou-
blées, elles se trouvent sur une même ligne droite qui
représente la longueur primitive de la vergue. Ainsi les
deux gros bouts de ces moitiés se redoubleront réciproquement, et l'on doublera chacune de leurs extré-

mités avec chacune de leurs plus petites moitiés. Ce procédé reproduit la même longueur, la même grosseur, et il offre d'autant plus de solidité, que la vergue a été cassée en parties plus inégales ; or, à cause du point de portage des vergues quand elles sont orientées, à cause de l'inégalité d'effort du vent sur les diverses parties de la voile, à cause de la plus grande force de la vergue vers son milieu, à cause enfin de l'abri des hunes, des barres et des haubans ou autres manœuvres, il est rare que le plus long morceau n'ait pas au moins les deux tiers de la longueur totale de la vergue. Quand nous avons dit qu'il fallait placer un boulon, faire tourner les deux moitiés de la vergue autour de ce boulon, etc., on aura sans doute compris qu'il était impossible d'opérer ainsi à bord, et que nous n'avons adopté ce langage que pour rendre l'explication plus sensible ; il s'agit de travailler à bord de manière à obtenir le même résultat.

Il nous reste une observation générale à faire ; c'est de surveiller scrupuleusement la tenue de ses mâts et de ses vergues, et de ne point les fatiguer par des tensions inverses de cordages appliqués à des points divers à moins que ce ne soit absolument nécessaire ; sans cela on voit les mâts et les vergues acquérir de très-grands arcs et des torsions considérables, et il est fort difficile d'y remédier par la suite. Si même on fait revenir le mât ou la vergue et s'ils sont d'assemblage, ce n'est probablement qu'en faussant d'autres écarts et non en replaçant ceux qui avaient cédé : s'ils sont d'une seule pièce, la fibre longtemps allongée se détache des voisines, d'autres se sont aussi séparées pour se prêter à ces déformations et il y a affaiblissement. Nous nous sommes servi de mâts de hune d'assemblage pendant la dernière guerre ; c'est surtout cette espèce de mâts qu'il faut maintenir suivant la rigidité que le construc-teur leur a donnée et qu'il faut fortement appuyer, car toute leur force consiste dans cette même rigidité ; et si le mât est dans le cas d'en dévier pendant longtemps ou de beaucoup fléchir, c'est un mât perdu. Si jamais on emploie encore de pareils mâts, il est à désirer que les roustures et les cercles soient façonnés ou incrustés de manière à éprouver moins d'entraves au passage du chouquet, et à moins gêner lorsqu'on hisse ou qu'on amène leurs vergues. On essaye, enfin, d'employer des mâts de hune en fer ; il y a même longtemps qu'on en a eu l'idée, et qu'on l'a mise en pratique à bord du vaisseau anglais *le Séringaptnam.*

Dans le nombre des avaries dont nous venons de parler, nous n'avons pas mentionné celles qui peuvent avoir lieu dans les *Chaînes de haubans,* les *Porte-lofs,* les *Bossoirs,* le *Taillemer,* l'*Éperon,* les *Pompes,* les *Jottereaux,* les *Élongis,* les *Traversins,* les *Chouquets,* les *Cercles de bout-dehors,* etc. ; ce n'est pas que ces avaries ne soient importantes pour la plupart, mais elles n'ont qu'un rapport indirect avec la science du manœuvrier ; sa seule coopération consiste, peut-être, à diminuer de voiles, changer d'allure, mettre en panne ; et la réparation de ces mêmes avaries s'effectue toujours par des moyens mécaniques employés par les maîtres du bord, mais toujours, cependant, sous la direction du commandant et des officiers. Pour la rupture des chaînes de haubans, par exemple, on diminue entière-ment de voiles sur le mât qui était tenu par ces chaînes, on se sert de herses ou de caps-de-mouton à croc dont il est utile de s'être bien pourvu à l'armement, et on les croche le long du bord pour appuyer le hauban ou le galhauban qui correspondait à la chaîne cassée ; si l'on prévoit que le fer des chaînes de haubans puisse être vicié, on doit s'en assurer à l'avance en ridant quelques coups de force avant de partir ; on se munit alors, s'il y a lieu, d'un surplus de caps-de-mouton tels que ceux que nous venons d'indiquer. Nous citerons encore l'avarie de la rupture des Porte-haubans : on y remédie en les suppléant par des espars ou par des arcs-boutants poussés latéralement et fortement installés ; si les points d'appui pour les caps-de-mouton manquaient le long du bord, on tiendrait les mâts au moyen de grelins qu'on ferait passer sous le navire, qui serviraient d'estropes à des caps-de-mouton, ou qui, eux-mêmes, iraient se fixer aux mâts sous les hunes, après avoir embrassé le bâtiment dans le sens des couples.

II. **Faire parer ou dégager deux bâtiments abordés**. — Un bâtiment peut être tellement chargé sur un autre par le courant, le vent ou la mer, qu'il devient fort difficile de les séparer. S'ils sont sur un fond où l'on puisse mouiller, celui qui est le plus vers le courant, ou vers le vent, ou vers celui des deux qui a le plus de puissance, doit mouiller ; l'autre doit pouvoir alors se dégager. Au large, le bâtiment du vent doit mettre en panne en gardant ses voiles le plus carré possible pour moins dériver ; l'autre doit parer, en brassant ses voiles de manière à faire beaucoup d'effort dans la direction la plus favorable au dégagement. On coopère à cet effet en poussant avec des espars ou avec des mâtereaux ; et l'on affale ou même on sacrifie quelques manœuvres engagées qu'il devient nécessaire de filer ou de couper. Si cela ne suffit pas, le bâtiment du vent doit laisser tomber, du bord, un assemblage d'objets de grande surface amarrés sur une ancre à jet. On

doit manœuvrer la corne, la bôme, les vergues, le bout-
dehors de beaupré, de manière à faire le moins d'avaries qu'on le peut ; il faut surtout rentrer la batterie et
fermer les sabords pour préserver les mantelets. Si l'on
apique ses vergues, ainsi que cela se pratique généralement, il faut observer que c'est du bord où l'on est
abordé que le bout des vergues doit être levé.

En temps de paix, les bâtiments qui se trouvent dans
des parages où ils sont susceptibles d'en rencontrer
d'autres dont les routes joignent ou croisent les leurs,
sont maintenant forcés d'avoir, pendant la nuit, des
fanaux disposés de la manière prescrite, pour indiquer
leur position et même la direction de leur route, afin
d'éviter des abordages (voir le *Catéchisme du marin et
du mécanicien*).

III. **Prendre et donner la remorque**. — Lorsqu'un
bâtiment a besoin d'acquérir un accroissement de vitesse, soit à cause d'avaries ou de l'ennemi, soit pour
moins retarder ceux qui naviguent de conserve, on le
fait remorquer et l'on choisit le remorqueur parmi les
navires les plus forts et qui marchent le mieux. Celui-ci
se place sur l'avant et sous le vent du bâtiment avarié ;
il laisse tomber et il file une bouée sur laquelle on a fixé
une petite aussière ou plusieurs drisses de bonnettes
formant une centaine de brasses ; cette aussière servira
de conducteur à un câble ou plus ordinairement à un
fort grelin qui fait dormant au grand cabestan et qui
passe par une des fenêtres de l'arrière, ou par un des
sabords de cette partie du navire : on lui fait faire patte
d'oie, s'il le faut, pour que le grelin appelle de la direction du milieu de la poupe : ce sabord ou cette fenêtre
sont ensuite garnis de paillets : quand l'aussière est
filée, ce bâtiment met en panne ; alors le navire avarié

fait voile vers la bouée, il met en panne à son tour de manière à dériver dessus, et avec une gaffe ou un grappin, il saisit ce bout de l'aussière avec laquelleil hale le grelin de remorque ; il en garde à bord assez pour pouvoir rafraîchir de temps en temps au portage ; il le prend par l'écubier du vent pour que la dérive ne le fasse pas étriver, et il le fixe au cabestan ou à ses bittes. En cas de virement de bord, il peut aussi préparer une embossure pour empêcher l'étrive, ainsi que nous l'avons expliqué chapitre II, en parlant de l'amarrage d'un bâtiment dans une rivière. Ces opérations par un gros temps sont délicates et difficiles.

Quand les deux navires sont en route, ils doivent être très-attentifs à leurs manœuvres réciproques, s'entr'avertir à la voix, gouverner très-exactement au même air-de-vent ; mais cependant exécuter tous les changements de route par la contre-marche. Si l'un d'eux n'a plus de quoi filer pour rafraîchir, il doit faire ajût d'un autre grelin. Si l'on suppose le premier grelin usé vers le milieu, les deux navires doivent mettre en panne en venant au plus-près, et celui de l'arrière le premier, mais avec lenteur ; alors le grelin usé sert de va-et-vient pour en replacer un autre. Si le grelin paraissait trop forcer et que le bâtiment remorqué ne pût augmenter de voiles, le remorqueur devrait en diminuer : pendant la nuit surtout, il est prudent de ne pas s'exposer à la rupture de ce grelin. Si le temps est beau, le grelin de remorque peut se donner au moyen d'embarcations ; et même un bon manœuvrier, sûr de son bâtiment et fort de son savoir, passe à ranger le navire qui doit recevoir la remorque, et il la lui jette à bord : c'est une très-belle manœuvre, surtout dans un combat.

S'il faut virer vent devant, le bâtiment remorqué
laisse arriver, ainsi il hale la poupe du remorqueur sous
le vent, ce qui l'aide à virer; celui-ci étant abattu de
quatre quarts, l'autre loffe pour virer à son tour; le
remorqueur achève son évolution pendant ce temps et
il décide le mouvement du bâtiment de l'arrière. Quand
le virement doit être fait vent arrière, le navire remorqué doit forcer de voiles parce qu'il a un plus grand
tour à faire, et l'autre doit en diminuer. Si l'on prévoit
du calme, on doit larguer la remorque et s'éloigner
convenablement ; le poids seul du grelin suffirait pour
déterminer un rapprochement et pour occasionner un
abordage. Nous en avons vu un exemple dans une escadre; deux vaisseaux surpris ne purent larguer assez
tôt la remorque ; ils n'eurent pas le temps de se séparer d'assez loin ; ils s'abordèrent, la houle était très-
forte, ils ne pouvaient se servir que d'espars et de mâtereaux pour se dégager, et ils se firent beaucoup de mal.
Nous pensons que le moyen adopté par le capitaine
Porter, et dont nous avons parlé chapitre XVI, serait
bon à employer ici, pour éloigner les deux bâtiments
pris de calme, avant qu'ils fussent trop rapprochés. Il
faut enfin, dans les circonstances de la remorque, être
très-vigilant pour manœuvrer pendant les sautes de
vent ; et, si elles deviennent fréquentes, on fait bien de
larguer la remorque : et il en serait de même par un
gros vent, si un fort bâtiment en remorquait un petit,
car celui-ci pourrait sombrer en certains cas. C'est
toujours alors le bâtiment remorqué qui coupe ou largue la remorque : l'autre la hale à bord. Si le temps
devient mauvais et qu'il faille fuir vent arrière, la remorque pourrait être dangereuse en ce qu'elle tient
les navires très-rapprochés, et celui de l'arrière dans

une direction à abriter l'autre ; en ce cas, on largue encore la remorque afin de s'éloigner ; mais le remorqueur ne doit jamais perdre de vue le bâtiment avarié. Dans les virements de bord vent devant, si la mâture du remorqué est endommagée et qu'il craigne de démâter en coiffant ses voiles, il doit les carguer ou les serrer, le remorqueur suffira pour le faire virer ; celui-ci doit seulement gouverner avec l'air qu'il a, et comme nous l'avons déjà dit. Dans un convoi, les bâtiments de guerre ou les meilleurs voiliers peuvent remorquer, chacun, jusqu'à cinq et six bâtiments.

En traitant, ici, de la Remorque, nous ne faisons pas intervenir les bâtiments à vapeur, et nous nous bornons à faire observer que, ainsi qu'on le verra dans la seconde section de cet ouvrage, cette manœuvre est beaucoup plus prompte, plus facile et plus efficace, quand elle est effectuée par des navires de cette sorte : nous renvoyons donc, pour cet objet, à cette seconde section ; il en est de même pour plusieurs cas qui ont leurs analogues dans les deux marines à voiles ou à vapeur, tels que les ancrages, les manœuvres des câbles-chaînes ainsi que de tout ce qui y est relatif. Ces manœuvres et plusieurs autres concernant les évolutions du navire, la route, la voilure, etc., doivent, en effet, trouver leur complément dans la seconde section de ce Manœuvrier ; aussi le lecteur fera-t-il toujours bien d'y recourir, quand il désirera avoir de plus amples renseignements sur les points traités dans cette première section.

IV. Gouverner un bâtiment qui a perdu le mât de misaine. — Nous avons établi que, lorsqu'on perdait le mât de misaine, il fallait mettre à la cape. Il est pourtant des cas où il est désirable ou nécessaire de faire vent arrière ; mais, privé de voiles de l'avant, il

16

est fort difficile de gouverner ainsi, sans faire des embardées considérables ou sans empanner. Il faut alors
augmenter la force du gouvernail ou contre-tenir le
bâtiment par l'arrière ; on peut y parvenir ainsi : jetez
en dehors, et droit par l'arrière, vingt ou trente brasses
de câble qu'il faut faire flotter par des bouées ; poussez
vers le couronnement deux arcs-boutants de 2 à 3 mètres
de saillie latérale, et fixez-les par divers cordages bien
roidis. Le câble doit tenir à l'extrémité de ces arcs-boutants par des palans frappés à quatre ou cinq brasses
en dehors sur ce même câble ; il semblerait que l'action
serait plus considérable, si, au lieu de jeter un câble de
l'arrière, on en filait un de chaque bord de l'avant, et
qu'on agît sur l'un ou sur l'autre, en frappant les palans sur les bossoirs. Quand le bâtiment est bien balancé, aucun des palans ne doit faire force ; mais s'il
lance sur un bord, palanquez de l'autre, et vous ten-
drez à arrêter ce lan. Si le temps le permet, il faut
clouer sur le gouvernail quatre fortes planches qui débordent en queue d'aronde, et qui en augmentent la puissance. Nous expliquerons, au commencement du chapitre suivant, comment on peut accroître la résistance du
câble dont nous venons de parler.

V. **Gouverner, au moyen d'un autre navire, un
bâtiment qui a perdu son gouvernail.** — Cette manière de remédier à la perte du gouvernail, tenant plus
au cas de la remorque, qu'aux moyens dont nous parlerons bientôt de remplacer le gouvernail, nous l'avons,
par ce motif, classée dans le présent chapitre. Le navire
désemparé doit prendre l'autre à la remorque, et faire
de la toile. Sur le grelin de la remorque doivent être
frappées, à quelques brasses, des drosses qui passent
par des arcs-boutants installés latéralement en dehors,

et près du couronnement. On conduit ces drosses sur la roue en les faisant passer par plusieurs poulies disposées convenablement. Le bâtiment remorqué doit faire la même route que celui qui est de l'avant, mais avoir un peu moins de vitesse, afin que le grelin de remorque soit roide sans cependant trop fatiguer. Le bâtiment, trouvant ainsi une résistance qui vient du dehors, gouverne avec sa roue comme s'il avait son gouvernail. Il ne faut en cette position négliger aucune des précautions indiquées précédemment à l'article de la Remorque. A défaut de navire à la remorque, on pourrait y suppléer par une embarcation, et qui aurait encore plus d'effet si elle emplissait étant à la traîne, et si elle coulait. Ce moyen est très-expéditif; il peut donc être employé lorsque l'on perd le gouvernail à l'atterrage, à l'entrée d'un port, et qu'on n'a pas le temps d'installer un autre gouvernail.

Si le navire au moyen duquel on veut se faire gouverner était comparativement de forte dimension, il vaudrait mieux lui demander une remorque et se faire conduire par lui.

CHAPITRE XXI

I. De la Perte du Gouvernail. — II. Moyens Provisoires de Gouverner, d'Arriver et de Virer de Bord. — III. Des Gouvernails de Fortune : du Pilote Olivier ; de la Corvette *le Duc-de-Chartres* ; de l'Amiral Willaumez ; du Capitaine Peat ; du Capitaine Packenham ; du Capitaine Bassière, et du perfectionnement de Molinari.

I. Un échouage, de fortes lames, le feu de l'ennemi, les oscillations précipitées d'un navire démâté sur une mauvaise mer, la difficulté de coincer solidement le gouvernail dans la jaumière après la rupture de la barre, sont les causes qui entraînent ordinairement la *Perte du Gouvernail*. Cette avarie est très-grave et peut compromettre le bâtiment ; aussi les marins sont-ils étrangement surpris que l'auteur d'un ouvrage très-estimé, et très-digne de l'être sous d'autres rapports, ait avancé qu'à la rigueur les manœuvres de toute espèce pourraient s'exécuter sans le secours de cette machine et par la seule action des voiles. Il n'en est point ainsi dans la pratique ; on ne peut faire évoluer un navire au moyen de ses voiles que dans un très-petit nombre de circonstances, en les manœuvrant suivant leur effet connu et d'après le résultat qu'on veut obtenir ; mais alors on ne peut jamais dépasser le lit du vent par l'avant ou par l'arrière, et par suite faire une route inverse, si la première est dangereuse ; de plus c'est délicat, fatigant, et il n'en demeure pas moins vrai que la perte du gouvernail doit toujours être regardée comme très-funeste.

Aussitôt que le gouvernail est démonté, la première manœuvre à faire est de mettre en panne avec peu de voile à l'avant, ou à la cape s'il vente grand frais; et la première précaution à prendre est d'aveugler le gousset de la jaumière afin d'empêcher l'introduction de l'eau, car cette introduction serait nuisible à bord et dangereuse sur l'esprit de l'équipage. Si le gouvernail n'est que démonté et qu'il tienne encore à ses chaînes ou sauvegardes, on travaille à le remettre en place; si la mer est trop forte, on le prend à bord pour le remonter dès que ce sera possible; et si seulement quelques aiguillots cassés embarrassent leurs roses et contrarient l'opération de remettre le gouvernail en place, on peut les dégager avec une gueuse de 25 kilogrammes suspendue à un bout de corde qu'on passe dans chacun de ses trous : on la laisse couler le long de l'étambot au-dessous de chaque ferrure, et en halant avec force de bas en haut, on frappe le bout inférieur de l'aiguillot et on le fait sauter par-dessus le femelot.

II. Dans le chapitre précédent, nous avons fait voir comment on pouvait se faire gouverner au moyen d'un autre bâtiment; mais on sent combien la chose est difficile, pénible et même dangereuse; on peut tout au plus la mettre à exécution quand on perd le gouvernail en touchant lors d'un atterrage, et qu'il faut entrer dans le port sans prendre le temps d'installer une autre machine pour le remplacer. Nous avons encore indiqué le moyen de recevoir la remorque, qui est en partie sujet aux mêmes inconvénients; d'ailleurs il faut, dans ces deux cas, la présence et le secours d'un autre bâtiment; enfin nous avons vu comment encore, par un *Moyen Provisoire de Gouverner*, on augmentait la puissance du gouvernail quand il fallait faire vent arrière après

avoir perdu le mât de misaine, en filant une portion de
câble et en palanquant d'un bord ou de l'autre sur ce
câble; mais cet expédient serait de même insuffisant,
si l'on n'avait pas, d'ailleurs, le gouvernail monté. Cependant on a utilisé cette idée et on l'a rendue profitable, en ajoutant au bout du câble plusieurs bordages,
affûts, ou autres objets volumineux chargés de quelques saumons qui augmentent la résistance, en faisant
couler le tout; on peut aussi substituer, à cet appareil,
un système de six ou huit tronçons de câble longs de
3 à 4 brasses, amarrés près à près et contenus par des
planches ou bordages placés transversalement; on en
fait l'installation ainsi qu'il suit :

Après avoir fait sortir le câble par l'arrière, on le reprend, en dehors de tout, par le passavant de sous le
vent; à 5 ou 6 brasses du bout, on fixe ce système dont le
bas est garni de saumons, et la partie opposée de bouées
ou d'espars, de telle sorte qu'il se place entre deux eaux
dans une position verticale. On y adapte deux aussières
ou faux bras frappés en pattes d'oie sur chacun des
grands côtés; ils rentrent par chaque hanche ou par des
poulies placées à l'extrémité d'arcs-boutants qu'on pousse
latéralement vers le couronnement et que l'on appuie
avec force; on enveloppe enfin ces cordages sur la roue,
en les y faisant parvenir suivant les directions les plus
favorables, au moyen de plusieurs poulies; s'ils sont
trop forts pour être enroulés, on leur substitue des garants de palans. On jette le système à l'eau, on file 15 ou
20 brasses de câble à cause du remoux, et l'on gouverne comme à l'ordinaire. Les affûts sont préférables
à ce système dans un cas pressé; mais celui-ci, qui pourrait encore être remplacé par l'ancre flottante, est plus
avantageux pour bien gouverner; cependant la forte

dimension du système nuit beaucoup au sillage ; et ce qu'il y a d'important et de fâcheux, c'est qu'elle y nuit d'autant plus que les faux bras agissent plus également ou que la barre est censée être plus droite. Par ces motifs on ne l'adopte que provisoirement, ou jusqu'à ce qu'on ait mis en place un des gouvernails artificiels inventés pour suppléer le véritable, et qu'on appelle *Gouvernails de Fortune* : nous donnerons la description de ceux-ci après deux observations préalables.

La première est au sujet des coins du gouvernail ; le *Capitaine de Frégate Bassière*, inventeur d'un gouvernail de fortune, assure que, si, après le démâtage d'un vaisseau sur lequel il était embarqué, il avait pu coincer son véritable gouvernail de manière à ce qu'il fût effacé au lieu d'être droit, la dérive l'aurait moins fatigué et il ne l'aurait pas perdu ; il demande, en conséquence, qu'il soit fourni des coins à cet effet, outre ceux qui peuvent fixer le gouvernail dans son plan d'élévation.

La seconde porte sur le virement de bord vent arrière que le même capitaine, ne pouvant effectuer avant d'avoir mis en place son gouvernail de fortune, et en se servant d'un câble filé, exécute en liant ensemble deux affûts chargés de seize saumons de 25 kilogrammes qu'il plaça base contre base ; il les poussa sous le vent dans la direction du maître-bau, il les maintint par divers cordages, et ce surcroît de résistance sous le vent détermina l'évolution.

S'il s'agit d'un navire a vapeur, il est possible de gouverner en marchant en arrière et plongeant alternativement les tangeans (voir deuxième Partie).

III. **Des gouvernails de fortune**. — Plusieurs gouvernails de fortune ont été proposés et exécutés, et ils ont leurs avantages et leurs inconvénients particuliers ;

nous nous occuperons successivement de ceux qui sont le plus connus.

Gouvernail de fortune DU PILOTE OLIVIER : Ce gouvernail se compose d'une vergue fixée à une main de fer sur l'étambot ou filée de l'arrière dans le sens de la quille, position dans laquelle le sillage la place naturellement, et où elle est maintenue au bord par un grelin qui sort de la jaumière, et par deux itagues faisant dormant aux deux bords de la poupe. La vergue est garnie vers son extrémité de deux ou quatre affûts chargés de gueuses ou de boulets, et à cette extrémité, qui est la plus éloignée du bord, sont frappés deux faux bras qui y reviennent par des arcs-boutants, et qui servent à gouverner comme nous l'avons expliqué tout à l'heure. On peut faire supporter cette extrémité, si elle plonge trop, par une aussière ou balancine qui appelle du couronnement. On prétend que ce gouvernail résiste mal à une grosse mer ; mais, malgré cet inconvénient et quoiqu'il ne puisse pas servir quand on cule, qu'il faille même alors le filer préalablement de l'arrière pour que le navire ne le détruise pas, ou pour qu'il n'endommage pas le bord, cependant sa simplicité et son effet éprouvé sont tels, qu'il doit être cité avec la plus grande recommandation. Rien ne s'oppose à ce qu'on se serve, au lieu d'affûts, de bordages ou de bailles installées avec des cartahus, de manière à pouvoir offrir plus de résistance. Je crois cependant les affûts plus faciles et plus prompts à fixer, et l'on y parvient avec des chevilles, des clous, des gournables, des roustures, des bridures et des bordages. On peut aussi, comme l'a imaginé le maître d'équipage *Davé* du port de *Toulon*, accroître la puissance de ce gouvernail à l'aide d'un fort grelin lové sur lui-même ; il est placé à peu près verticalement en dessous de l'extrémité arrière de la vergue. Deux fortes croix en bois parallèles l'y maintiennent par leurs montants verticaux, et quelques haubans le saisissent à la vergue.

Le gouvernail de fortune du *Pilote Olivier* fut introduit chez les Anglais par *Gower*. Depuis lors, on l'a perfectionné en en faisant supporter l'extrémité de l'avant par une balancine capelée au bout d'un arc-boutant, saillant de l'arrière du navire dans le sens de la quille. Cet arc-boutant est solidement fixé au pont, et cette installation empêche que cette extrémité ne vienne jamais en contact avec la poupe. La machine a cependant ainsi plus de jeu, et il en résulte le désavantage que les flasques ou bordages conservent moins bien la situation verticale nécessaire pour produire le plus grand effet, quand, d'un bord ou de l'autre, on présente la machine à l'action du fluide.

DE LA CORVETTE *le Duc-de-Chartres* : L'auteur du *Précis des Pratiques de l'Art Naval* relate la construction d'un gouvernail de fortune installé à bord de cette corvette. Le gui fut passé dans la jaumière ; l'extrémité plongée dans la mer était chargée d'une ancre à jet lestée de six saumons de 25 kilogrammes. Deux retenues et une bridure au bitton d'écoute de grand-voile et aux boucles de retraite assujettissaient la machine. L'autre extrémité du gui se relevait en dedans du bord à une hauteur de 2 mètres du pont, et à une distance de 4 mètres du couronnement. Au bout, on avait frappé deux palans croisés aux boucles des sabords opposés, et à l'aide desquels six hommes gouvernaient. La corvette naviga fort bien avec ce gouvernail, et elle put virer de bord. L'auteur du *Précis* pense qu'il est convenable d'ajouter à la partie inférieure plongée dans l'eau, en imitation d'une pelle d'aviron, une caisse triangulaire de 1 à 2 mètres de longueur chargée de lest, et dont la base serait égale au bras inférieur de l'ancre. Cette installation a de l'analogie avec l'aviron dont quelques patrons de barques se servent dans la plupart de nos rivières. Elle ne paraît pas susceptible d'être usitée à bord de grands bâtiments.

DE L'AMIRAL WILLAUMEZ : Le vaisseau de cet amiral ayant perdu son gouvernail, on s'aperçut que quelques ferrures s'en étaient détachées, et qu'elles tenaient aux femelots. Il les dégagea avec des laguis, en les heurtant avec des gueuses. Ensuite, au moyen du gabari que possède chaque vaisseau, et avec ces ferrures, avec un espar pour mèche, avec des tronçons de câble recouverts de planches pour safran, il construisit un gouvernail de fortune qu'il parvint à monter, et qui le conduisit de la *Caroline du Sud* jusqu'à *la Havane*.

DU CAPITAINE PEAT : Son gouvernail est composé d'une vergue de hune passant par-dessus le gaillard d'arrière, sur l'extrémité duquel elle s'appuie par un de ses bouts ; à l'autre bout, sont cloués des bordages formant une pelle du côté qui doit être dirigé vers l'eau. Ces bordages sont abattus en chanfrein pour opposer moins de résistance à l'action du fluide dans le sens vertical. Le bout extérieur est soutenu, à la hauteur qui convient pour que la pelle plonge, par un bout-dehors saillant aussi du gaillard d'arrière dans la direction de la quille. A l'extrémité de ce bout-dehors se trouvent une balancine ou un palan qui supporte la pelle, et d'autres balancines qui retiennent le bout-dehors vers le mât d'artimon. A l'extérieur, la vergue a un épaulement qui l'empêche de rentrer à bord, et qui s'appuie contre un châssis placé sur le couronnement pour porter cette pelle. Le châssis dont nous venons de parler est surmonté d'un croissant qui reçoit la pelle, et qu'on a soin de garnir de cuir, et d'huiler, ainsi que la vergue au portage, pour diminuer les frottements. Deux palans, un de chaque bord, soutiennent la vergue, pressent l'épaulement contre le croissant, et deux faux bras frappés chacun sur la pelle dans un fort piton, rentrent à bord en passant par l'extrémité d'arcs-boutants, et servent à gouverner. Cette machine n'a besoin d'être lestée que lorsqu'on file plus de huit nœuds. On peut alors, avec un nœud coulant, laisser glisser le long de la vergue un sac chargé de 60 ou 80 kilogrammes de lest. Au moyen d'un bout de corde qu'on y laisse frappé, on rehale ce sac à bord à volonté. Ce gouvernail, assez ressemblant à la pagaye des sauvages, est très-simple, mais cependant il l'est moins que celui du *Pilote Olivier ;* et quoiqu'il puisse se relever hors de l'eau si l'on cule ou s'il risque à être brisé ou démonté, il ne laisse pas alors que d'être aussi inutile que celui d'*Olivier*. Il oppose d'ailleurs peu de résistance au sillage, et il possède des qualités éminentes pour faire gouverner. Le *Capitaine Peat* obtint une médaille d'or de la Société britannique d'Encouragement pour l'industrie, et depuis, il a été fait, sur son gouvernail de fortune, des essais et des rapports fort avantageux.

Du Capitaine Packenham : Ce gouvernail se compose des pièces suivantes : d'un mât de hune coupé en trois parties, suivant une longueur fixée dans la description que nous en faisons ; d'un bâton de foc coupé en deux parties ; d'une jumelle de mât ; d'un chouquet ; d'un jas d'ancre et de bordages. La partie inférieure du mât devient la mèche, la caisse est la tête, le trou de la clef sert à recevoir la barre. Deux liens de fer détachés du jas cerclent la caisse au-dessus et au-dessous du trou. Cette nouvelle mèche est introduite dans un chouquet qu'on fait correspondre au milieu de la hauteur que doit avoir le safran, et ce chouquet est échancré dans toute son épaisseur vers son arrière, de manière à ce que l'étambot puisse s'emboîter dans cette échancrure. Le safran se compose des deux autres parties du mât de hune appliquées contre la mèche, l'une au-dessus, l'autre au-dessous du chouquet ; des deux moitiés du bâton de foc placées l'une contre l'autre ; de la jumelle fixée sur la surface arrière du tout, et de bordages de revêtement. La machine est bien assemblée, chevillée, boulonnée et clouée. On voit déjà que ce gouvernail a l'avantage d'être mû par une barre intérieure, et c'est très-important surtout devant l'ennemi, à qui la découverte de faux bras extérieurs donnerait beaucoup de confiance, en lui faisant connaître l'avarie.

Quand on veut mettre ce gouvernail en place, on en charge le talon pour donner à la machine une position verticale, et l'on se sert, pour y parvenir, d'une ancre ou de poids faciles à décrocher et à haler à bord par la suite. On fait embrasser la mèche au-dessous de la tête par deux jas d'ancre entaillés de manière qu'en les réunissant, le gouvernail puisse tourner dans cette entaille. Les jas d'ancre sont cloués et chevillés entre eux après que la mèche a été présentée : à la hauteur de la première ferrure on perce un trou à l'étambot qui sert de passage à une bague en corde, laquelle embrasse la mèche au-dessus du safran. Avec des palans et des guides, on fait présenter l'échancrure du chouquet à l'é-tambot, et aussitôt on vire de force sur deux aussières qui sont frappées de chaque bord à deux pitons sous le chouquet, et qui, passant par-dessous la carène, vien-

nent se garnir au cabestan en rentrant à bord par les
écubiers ou par des poulies de conduite. Deux autres
aussières enfin embrassent toute la partie inférieure du
gouvernail, sont bridées ensemble au talon et rentrent
à bord comme les précédentes ; si, par suite, ces aussières prennent du mou, il ne faut pas négliger de les
roidir.

Quelque ingénieuses que soient ces dispositions et
cette machine, on ne peut se dissimuler que ce gouvernail doit être difficile à construire et à mettre en
place ; le trou à percer dans l'étambot doit exiger du
beau temps et nécessiter beaucoup de peine ; le safran
et le chouquet perdent beaucoup de solidité, l'un par
la solution du mât de hune au-dessus et au-dessous du
chouquet, l'autre par l'échancrure qu'on a pratiquée
dans ce même chouquet, et par l'obligation qu'elle im-
pose de le décercler ; il faut enfin y sacrifier des pièces
fort importantes, si même on les possède encore en ce
moment. Aucune de ces objections n'existe contre le
gouvernail d'*Olivier*, qui a bien quelques inconvénients,
mais que, pour sa simplicité, on ne saurait trop con-
seiller d'employer en attendant qu'un gouvernail plus
parfait soit construit ou mis en place.

A l'appui de ces réflexions nous citerons le navire *la
Clio* de *Dieppe*, qui employa trois jours à construire
un gouvernail à la *Packenham*, et qui ne put l'établir
à poste que onze jours après. Il y avait à peine deux
heures qu'il était installé qu'il disparut. On en construisit un autre avec la grand-vergue ; il fut emporté
en peu de temps et il avait fallu un jour entier pour le
monter ; enfin pour troisième essai, on coupa exprès le
mât d'artimon, mais on éprouva le même sort. Le bâtiment, réduit à l'état d'une carcasse flottante, fut, par

une continuation fortuite de vents de Sud, jeté sur le
Cap Lézard, où des bâtiments anglais le prirent à la remorque et le firent entrer à *Falmouth*. *La Clio* fut ainsi
sauvée comme par miracle, mais sa relâche lui coûta
100,000 francs.

Le *Capitaine Packenham* conseille de plus, lorsque
les ferrures du gouvernail sont brisées, et que le gouvernail tient encore à l'étambot, de former, sur le pont
supérieur à celui sous lequel se trouve la barre ordinaire, un châssis qui entoure la mèche, et de telle hauteur qu'en introduisant une clef dans le trou supérieur
de cette mèche, elle porte sur le châssis et soutienne le
gouvernail sans l'empêcher de tourner sur le châssis ;
on peut clouer des taquets ou des linguets susceptibles
de maintenir cette clef, et par conséquent le gouvernail,
dans la position qu'on veut lui donner. Cette installation rendrait inutiles les coins demandés par le *Capitaine Bassière*.

Du Capitaine Bassière. Le gouvernail de fortune
du *Capitaine Bassière* est plus léger que le précédent, il
est plus facile à monter, il ne se compose que de pièces
dont on peut se passer à bord; mais il est plus exposé
aux coups de mer, et il a l'embarras et l'inconvénient
déjà indiqués de ne se mouvoir qu'à l'aide de faux bras.

Dans la description de son gouvernail, le *Capitaine
Bassière* insiste d'abord sur la nécessité d'avoir, à bord
de tous les bâtiments, un gouvernail de fortune ou de
rechange, et il démontre cette nécessité par l'exemple
d'un grand nombre de bâtiments qui ont péri faute
d'avoir pu ou su remplacer cette machine. Il dit ensuite que le vaisseau *l'Impétueux*, sur lequel il était embarqué en qualité d'officier chargé du détail, ayant
perdu cette même machine, ses idées se tournèrent

d'abord vers le gouvernail de fortune du *Capitaine Packenham*, mais qu'il n'avait pas de chouquet disponible, que ses mâts de hune étaient reclamés pour les besoins urgents du démâtage, et qu'il fut obligé de renoncer à son projet.

Avec les galeries du faux pont et la cloison de l'archipompe, il construisit, 1° un plateau dont la figure était un triangle isocèle allongé, et 2° un demi-cercle faisant suite à ce triangle, ayant pour diamètre le petit côté du triangle; les côtés égaux avaient chacun les 2/3 de la longueur du tirant-d'eau ; le diamètre du cercle ou le petit côté était les 3/5 d'un des autres côtés; l'épaisseur était la soixantième partie de la profondeur de ce même tirant-d'eau ; les planches d'une face étaient placées et clouées dans une direction parallèle à un des côtés égaux du triangle, et celles de la face opposée étaient parallèles à l'autre côté. Aux deux faces, un bordage fut assujetti sur le petit côté du triangle; un autre bordage allait du milieu de ce côté au sommet de l'angle opposé, et un troisième, parallèlement au premier, s'appuyait sur ce dernier bordage aux 3/7 du sommet de l'angle : il débordait un peu la machine vers la partie qui devait être de l'arrière. L'épaisseur de chacun de ces bordages était la moitié de celle du plateau.

Une rosette en cordage bien fourrée, ayant une ouverture de 16 centimètres de diamètre et embrassée par un grelin mis en double, servit à laisser passer un autre grelin de suspension qui faisait dormant sur les extrémités d'en dedans des bordages cloués sur le diamètre; ces extrémités intérieures devaient faire l'office du talon, cette rosette devait donc servir de ferrure d'étambot. Trois cordages, dont on conserva les doubles

pour les pouvoir dépasser, furent introduits dans la
rosette; l'un appelait du milieu de la dunette; les autres, des deux fenêtres en à-bord de la grand-chambre,
et ils devaient servir à diriger cette rosette pendant
qu'on en passait les grelins sous le vaisseau pour les
faire rentrer et pour les roidir par l'avant. A l'aide de
ces cordages, la rosette fut fixée au tiers inférieur du
tirant-d'eau; les grelins de sous le vaisseau, comme
tous ceux qui sont destinés à pareil emploi, étaient
garnis de pommes pour être eux-mêmes à l'abri de plusieurs frottements, et le grelin de suspension passait
aussi dans un œillet en corde qui était placé sur le bordage au sommet de l'angle rectiligne.

Ce grelin rentrait à bord par la jaumière qu'on avait
garnie de paillets, et il était écarté de l'étambot par un
coussin en bois qui empêchait le frottement sur les
femelots. Un autre grelin appelé balancine, passant
dans un trou sur le même bordage vers le sommet du
même angle, rentrait à bord par une poulie aiguilletée
à l'extrémité d'un espars saillant, droit de l'arrière, de
2 mètres. Cette balancine servait à diriger le gouvernail, et donnait des points de tenue et d'appui à deux
hommes placés sur la tête de la machine pour faciliter
l'opération. Enfin deux faux bras en patte d'oie étaient
frappés, un de chaque bord sur l'extrémité arrière des
deux bordages parallèles, et ils s'enroulaient ensuite sur
la roue, en passant par des poulies frappées à l'extrémité d'arcs-boutants qu'on avait poussés latéralement
jusqu'à 3 mètres en dehors du couronnement.

Cette même machine fut facilement et promptement
mise en place et établie, sans qu'on fût obligé de se
servir d'aucun poids étranger; d'abord elle monta un
peu d'elle-même, quoique le grelin de suspension

passât dans la rosette de dessous en dessus, ce qui aurait dû s'opposer à ce déplacement ; mais la pesanteur
spécifique de ce gouvernail n'était que les 5/8 de celle
de pareil volume d'eau, et sa tendance à monter fit rendre les grelins. On replaça la machine, et pendant tout
le temps qu'on en fit usage, c'est-à-dire pendant 40
heures, elle se maintint parfaitement. Le grelin de suspension manque au gouvernail de *Packenham*, et constitue, selon nous, un grand avantage en faveur de
celui du *Capitaine Bassière*. Lorsque la mer est belle,
et que ce gouvernail de fortune est totalement immergé,
son peu de pesanteur rend le grelin de suspension inutile ; mais dans une mer forte, l'eau manque souvent au
gouvernail et il pèse alors sur les points d'attache ; dans
celui du *Capitaine Packenham*, ces mêmes points paraissent moins bien combinés pour résister dans ce
sens.

Tout annonce, dans l'invention que nous venons de
décrire, une rare présence d'esprit ; le *Capitaine Dussueil* dit que les combinaisons savantes de ce gouvernail furent admirées de tous les navigateurs ; au résultat, son effet fut tel, que le vaisseau évolua parfaitement.
Le *Capitaine Bassière* eut même la jouissance bien vive
de passer devant un ennemi très-supérieur en nombre,
et de s'applaudir que, grâce à son génie actif, le vaisseau qu'il avait en quelque sorte ranimé aurait pu se
mesurer avec lui.

Le *Capitaine Bassière* propose ensuite diverses améliorations à son gouvernail et surtout d'embarquer,
avant le départ, des étriers et une ferrure qui serait
destinée à fixer la rosette à l'étambot. Ces détails seraient superflus ici, puisque son invention a été sur-
passée comme nous le verrons dans le chapitre suivant,

17

et nous avons dû nous borner à en rapporter ce qui est praticable à la mer lorsque l'avarie a lieu, et que, dans le port, on n'avait pas été mis à même d'y remédier plus facilement.

Le gouvernail du *Capitaine Bassière* et celui du *Capitaine Packenham* peuvent s'installer sur un contre-étambot volant que l'on prépare et entaille à bord au moyen du gabari de cette partie du navire ; des grelins le retiendraient appliqué contre l'étambot, et des œillets, des pentures l'empêcheraient de descendre ou de monter. Sur ce contre-étambot volant, et sur le gouvernail de fortune, doivent être des ferrures, telles que gonds et pentures, ou pitons et boulons, faits avec des tolets ou des pailles de bitte, retenus en dessus par une tête, et en dessous par une clavette. Ce gouvernail de fortune doit être ajusté avec le contre-étambot volant avant de sortir du bord, et l'un et l'autre peuvent ensuite se mettre en place, comme nous avons vu qu'on le faisait pour le gouvernail de fortune lui-même. Cette idée si ingénieuse est de *Molinari*.

Cependant les améliorations du *Capitaine Bassière* ne font pas disparaître les faux bras, et si son gouvernail devait rseter longtemps en place, il est possible que les cordages et le plateau lui-même ne conservassent pas la solidité convenable ; si donc on en prenait un pareil à bord lors de l'armement, il ne remplirait pas le but proposé par le *Capitaine Basssière* lui-même, celui de suppléer entièrement le gouvernail perdu ; mais il n'en est pas moins un titre très-respectable que cet officier a acquis à la reconnaissance générale ; et cette machine lui fait d'autant plus d'honneur qu'il la conçut au milieu des embarras et des travaux d'un démâtage. Elle peut servir en mille circonstances, et peut-être lui sommes-nous redevables de l'invention du *Capitaine Dussueil*.

CHAPITRE XXII

Des Gouvernails de Rechange et, entre autres, de celui du Capitaine de Frégate Dussueil.

Les machines que nous venons de citer prouvent de grandes ressources dans l'esprit de leurs inventeurs, et le succès justifia souvent leurs conceptions. Aucun auteur ne s'était occupé d'offrir les moyens d'obvier à la funeste avarie de la perte du gouvernail; il fallut que les marins y portassent leurs réflexions pendant le danger, et c'est ce qui en augmente le prix et l'éclat; cependant ces inventions présentent toutes des inconvénients plus ou moins graves, le mieux était possible, et les méditations des hommes de mer se portèrent vers cette partie intéressante.

Le meilleur moyen de remédier à la perte du gouvernail est sans contredit, comme l'a judicieusement exprimé le *Capitaine de Frégate Bassière*, d'en pouvoir construire un à bord ou d'en embarquer un tout prêt qui puisse se monter avec promptitude, qui résiste à l'épreuve, qui ne détourne aucune pièce importante de sa destination première, qui facilite sur le bâtiment en route toutes les évolutions possibles, et à quoi l'on doit ajouter, qui ne laisse rien pénétrer à l'ennemi. On reconnaît un esprit droit à cette manière de poser un problème où l'on n'élude aucune difficulté, où on les prévoit toutes, et où, libre de toute préoccupation étrangère, l'esprit n'a plus que le soin de la solution.

Le gouvernail que ce Capitaine inventa et installa à bord de l'*Impétueux* était sans doute aussi parfait qu'on pouvait l'espérer en cette situation ; il sauva le vaisseau, et une prédilection certainement très-excusable pour cette machine préservatrice est probablement ce qui, seul, empêcha le *Capitaine Bassière* de réfléchir ensuite que les perfectionnements qu'il avait indiqués pouvaient être surpassés, et de proposer un gouvernail qui remplît toutes les conditions voulues. Le *Capitaine Dussueil* en put juger avec moins de partialité ; il s'appliqua à combiner ses plans pour arriver à un résultat plus complet ; et nous allons le suivre pas à pas dans l'ouvrage qu'il a publié sur son *Gouvernail de Fortune* ou plutôt de *Rechange*.

Deux raisons s'étaient opposées jusqu'ici à ce qu'on embarquât un gouvernail de rechange semblable au véritable. La première, peu admissible, consistait dans l'encombrement et l'embarras que produit cette pièce à bord ; la seconde était la seule valable ; c'était la difficulté de monter ce gouvernail ; M. *Dussueil*, selon nous, répond parfaitement à ces deux objections.

Lorsque la rupture ou la disjonction du gouvernail arrive, et qu'elle est occasionnée par la grosse mer, cette perte entraîne toujours celle d'une partie des ferrures ; mais en admettant que les femelots ne fussent ni enlevés ni brisés, il suffirait qu'un seul de ceux qui sont submergés se fût dérangé de 3 ou de 4 millimètres de son axe, pour empêcher de pouvoir remonter, même avec un beau temps, un gouvernail de rechange ordinaire muni de toutes ses ferrures. Pour vaincre cet obstacle, on a imaginé une seule ferrure susceptible de remplacer toutes celles qui sont établies tant sur le gouvernail que sur l'étambot.

Cette ferrure doit être en fer forgé d'une bonne qualité; elle doit avoir deux branches de l'épaisseur d'un quart en sus des ferrures du gouvernail du bâtiment; leur largeur est égale à celle des femelots, et leur longueur varie suivant le bâtiment, de 1^m à $2^m,30$; les extrémités des branches sont en forme de pitons, et contiennent chacune une cosse pour garantir du frottement le bout d'un grelin ou d'une aussière qui doit y être épissé. La distance où cette ferrure se placera du talon sera de $0^m,60$ à $1^m,60$, suivant que le navire aura les varangues plus ou moins rapprochées du fond, et cela, pour qu'il y ait concordance avec la direction des grelins destinés à la mettre en place. Il serait désirable que cette ferrure fût confectionnée sur le gabari de la carène à l'endroit où elle doit se fixer; mais comme, pour mettre en place le gouvernail de rechange, il est indispensable de le faire monter le long de l'étambot, afin de permettre l'entrée des deux aiguillots supérieurs dans les femelots placés au-dessus de la ligne de la charge, on s'écartera de cette précision pour que la ferrure puisse faciliter ce mouvement ascendant. L'espace de l'étambot, que dans ce cas, la ferrure devra parcourir, sera déterminé sur le faux étambot par une entaille qui égalera, en profondeur, l'épaisseur que l'on aura donnée au collier du femelot de la ferrure à branches. Cette dernière disposition est absolument indispensable pour que les ferrures du nouveau gouvernail passent par le même axe. Cette ferrure sera maintenue en place à l'aide de grelins établis tribord et bâbord.

La ferrure à branches, avant d'être mise en place,

sera adaptée au gouvernail de rechange, par le moyen
d'un aiguillot particulier dont les branches sont clouées
sur ce gouvernail ; le bout de cet aiguillot se dirigera
de bas en haut et n'aura en longueur que l'épaisseur
du femelot de la ferrure à branches, plus un épaulement. Cette dernière ferrure est d'une dimension plus
forte que les autres de son espèce ; de cette manière, le
collier se trouvera renfermé, et l'aiguillot sera mieux
consolidé, sans que cette disposition puisse nuire en
aucune manière aux mouvements de rotation du gouvernail.

La mèche du gouvernail de rechange est de deux
pièces à adents ; on les réunit, par le moyen de chevilles à écrou, aux pièces qui doivent former le safran.
Le long de la mèche, on détermine tous les emplace-
ments des femelots de l'étambot, et l'on y pratique des
lanternes, pour lui permettre d'accoster l'étambot dans
le cas même où les aiguillots de l'ancien gouvernail
seraient restés dans les femelots. La tête de la mèche
est cerclée, et le trou de la barre y est pratiqué.

Ce gouvernail devant être suspendu aux deux ferrures qui se trouvent toujours au-dessus de la ligne de
charge, il est nécessaire de déterminer l'emplacement
des deux aiguillots correspondants destinés à être
cloués sur la partie supérieure de la mèche. Sans
cela, le gouvernail ne serait plus supporté par deux
ferrures, ni même par une seule à bord des petits
navires, car il ne doit nullement agir sur la ferrure à
branches, l'unique but de celle-ci étant de le maintenir, et de lui donner assez de solidité pour résister aux
efforts de la grosse mer : or, comme il est indispensable d'aider ces ferrures à soutenir un si grand poids
qui ne serait plus en rapport avec leur force, on

perce un trou dans la mèche ; la partie supérieure de
ce trou doit avoir la forme d'un demi-réa et une rai-
nure doit être pratiquée tribord et bâbord, pour y
loger une guinderesse qui formera suspente, et qui
supportera, conjointement avec les ferrures, le poids du
gouvernail sans nuire en aucune manière à ses mouvements de rotation. La portion de cette guinderesse
destinée à rester dans la mèche sera fourrée et garnie
en forte basane. Pour donner plus de facilité à monter
le gouvernail de rechange, on pourra placer de chaque
bord deux organeaux.

Ici, le *Capitaine Dussueil* énonce ses observations et
son opinion sur la forme la plus avantageuse du gouvernail, et sur les lignes d'eau qui agissent le plus sur lui ;
se croyant en droit d'assurer que celles qui frappent le
plus bas sont à peu près les seules qui méritent quelque considération, il veut apporter une diminution
dans l'aire du safran, d'autant, 1° que l'excédant auquel il fait allusion constitue un volume qui surcharge
la machine d'un poids totalement inutile et essentiellement nuisible à tout le système ; 2° que son développement au-dessus de la ligne de charge offre une grande
surface sur laquelle la lame peut exercer ses efforts
pour la destruction du gouvernail ; 3° enfin, qu'en diminuant la surface supérieure de la partie du gouvernail, on donne moins de prise aux boulets de l'ennemi.
Cet excédant est en effet supprimé dans son gouvernail
de rechange.

Les deux bouts de grelin destinés à être épissés sur
la ferrure à branches seront fourrés en cet endroit, et
pour obtenir une direction favorable, ils élongeront la
quille et ils rentreront à bord par les écubiers, en y
employant deux poulies de retour placées sur l'étrave

du bâtiment, un peu au-dessus de la ligne de charge ;
il conviendra de percer, en ce lieu, un trou que l'on
bouchera seulement à faux frais pour pouvoir s'en servir au besoin.

Tous ces objets doivent être logés à bord sous la main,
et l'espace d'une heure doit suffire à la mer pour
monter cette machine ; la gabarre *Durance*, avant de
partir de *Rochefort*, en a fait l'essai, dans le port il est
vrai, et l'opération n'a pas duré plus de ving-cinq minutes. D'ailleurs, on peut en faire un point des exercices
de la rade, afin que chacun soit au fait, avant qu'on
soit dans le cas de la mettre en pratique à la mer. On
peut augmenter la solidité de ce gouvernail par deux ou
trois traverses. Le plus grand inconvénient est la déformation de toutes les pièces, parce que le bois travaille
et se gauchit au point que rien ne s'ajuste et que les
trous ne se correspondent plus. Au bout de quelque
temps de navigation, ce n'est à bien dire que du bois
préparé pour faire un gouvernail.

Voici comment au large et d'une grosse mer, on
monte ce gouvernail : un mâtereau est fortement installé
en dehors du couronnement de manière à remplacer le
gui dans le cas où celui-ci ne pourrait pas servir à
cette opération ; sous le bout, on frappe une poulie de
retour dans laquelle passe une aussière introduite dans
la boucle, et qui remonte pour faire dormant sur
l'extrémité du mâtereau. Cette aussière forme palan
de retenue ; on peut même en établir une seconde,
avec les boucles de sauvegarde. Ces deux retenues
permettent de n'accoster le gouvernail de l'étambot
qu'à volonté. Des saisines et autres moyens d'usage et
de précaution dont on ne peut bien concevoir l'utilité
qu'à bord du bâtiment même où l'on se trouve, et qu'il

est d'ailleurs superflu d'indiquer à des marins, sont aussi mis en usage pour empêcher la machine d'éprouver de fortes oscillations.

Toutes les dispositions de la mise en place doivent être prises pendant qu'on assemble ou monte le gouvernail, afin qu'en le mettant dehors, il soit facilement conduit jusqu'à l'arrière du bâtiment. On l'y suspend au mâtereau par une caliorne; une itague sera introduite d'avance dans le trou de la guinderesse dont nous avons déjà parlé; on fera remonter les deux bouts de cette itague par le trou de la jaumière sur une des traverses; l'un des bouts fera dormant, et l'autre passera dans une poulie coupée, de manière à pouvoir monter le gouvernail comme on guinde un mât de hune. Pendant cet intervalle, les grelins de la ferrure à branches seront disposés tribord et bâbord, afin que le bout de chacun d'eux soit conduit extérieurement sur l'avant du bâtiment pour être passé dans les poulies de retour établies sur l'étrave. Ces bouts de grelin rentreront à bord par les écubiers, ou par le trou percé à cet effet un peu au-dessus de la ligne de charge, ou enfin par-dessus le plat-bord au moyen d'une autre poulie. Il sera important d'établir, des deux bords, des étriers, afin de pouvoir conduire les grelins à la place qu'ils doivent occuper sans qu'ils se chevauchent sous la quille. Ces étriers doivent être employés dans tous les cas pareils, notamment dans la circonstance de la voie-d'eau, dont nous avons parlé chapitre XIV.

Quand tout sera paré, on roidira les grelins, en filant à mesure la retenue et le palan, et en amenant en même temps le gouvernail jusqu'à ce que sa partie supérieure soit un peu plus bas que la jaumière, et que les extrémités de la ferrure à branches soient presque contre l'étambot. L'itague sera dès lors embarquée, et dans cette position, on attendra la première embellie pour achever l'installation. Le moment en sera saisi avec célérité. On hissera la tête du gouvernail dans la jaumière; on filera avec précaution les retenues, et l'on rembraquera les grelins, jusqu'à ce que la partie intérieure de la ferrure à branches soit bien emboîtée dans l'étambot. On le reconnaîtra par une marque faite d'avance sur les deux bouts des grelins, ou par la position du gouvernail que l'on continuera de hisser jusqu'à ce qu'on puisse faire entrer les aiguillots dans les femelots. On mettra la barre en place le plus tôt possible, afin de mieux maintenir le gouvernail jusqu'à parfaite installation. Il est même utile d'avoir deux forts coins pour concourir à cet effet, et que ces coins soient combinés avec la mèche et le trou de la jaumière pour remplir le vide sans s'opposer au mouvement d'ascension du gouvernail, nécessaire pour le mettre en place. Dès que le gouvernail sera accroché à ces deux ferrures, on filera l'itague : il descendra et il se reposera sur les femelots. Aussitôt, on roidira les grelins, afin que la ferrure à branches, en prenant sa place, y reste fixée par la tension de ces mêmes grelins, qu'il faudra roidir avec précaution toutes les fois que l'on jugera la chose nécessaire, c'est-à-dire que les grelins auront rendu.

L'itague de suspension doit être tenue constamment roide, surtout dans les mauvais temps, et il faut souvent la visiter. Il en est de même des grelins de la ferrure à branches et des autres parties du gouvernail, principalement vers l'atterrage, ou si l'on avait eu du mauvais temps. On profiterait pour cela d'un beau jour, et l'on mettrait en panne pour démonter la machine, et pour en considérer scrupuleusement tous les éléments.

On voit d'après ce qui précède que le gouvernail de rechange du *Capitaine Dussueil* se rapproche, autant que possible, du gouvernail véritable ; mais il est considérablement plus léger, par conséquent plus maniable ; il n'a que deux ferrures au plus, et cela, dans sa partie supérieure, afin de pouvoir être facilement adapté ; la place des autres ferrures est marquée par des vides qui permettent le rapprochement de l'étambot aux points où sont les ferrures correspondantes de ce même étambot ; enfin, l'extrémité inférieure est en garnie de la ferrure à branches, laquelle est tenue adhérente contre le talon de la quille, au moyen des deux grelins qui sont frappés aux deux branches de la ferrure, et qui se roidissent au cabestan après avoir prolongé la quille de chaque côté, et être rentrés à bord par les écubiers.

Des figures auraient peut-être rendu plus claire la description que j'ai donnée de ce gouvernail de rechange ; mais, pour ne pas augmenter le prix de cet ouvrage, et pour qu'il soit accessible à tous, je me suis interdit cette espèce de luxe qui ne m'a point paru indispensable : toutefois, mon Dictionnaire de marine contient (planche VII) sous les numéros 16, 17, 18, 19, 20 et 21, toutes les figures relatives à ce gouvernail. La figure 22 montre, aussi, le gouvernail de rechange proposé par M. *Mancel* dont nous parlerons un peu plus loin ; et la figure 15 est la représentation du gouvernail de fortune du *Capitaine Bassière* que nous avons décrit dans le chapitre précédent.

Ce fut en 1818 que le capitaine Dussueil communiqua sa conception au gouvernement, et que des essais furent aussitôt ordonnés. Une commission avait été préalablement nommée ; elle déclara que ce gouvernail suppléait *complétement et convenablement* au gouvernail perdu. L'expérience s'ensuivit. Elle eut lieu en tête de la rade de *Brest*, sur la goëlette *la Colombe*, avec un bon frais de S. O. et O. S. O., par une mer houleuse, et pendant un fort restant de flot.

La goëlette mit en panne, et l'on procéda à l'installation. Malgré quelques retards inévitables apportés lors d'un premier essai, par le défaut d'habitude, l'opération ne dura qu'une demi-heure. Aussitôt on fit servir sous toutes voiles, et la goëlette courut plusieurs bordées en virant vent devant et lof pour lof, avec le même succès que si l'on se fût servi du véritable gouvernail.

Telle est l'analyse des points les plus importants de l'ouvrage du *Capitaine Dussueil*. On voit, d'après ce résumé, que son gouvernail réunit tous les avantages, et qu'il satisfait à toutes les conditions. L'ennemi ne peut s'apercevoir de l'avarie ; la machine est bien supportée et parfaitement adaptée à l'étambot ; elle obéit facilement à l'effort de sa barre ; elle est fortement assemblée ; on peut la monter de presque tous les temps ; elle tient le navire bien gouvernant ; enfin le mécanisme, et particulièrement la ferrure à branches, sont le fruit d'idées extrêmement ingénieuses qui ont, comme tout ce qui porte en général ce véritable caractère, l'avantage d'être à la portée de tout le monde.

Mais, tout en rendant hommage et justice à cette utile invention, surtout à l'heureuse idée de la ferrure à branches qui est l'âme du système, je ne négligerai pas de revenir sur l'assertion du *Capitaine Dussueil* relativement à la nullité d'effet des parties élevées du safran, en ce qu'elle paraît contraire à l'opinion générale des marins, laquelle est unanimement d'accord sur ce point : qu'il faut clouer des planches en queue d'aronde à la partie la plus haute du gouvernail pour en augmenter la puissance, quand on craint un très-petit temps, et qu'on a à se diriger en des passes étroites et difficiles. Je puis même apporter pour preuve de l'effet de ces planches, que, sur la corvette de charge *l'Adour* (qui lors d'un appareillage et par une très-belle mer, ne filait pas au delà de trois nœuds), j'ai vu la percussion contre le fluide être suffisante pour faire casser ces planches. Or cette percussion ne pouvait que tourner à l'avantage du gouvernail, et que tendre à lui donner plus d'action. On sait aussi que les bâtiments ont toujours un tirant-d'eau plus fort de l'arrière que de l'avant, et que parmi les avantages qu'on y trouve, on cite celui d'avoir moins de la partie supérieure du safran émergée; cependant alors cette plus grande différence de tirant-d'eau, qui se joint à la quête, rend l'impulsion de l'eau sur le gouvernail peut-être trop oblique. Je ne nierai pas que plusieurs grands géomètres veulent que les parties supérieures du gouvernail contribuent peu à son effet, et qu'on a longtemps insisté pour qu'elles fussent extrêmement diminuées. Tel était l'avis de *Romme*, et l'on a surtout attribué à ces parties élevées l'inconvénient d'être exposées aux lames, d'en être violemment choquées par un gros temps, et d'ébranler les ferrures, de l'arrière du vaisseau. Les calculs et les hypothèses de *Don Juan*, que nous voyons cependant contredits sur ce point par les calculs et les hypothèses de M. le *Marquis de Poterat*, prescrivent également, pour cette machine, la figure du triangle comme devant être la plus favorable; mais on a persisté, malgré ces autorités, à conserver l'ancienne forme, et ce doit être parce que l'expérience y a fait reconnaître des avantages.

Je ne prétends pas, en définitive, blâmer la diminution proposée par le capitaine *Dussueil*, car son gouvernail demeure encore pourvu d'assez de puissance; mais je crois que les trois motifs qu'il cite subséquemment justifient assez la forme qu'il a adoptée, et je n'ai en vue que son assertion, laquelle me paraît peu conforme aux idées généralement reçues.

Nous ne terminerons pas ce chapitre sans mentionner un autre gouvernail de rechange de M. *J. L. B.*, annoncé dans les *Annales Maritimes* du mois de mai 1821. Ce n'est pas à nous qu'il appartient de décider s'il mérite la préférence sur celui de M. *Dussueil ;* des expériences seules peuvent résoudre la question : en attendant ce moment, nous nous bornerons à la seule mention de celui de M. *J. L. B.*

Nous avons encore entendu parler d'un faux étambot de rechange garni d'un gouvernail aussi de rechange ; cet étambot est construit de manière qu'avec les deux grelins qui élongent le navire par en dessous et rentrent par les écubiers, et qu'à l'aide de moyens faciles à imaginer pour en appliquer et fixer la partie supérieure à celle de l'étambot véritable, on puisse remplacer la machine avec promptitude et sans aucune perte d'avantages.

Il a été également question d'appliquer aux étambots ordinaires quelques ferrures intermédiaires en supplément, et pour lesquelles le gouvernail serait entaillé afin de n'être point gêné dans son jeu. Le gouvernail de rechange que l'on aurait à bord serait garni de rosettes qui correspondraient à ces ferrures supplémentaires, et par ce moyen, il serait peut-être possible de se passer des deux grelins qui appliquent le talon du gouvernail au pied de l'étambot, et qui sont loin de donner autant de garanties de solidité et de facilité que des ferrures.

Enfin M. *Mancel*, Lieutenant de Vaisseau, a proposé un gouvernail de rechange qui ressemble plus encore au gouvernail véritable que celui de M. *Dussueil*, puisqu'il n'y est pas fait usage de la ferrure à branches; et M. *Fouque* en a également proposé un qui, comme celui de M. *Mancel*, paraît mériter toute confiance. Plusieurs essais et plusieurs rapports ont constaté l'efficacité de celui de M. *Mancel*, ainsi que des moyens qu'il emploie pour le monter; et il en résulte que son gouvernail remplit parfaitement le but qu'il s'est proposé. Nous avons indiqué précédemment où l'on pouvait voir la figure qui le représente.

Les navires à hélice n'ont pas de gouvernail de rechange et la présence du propulseur s'oppose à toutes les dispositions dont il vient d'être question. En outre, l'isolement de leur étambot expose tellement cette pièce essentielle à être brisée dans un échouage, qu'il ne resterait rien pour fixer un gouvernail. On s'est fié au destin, jusqu'à présent il a été favorable. Mais en cas d'événement, le gouvernail du pilote Olivier serait probablement le plus praticable.

CHAPITRE XXIII

De la Sonde, et de son Utilité pour l'Atterrage.

Le but de la *Sonde* a deux objets bien distincts ; l'un celui de sonder sur de grands fonds lorsqu'on arrive à l'*Atterrage* pour rectifier son point, en comparant le brassiage et la nature du fond que le plomb rapporte, au brassiage et à la nature du fond exprimés sur les cartes à pareille latitude et sur cet atterrage. Il en résulte la convenance de faire cette opération à midi immédiatement après ou avant l'observation de la hauteur méridienne du soleil, ou, si l'on n'est pas encore sur le fond ou bien qu'on ait déjà sondé, de computer les routes faites entre ce moment et midi, avec la plus grande attention. Le second objet de la sonde est de se servir de son résultat pour chenaler ou se diriger entre des passes, dans des rivières, sur des bancs ou hauts-fonds, et de reconnaître sa route par le changement de brassiage. La navigation sur les *Brasses* dites du *Bengale* par exemple, se fait presque tout entière la sonde à la main, et il y a là des sondeurs fort experts. Si l'on est dans le cas de sonder dans des circonstances mixtes ou dans des termes moyens, on fait participer la manœuvre des deux cas que nous venons d'établir, ou bien l'on modifie l'un ou l'autre pour arriver au résultat désiré. Nous allons expliquer ces diverses opérations ; mais nous ferons préalablement observer que la grosseur de la ligne de sonde et la pesanteur du plomb sont déterminées suivant la quantité supposée du fond.

Pour sonder à de grandes profondeurs, telles que 100, 150 et même 350 mètres, il faut remettre le plomb à un homme placé au bossoir sous le vent, avec une forte glène de ligne de sonde qu'il tient à la main, ou près de lui ; une pareille glène est remise à un homme sur les porte-haubans de misaine sous le vent ; une autre à deux hommes placés chacun dans la poulaine près de chaque bossoir, et ainsi de suite à deux hommes sur les porte-haubans de misaine au vent, et à deux ou plusieurs autres sur les grands porte-haubans ; il faut que la ligne soit passée en dehors de tout par-dessous le beaupré, et qu'on soit encore paré à en filer d'une baille que l'on dispose sur le gaillard, vers le premier grand hauban de l'arrière au vent, et qui contient le reste de la ligne. Ordinairement on se contente d'élonger la ligne au vent jusqu'au bossoir d'où on jette le plomb. On met alors en panne sous petite voilure, et l'on balance ses voiles, qu'on présente le moins possible au vent pour moins dériver, de manière à ne plus aller que très-peu de l'avant ; alors on fait lancer le plomb dans la direction du bossoir de sous le vent, et le plus au large possible, en l'agitant pour lui donner de l'élan dans le sens où l'on doit le jeter. A mesure qu'il descend, chaque homme file sa glène à la demande, avertissant son voisin lorsque sa glène va finir, pour que celui-ci se prépare également à filer la sienne. Cependant le bâtiment dérive, il passe par-dessus le plomb, et comme, sur le reste de son air et à cause de ses voiles auriques ou latines, il va en même temps un peu de l'avant, il s'ensuit ordinairement que par un fond de 150 à 250 mètres, c'est un homme des grands porte-

18

haubans du vent qui sent le fond et qui le trouve
verticalement ; il a soin de le compter aussitôt d'après
les nœuds ou les morceaux de cuir ; alors, avec une petite galoche frappée sur le premier grand hauban de
l'arrière au vent, on rentre promptement la ligne de
sonde sur laquelle on tape de temps en temps avec un
cabillot pour en faire égoutter l'eau, et aussitôt on fait
servir; la ligne de sonde est ensuite mise au sec et cueillie. On voit que, par ce procédé, bien que le plomb
soit jeté sous le vent, cependant on le retire par le bord
du vent, sans que la ligne soit engagée ni sous le navire
ni par ses manœuvres ; or, cette condition est nécessaire pour obtenir la verticalité de la ligne de sonde à
l'instant où le plomb touche le fond. Si le cuivre ou la
fausse quille étaient endommagés, et qu'on craignît que
la ligne ne s'y engageât, ce qui toutefois me paraît fort
douteux, on jetterait le plomb par l'avant un peu au
vent.

Si l'on veut chenaler, il suffit de réduire sa voilure,
de sorte qu'un homme placé sous le vent pour avoir
plus d'aisance, pour être plus à l'abri, et pour mieux
juger de la direction de la ligne, puisse en jetant le
plomb vers l'avant comme une fronde après l'avoir fait
tourner en l'air, le sentir arriver au fond à l'instant
qu'il est lui-même verticalement au-dessus de ce même
plomb. Quelquefois, surtout grand largue ou vent arrière, on emploie deux sondeurs à la fois, un de chaque bord ; l'un jette le plomb quand l'autre le retire,
et ils crient le fond l'un après l'autre à intervalles à peu
près égaux ; on sait toujours ainsi quelle est la route à
faire. On relève ces hommes de temps en temps, et ils
ont, à hauteur de ceinture, un bout de sangle, qui va
d'un hauban à son voisin pour les empêcher de tomber

à la mer et pour les soulager. J'ai vu envoyer de cette manière le plomb assez de l'avant pour pouvoir obtenir, verticalement, au delà de 20 brasses de fond, en filant 3 et 4 nœuds.

Si l'on veut sonder à de moyennes profondeurs, il faut masquer le perroquet de fougue et loffer jusqu'à ralinguer, mais sans filer les écoutes des focs de peur de coiffer toutes les voiles, ou peut-être de virer de bord; on met d'abord la barre dessous, on la rencontre ensuite si l'on craint de prendre le vent trop de l'avant : lorsque l'air est amorti, on jette le plomb du bout de la vergue de civadière sous le vent ou de dessus le violon du beaupré, et on dispose des glènes en dehors de tout, soit en allant directement de l'arrière jusqu'aux porte-haubans d'artimon sous le vent, soit en faisant le tour par l'avant jusqu'aux porte-haubans de misaine au vent. Les hommes munis de glènes ne filent également qu'à la demande; quand le plomb atteint le fond, celui qui s'en aperçoit tient également bon, fait tour mort s'il est nécessaire; et l'on évalue la longueur de la ligne plongée dans l'eau.

Dans tous les cas ci-dessus mentionnés, si, lorsque le plomb est au fond, on remarquait quelque obliquité dans la ligne, il faudrait en estimer l'angle avec le renard ou tel autre instrument, et résoudre le triangle pour en avoir le côté vertical ; mais là où est le vaisseau, le fond est peut-être différent de celui de ce même côté, puisque le triangle peut ne pas être rectangle et que la ligne suit une courbe ; ainsi, quoique cette différence ne puisse être supposée que légère, il faut s'efforcer d'obtenir la verticalité elle-même. Pour avoir un fond exact, nous répéterons que la ligne ne doit jamais être filée qu'à la demande : à de petites profondeurs, on doit soulever

un peu le plomb et le laisser retomber, pour être bien
assuré que la ligne est tendue, et pour que le creux pratiqué par la base dans l'intérieur du plomb et qui est
garni de suif, puisse forcer une partie du fond à adhérer à ce suif, afin de faire connaître ensuite quelle est
la nature du fond.

On peut aussi faire usage d'une bouée disposée à cet
effet pour obtenir le fond verticalement, et ce moyen
de nouvelle invention paraît promettre du succès : on
jette la bouée à l'eau en même temps que le plomb ;
la ligne passe par un réa placé vers l'extrémité de la
bouée, et, à son issue, elle fait écarter une lame de fer
taillée en biseau qui presse la corde, et dont le ressort
peut être renforcé ou soutenu par un cercle de fer. Du
bord, on file la ligne de sonde jusqu'à ce qu'elle ait
cessé de demander, c'est-à-dire jusqu'à ce que le
plomb soit au fond : la lame de fer ne s'y oppose pas,
mais en halant sur la ligne, les hélices de celle-ci sont
arrêtées par la pression du biseau de cette lame ; on retire ainsi la bouée et l'on a obtenu évidemment un fond
vertical qui se compte à partir de l'endroit où l'hélice
de la ligne est pressée. Le vaisseau *le Jean-Bart*, pendant son voyage du *Brésil* et sa station des *Antilles*,
a sondé ainsi avec beaucoup d'exactitude sur des fonds
de 20 à 25 brasses et en filant 5 et 6 nœuds. Si le fond
était très-considérable, il faudrait beaucoup de ligne
pour sonder avec une telle vitesse ; on réduirait alors
le sillage en diminuant de voiles ou en loffant ; il est
facile de voir que même avec cet inconvénient, cette
manière de sonder présente beaucoup d'avantages sur
les autres. On ne peut cependant nier qu'on ne
risque ainsi de perdre ou d'user plus de plombs ou de
lignes, et qu'on n'a pas le fond du point où l'on

est, mais de celui où la bouée a été jetée à la mer.

Cette bouée qui est en quelque sorte mouillée par le plomb de sonde peut servir à deux autres objets : 1° à recueillir quelques notions sur les courants en jetant en même temps un loch ordinaire, et en comparant leur éloignement respectif du bord ; 2° à produire l'effet d'une bouée de sauvetage, en faisant une demi-clef sur la ligne du plomb.

On a imaginé, pour sonder, divers moyens mécaniques qui sont généralement fondés sur le rapport qui peut exister entre la hauteur du fond et le temps que le plomb met à descendre ; et particulièrement une machine à ailettes tournantes lesquelles prennent et conservent un mouvement circulaire horizontal pendant que le plomb descend, et jusqu'à ce qu'il touche le fond. Une aiguille indique le rapport entre le nombre de leurs tours et la quantité dont la machine s'abaisse au-dessous de la surface de la mer. Quand cette machine, qu'on a appelée *Sondeur*, touche au fond, le mouvement de son mécanisme cesse naturellement, et la profondeur de la mer reste marquée par l'aiguille sur les divisions de la machine. Cet instrument a été essayé et il a réussi, il est vrai, mais il faut qu'une longue expérience prouve que le mécanisme ne s'en altère pas pendant plusieurs campagnes faites sous des latitudes diverses ; ce Sondeur serait, en effet, alors, d'une grande utilité, en abrégeant et facilitant considérablement l'opération ou la manœuvre de la sonde qui, avec le plomb ordinaire, a le grand inconvénient d'exiger beaucoup de temps et de présenter de plus grandes difficultés d'exécution.

Les hydrographes font quelquefois usage pour la sonde, de lances de 1 à 2 mètres de longueur, dont le

milieu est garni d'un poids ou d'un plomb de 20 à
25 kilogr. La partie inférieure en est pointue, entaillée
comme une râpe et elle est garnie de suif. Par ce moyen
on connaît non-seulement la qualité du fond à la su-
perficie, mais encore quelle est la nature d'un fond
dur qui serait recouvert de vase ou de substances
molles.

La sonde est une opération fort importante, aussi
faut-il la pratiquer avec beaucoup de soin; les gouvernements doivent, de leur côté, s'occuper sans cesse à
faire exactement placer les observations de ce genre sur
les cartes, et à constamment vérifier et corriger celles-ci;
tout bâtiment, sans avoir d'ordres exprès à cet égard,
prendra même à l'occasion autant de bonnes sondes
qu'il le pourra et il les publiera par la suite; avant de
sonder ou à l'approche des côtes, on fait vérifier les
mesures des lignes de sonde et préparer tout ce qui est
nécessaire pour sonder.

La sonde est, presque toujours, une des principales
garanties d'un bon *Attérage*; et l'*Attérage* ou la manière
de s'approcher de la terre lorsqu'on vient du large,
exige de la part d'un bâtiment les plus grandes précautions; mais elles ne doivent pas être poussées jusqu'à la timidité qui est certainement l'opposé de la prudence. Cependant on ne peut jamais compter sur son
point à 10 lieues près, parce qu'il faut, même pour un
court intervalle, donner quelque chose aux courants
dont l'influence est quelquefois assez considérable pour
occasionner, comme nous l'avons éprouvé, 80 lieues
d'erreur sur l'estime, dans un voyage de dix-sept jours
des *îles Canaries* à *Cayenne*; or, c'est souvent plus
considérable encore près de la terre, surtout s'il se
trouve quelque embouchure de fleuve dans le voisinage.

Si l'on n'a pas vu la terre le soir, et qu'on ait cru possible, à la rigueur, de la voir, ou qu'on pense que l'on ferait pendant la nuit plus de chemin vers elle qu'il ne faut, pour en être au point du jour à moins de 10 ou 15 lieues, il est convenable de mettre en panne et toujours sur le bord qui permet le plus de faire servir et de s'éloigner en cas de surprise. Si par exemple la côte court N.N.O. et S.S.E., et qu'avec des vents de O.N.O. la route soit à l'Est, il est évident qu'il faut mettre en panne tribord amures ; en effet, on présente ainsi du S.O. au S.S.O., et sur l'autre bord, on présenterait du Nord au N.N.E. Or, si l'on est drossé sous le vent par les courants, et si l'on veut faire route au large ou se relever, le premier de ces caps comparé à la direction de la terre offre beaucoup plus de ressources que l'autre. Lorsque le gisement de la côte le permet, on cherche à se placer 40 ou 50 lieues à l'avance en latitude pour attérir, ou même davantage si l'on croit son point plus fautif, parce que si, par la suite, le temps venait à se couvrir, et les observations de hauteur méridienne à manquer, on aurait au moins obtenu les moyens de savoir qu'on est sur le parallèle voulu, et de s'y conserver plus facilement, comme aussi l'on serait mieux en mesure contre les erreurs du point s'il y en avait en avance. Si la côte qu'on attaque est Est-et-Ouest ou à peu près, on attérit obliquement sur elle, à 30 ou 40 lieues au moins vers le point d'où l'on suppose que soufflent les vents les plus fréquents ; on reconnaît au plus tôt quelque cap ou montagne, et l'on se dirige ensuite vers le port.

Les règlements prescrivent de sonder aussitôt qu'il y a lieu de penser que le fond est accessible à la sonde ; et lorsque la profondeur n'excédera pas 30 brasses, il y aura, dans les porte-haubans de chaque bord, des hommes qui sonderont alternativement, et qui crieront le fond qu'ils auront trouvé.

CHAPITRE XXIV

I. Précautions au sujet de l'Attérage et Exemple. — II. Emploi du Thermomètre pour l'Attérage, et Thermomètre Marin.

I. A l'Attérage, il faut, pendant le jour et surtout vers le soir, faire tous ses efforts pour découvrir la terre, quelque navire ou quelque pilote, afin d'en retirer des inductions pour la route à suivre ; dans cette intention, on cherche les positions les plus favorables, et l'on se règle sur le vent régnant et sur les probabilités qui en résultent relativement à la route des bâtiments qui peuvent être récemment sortis du port ; si l'on voit un pilote et qu'il ne vous aperçoive pas, il faut se diriger sur lui, tirer du canon pour exciter son attention, et s'il vous accoste il faut mettre en panne pour le recevoir, lui lancer des amarres de loin par sous le vent, ou avoir filé pendant qu'on allait encore de l'avant, sa bouée de sauvetage avec une aussière ou une drisse de bonnette, afin que lorsqu'il s'en est saisi, on puisse le haler à bord : il est cependant arrivé que des forbans ou pirates se sont mis dans des embarcations pareilles à celles des pilotes, et qu'accostant de petits navires comme tels, ils s'en sont emparés ; c'est un point sur lequel un capitaine de commerce doit se tenir en garde. La nuit, on met en panne comme nous l'avons dit, ou si l'on est sûr de sa latitude et qu'on coure sur un feu, on peut laisser aller avec une voilure maniable, mais en veillant ce feu avec beaucoup d'attention pour mettre en travers avant d'être dans les passes; si le temps est brumeux ou l'atmosphère grasse, et si la côte n'est pas saine, il est peu prudent de chercher à découvrir ce feu, et la panne, le cap au large, est ce qu'il y a de mieux.

Il n'est pas, toutefois, sans exemple que, sans être influencé par les nécessités de la guerre, on ait essayé de faire son attérage pendant la nuit, et qu'on ait réussi à obtenir connaissance d'un feu, ou à opérer son entrée dans un port : nous pouvons citer un bâtiment (la goëlette *la Provençale*) qui y est plusieurs fois parvenu, qui, notamment, arriva ainsi en rade de l'*Ile d'Aix*, et qui depuis quarante-cinq jours écoulés depuis son départ de la *Guadeloupe*, n'avait eu aucune vue de la terre, ni aucune information sur la côte. Il est certain que rien ne pénètre plus un équipage de confiance que cette assurance d'un capitaine; mais un capitaine ne doit s'abandonner à de telles opérations, dont la responsabilité pèse sur lui seul, que lorsque de son côté il a un équipage sur l'intelligence duquel il peut compter, et que ses calculs et toutes les probabilités lui promettent le succès : or, c'est parce que j'avais toutes ces garanties, que j'ai pu entreprendre d'opérer, pendant la nuit, mon entrée à *Brest* sur la frégate *l'Érigone*, alors sous mon commandement : il est vrai qu'il faisait clair de lune, mais le vent était à l'Est ou droit debout, et la frégate, en louvoyant, effectua son mouillage près d'un des corps-morts de la rade, à trois heures du matin.

On doit d'ailleurs être très-attentif aux signaux de la côte, en temps de guerre. Il y a des lieux où, indépendamment des signaux ordinaires, il y en a de particu-

liers : à *Bayonne*, par exemple, où l'entrée n'est per-
mise que lorsqu'il y a assez d'eau sur la barre, et où des
pavillons l'indiquent ainsi que l'air-de-vent, où l'on
doit porter; il y en a d'autres, comme une grande partie
de nos ports de la *Manche* et comme les *Sables d'O-
lonne*, qui assèchent de basse mer et où il faut seulement essayer d'entrer quand tel ou tel signal en fait
connaître la possibilité. Quelques-uns, comme *Calais*,
ont des tambours ou des cloches qu'on fait résonner en
temps de brume; beaucoup, comme *Flessingue*, ont des
balises ou des bouées qui sont ou la limite des écarts
que l'on peut faire, ou la trace de la route à suivre;
certains ont cette route désignée par des amers, par des
relèvements ou alignements, et de ce nombre est,
comme un point remarquable, notre petit port de *Be-
naudet* en *Bretagne*. Quant aux phares, il y en a de tour-
nants et à éclipses comme celui de la *Tour de Cordouan*,
il y en a de fixes comme ceux de *Chassiron* et de *Dun-
geness;* il y en a de doubles comme à *Northforelana ;* il
y en a même de triples comme *les Casquets;* et l'on
peut ainsi éviter de confondre aucun d'eux avec ses
voisins, ainsi que cela était arrivé si souvent et d'une
fâcheuse manière, à l'égard des feux de *Chassiron* et de
la *Baleine* (îles d'*Oléron* et de *Ré*), avant qu'il y eût un
signe pour les distinguer.

Les pilotes se tiennent ordinairement à l'entrée des
rades, ou bien ils ont des vigies à terre qui les avertis-
sent quand il paraît un bâtiment ; mais on prend ces pilotes quelquefois très-loin du port ; nous en avons
rencontré sur les *Brasses du Bengale* qui croisaient
fort au large; pareillement, si l'on se rend à *Bélem*
(Para) dans le *Brésil*, c'est-à-dire devant *Salinas* que
l'on va pour en trouver. Il est arrivé à l'Auteur de ce

Manœuvrier, et en venant de *Cayenne*, de ne pouvoir remonter contre le vent et le courant jusqu'à ce port de *Salinas*, et de prendre le parti d'entrer, sans pilote, dans le fleuve des *Amazones* dont la navigation, surtout à son embouchure, est si dangereuse à cause des bancs qui y sont semés. Il y dressa, par suite, une carte de ce fleuve.

On consulte aussi les vents régnants, les brises du large ou de terre et celles dites solaires, afin de pouvoir s'en servir avec avantage; ainsi, lorsqu'on est pendant la nuit sur une côte, avec une brise de terre, et qu'on présume que cette brise ne peut pas vous conduire jusqu'à l'ouverture du port, on cesse de serrer la côte, on laisse un peu arriver en portant vers le point central de la direction ordinaire de la brise du large, et quand celle-ci vient, on est moins affalé. Pareillement il faut calculer les heures des marées et les mettre pour soi autant que possible. Si, par exemple, pour entrer dans l'*Océan*, vous sortez de la *Manche* avec des vents d'Est, et que vous ayez le dessein d'aller à *Brest*, il faut régler votre voilure pour vous trouver rendu à *Ouessant* à l'heure de la basse mer; les courants sont très-forts en cette partie, et vous seriez drossé au large par le jusant si vous n'y arriviez qu'à moitié, ou qu'au quart de cette même marée. Au contraire, le flot vous y prend dès votre arrivée, et quoique le vent soit défavorable, vous êtes presque certain d'atteindre aver ce flot, *Berteaume* au moins, ou *Camaret*. Nous avons vu deux bâtiments, en cette position; l'un ménagea sa voilure, et l'autre la voulut forcer; en résultat, le premier gagna sur l'autre une demi-journée, et souvent en marine, une demi-journée, je pourrais presque dire une demi-lieue est une perte irrépa-

rable. Pareillement, en allant de *Bayonne* à *Rochefort*
avec des vents d'amont, on traversera l'embouchure de
la *Gironde* avec le flot, pour s'élever au vent; on se
tiendra sous *Oléron* tant que l'on craindra que les eaux
sortant du *Pertuis d'Antioche* ne drossent le bâtiment
au large, et l'on ira chercher ces mêmes eaux quand
leur rentrée devra le favoriser. Les effets des grands
fleuves se font sentir quelquefois très au loin, notamment quand ils ont des courants très-rapides, tels que
le *Zaïre* et les mêmes *Amazones* dont nous parlions
tout à l'heure, et que nous avons remarqués l'un sur
la côte occidentale de l'*Afrique*, l'autre sur la côte
orientale de l'*Amérique*. Le marin expérimenté se sert
quelquefois de ces effets, ou évite de s'y exposer, suivant l'exigence.

Si l'on attérit de brume, il faut redoubler de *Pré-*
cautions, et si aucun motif urgent ne vous détermine, il
est préférable d'attendre une éclaircie pour s'approcher
de terre; mais si l'on est pressé par un ennemi supérieur en forces, on peut tout affronter. Nous avons vu
le Capitaine du lougre *la Fouine*, sur lequel nous étions
embarqué, chassé par une frégate anglaise, donner
dans la passe de *Monmusson* pendant que le flot était
encore favorable. La houle était très-forte, l'horizon
très-raccourci, et il réussit; mais ce fut une action
bien hardie. Si le temps est sombre et si le point est
incertain, il faut prendre ses mesures à l'avance et se
mettre de bonne heure à la cape pour attendre le retour
d'un temps maniable; cependant il ne faut pas ainsi se
laisser affaler en dérivant sous le vent de l'entrée présumée du port, et en un lieu où il n'y aurait plus de ressources; il vaut mieux lutter contre le temps avec la
voilure qu'on peut porter, tirer du canon, et chercher à

prendre connaissance de terre, de manière à pouvoir, par la suite, changer un peu de route, si l'on s'aperçoit de quelque erreur.

En temps de guerre, et si l'on craint les croisières, il faut éviter d'attérir en latitude, parce que c'est un point important qu'elles gardent le plus fréquemment ; il vaut mieux, si l'on n'est pas très-sûr de son estime, attendre au large qu'un bâtiment ou de bonnes observations vous aient donné de sûrs indices ; alors on attaque le port par une route éloignée de la direction de ce parallèle ; avec un vent favorable qu'on attend aussi, on donne dans les passes ; et s'il faut essuyer quelques volées, on les brave pour gagner le port. On peut encore se présenter vers les saisons et les époques ordinaires des grands coups de vent, en attendre le moment un peu au large, et si l'ennemi conserve la croisière, on doit peu s'en inquiéter ; je suis persuadé que par une brise très-forte, mais favorable, une escadre entière ou une passe fortifiée ne saurait s'opposer à l'entrée d'un bâtiment résolu, et qu'elle ne pourrait l'endommager que faiblement : à l'appui de cette opinion je puis citer la corvette *l'Écho* qui, dans la guerre de l'indépendance de la *Grèce*, passa et repassa, sans daigner tirer un seul coup de canon, sous les batteries du golfe de *Lépante*. Cette corvette fut endommagée, il est vrai, mais elle accomplit glorieusement sa mission. D'ailleurs on peut faire route la nuit et se trouver au point du jour à l'entrée d'une des passes. Si l'on escorte une prise, et si l'on apprend que le port où l'on se rend soit bloqué, on change de destination, ou si on ne le peut pour soi-même, on le prescrit pour la prise et on l'arme en conséquence. On peut aussi, lorsqu'on a une belle marche, paraître de jour devant le port et

se faire chasser ; la prise s'approche à un instant fixé
en se faisant manger par la terre ; alors, si les croiseurs
ne sont pas nombreux, elle peut trouver l'entrée du
port libre : mais ce sont des manœuvres fort douteuses
et contre lesquelles il est probable que l'ennemi sera
en garde. Quoi qu'il en soit, dans tous ces cas et les
semblables, on s'abstiendra rigoureusement d'avoir
des feux apparents, à moins que ce ne soit comme ruse
de guerre pour se faire chasser un peu avant le point
du jour, et faciliter ainsi l'entrée à d'autres bâtiments.

Les positions où l'on se trouve fournissent aussi quelquefois des idées heureuses, mais ce n'est qu'aux hommes d'un esprit pénétrant et réfléchi qu'elles se présentent ; j'en citerai un *Exemple* très-remarquable. Un
bâtiment se rendait à *l'Ile-de-France* en temps de
guerre, et il avait pris connaissance de *Rodrigue*. Un
officier de ce bâtiment avait, dans trois voyages précédents, trouvé par ses observations, que la longitude
de *Rodrigue* était probablement mal posée sur les
cartes, et qu'il devait y avoir, selon lui, 20 milles de
plus de chemin qu'elles n'en indiquaient entre ces deux
îles. Une croisière anglaise était supposée devant *l'Ile-
de-France*, et il s'agissait de se trouver au point du jour
à une lieue au plus de l'ouverture du *Grand-Port*, afin
d'y entrer malgré cette croisière si elle s'y trouvait, ou
de faire route pour le port *Nord-Ouest* si le passage
était libre. Le commandant du bâtiment mit en panne
vers minuit quand il se crut assez près de l'île. L'officier dont nous avons parlé lui fit part de ses remarques
précédentes, produisit ses observations et l'ébranla un
moment ; mais la crainte de se compromettre le rete-
nait encore, lorsque cet officier ajouta : « La lune va
« se coucher et elle se couche aujourd'hui dans

« l'O.N.O. ; gouvernons pour mettre la terre, placéeoù
« le point la fait présumer, à cette même aire-de-vent ;
« si à son coucher la lune nous est dérobée, nous pour-
« rons croire que c'est par les mornes ; mais si nous la
« voyons jusqu'à l'horizon, nul doute que nous ne som-
« mes pas dans la direction convenable, et que, par
« conséquent, la terre est plus loin. » Cette conclusion
était irrécusable, on agit d'après ce raisonnement, et la
lune parut en effet, jusqu'à l'horizon ; on courut 18 milles de plus que ne le promettaient ces mêmes cartes. Au
point du jour, on entra au *Grand-Port*, et les éclai-
reurs de la croisière, dont le corps se tenait devant le
port *Nord-Ouest*, étaient eux-mêmes au large du bâtiment. Ce concours de quatre vérifications pareilles de
la distance de *Rodrigue* à *l'Ile-de-France* attira l'attention du gouvernement ; un hydrographe fut envoyé à
Rodrigue, et il trouva que sa longitude devait être portée 19 minutes plus Est.

Quand le temps est très-mauvais, et qu'on est forcé-
ment porté à la côte sans pouvoir trouver de port ni
d'abri, il faut préparer toutes ses ancres en en disposant une pour être empennelée, couper sa mâture un
peu à l'avance, et avec des bouts de filin, la retenir de
loin si on le peut, pour s'en servir par la suite comme
moyen de sauvetage, ou pour la retrouver après le mauvais temps ; on se dispose ainsi à mouiller et à donner
moins de prise au vent. Nous avons vu précédemment
ce qu'il y avait ultérieurement à faire, si l'on était forcé
de s'échouer.

En s'approchant du mouillage, il est essentiel, si
même on ne l'a fait plus tôt, de faire déboucher les écubiers, de passer et étalinguer les câbles, de dessaisir les
ancres, de les mettre en mouillage sur la serre-bosse

et la bosse de bout, de frapper les orins, de prendre les bittures convenables et d'être prêt à faire peneau et à mouiller. L'installation de la bosse de bout demande quelques précautions, à cause du coup de fouet que donne son courant et qui peut être funeste à quelques matelots voisins ; il y a une manière de la disposer telle que ce soit le dormant qui s'échappe et qui laisse filer l'ancre. Cette opération est, au surplus, extrêmement facilitée quand on est muni à bord de la sorte de machine ou de mécanisme en fer que l'on nomme *Mouilleur*, et dont la description se trouve dans la plupart des nouveaux dictionnaires ; il en est de même de *l'Homme de bois* ou du petit bossoir, relativement à la candelette de misaine qu'ils remplacent fort avantageusement pour traverser les ancres.

Si le temps est doux et si l'on doit mouiller dans quelque lieu très-abrité, ou dans quelque rivière et seulement en passant, il suffit de se pourvoir d'une ancre dite de détroit ou installée sous le beaupré en orin de galère. Ces ancres se lèvent facilement, et si l'on ne doit faire dans ce lieu ou dans cette rivière qu'un mouillage de peu de durée, ou que plusieurs mouillages répétés à de courts intervalles pour attendre le retour de brises réglées ou de nouvelles marées favorables, les appareillages seront plus prompts et moins fatigants. D'ordinaire cependant, on tient deux ancres de bossoir prêtes en cas d'événement. S'il vente grand frais, on en dessaisit une troisième qu'on étalingue, on prend de longues bittures que rien ne gêne ni n'embarrasse, on se tient paré à filer du câble, et l'on dispose des bosses cassantes pour amortir la secousse et le coup qui auront lieu lorsque le câble fera tête à la bitte. Il faut d'ailleurs veiller à ce que le tour y soit bien pris, et s'il y a lieu, que la paille de bitte soit bien placée. Une corvette entrant à *Flessingue* avec bon courant, et de plus filant dix nœuds à sec de voiles, vit son câble décapeler, et si ce câble n'avait pas été étalingué au pied du grand mât, elle était probablement perdue. Une autre ancre fut mouillée, mais déjà le premier câble était à moitié filé, et sur la longueur de celui-ci, elle aurait inévitablement touché sur le *Caloot*. Les chaînes ont rendu toutes ces opérations plus faciles. Mais par cela même qu'on peut les arrêter par des moyens tellement énergiques, qu'elles rompent plutôt que de filer, il faut leur éviter des secousses en décrivant avec le navire une grande courbe qui empêche de tendre la chaîne en ligne droite et de rompre en cherchant à arrêter des milliers de tonneaux encore animés d'une grande vitesse.

II. Au sujet des attérages et même de la direction des courants ou du voisinage des hauts-fonds, écueils, îles de glace ou dangers, il a été publié par le géographe américain *Edmond Blunt* un ouvrage contenant le détail des *Observations Thermométriques* de *Franklin*, du colonel *Jonathan Williams* au corps des ingénieurs des *États-Unis,* et de plusieurs navigateurs. Il résulte de ces observations :

Que dans les mers sans fond, l'eau est moins froide que sur les bancs ; et que sur les bancs voisins de la côte, elle est moins froide que sur ceux qui en sont plus éloignés, mais plus froide qu'en pleine mer ;

Que l'eau est moins froide sur les petits bancs que sur les grands, comme aussi elle est moins froide sur ceux qui sont séparés de la côte par un canal profond que sur ceux qui y tiennent par quelque langue de terre ;

19

Qu'enfin cette règle ne s'applique pas à l'eau des rades des détroits et des rivières qui sont soumises à plusieurs influences locales.

Il s'ensuivrait que le *Thermomètre* peut indiquer le
passage d'une eau profonde à celle d'un banc, et par
conséquent être utile pour l'*Attérage ;* plusieurs journaux thermométriques tenus à cet effet ont confirmé
cette assertion. Pour utiliser le thermomètre dans ces
sortes d'opérations, on l'amarre à un plomb de sonde
que l'on fait plonger dans l'eau, au moyen de sa ligne,
à telle profondeur voulue.

Toutefois, M. *Clément,* mécanicien de *Rochefort*, a inventé un instrument qui a l'avantage d'indiquer, à tout
moment, quelle est la température de la mer dans la
zone parcourue par la quille du bâtiment. Cet instrument, qu'il a nommé *Thermomètre Marin*, se compose
d'une spirale métallique susceptible d'une très-grande
sensibilité de dilatation et de contraction, et qui, par conséquent, peut indiquer des variations très-faibles dans
la température d'un fluide où cette spirale est plongée.
La spirale métallique traverse le navire en dessous, au
moyen d'un petit puits et d'un tube très-étanches qui
empêchent l'eau de s'introduire dans le corps du navire, et dans lequel elle est librement contenue : elle
remonte, ainsi, plus haut que le plan de flottaison et
elle est surmontée par une légère tringle droite, également métallique, dont le sommet aboutit à une échelle
ou à un cadran de graduation.

CHAPITRE XXV

Du Mouillage et de Plusieurs Cas Particuliers du Mouillage.

L'opération du *Mouillage* consiste à laisser tomber l'ancre en un lieu déterminé pour y retenir le bâtiment, et où l'on soit, le plus possible, à l'abri du vent, sur le meilleur fond, hors de la direction des courants les plus violents, et loin du passage ordinaire des navires. Le bâtiment reste ensuite sur cette ancre, ou s'affourche, ou bien il s'amarre sur d'autres ancres, ainsi que nous en avons vu le détail dans les chapitres I et II, et que nous l'expliquerons dans le cours de celui-ci. Il ne suffit cependant pas de se rendre, directement et sans précautions, au mouillage et d'y jeter l'ancre; il faut encore prévoir l'effet des courants, et de leur action toujours plus considérable dans les passes ou dans les lieux resserrés. Il faut éviter tel danger, tel haut-fond ou tel navire; il faut surtout manœuvrer pour ne pas surjaler, et pour rendre la secousse du câble nulle ou légère, afin qu'il puisse résister à ce choc lorsqu'on vient à faire tête.

Il peut se présenter pour le mouillage plusieurs cas particuliers: nous allons les analyser. Nous remarquerons préalablement, qu'un bâtiment qui se rend au mouillage y va le plus souvent sous une voilure maniable, telle que les huniers, l'artimon, le foc d'artimon, le petit et le grand foc; toutes les autres voiles sont serrées, à moins qu'on n'ait à louvoyer, ou qu'on ne craigne un changement de marée, une accalmie, l'arrivée prochaine de la nuit, causes qui retarderaient le mouillage ou qui y nuiraient : on remarquera que la voilure que nous venons d'indiquer, à laquelle on peut ajouter les perroquets et la misaine (qui, à l'exception des autres, ne doit jamais être serrée, mais seulement carguée pour pouvoir prêter ses grandes ressources au manœuvrier), est très-heureusement combinée pour faire évoluer un bâtiment. En effet, il est sensible que la suppression, le changement, ou le déventement de telle ou telle partie de cette voilure, influera beaucoup sur la vitesse, ou aidera puissamment à la barre. La marche du navire et l'aire qu'on veut lui conserver, s'estiment alors, non par le sillage le long du bord, mais par des remarques à terre, par la sonde, et par la manière dont on dépasse d'autres bâtiments à l'ancre, ou dont on s'en approche. Quelques instants avant d'arriver au lieu du mouillage, on a achevé de disposer ses ancres, on frappait jadis ses bouées et l'on faisait peneau. Les navires à vapeur ont fait renoncer à l'usage d'avoir des bouées, à cause du danger de ces corps flottants et de leur orin pour les roues à aubes et surtout pour les ailes des hélices.

Il paraît convenable que l'État-Major et l'Équipage soient en tenue lorsqu'on se rend au mouillage, que les canons soient déchargés si l'on entre dans un port de sa nation, que les mantelets des sabords soient à moitié ouverts, et qu'on soit prêt cependant à faire un salut et des signaux ; on peut aussi débarrasser à l'avance son gréement, de manœuvres dormantes ou courantes, de poulies, de paillets, de voiles même qui étaient utiles à la mer, mais qui ne doivent pas figurer sur une rade où il faut présenter le plus tôt possible l'aspect de l'ordre et de l'élégance. Par la même raison, on dressera la

mâture et les vergues dès que le bâtiment sera mouillé ;
on installera les tangons, et l'on s'empressera de donner au bâtiment l'apparence de propreté et de bonne tenue qui ne doit jamais l'abandonner dans les plus petits détails.

Mouiller sans courant, vent arrière ; grand large ; ou au plus près. — *Vent arrière* : Quand on relève le lieu du mouillage par un des bossoirs, à deux ou trois longueurs de bâtiment, on met la barre du bord de l'autre bossoir, on hale bas les focs, on amène le petit et le grand hunier en les carguant en même temps ; on brasse le perroquet de fougue tout à fait en pointe pour qu'il se trouve bientôt sur le mât, et l'on borde l'artimon à plat dès qu'il peut porter. Lorsqu'on va commencer à culer, il faut laisser tomber l'ancre, filer la bitture, dresser la barre, brasser carré le perroquet de fougue, le carguer et serrer toutes les voiles. L'artimon peut rester quelque temps dehors pour maintenir le bâtiment debout au vent.

Grand largue : On peut en réduisant la voilure à l'approche du mouillage, carguer aussi le grand hunier, le serrer, et il restera encore assez d'air. Il faut gouverner un peu sous le vent du lieu du mouillage, et quand il vous reste presque par le travers, à une ou deux longueurs du navire, halez bas les focs, et mettez la barre dessous. Amenez et carguez le petit hunier, bordez l'artimon, ouvrez le perroquet de fougue au plus près ; et lorsqu'il est sur le point de ralinguer, brassez-le sur le mât. Lorsqu'on va commencer à culer, il faut agir comme nous venons de le dire.

Au plus près : Il s'agit seulement de gouverner un peu au vent du lieu du mouillage, et de manière à compenser la dérive. Quand on est parvenu à une longueur de navire de ce lieu, on loffe et on manœuvre comme nous l'avons dit précédemment. On voit, d'après cela, ce qu'il y aurait à faire si l'on était entre le grand largue et le plus près.

MOUILLER AVEC DU COURANT, ET SELON QUE LA MARÉE VIENT DU VENT, OU DE SOUS LE VENT. — *Du Vent* : Si la marée vient précisément du lit du vent, la manœuvre est comme les précédentes ; cependant il faut faire attention que quand on est vent arrière, la vitesse du navire se trouve augmentée de celle du courant ; et seulement d'une portion de cette dernière, si l'on est grand largue, l'autre tendant à porter le navire sous le vent. Si le vent vient du travers, toute la vitesse du courant porte alors le bâtiment sous le vent. Enfin au plus près, une portion de cette vitesse diminue celle du bâtiment, et l'autre le porte sous le vent. Il faudra donc faire entrer toutes ces considérations en ligne de compte, et modifier l'aire de vent de sa route, ainsi que l'instant où il faudra lancer au vent pour atteindre le lieu du mouillage, suivant la force du vent et celle du courant.

Si la marée tout en venant du vent croise cependant sa direction, il faut, pour arriver au lieu du mouillage, gouverner de manière à ce que lorsqu'on voudra lancer au vent, on le fasse du côté d'où vient la marée, parce qu'alors on aura moins de chemin à faire pour atteindre le lieu où l'on fera tête, et qui sera entre la direction du vent et celle du courant. Ainsi, par exemple, si le vent vient de l'arrière, et que la marée prenne par la hanche de bâbord, il faudra que la route ait été telle que lorsqu'on voudra lancer, le lieu du mouillage soit dans la direction du bossoir de bâbord, mais à un peu plus de deux ou trois longueurs du bâtiment, parce que lorsque nous avons mentionné cette distance, nous sup-

posions qu'il n'y avait de courant ni pour entraîner le
bâtiment au delà du lieu du mouillage quand il venait
à être pris en travers par ce même courant, ni pour
augmenter la route quand on était grand largue.

De sous le vent : Il faut encore que la route soit telle
qu'en lançant au vent pour prendre le mouillage, on
embarde du bord de la marée. La raison en est qu'ayant
alors moins de chemin à faire après le mouillage, pour
prendre la direction de l'évitage laquelle participera de
celle du vent et de celle du courant, le câble recevra
une secousse moins forte lorsque le navire viendra à
faire tête en lançant sur l'autre bord. Il y a même telle
position où le bâtiment, après avoir perdu son aire en
venant debout au vent et laissé tomber son ancre, pourrait être porté sur celle-ci et la surjaler.

S'il vente grand frais, les voiles carrées seront serrées
à l'avance, et l'on ira au mouillage sous quelques voiles
auriques et latines qui suffiront sans doute, à cause de
la marée qui relève le bâtiment, pour lui faire atteindre le point où il prendra la direction de son évitage. Si
la marée venait droit de l'avant, il suffirait de serrer ces
voiles à mesure qu'on s'approcherait du lieu du mouillage, de manière à ne gagner que très-peu sur le courant. Parvenu à ce lieu, on diminue encore de voiles ;
quand on voit par ses remarques, que l'on ne gagne plus,
on mouille, on achève de serrer les voiles, et par l'effet
de cette manœuvre, l'on fait tête sans secousse. Si l'on
prévoit, ou si l'on remarque par l'évitage d'autres navires, que l'on aura à faire tête au courant seulement,
et que le vent sera de l'arrière ou de travers quand on
sera mouillé, il faut en arrivant au lieu du mouillage
même, n'avoir que ce qu'il faut précisément de toile
pour étaler le courant, en mettant le cap dans la direc-

tion de celui-ci. Alors on diminue successivement de voiles ; et quand, par le plomb de sonde ou par des remarques, on voit que l'on cule sur le fond, on mouille.

C'est généralement, le cap des navires qui sont à l'ancre dans une rade, qu'il faut remarquer, lorsque l'on veut y mouiller ; et l'on peut résumer les manœuvres précédentes, en disant que l'on doit alors manœuvrer pour se trouver au lieu du mouillage en ayant le même cap que ces navires et qu'il faut laisser tomber l'ancre, dès que l'on commence à culer.

Dans ce cas comme dans tous les autres, si l'on se sert d'un câble-chaîne, il faut observer que celui-ci, tombant avec beaucoup plus de rapidité qu'un câble ordinaire, on ne le filera qu'à la demande.

MOUILLER SANS VENIR DEBOUT AU VENT FAUTE D'ESPACE. — Il est évident que la meilleure manière de mouiller est de laisser tomber l'ancre quand on n'a plus d'air qui puisse être nuisible au câble, et qu'on y parvient en venant debout au vent et en mouillant dès que le navire est étale : mais l'espace peut manquer ; alors il faut attendre le jusant pour entrer, ou tâcher d'arriver au lieu du mouillage en se trouvant debout au courant ; l'on peut ainsi, en manœuvrant comme nous venons de le dire dans le cas précédent, ne conserver, en diminuant successivement de voiles, que l'air qu'il faut pour atteindre ce lieu ; en ce moment, si l'on en diminue encore, on se trouvera étale et l'on mouillera ; c'est aussi ce que nous venons d'expliquer. Mais s'il n'y a pas de courant qui puisse arrêter le navire, si au contraire on est forcé d'entrer de flot, et que cette marée charge le bâtiment au lieu de le retenir lorsqu'on mouillera, si enfin il y a assez grand vent pour faire refouler tout courant, il faut diminuer de voiles afin de ralentir l'air le plus possible ; on multiplie les bosses cassantes, on se tient paré à filer du câble après qu'elles ont fait leur effet, on mouille ainsi une, deux et trois ancres à peu d'intervalle l'une de l'autre ; mais il ne faut, dans tous les cas, filer du câble qu'en raison de la distance des bâtiments qui vous avoisinent. On peut avoir mis des bailles à la traîne.

Si l'on entrait alors dans un port où il n'y a pas d'évitage, on prendrait le câble par l'arrière, on laisserait tomber l'ancre à l'avance, et l'on se retiendrait par la poupe sur ce câble, où l'on aurait disposé des bosses cassantes si le temps l'avait exigé.

Mouiller sur un corps-mort. — On va se mettre en panne, ou s'il y a grand courant on va mouiller une ancre à jet ou de détroit, très-près du corps-mort, et du côté vers lequel on sera évité quand on aura pris les câbles ; une chaloupe de rade ou une des embarcations du bâtiment porte à bord les bouts que l'on passe par les écubiers avec des cartahus et des palans. S'il vente grand frais, on mouille une grosse ancre pour attendre les bouts des câbles ; l'ancre qu'on a mouillée, quelle qu'elle soit, est ensuite relevée par les chaloupes. C'est une manœuvre très-rude quand il fait mauvais temps, et à laquelle il ne faut employer, en dehors, que de bons matelots et d'excellents officiers mariniers. Dans le cas où le bâtiment reste sous voiles, si les chaloupes couraient des risques étant chargées par les bouts des câbles, elles frapperaient une aussière sur ces bouts, et à l'autre bout de l'aussière serait une bouée ; on jetterait le tout à la mer et le courant entraînerait la bouée au large ; s'il n'y avait pas de courant, on l'y halerait avec des embarcations ; le navire saisirait cette bouée et les câbles, comme s'il prenait la remorque. *Voyez* Chapitre XIX.

MOUILLER D'UN TEMPS FORCÉ, QUAND ON N'A QUE LA MI-SAINE OU LE PETIT HUNIER. — Il faut serrer cette voile à l'avance et se rendre au mouillage à sec de voiles ; on doit supposer, en ce cas-ci, le vent de l'arrière ou largue ; mais s'il était un peu de travers en serrant ces voiles, on mettrait à une distance convenable du mouillage le petit foc et l'artimon ; lorsque ensuite le moment de lancer vers le vent est venu, on serre le petit foc et l'on borde l'artimon à plat. Le navire se range vers le plus près, on mouille une ou plusieurs ancres avec des bosses cassantes, on a pris auparavant un double tour de bittes, et l'on file beaucoup de câble en faisant tête en douceur : on peut alors, si le fond n'est pas trop considérable, avoir étalingué à l'avance une ancre à jet sur l'orin d'une des grosses ancres ; cette ancre à jet se mouille quand on est sans air ; bientôt on cule, et avant que l'orin soit tout à fait roide, on laisse tomber la grosse ancre qui, par là, se trouve empennelée. Si l'on ne mouille qu'une ancre, ce doit être celle du bord sur lequel on doit lancer, pour que le bâtiment, en réabattant, ne prenne pas le câble sous le taillemer ; et si l'on a une ancre de bossoir plus forte que l'autre, il faut prendre ses mesures, quand la chose est possible, pour lancer au vent du bord où elle se trouve.

CHAPITRE XXVI

I. Suite des Cas Particuliers du Mouillage. — II. Observations sur
le Mouillage en général.

I. MOUILLER TOUTES VOILES DEHORS. — Quelquefois,
on est forcé de se rendre au mouillage toutes voiles dehors, parce que le vent est faible, parce que le courant
contraire est trop fort, ou par défaut de temps et d'espace; il faut alors venir au vent pour mouiller en carguant et serrant tout ensemble. D'autres fois, on conserve aussi toutes ses voiles jusqu'au lieu du mouillage
pour la beauté de la manœuvre, pour montrer la discipline et l'adresse de l'équipage, ou pour lui procurer
la satisfaction et la récompense d'être mis en évidence.
Dans ces circonstances, il faut un équipage très-exercé,
et le mouillage n'est vraiment beau qu'autant que rien
ne manque, que l'ordre et la précision sont remarquables, qu'en un clin d'œil les voiles sont serrées, les vergues brassées carré, les manœuvres rembraquées
comme si depuis longtemps on était au mouillage et
qu'on ne fût occupé que d'un exercice. Toutefois il est
si difficile et si rare d'atteindre ce point de perfection
sans lequel cette manœuvre et toutes celle de cette espèce perdent leur prix, il y a tant d'autres choses à faire
et à prévoir lorsqu'on arrive de la mer, il est si utile
d'avoir toujours une partie de son monde disponible, il
est si avantageux d'être toujours parfaitement maître de
son navire, qu'il vaut peut-être autant réduire sa voilure

à l'avance, en mettant cependant de la simultanéité dans
les détails, et serrer de bonne heure les voiles que l'on
peut prévoir n'être plus nécessaires pour achever l'évolution. Le câble de l'ancre mouillée en est d'ailleurs
moins fatigué, et l'on court moins de risque de chasser.
Nous avons vu des bâtiments arriver ainsi au mouillage, et à peine y étaient-ils, qu'on eût pu croire, à
bord, être à l'ancre depuis nombre de jours; mais ce
n'est pas aussi brillant que de tout faire à la fois, surtout si l'on veut s'attacher davantage à satisfaire les
spectateurs et les juges du dehors, qu'à agir avec méthode et prévoyance.

Si, d'ailleurs, on devait atteindre à la bordée un mouillage sous un morne ou près d'une côte élevée, on ne
pourrait pas se permettre de se rendre jusqu'au lieu du
mouillage avec toutes ses voiles; car, à cause de l'abri,
les voiles, quand on les masquerait, n'auraient aucune
action, et malgré elles, le bâtiment sur son air dépas-
serait ce point. Les voiles ont cependant alors un effet
qui tend à réduire le sillage bien qu'elles ne soient pas
frappées par le vent, puisqu'elles frappent elles-mêmes
l'air calme dans lequel on navigue, avec une force égale
à celle d'un courant d'air dont la vitesse serait celle que
le navire a conservée; mais cette force pourrait être insuffisante dans le cas dont il s'agit. Nous avons vu, en
louvoyant entre l'île de la *Martinique* et le rocher le
Diamant, et entièrement à l'abri de celui-ci, le peu
d'effet de voiles masquées par l'air du bâtiment; plusieurs crurent la brise changée; dans cette accalmie
profonde, ce fut un spectacle bien imposant, que celui de
ce bâtiment comme abîmé sous la masse énorme qui le
dominait, allant sur son air et avec ses voiles coiffées,
chercher, au delà du rocher, le retour de la brise qui

devait tout à fait le dégager et le conduire au mouillage de l'anse du *Marin*.

MOUILLER EN AFFOURCHANT. — Cette manœuvre est aussi fort belle, mais il faut un emplacement convenable ; elle épargne, d'ailleurs, bien des longueurs et des peines. Le bâtiment mouille alors l'ancre qui doit se trouver le plus au vent, la première ; il fait ensuite route en filant du câble et en faisant ajût d'un grelin s'il le faut, sur la ligne où les deux ancres doivent se relever ; mais dans cette route, on doit tenir compte de la dérive ou de l'effet des courants ; à la distance voulue, on laisse tomber l'ancre en faisant tête sur le premier câble ; on vire enfin sur celui-ci en filant du second, et cela, jusqu'à ce qu'on soit convenablement éloigné de chacune des deux ancres. Les chaînes ont rendu cette manœuvre très-facile, en ce qu'elles n'exigent pas de bitture déterminée, ni de bosses cassantes, on file tant qu'on a de l'air et on arrête quand on veut ; de plus la longueur plus grande de chaque chaîne, évite les ajûts de grelin dont il a été question.

MOUILLER EN LAISSANT TOMBER TOUTES SES ANCRES DE LA MANIÈRE LA PLUS FAVORABLE. — Quand un bâtiment affalé ne peut pas se relever d'une côte en faisant toute la voile que le temps permet, il faut préparer toutes ses ancres et leurs câbles ; on serre toutes les voiles carrées le plus promptement possible, on s'approche de la côte sous les voiles auriques ou latines afin d'y trouver moins de fond ; alors on serre un peu le vent, et on laisse tomber une ancre en filant rondement du câble ; après un peu de route, on en mouille une seconde et de même jusqu'à la dernière, mais en cherchant à se conserver le vent par le travers ; il ne reste plus qu'à serrer les voiles auriques ou latines moins l'artimon, et à

mettre la barre dessous ; le bâtiment étant venu debout
au vent, on serrera l'artimon ; si les câbles, deux à deux,
ne font pas d'angle plus ouvert que 10°, ils appelleront
suffisamment de la direction de la quille ; et, en chassant, les ancres risqueront peu de s'entre-nuire. Il faut
s'efforcer de faire travailler tous les câbles également,
ce qui s'effectue en leur donnant une touée convenable ; si l'on a pu empenneler quelqu'une de ses ancres,
il aura été très-prudent de le faire ; quand on est étale,
on amène sur le pont tout ce qu'on peut amener du
gréement, on se dispose à couper les mâts (si le cas est
pressant, on les coupe tout d'abord ou à l'avance afin
de ménager les câbles), on pare les autres ancres de
bossoir si l'on en a de réserve à bord, et l'on allége un
peu l'avant du bâtiment en pompant l'eau des pièces de
cette partie pour la soulager, lorsque le poids et l'effort des câbles fatiguent assez pour faire craindre de
sancir.

PRENDRE UN CORPS-MORT. — Les chaînes ont rendu
l'usage des corps-morts beaucoup plus facile et surtout
plus sûr que du temps des câbles qui pourrissaient très-
vite, sur certains fonds, étaient d'une manœuvre difficile et exigeaient un petit bateau très-solide pour
en porter les bouts. Maintenant un corps-mort est formé
de deux bouts de chaîne, attachées à deux ancres qui
ont une patte rabattue sur la verge, pour la fortifier
tout en ne présentant pas le bec en l'air. Du milieu part
une chaîne que le navire doit prendre par l'écubier et
tourner à la bitte. Pour arriver à cette grosse chaîne il y
en a une autre moins forte et de la proportion d'un grelin
ayant une longueur un peu plus grande que la profondeur de l'eau de haute mer. A la suite une troisième de
la force d'un faux bras se trouve amarrée à un petit coffre

du volume d'une ancienne bouée, son bout pris en dessous de cette caisse blanche revient en dessus pour qu'on y frappe un faux bras et dès que le coffre est à bord on le sépare facilement de la petite chaîne.

Quant à la manœuvre, elle s'opère de deux manières différentes dans les pays sans marée. Le plus ordinairement c'est en lançant d'un bord, comme si on venait au mouillage vent debout, et en s'arrangeant de manière à avoir son air amorti un peu au vent et près du corps-mort. Alors il faut être très-leste à serrer les voiles, pour présenter moins de surface, à envoyer un canot frapper le faux bras, et à faire entrer au moins la chaîne moyenne à bord, avant d'avoir pris trop d'air à culer ou d'être déjà venu en travers. Si la brise est un peu fraîche, on risque de casser la petite chaîne et il faut mouiller aussitôt et repêcher le corps-mort. Quand il vente frais, le plus sûr est de mouiller assez au vent du corps-mort pour être par son travers ; quand on a filé assez de chaîne pour étaler le vent, alors on hale le corps-mort à bord, on maillonne sa grosse chaîne sur la sienne, après avoir détaché le grelin chaîne, et on file assez pour aller lever son ancre et virer ensuite sur le corps-mort, jusqu'à ce qu'on ait sa grosse chaîne à la bitte. Il y a beaucoup de positions où il n'est pas possible de faire autrement, c'est lorsqu'on arrive à son poste par le travers du vent et un peu sous le vent, comme aux corps morts du Mourrillon à Toulon, lorsqu'il vente de l'Est ou du Sud. Au contraire, quand on arrive du vent, il peut y avoir de la place sous le vent pour agir comme on vient de le dire en prenant du tour ; mais alors il est préférable d'agir différemment, en arrivant avec vent du travers un peu au vent du corps-mort, masquant partout ou mettant en panne un peu à

l'avance de manière à se trouver l'avant en travers au
vent du corps-mort. Si on dépasse ce point, on peut masquer plus de voiles ; le perroquet de fougue et le grand
hunier suffisent pour culer lentement, et en mettant le
vent dedans quelques instants, on reprend le poste
voulu, si on a trop culé. Alors on envoie le canot
par sous le vent et on frappe le faux bras comme d'habitude, mais au lieu d'avoir peu de temps devant soi
on en a d'autant plus qu'ayant mis en panne au vent,
on dérive très-lentement. Il faut naturellement se poser
d'autant plus au vent que la brise est plus fraîche. Le
corps-mort doit être abraqué avec précaution, parce
qu'il ferait arriver le navire que ses voiles maintiennent
à peine en travers dans une sorte d'équilibre peu sta-
ble et qu'une fois arrivé on prendrait de l'air et on casserait la chaîne, si on ne mouillait pas à temps. Cette
méthode est aussi préférable quand il y a du courant
parce qu'elle donne plus de temps. Mais il faut bien
juger des effets combinés de la brise et du courant par
les évitages des navires déjà situés au mouillage, et
dès lors les règles ont trop de cas différents pour pouvoir être formulées.

Pour appareiller sur un corps-mort, il n'y a plus
qu'à démailler sa chaîne qu'on a mise sur le bout
de la grosse, pour pouvoir filer au besoin étant au
mouillage ; puis on maille entre elles la chaîne grelin et
la petite dont le double sort par l'écubier et est fixé
au coffre qui est resté pendu sous le beaupré. Dès
lors, il n'y a plus qu'à mettre de bonnes genopes sur
les boucles de bitte, puis à lever le tour de bitte et
couper les genopes pour que tout file à la mer et laisse
le navire libre de manœuvrer.

Mouiller en présentant le Côté a un Fort ou a un

OBJET QUELCONQUE. — Passez une aussière ou un grelin par l'arrière et vers le bord que vous voulez présenter, portez-en le bout de l'avant en dehors de tout, et amarrez-le sur la boucle de l'ancre que vous devez mouiller; quand l'ancre est au fond, filez ou embarquez le câble ou le grelin, et vous vous effacerez ainsi à volonté. Il est préférable de passer deux grelins, un de chaque bord, parce qu'en filant le premier et embarquant l'autre, on peut présenter l'autre bord à l'objet. D'ailleurs, si c'est un fort vers lequel on veuille s'effacer, le premier grelin peut se trouver cassé pendant l'action, les canons de ce bord peuvent être démontés, et ce double grelin donne les moyens de remédier à ces inconvénients et de présenter l'une ou l'autre batterie au feu.

MOUILLAGES DIVERS. — On appelle *Mouiller en Pagale*, amener toutes ses voiles précipitamment quand le vent manque ou refuse dans une passe, ou que la brise change; alors on laisse tomber l'ancre le plus promptement possible : *Mouiller une ancre en créance*, lorsqu'on se met en panne sous petite voilure, qu'on fait porter une ancre par sa chaloupe à un lieu voulu et qu'elle reporte à bord le bout du câble; on dit encore qu'on est Mouillé en Créance, pendant que la chaloupe travaille à porter et mouiller l'ancre d'affourche : *Mouiller en Croupière*, lorsque le câble d'une seconde ancre, au lieu de rentrer par l'écubier, revient par un des sabords de l'arrière; il s'agit alors de présenter la poupe vers un endroit déterminé qui est dans la direction de la marée ou du vent régnant : *Mouiller en patte d'oie*, lorsqu'on jette ses ancres au fond, de la manière que nous l'avons dit tout à l'heure en parlant d'un bâtiment affalé sur la côte ; quelquefois, on mouille encore ainsi dans les rades où l'on passe l'hivernage : *Mouiller en barbe*, lorsqu'on jette, comme nous l'avons encore dit, deux ancres en même temps, en entrant dans une rade par un coup de vent, ou quand on a la crainte de chasser avec une seule ancre.

Au surplus, dans tous les mouillages possibles, il faut manœuvrer pour éviter de courir sur son ancre, de revenir dessus si on l'a dépassée, et cela de crainte de surjaler ou de toucher dessus s'il y a peu de fond. Il faut se souvenir qu'une bonne ancre avec une grande touée vaut souvent mieux que deux ou plusieurs ancres dont la direction peut être moins favorable et la touée plus courte ; si le fond est fin et mou, et si l'on suppose que le bec n'offrira pas assez de résistance, on le recouvrira d'une pièce de bois fortement assujettie et qui est plus large que ce même bec ; il vaut encore mieux alors faire empennelage avec une ancre à jet ; on fera également empennelage avec un fort grappin, sur un fond de roche ou de galet où l'ancre de bossoir ne trouverait pas à mordre : au sujet des mouillages sur les fonds de vase, nous n'omettrons pas d'indiquer qu'il est de ces vases si molles que le vent n'a nullement le pouvoir d'élever la mer qui les recouvre et qui se mêle aux parties qui s'en détachent. Au large et à 2 et 3 lieues de la côte, il y a de pareils bancs où l'on peut aller enfouir son bâtiment sans le moindre danger ; dès qu'on les approche par six brasses de fond, la mer s'apaise, et l'on y est bientôt dans la plus parfaite tranquillité. Telle est, dit-on, la fosse du *Cap Breton* à quelques lieues dans le Nord de la barre de *Bayonne ;* et tels sont quelques-uns des points de la côte de la *Guyane Française.* A 2 lieues d'*Iracoubo* surtout, nous y avons fait mouiller, par 2 mètres d'eau rapportés avec la sonde, la goëlette de guerre *la Provençale* qui en tirait 3 et 1/2 et qui passa soudainement d'une mer agitée à l'état le plus calme ; la mer était basse, et au demi-plein de l'eau la goëlette flottait, mais sans éprouver ni roulis ni tangages sensibles.

II. Après avoir traité des principaux cas particuliers, il ne nous reste plus qu'à énoncer quelques *Observations sur le Mouillage en général* : dès qu'on est à l'ancre, on dresse les vergues, on serre ses voiles le plus soigneusement possible, on embraque le mou des manœuvres courantes, on les cueille proprement, on en dépasse plusieurs ; et quand on est affourché ou amarré à poste, on prend des relèvements et l'on sonde pour constater sa position par rapport à la terre.

Il faut d'ailleurs, en allant au mouillage, adopter toutes les précautions dont nous avons parlé lors de l'appareillage, et qui peuvent s'appliquer à ce nouveau cas ; si, sans pilote, on entre dans un port que l'on ne connaisse pas, ou si la rade est nouvellement découverte ou peu fréquentée, il est prudent de mettre en panne, d'envoyer sonder partout avec des embarcations pour se faire tracer la route, ou au moins d'avoir un canot en éclaireur qui soit beaucoup de l'avant pour faire des signaux à temps, et de tenir des hommes en vigie sur la vergue de misaine, aux bossoirs et sur les barres de petit perroquet. Cette précaution est d'autant plus utile que souvent on navigue longtemps dans un port sans en connaître tous les dangers : il peut s'y former des bancs là où il n'en existait pas, et ces bancs peuvent prendre un accroissement très-rapide : il peut encore s'y trouver une roche de forme conique, sur laquelle le plomb de sonde a pu longtemps glisser sans l'indiquer. Pareille roche fut heurtée par le *Marengo*,

vaisseau de 74, entrant au Port *Sud-Est* (Ile-de-France);
depuis soixante ans, la Passe de ce port était fréquentée,
et nul ne se doutait certainement de l'existence de ce
danger. Le vaisseau coula, par la suite, dans le *Trou
Fanfaron* au Port *Nord-Ouest* après avoir conservé quelque temps, à la voile, la crête de la roche dans le flanc,
et on eut beaucoup de peine à le remettre à flot. Quelle
ne doit donc pas être l'incertitude à l'égard des lieux
dont il s'agit ici !

Avant de faire peneau, on s'assure soigneusement
que l'orin est bien paré ainsi que la bouée, que la bitture est convenablement prise et disposée, et que le
tour de câble sur les bittes n'a pas été négligé, non plus
que la mise en place de la paille de bittes, s'il y a lieu.
Nous avons déjà dit que les chaînes rendaient toutes ces
précautions inutiles, mais comme on peut parfois se
servir de câbles en filin il est utile de les mentionner
afin d'éviter d'être pris au dépourvu.

En arrivant au mouillage, on hisse sa couleur dès
qu'on est à portée des forts au plus tard, on se fait reconnaître par son numéro, on est prêt à faire les saluts
d'usage, à répondre aux stationnaires ou aux canots
envoyés par eux ; quand on est mouillé, on met ses embarcations à la mer, on prend les ordres du commandant de la rade ou du port, mais on ne communique
pas avec la terre sans avoir rempli tous les devoirs établis par la coutume ou par la politesse, sans en avoir
reçu l'autorisation et, surtout, sans que le bâtiment
soit parfaitement affourché ou amarré.

Si l'on entre en louvoyant et que la marée vous serve,
il faut virer de bord avec prudence, et au delà ou en
deçà du lit de la marée relativement à tout bâtiment
placé au vent, à moins qu'il n'y ait une encâblure ou

plus à courir pour l'atteindre; car, et une corvette nous en a fourni la preuve, le courant peut faire assez gagner au vent pendant l'évolution, pour occasionner un abordage; le bâtiment mouillé doit alors filer du câble, et le bâtiment sous voile, s'il s'aperçoit à temps de sa bévue, doit tout masquer en plein. Il faut d'ailleurs s'enfoncer en baie pour laisser le passage libre aux bâtiments qui viendraient au mouillage par la suite; s'il y a beaucoup de navires en rade, il faut avoir très-peu de voiles pour être maître de sa manœuvre, ou mouiller à faux frais au premier endroit convenable; quand on prend son poste, il faut éviter, en cas de chasse ou de rupture de câbles, de s'amarrer au point d'où l'on relève quelque bâtiment sur l'avant, dans la direction du vent le plus à craindre; si l'on remonte quelque rivière où les eaux soient faibles après le jusant, on doit se mettre sans différence de tirant-d'eau et même plutôt sur nez, parce qu'ainsi la mer en achevant de perdre, ne peut plus faire venir le bâtiment en travers, ce qui aurait lieu si l'arrière touchait le premier, à cause du mou que prend le câble à mesure que le bâtiment s'abaisse sans culer. Si enfin, l'on est dans une rade mal défendue et qu'on puisse craindre l'ennemi, on le surveille avec des embarcations de ronde ou mouillées sur des bouées; l'on se prépare contre les abordages, les brûlots, les péniches; et l'on emploie les moyens que nous détaillerons dans notre dernier chapitre, où nous traiterons de l'embossage; alors on ne néglige pas de s'embosser, et l'on prépare son mouillage pour cet objet, ainsi que nous l'exposerons par la suite.

Dans le cours de cet ouvrage, nous avons toujours cherché à inspirer une juste méfiance envers l'ennemi; cependant, s'il est vrai qu'il faille toujours se tenir sur

ses gardes, ce ne doit pas être en se montrant pusilla-
nime ; il faut donc éviter ce nouvel excès, et prendre
ses précautions seulement comme garanties nécessaires.
Nous avons, assez fréquemment, cité des exemples,
parce que, comme nous en avons déjà fait l'observation, nous avons pensé que, par là, nous impression-
nions mieux le jeune lecteur, et que nous aidions à sa
mémoire : nous croyons, en ce cas-ci, donner en agissant encore ainsi, des preuves de l'utilité des précautions,
particulièrement dans des circonstances où l'on pourrait se croire parfaitement à l'abri ; or, dans ce chapitre du mouillage, où, après s'être amarré, on devrait
peut-être se croire exempt de toute crainte fondée,
nous ne croyons pas moins nécessaire de citer un nouveau trait, qui fera voir que l'esprit d'un marin ne doit
jamais être ni assoupi, ni trop confiant dans les apparences : une division française dont nous faisions partie
était, vers la fin de la paix de 1802, mouillée à *Pondichéry;* les forces anglaises s'étaient aussitôt rassemblées,
mais sans affectation, à *Gondelour ;* il y avait 3 lieues de
distance entre les bâtiments des deux nations, et rien
ne paraissait hostile. Cependant l'amiral anglais nous
envoyait, sous divers prétextes d'égards ou d'affaires,
un aviso qui le plus souvent passait la nuit auprès
de nous; un jour nous apprenons, par le brig *le
Bélier* expédié de France, exprès pour nous en apporter la nouvelle, que la guerre est sur le point
d'éclater, que la rupture a déjà peut-être eu lieu en
Europe, et que nous devons nous replier sur l'*Ile-de-
France*. L'ordre est donné en secret d'appareiller la
nuit, et l'appareillage est exécuté ; aussitôt l'aviso se
couvre d'un feu à artifices, très-divergent, très-lumi-
neux, à fusées, à pétards, et il fait sans discontinuer de

nombreuses décharges d'artillerie. Les Anglais appareillent aussi de *Gondelour*; ils nous poursuivent avec des forces bien supérieures, mais ils eurent la douleur de ne pas nous atteindre !

CHAPITRE XXVII

Des Rendez-Vous.

Jusqu'ici, nous n'avons uniquement parlé que de la science de la *Manœuvre* du navire. C'est bien le premier de tous les points ; car avant tout, il faut, n'en doutons pas, savoir et bien savoir manœuvrer et faire évoluer son bâtiment. Mais notre tâche serait incomplétement remplie, si nous négligions de nous occuper des *Manœuvres Militaires*. Nous allons donc entreprendre de les traiter, et ce sera le sujet de nos derniers chapitres. Cette partie est en effet tellement liée à la précédente, que le navigateur qui, parcourant la carrière des armes, ne connaîtrait et ne voudrait connaître que la première, ne posséderait que des connaissances incomplètes, et ne devrait nullement prétendre au titre d'officier d'une marine militaire: ces réflexions ne perdent pas de leur force, en les appliquant aux Capitaines de la Marine du Commerce, puisqu'ils sont, à chaque instant, dans le cas d'être employés à bord des bâtiments de guerre en qualité d'Officiers ; et que pour la sûreté même d'un bâtiment marchand, il est indispensable qu'ils connaissent, au moins, les principes de la Chasse ou de la Retraite, et, quand ils sont atta-

qués, comment ils peuvent se mettre en défense ou
éviter le danger.

L'art des manœuvres de guerre ne se compose pas
toujours, comme celui que nous venons d'exposer,
d'évolutions fixes dont la base et le développement,
s'appuyant sur des vérités de fait ou sur une théorie
positive et sur des doctrines avouées, ne donnent lieu
qu'à quelques dissentiments en général peu importants.
Il n'est ordinairement, au contraire, que le fruit ou le
résultat de l'observation, de circonstances plus ou moins
difficiles à apprécier, et de conjectures plus ou moins
douteuses. Aussi n'est-il donné qu'aux Capitaines doués
de beaucoup d'aptitude à réfléchir, d'une grande saga-
cité, d'une expérience consommée ou d'un génie élevé,
de sentir la manœuvre qui convient à toute combinaison
de ce genre et de l'exécuter à propos. Ceux-là fournissent
des exemples, non précisément pour l'avenir, car il est
rare que ces mêmes combinaisons se représentent exactement; mais pour servir à poser quelques règles qui
montrent le but à certains esprits heureusement orga-
nisés, et dont le caractère est de lier habilement les
faits, ou de trouver entre quelques-uns d'entre eux qui
peuvent paraître sans analogie quelconque, des rapprochements qu'il n'était accordé qu'à leur supériorité de
découvrir.

D'après cet énoncé, on prévoit déjà que, dans l'objet
qui va nous occuper, nous devons nous borner à indiquer les préceptes les plus généraux, ceux qui sont les
plus féconds en conséquences, ceux qui sont reconnus
ou regardés comme irrécusables ; à faire connaître les
précautions utiles ou les mesures en usage, et à fortifier
les assertions par des exemples. Nous continuerons cependant à nous renfermer, autant que possible, dans la

question considérée sous le rapport d'un seul bâtiment ;
et si nous en citons quelquefois plusieurs, c'est que leur
position pourra s'appliquer à un seul, ou qu'entre tous
il n'y aura de marquant que la manœuvre d'un seul.
Entreprendre davantage serait entrer dans le domaine
de la tactique navale, et nous ne confondrons pas deux
objets aussi distincts et aussi importants.

Un *Rendez-vous* est un point de la mer désigné pour
se retrouver ou se rallier en cas de séparation à la
voile. Il sert encore à réunir plusieurs vaisseaux armés
en divers lieux, lorsque l'on trouve plus court ou plus
utile de les diriger vers ce point que de les faire appareiller pour les rassembler dans un même port, et avant
l'expédition principale. Ce fut ainsi qu'en 1802, la for-
midable armée navale, commandée par l'amiral *Villa-
ret*, sortit à peu près simultanément, par escadres, corps
d'armée, divisions et même bâtiments isolés, de presque tous les ports français ou espagnols de l'*Océan* et
de la *Méditerranée*, et se rassembla sous *Samana* (île
Saint-Domingue), pour ensuite aller forcer le passage
du fort *Picolet* et entrer dans la rade du *Cap-Français*.
Le rendez-vous est alors assigné à l'avance, et il l'est
ordinairement soit dans des paquets fermés, soit dans
des instructions qu'on ne peut décacheter ni lire qu'a-
près un temps voulu, ou que lorsqu'on a atteint des
parages déterminés. Dans la supposition de bâtiments
partant et naviguant de conserve, le rendez-vous peut
également être prescrit de la même manière ; mais il
peut aussi l'être à la mer par des signaux qui nomment précisément le lieu du rendez-vous, ou qui fixent
sa latitude et sa longitude.

Outre son lieu, le Rendez-vous a encore sa durée, laquelle se fait connaître de la même manière que le lieu,

et se compte par nombre de jours ; enfin pour prévenir tous les événements, on donne ordinairement deux et trois rendez-vous, afin que les bâtiments qui ne peuvent atteindre le premier se retrouvent à l'un des suivants ; et en cas d'impossibilité à y parvenir, il y a des ordres ultérieurs qui indiquent aux uns la route à tenir, et à ceux qui ont accompli la durée du rendez-vous, quelle est leur destination définitive. Les derniers rendez-vous sont ordinairement calculés sur le but de l'expédition, ou d'après les difficultés que l'on peut rencontrer à chercher ou à conserver les premiers de ces rendez-vous.

Lorsque le Rendez-vous est à vue d'une terre, il est ordinairement fort aisé de satisfaire à toutes ses conditions ; mais il n'en est pas ainsi quand ce point est en pleine mer ; de sorte que non-seulement rien ne garantit absolument que vous ayez fait la route nécessaire pour le gagner ; ni, lorsque vous l'aurez atteint, que les courants ne vous en éloignent pas. Par ces raisons, il est du devoir de chaque bâtiment de s'y rendre très-directement afin de diminuer les erreurs de cette même route, d'interroger d'autres bâtiments, s'il en rencontre, sur leur point et sur les probabilités de l'exactitude de ce point, de reconnaître quelques terres si cela lui est permis ou si le vent le porte dans leur voisinage, d'apporter à son estime, à sa variation, à ses observations, à ses montres, l'attention la plus scrupuleuse, d'attaquer le rendez-vous par sa latitude, de se maintenir au moins en celle-ci ; et à cet effet, le rendez-vous doit présenter, s'il est possible, l'avantage d'avoir plus de développements sur la ligne Est-et-Ouest que sur la ligne Nord-et-Sud ; encore, avec tous ces secours, ne peut-on pas toujours être sûr d'avoir réussi, même lors-

qu'on possède des montres, et je le prouverai par un
exemple.

Une division partie d'une de nos colonies, y avait
laissé un de ses bâtiments en réparation. La division
devait faire une première croisière sur un point, et retrouver sur un second point ce même bâtiment, qui
avait ordre de s'y rendre dès son raboub fini. Ce rendez-
vous était à 25 lieues dans le Sud-Est du cap *Comorin;*
et excepté vers le Nord, il n'y avait, comme on sait,
aucune autre terre à grande distance de ce cap. Suivant
ses instructions, le bâtiment isolé prit connaissance du
cap afin de rectifier les erreurs ordinaires d'une longue
route, et il se rendit au lieu de la croisière où il arriva
avant la division. Il devait croiser trente jours et il croisa
effectivement pendant ce temps ; mais sans voir ni les
bâtiments qu'il attendait, ni malgré la fréquentation
habituelle de cette pointe comme lieu de reconnaissance, aucun navire quelconque. La latitude était bien
conservée, la montre était à peu près d'accord avec l'estime pour la longitude, il n'y avait pas lieu à sonder,
la variation ne pouvait être que d'un secours incertain
dans ces parages; mais il restait les observations de distance lunaires. Celles-ci purent être prises vers le quatrième jour, et elles indiquèrent que la montre paraissait se déranger et que l'estime, en raison des courants,
pouvait être défectueuse ; elles annoncèrent même que
le bâtiment s'éloignait régulièrement tous les jours vers
l'Est. Le commandant, qui avait une grande confiance
en sa montre, rejeta les probabilités présentées par
cette suite d'observations; cependant, les distances re-
devinrent susceptibles d'être prises, mais de l'autre
côté du soleil : l'observateur se proposa alors de rechercher celles qu'il avait précédemment observées, et

de s'en rapprocher le plus possible dans les nouvelles observations. Le temps et la mer favorisèrent cette opération, et le résulta manifesta que le bâtiment avait encore été porté vers l'Est, et qu'il y avait entre cette translation et les précédentes, le même rapport qu'entre le nombre de jours correspondants : il en conclut nécessairement que la montre avait varié ; en effet, les arcs des distances étaient à peu près les mêmes dans les deux positions ; et, puisque dans l'une, elles allaient en augmentant, et dans l'autre, en diminuant, il était visible que si l'instrument avait eu, en ces parties de la graduation, le défaut de donner des angles trop grands ou trop petits, on aurait eu une longitude dans ce dernier cas, plus occidentale que celle de la montre supposée la véritable, et une plus orientale dans l'autre cas ; or toutes les deux étaient plus orientales, et il en résultait que cette graduation n'était point fautive. Mais ces raisonnements ne purent ébranler le commandant; il persista, et ce ne fut que lorsqu'il voulut retrouver le cap pour prendre un point de départ et retourner au port, qu'il se convainquit qu'il était à 70 lieues du rendez-vous. Les courants de ces parages sont assez connus, et peut-être une des conditions du rendez-vous eût-elle dû être de prendre quelquefois connaissance du cap, mais d'y procéder avec prudence pour ne pas donner l'éveil, et en ne s'avançant que de très-beau temps, pour pouvoir s'assurer de loin, qu'on ne risquait pas d'être découvert. Dans ce cas-là, on aurait remis la reconnaissance à un autre jour.

Cet exemple fait en outre sentir la nécessité d'avoir plus d'une montre ; deux suffisent à peine, car si elles diffèrent, en laquelle se confiera-t-on ? lorsqu'on en a trois, il y a de grandes chances de sûreté à prendre le terme moyen entre les deux qui se suivent le mieux.

Un bâtiment au rendez-vous, doit être très-vigilant ; il doit, à moins d'instructions positives, se laisser peu entraîner à chasser un bâtiment qui l'éloignerait trop ; s'il est chassé lui-même, il doit, tout en faisant fausse route, se ménager la possibilité de rejoindre bientôt son poste. Lorsqu'il sait qu'on n'a pas l'ordre d'éluder une action, et si les chasseurs sont plus forts que les bâtiments qu'il attend, il doit exciter ces mêmes chasseurs à s'éloigner le plus possible du lieu de la croisière, en se laissant voir longtemps à dessein, et en faisant prolonger la chasse ; si au contraire, les chasseurs ennemis sont plus faibles que ces bâtiments, la retraite doit être vers les lieux où il suppose qu'il les rencontrera.

Un bâtiment au rendez-vous, doit être très-méfiant ; des bâtiments amis peuvent avoir été capturés, le secret avoir été connu, et l'on pourrait être surpris par ces mêmes bâtiments ou par de semblables montés par les ennemis. Aussi, dans ce cas et tous les pareils, faut-il mettre son numéro, faire des signaux et ne point composer avec le doute quel qu'il soit. Nous avons vu une de nos frégates aller au rendez-vous dans une baie, et y trouver même nombre de bâtiments ennemis qu'elle devait y trouver de bâtiments français, et pareillement peints et placés : elle mit son numéro, on ne répondit point ; elle crut que c'était négligence et elle continua sa route. Cependant un officier qui regardait ces bâtiments avec sa lunette, remarqua un changement dans le gréement d'un vaisseau qu'il croyait reconnaître comme étant Français et il en fit tout haut l'observation. Le commandant saisit ce propos qui paraissait insignifiant, il fait aussitôt pousser ses bouts-dehors au

vent, préparer ses bonnettes et larguer les rabans de
toutes les menues voiles. Il quitte alors le plus près,
et laisse arriver de deux quarts. L'ennemi était venu en
forces supérieures, il avait contraint nos bâtiments à la
retraite, et prenant des renseignements à terre, il s'était
disposé à surprendre la frégate ; cependant il croit sa
ruse découverte, il file ses câbles et il appareille. La frégate, prête à forcer de voiles, laisse arriver en grand,
et se dérobe à la poursuite de ces bâtiments.

En temps de paix les précautions peuvent être moins
nécessaires ; mais ce qui est toujours de rigueur, c'est
de douter de l'état de continuation de la paix, d'éviter
les rencontres de forces supérieures d'une autre nation,
et de ne s'approcher d'un bâtiment d'égale force qu'avec
toutes les dispositions prises pour le combat. On ne
doit pas se mettre dans le lit du vent au vent d'un bâtiment pour lui parler, mais on ne doit pas souffrir qu'il
vous l'abrite non plus ; on ne doit lui parler que le pavillon haut, mais on l'amènera et on ne répondra pas
si, lui-même, en adressant la parole, n'arbore pas le
sien ; et lorsque ce défaut de procédés, quand des manœuvres louches dénotent quelque chose de suspect,
il faut prendre une position favorable ou une attitude
guerrière, et ne pas différer l'explication. C'est ainsi
qu'agit avec un à-propos si heureux, cette frégate dont
nous avons parlé chapitre XII. D'ailleurs l'attaque et la
prise, pendant la dernière guerre, de quatre frégates
Espagnoles richement chargées et trop pleines de sécurité, celles de centaines de nos bâtiments, qui précèdent
ordinairement toute rupture, la surprise de la frégate
la Volontaire au cap de *Bonne-Espérance* en 1806,
celles du brig *le Rolla* vers ce même temps et du navire
Anglais *la Ressource*, l'arrestation d'un canot de la fré-

gate *la Canonnière* à *Falsebay*, la corvette *le Mohawk* qui vint, d'elle-même, se livrer aux vaisseaux de l'amiral *Ganteaume* dans la *Méditerranée* en 1801, et mille autres exemples, font une loi de la plus grande réserve dans ces circonstances et les semblables.

Si tout s'est passé dans l'ordre et si l'on juge convenable d'entamer une conversation, ce qui dénote le plus souvent de l'incertitude, de la curiosité ou de la lassitude, il faut qu'elle soit brève, significative ; surtout, en ce cas, il faut respecter les droits des bâtiments en état d'hostilité si, soi-même, on est neutre.

CHAPITRE XXVIII

I. **Des Croisières.** — II. Considérations Générales sur la Guerre d'Armées Navales, sur la Guerre de Croisières ou de Course, et sur les Descentes à main armée sur le sol ennemi.

1. Les *Croisières* sont des stations militaires que font un ou plusieurs bâtiments armés, soit dans l'attente d'autres bâtiments de guerre, qu'ils veulent rencontrer et forcer au combat sur un des points de leur route présumée ou connue, soit avec l'espoir d'arrêter des convois ou des navires isolés vers les lieux qu'ils fréquentent dans leur navigation. Il est aussi important de maintenir exactement sa croisière, que de conserver le point d'un rendez-vous. Les meilleures croisières dirigées contre les bâtiments du commerce, se tiennent sur les lieux du passage d'une grande quantité de ces navires, comme à l'entrée des détroits de la *Sonde*, de *Ma-*

lacca, de *Gibraltar*, ou comme à l'ouverture de la *Manche* ou de la mer *Rouge;* sur les côtes où sont plusieurs baies et comptoirs, comme celles d'*Afrique* sur l'*Océan* et celles de *Sumatra;* sur les latitudes d'attérage de ports très-commerçants, tels que ceux des *Antilles;* près des points de reconnaissance adoptés, comme *Pulo Aor* pour le détroit de *Malac*, l'Ile *Rodrigue* pour l'*Ile Maurice;* aux intersections de routes de navires ayant diverses destinations, telles que les environs des *Açores*, des *Canaries*, du *Banc des Aiguilles*, du *Cap Bon* dans la *Méditerranée*, du *Cap Comorin;* près des Pêcheries, aux Débouquements, etc. Il est vrai que l'on a lieu d'y craindre les escadres ou vaisseaux et autres bâtiments de guerre qui protégent leur pavillon ; mais alors il faut redoubler de surveillance ; aussi, par cette raison, choisit-on quelquefois des croisières très-lointaines et tout à fait inattendues, comme sur les mers qui avoisinent la *Chine*, ou comme celle dont nous avons parlé (Chapitre XVI) du Capitaine *Porter* dans l'*Océan Pacifique*, où il prit un grand nombre de bâtiments.

Quand on tient croisière près de terre, on se sert de cette position pour être vu de moins loin, et l'on s'y place de manière à être mangé par elle ou à être masqué par quelque pointe. Si l'on peut y mouiller et quand la chose est praticable, outre ses vigies de bord on en établit encore à terre dont les signaux ne doivent être apparents que pour le croiseur ; on sait à cet égard combien de succès les flibustiers et, depuis lors, les corsaires des *Antilles* ont dus à cette manière de croiser, et avec quels faibles esquifs ils ont surpris les bâtiments les plus grands et les plus riches. Cependant, si l'on craint l'ennemi en forces supérieures ou égales, il est dangereux de mouiller sous la terre, car on y a le désavantage

de ne plus pouvoir disputer le choix d'une position favorable.

En général, un croiseur doit avoir ses canots armés
d'hommes aguerris et disposés à partir en cas de rencontre d'un bâtiment accalmi ; s'il y a lieu à attaquer
ce bâtiment avec ces mêmes canots, il faut éviter son
travers, le prendre à la fois par l'avant et l'arrière et
monter à bord avec audace. Si un croiseur a affaire à
un bâtiment d'égale marche ou à peu près, il ne doit
pas l'abandonner parce qu'il ne le gagne que très-peu
ou pas du tout ; il peut au contraire espérer de recevoir
un renfort, ou d'avoir un changement de temps, de
vent, d'allure ou de marche : c'est ainsi que par suite
d'une diminution de vent, nous avons vu prendre le
cutter *le Sprightly*, après dix heures de chasse sans
avantage de marche pendant huit heures ; cependant
on ne doit pas s'obstiner contre toutes les apparences,
ni quitter ainsi de trop loin, un point de croisière qu'on
ne pourrait regagner que longtemps après, et qui pro-
met de plus heureuses chances.

Un croiseur doit souvent renouveler ses vigies, les
multiplier, les récompenser ; et de grand matin surtout,
leur faire observer ce qui se passe au large et sous la
terre : ses batteries seront toujours dégagées, principalement la nuit et par un temps de brume ; son équipage
sera inopinément exercé à faire branle-bas à toutes les
heures ; les fanaux, les bailles de combat, les palans
de retraite, l'armement des pièces, les fusils ne seront
jamais hors de portée, et les autres dispositions de combat dont nous parlerons bientôt plus en détail, seront
toujours faites ou faciles à faire. Un croiseur ne prendra
des ris et ne dégréera ses perroquets qu'autant qu'il y
sera forcé ; ses voiles serrées seront sur les fils de caret,

21

celles qui seront établies seront parfaitement bordées.
Au point du jour, il sera prêt à mettre à la fois toutes
ses voiles dehors, mais à moins de quelque découverte,
il n'aura pas de voiles hautes afin d'être vu de moins
loin ; il laissera donc approcher un bâtiment dont il
verra les parties élevées, et il continuera ainsi à faire
route sur lui jusqu'à ce qu'il soit dans le cas d'en être
aperçu. En ce moment, il hissera ses perroquets seulement, pour ne pas donner de soupçons, et s'il voit qu'on
change de route, alors il commencera la chasse sérieusement. D'ailleurs, on se livrera assidûment en croisière à tous les exercices, et au simulacre d'abordage ;
on croisera surtout sur la ligne Est-et-Ouest, comme
étant celle sur laquelle les erreurs du point doivent être
le plus fortes, soit pour le croiseur, soit pour les navires
qui peuvent chercher le point le plus fréquenté, qui
sera celui où la croisière a dû être établie ; la nuit on
s'éloignera moins du lieu central de cette même croisière ; c'est par conséquent le cas de faire toutes les observations qui peuvent assurer un bon point, et même
pour le rectifier d'une manière certaine, de prendre
connaissance de quelque terre, quoique pourtant, en
thèse générale, on doive s'abstenir d'un pareil voisinage que des temps défavorables peuvent rendre très-
fâcheux par la suite ; encore, dans le cas dont il s'agit
ici, il est souvent imprudent de se montrer : ainsi l'on
ne doit s'approcher de la côte que lorsqu'on le peut avec
quelque espoir de rester ignoré ; on y réussit soit par
un beau temps et quand la terre est assez élevée pour
paraître de plus loin qu'on n'en peut apercevoir un navire, soit lorsque le soleil est directement opposé à cette
même terre ; qu'on peut par conséquent, en se mettant
dans sa direction par rapport aux vigies présumées, la

voir de très-loin comme étant frappée en face et parfaitement éclairée par cet astre, et qu'on peut enfin n'être pas vu soi-même comme étant absorbé par l'éclat de ses rayons sous lesquels on se trouve relativement à la côte.

Nous avons ainsi pris connaissance de l'Ile *Sainte-Hélène* sous le vent de laquelle nous avons croisé pendant vingt jours ; précédemment, après être sortis de l'*Ile-de-France*, nous avions débuté par une portion de croisière dans les mers de l'*Inde* ; en revenant sur nos pas nous en fîmes une autre vers les parages du Nord-Ouest de la *Nouvelle-Hollande* pour les bâtiments qui, à contre-mousson, font route d'*Europe* au *Bengale*, et une nouvelle à l'entrée du *Canal de Mozambique* ; après une courte relâche au Cap de *Bonne-Espérance*, aux attérages duquel nous nous arrêtâmes encore, la croisière fut continuée et portée près des établissements de la côte Sud-Ouest de l'*Afrique* jusqu'à l'*Ile-du-Prince* située à peu près sous la ligne, là nous prîmes de l'eau et nous partîmes pour chercher *Sainte-Hélène* que nous ne pûmes atteindre qu'après avoir couru un bord jusqu'au Tropique du Capricorne, et qu'en nous y élevant à l'aide de quelques brises variables. La longueur de cette bordée, les courants, la privation d'observations possibles rendirent notre point fort douteux ; il était indispensable, pour ne pas croiser en vain, de voir l'Ile sans en être vu ; mais avec les précautions indiquées, nous réussîmes complétement, et nous nous tînmes ensuite dans le V formé par les routes extrêmes des bâtiments qui partent de cette île pour l'*Angleterre* et les *Antilles*.

J'ai cité cette croisière où partout nous fîmes des rencontres, parce qu'elle est remarquable par son étendue, et qu'elle peut donner une juste idée de l'activité avec laquelle on doit harceler son ennemi ; en effet il faut alors paraître partout et n'être vu nulle part, comme le firent, dans les dernières guerres, la plupart de nos croiseurs et particulièrement une escadre sous les ordres de l'Amiral *Ganteaume,* et une division sous ceux de l'Amiral *Linois*. S'il y a des forces supérieures dans les ports voisins, il faut abandonner la croisière dès qu'on a été vu et en entreprendre une nouvelle ; mais il faut tromper sur ses desseins par une ou plusieurs fausses routes que l'on cherche à faire passer pour véritables ; quand on est hors de vue et qu'on le juge convenable, on se dirige vers un autre point.

Ces explications et autres analogues, en indiquant le danger et sa cause, sont autant d'avertissements et de guides pour le bâtiment qui peut craindre ce même péril et ses effets ; et elles montrent, en général et spécialement ici, avec quelle prudence un navire seul doit naviguer, même en temps de paix ; comme il doit être vigilant, et comme tous ses moyens de défense ou de salut doivent'être prêts à être mis en usage, surtout vers les lieux où il suppose des croisières établies. Il est également prudent de ne couper la latitude de ces lieux que de nuit en faisant grand chemin, et de s'éloigner autant que possible de la longitude présumée du milieu de l'étendue de la croisière.

Toutefois, un croiseur doit être sur ses gardes et ne pas se laisser tromper par des navires qui déguisent, masquent ou salissent leur peinture, ou qui peignent un bord différemment de l'autre ; qui donnent à leur gréement et à leur voilure, un air de négligence qu'on trouve rarement chez des bâtiments de guerre ; qui fuient pour vous attirer dans quelque piége ; qui diminuent leur sillage en mettant à la traîne des affûts et des bailles, afin de se donner l'apparence de bâtiments marchands ; qui emploient tout autre stratagème pour faire tourner contre le chasseur des avantages qu'ils ont dérobés à sa connaissance ; ou enfin, qui ne se laissent voir que debout, pour qu'on ne puisse pas juger de l'entre-deux de leurs mâts, de la coupe de leurs voiles et de leur envergure ; car ce sont à peu près les seuls moyens de porter un bon jugement basé sur la vue, ou de la retenir hors des illusions grossières et des écarts prodigieux que tout autre aspect du navire joint à la distance, à l'obscurité de l'horizon, à l'état du ciel, à l'effet du soleil, au défaut de comparaison, au mirage, à la brume, à l'imperfection des lunettes, ont si souvent occasionnés.

D'un autre côté, des bâtiments très-faibles peuvent jouer ces ruses, et les jouer de manière à être pris pour de forts navires qui veulent vous attirer ; ces mêmes bâtiments peuvent aussi, par une belle contenance, avoir l'air rassuré et vous tromper sur leur faiblesse : trois grands bâtiments de commerce ont réussi, sous mes yeux, à se faire abandonner par deux frégates, en feignant ainsi de jouer au plus fin, et de chercher à se faire approcher par ces frégates, qui supposèrent effectivement que le désavantage de marche de ces bâtiments ne leur permettait que la ruse pour opérer une jonction. Peu de temps auparavant, un très-riche et très-célèbre convoi venant de *Chine*, et escorté par un seul brig de guerre, en se divisant en deux pelotons qui figuraient, l'un une escorte, l'autre la masse du convoi, était aussi parvenu à défier, à intimider même des forces ennemies considérables et à se sauver par l'effet de ce stratagème. Que faut-il en conclure ? Qu'il faut citer ces faits pour qu'ils servent de leçon, que l'art de la guerre ne

saurait être trop médité, que ses préceptes offrent peu
de règles positives ; que les instructions données aux
capitaines ne doivent jamais être trop tranchantes, et
que les meilleurs guides en marine, sans en exclure les
talents acquis et la science qui me paraissent indispensables, sont le coup d'œil, le sang-froid, l'expérience
et un bon jugement.

II. Nous ne terminerons pas ce chapitre, sans y ajouter quelques considérations d'un ordre moins technique
que celles qui précèdent.

La guerre maritime peut être effectuée par une nation, de trois manières qui ont, toutes les trois, leurs
partisans et leurs adversaires, et qui sont : la Guerre
d'Armées Navales ou d'Escadres, la Guerre de Croisières ou de Course, et une Descente à main armée sur
le sol ennemi.

La Guerre d'Armées Navales ou d'Escadres eut sa raison d'être en France lorsque la liberté des mers devait
être assurée, lorsqu'il y avait lieu à fonder de vastes ou
de puissantes colonies, lorsque, enfin, il était urgent de
former des matelots, et de protéger le commerce maritime dont ces colonies étaient destinées à fournir l'ali-
ment principal. Aucune de ces causes n'existe plus aujourd'hui ; or, ce serait, certainement, sans aucun
résultat favorable, que nous nous livrerions aujour-
d'hui à cette guerre d'armées navales ou d'escadres qui
serait au moins fort dispendieuse, et qui, même cou-
ronnée par des victoires éclatantes, ne servirait nullement à la satisfaction ou à l'accroissement de nos vrais
intérêts nationaux. On l'a dit avec infiniment de justesse : « Suivons une marche opposée à celle de l'Angleterre ; la stratégie navale qui lui est favorable est
celle qui nous est contraire ou que nous devons éviter ;

la guerre d'escadres ne convient plus à la France, et il faut donner à nos forces maritimes, une organisation qui soit plus en rapport avec les ressources de notre personnel naviguant. » (Rapport de l'amiral *de Hell* lu dans la séance de la chambre des députés, du 14 avril 1846.)

La Guerre de Croisières ou de Course, au contraire, peut nous être très-avantageuse, car l'Angleterre a un commerce maritime fort étendu comparativement au nôtre, et il y a pour nous, tout à gagner en sapant, en ruinant ce commerce qui fait la richesse de notre rivale, qui approvisionne ses flottes, et qui instruit ou forme des matelots pour armer ces mêmes flottes ; mais cette guerre doit être poursuivie de notre part sur la plus grande échelle et avec autant d'énergie que de persévérance ; les frégates sont les bâtiments qui y conviennent le mieux, et qui peuvent croiser le plus efficacement ou le plus longtemps, surtout depuis l'invention des cuisines à appareil distillatoire, lesquelles peuvent leur donner de l'eau douce ou potable en abondance. On a dit, il est vrai, que les croisières des frégates, pour être fructueuses, devaient être appuyées par des escadres ; mais nous croyons cette assertion purement gratuite : en effet et entre autres, ceux de nos bâtiments qui, lors de la dernière guerre, ont croisé avec tant de succès dans les mers de l'Inde, pendant des années entières, n'étaient soutenus par aucune force de leur nation, et ils ne s'appuyaient que sur leur courage et sur leur activité.

Reste enfin la Descente à main armée sur le sol ennemi. Or, c'est un moyen de guerre tellement convenable à la France, et tellement simplifié depuis l'application de la vapeur à la navigation, qu'un ex-ministre

de l'Angleterre (*Lord Palmerston*) a été jusques à affirmer, en plein parlement, que « des soldats peuvent
être embarqués dans nos ports, aussi facilement qu'ils
pourraient entrer dans leurs casernes ; que la vapeur *a*
positivement jeté un pont sur la Manche, et qu'une nuit
suffirait pour jeter sur le sol de l'Angleterre, une armée
de Français ! » (1) C'est donc dans ce genre de guerre

(1) Cet avantage de la vapeur, si souvent proclamé, est plus apparent que réel ; car si le moteur mécanique a supprimé les chances
du vent pour l'un des partis, il l'a également fait disparaître pour
l'autre. Si une fée avait promis quarante-huit heures de calme à
la flottille de Boulogne on aurait passé, parce que les avirons auraient contrasté avec l'impossibilité de se mouvoir avec les voiles.
Quand on a possédé seul de bons canons rayés, on a eu les avantages
des longues portées ; maintenant que tout le monde en a, les armes sont redevenues égales. Les victoires si faciles des Européens
sur les Orientaux ne viennent que de la différence des armes. Il est
donc évident que si on possède seul une marine à vapeur on a
des avantages immenses et c'est ce qui fait souvent regretter de
n'avoir pas accepté les propositions de Fulton : comme si on créait
une industrie des machines à vapeur en assez peu de temps pour
le laisser ignorer au pays où cette machine est née. Maintenant,
si les forces en fait de navires à vapeur sont à peu près égales, les
débarquements sont plus difficiles que jamais. Fût-on sorti avec tout
l'attirail et le nombre de navires nécessaires, sans être aperçu, et
eût-on fait le trajet sans être découvert, on n'aurait pas plus de
vingt-quatre heures de tranquillité, parce que le télégraphe électrique appellerait chacune de leur côté les forces de terre et de mer
sur le point attaqué, et la vapeur les transporterait encore plus vite
sur terre que sur mer. De plus un seul cuirassé empêcherait un débarquement en se promenant au milieu des chalans, des transports et des canots. Puisqu'il craint peu ses semblables, il en bra-
verait encore plus les coups au milieu d'une foule flottante, prête
à recevoir de toutes parts les coups qui lui seraient adressés. Il faut
donc être au moins aussi maître de la mer maintenant que jadis
pour opérer de grands débarquement. Si les cuirassés peuvent attaquer impunément les villes et y faire des dégâts, ils sont les meilleurs protecteurs contre les opérations du genre de celles qui nous
occupent. Eupatoria n'a si bien réussi que parce que la flotte russe

que nous concentrerons probablement nos forces lorsque la lutte s'établira ; mais ce ne serait pas une raison pour ne pas nous adonner, en même temps, à la guerre de croisières ou de course qui nous promettrait de si beaux résultats.

Quant à la guerre maritime en général, les règles actuelles et les principes de la tactique navale seront inévitablement très-modifiés par cette application de la vapeur à la navigation dont nous parlions tout à l'heure : or, nous ne saurions anticiper sur le temps ni sur les faits ; ainsi, dans les chapitres suivants de cette section nous nous bornerons, comme nous le devons, à ne parler que de ce qui existait lors des dernières hostilités, et nous ne traiterons de la stratégie navale, qu'en ce qui concerne les bâtiments qui sont mus par l'action seule du vent.

CHAPITRE XXIX

Principes de la Chasse et de la Retraite.

Quoiqu'une égalité et même une légère infériorité de marche ne soient pas, ainsi que nous l'avons dit dans le chapitre précédent, une raison suffisante pour toujours s'abstenir de chasser, il est cependant très-utile d'éprouver dès le commencement d'une *Chasse*, lequel

---

était à voiles et n'avait en fait de vapeur que le Wladimir. Si elle eût possédé des machines comme nos vaisseaux, elle pouvait faire avorter cette grande entreprise et la rendre funeste. Quand il y a différence de moyens, il y a différence d'avantages : mais avec l'égalité tout disparaît.   E. P.

des deux bâtiments, le chasseur ou le chassé, a l'avantage de marche ; nous le supposerons, en général, dans
ce qui va suivre, en faveur du chasseur. Quant aux
moyens de connaître cette supériorité, nous remarquerons qu'il peut se présenter trois positions à considérer : le chasseur peut naviguer *dans les Eaux* du
chassé ; ils peuvent faire des *Routes Parallèles ;* ils peuvent faire des *Routes Croisées.*

Si le chasseur est *dans les eaux* du bâtiment en *Retraite*, il s'apercevra qu'il gagne ou qu'il perd, 1° par
l'accroissement ou la diminution apparente du chassé
dans toutes ses dimensions, qui devient bientôt sensible
à l'œil ; 2° par tel objet de ce bâtiment, comme les
barres de perruche ou la hune d'artimon, que l'on
voyait en les regardant de tel point de la mâture de
l'avant, et qu'un peu plus tard on voit d'un point moins
élevé ou qu'on cesse de voir du premier point ; 3° en
mesurant, avec un instrument à réflexion, ou plutôt
avec le micromètre, l'angle sous lequel apparaît la hauteur totale du bâtiment chassé, et en concluant le rapprochement ou l'éloignement du chasseur, de l'augmentation ou de la diminution de cet angle mesuré à
diverses périodes de la chasse. Ce dernier moyen est
sûr, mais il est rare que le premier ne suffise pas.

Si les bâtiments font des *routes parallèles*, il faut relever au compas le grand mât du bâtiment en retraite ;
si ce bâtiment perd, on ne relèvera bientôt plus ce mât
que de l'arrière du premier point, et ce sera le contraire s'il gagne : cette épreuve est infaillible, mais il
faut bien se garder de faire ce relèvement sans compas,
et en prenant des alignements avec des points de son
propre bâtiment, parce qu'il est évident qu'à la moindre embardée, ce dernier genre de relèvements donne-

rait des résultats très-fautifs. Il se présente cependant
une objection, c'est que, même, lorsque les bâtiments
sont au plus près sur le même bord, il est impossible
d'être certain qu'ils fassent des routes parallèles, quelque exercé que l'on soit à en juger par le coup d'œil,
par la direction des girouettes et par l'orientement des
voiles ; mais le doute est facile à lever, quant à la question finale du rapprochement ou de l'éloignement : il
suffit de gouverner de manière à toujours relever le bâtiment en retraite au même air-de-vent ; c'est-à-dire
de croiser un peu plus la route, si l'on dépasse assez le
bâtiment pour qu'il se trouve sur l'arrière du premier
relèvement, ou de l'ouvrir un peu plus s'il s'en trouve
sur l'avant. Lorsqu'on ne peut conserver ce même relèvement, on marche moins bien que le bâtiment en retraite : en effet, il est clair qu'on ne peut parvenir à le
conserver qu'autant 1° que les routes sont parallèles et
qu'il n'y a d'avantage de marche d'aucun côté ; alors, en
mesurant l'angle sous lequel apparaît la hauteur totale
du chassé, cet angle ne varierait pas ; 2° que ces marches étant inégales, celui qui croise la route du chassé,
marche mieux que lui, car dans ce cas, il doit faire assez
de sillage pour conserver ce même relèvement quoiqu'il
croise la route du chassé ; alors l'angle sous lequel apparaît la hauteur totale du chassé, irait en augmentant.
Dans la pratique et dans ce cas-ci, le coup d'œil suffit
ordinairement ; et il est rare qu'on se serve d'un instrument à réflexion pour se fixer à cet égard, à moins
que l'on ne soit fort éloigné, ou qu'il n'y ait assez peu
de différence de marche pour que la route du chasseur
croise fort peu celle du chassé.

Si les bâtiments font des *routes* plus ou moins *croisées*
que dans le cas particulier qui vient d'être mentionné,

la question peut quelquefois être résolue, mais il faut
prendre des positions qui ne conviennent nullement à
un bâtiment chasseur dont le but est de ne jamais perdre de temps ; or, comme à moins de vouloir chasser
un bâtiment ou de vouloir s'essayer avec un autre avec
qui l'on convient de l'air-de-vent pour faire des routes
parallèles, il importe fort peu de connaître la marche
de ce bâtiment ; comme, d'ailleurs, en prenant les positions convenables ou nécessaires, on ne doit pas
courir sous la même allure que lui, et qu'enfin la solution de ce problème demande qu'on entre dans plusieurs développements, et n'est, suivant ceux même qui
l'ont approfondi, qu'un objet théorique de pure curiosité, nous nous abstiendrons de donner cette inutile
solution.

Il est encore deux points sur lesquels il est à propos
d'être fixé : celui de décider lequel des deux bâtiments
a la position du vent, et quelles sont les dimensions du
bâtiment poursuivi : le premier est facile à décider en
relevant celui-ci. Si on le relève à huit quarts du vent
ou sur la perpendiculaire à sa direction, on est également au vent ; si l'angle est plus ouvert, le navire
poursuivi est sous le vent ; enfin il est au vent, si l'angle
est plus fermé. Si les bâtiments couraient largue, la
position du vent dépendrait peut-être d'avoir plus
promptement rallié le plus près. Observons ici que
lorsque deux bâtiments sont au plus près à contre-bord,
leurs routes sont croisées, mais que, dans cette circonstance, l'avantage de marche est facile à reconnaître ;
en effet, en thèse générale, les deux bâtiments doivent
gagner au vent sous ce pareil orientement du plus près ;
celui qui marche le moins bien y gagne le moins, et il
finira par rester à celui qui marche le mieux, sous le

vent de la perpendiculaire du vent, et cela de plus en
plus.

Quant aux dimensions du bâtiment, on ne peut s'en
rapporter à la vue qui, à cet égard, a fait très-souvent
commettre des erreurs étranges aux yeux les plus exer-
cés, et l'on ne connaît aucun moyen vraiment positif
de les déterminer de loin. Le seul qui puisse donner un
léger indice et auquel le savant Capitaine *Verdun de la
Craine* a procuré quelque crédit, en dressant une table
fondée sur les détails suivants, consiste à monter dans
les haubans jusqu'à ce qu'avec une lunette on aperçoive distinctement au ras de l'horizon, une vergue, des
barres, une hune ou tel autre point remarquable du
chassé ; on descend alors ou l'on monte jusqu'à ce qu'on
voie nettement et encore au ras de l'horizon, un autre
point appartenant au même mât ; on mesure ensuite la
hauteur verticale de l'espace compris entre ces deux
stations ; or, ce serait la différence exacte de hauteur
des deux points observés, s'il était possible que l'opération fût parfaite. Si donc on a vu au ras de l'horizon,
d'abord la vergue de hune et ensuite la grand-vergue,
on a le guindant du hunier déduction faite des ris sup-
posés pris, et l'on peut en conclure la hauteur du mât
de hune, la largeur du bau et les autres dimensions du
navire. Par analogie, on peut connaître la distance des
deux bâtiments, car la hauteur du bâtiment en retraite
au-dessus de l'eau est facile à déterminer d'après son
bau ; or, elle est le petit côté d'un triangle rectangle
dont l'angle opposé est celui sous lequel apparaît, à
bord du chasseur, cette hauteur du chassé au-dessus
de l'eau ; les deux lignes ou côtés qui des extrémités de
cette même hauteur aboutissent à l'œil où se mesure
l'angle, seront facilement connues par la résolution du

triangle ; mais elles sont à peu près égales, et l'une
d'elles est la distance des deux bâtiments. Observons
cependant que dans ces opérations, si l'on est à la bande
ou que la mâture soit inclinée, il faut faire entrer cette
inclinaison en ligne de compte, en l'estimant d'après
la comparaison de celle de sa propre mâture. Un
homme que l'on verrait dans la hune du chassé pourrait aussi, par comparaison de sa taille présumée à la
hauteur du ton, ou par toute autre comparaison, fournir des indices sur la grandeur de ce bâtiment : il faut
donc alors éviter, autant que possible, de donner ces
indications à l'ennemi, ou essayer de le tromper en y
faisant paraître des personnes de très-petite taille, pour
se donner l'apparence d'être plus fort qu'on ne l'est
réellement, et réciproquement. Cela posé, voici quels
sont les *Principes de la Chasse et de la Retraite.*

Si le Chasseur est au Vent : Il doit, après s'être
mis autant qu'il l'a pu au même air-de-vent que le
chassé, relever ce bâtiment. Aussitôt il laisse arriver en
dépendant, mais jamais assez pour que le chassé, quelque route qu'il fasse, lui paraisse sur l'avant du relèvement, car alors les routes seraient évidemment trop
croisées et il faudrait loffer un peu ; si les routes n'étaient
pas assez croisées, le chasseur s'en apercevrait, car le
chassé paraîtrait bientôt sur l'arrière du relèvement ;
alors le chasseur arriverait un peu plus. Ainsi il trouvera le point où il devra gouverner en cherchant à relever constamment le bâtiment en retraite au même
air-de-vent, et il atteindra, ensuite, ce bâtiment, en
conservant le même cap, sans autre circuit ni route
brisée.

Lorsqu'on a trouvé le cap favorable et qu'on a un peu
de largue, on peut essayer de laisser encore arriver

avec l'espoir de conserver le même relèvement; ce serait un avantage, car la route étant encore plus croi-
sée, le point de jonction serait plus rapproché. Il est
clair qu'en laissant ainsi arriver, on peut acquérir un
surcroît de vitesse qui doit abréger la chasse, et qui par
conséquent permet de croiser la route un peu davantage. Au reste, à moins que le bâtiment en retraite ne
soit borné sous le vent par la terre, par d'autres chasseurs, par quelque cause particulière, à moins que ce
ne soit un bâtiment qui ne craigne pas la jonction, la
chasse n'aura probablement pas lieu ainsi, car il est un
parti plus avantageux pour le bâtiment en retraite et
que nous indiquerons incessamment.

Dans tous les cas, si le chassé faisait une route qui,
comme nous allons en voir la possibilité, forçât le chasseur à une allure plus défavorable que la sienne, celui-
ci s'écarterait du principe général, il se rapprocherait
un peu plus, s'il y trouvait de l'avantage, de la route
parallèle à celle du bâtiment en retraite; il pourrait
ainsi en passer à portée de canon, et d'ailleurs il aurait
bientôt acquis, par sa supériorité de marche, la faculté
de revenir à l'application du principe.

Si le Batiment en Retraite est sous le Vent : Ce
bâtiment doit faire la route qui l'éloignera le plus du
chasseur, éviter tout croisement de route qui puisse lui
être désavantageux; et pour y parvenir, il le mettra
dans ses eaux. Cependant si le chasseur est dans le lit
du vent, le bâtiment en retraite peut essayer de gouverner à quatre quarts du vent par l'arrière, parce que le
chasseur, suivant le principe général ci-dessus énoncé,
doit gouverner à moins de quatre quarts pour croiser la
route, et qu'ainsi ses voiles portant moins que celles
du chassé, il est possible qu'il perde une partie de son

avantage. Nous avons indiqué précédemment ce qu'avait alors à faire le chasseur, mais il ne peut qu'atténuer le désavantage qu'il subit, car il en éprouvera probablement un quelconque par l'effet de cette manœuvre, puisqu'il est au moins forcé de briser sa route.

Si le Chasseur est sous le Vent : Quel que soit le bord que prenne un bâtiment, dès l'instant qu'il est au plus près par un temps maniable, il gagnera au vent et il y gagnera d'autant plus qu'il perdra moins de temps en virements. Mais pour atteindre promptement un bâtiment au vent, ce n'est pas le tout de gagner ainsi ; il faut encore y gagner vers ce même bâtiment et par conséquent ne faire que des routes qui en approchent, ou qui interdisent au chassé de changer, lui-même, de route avec avantage. Afin d'y parvenir, le chasseur serre le vent sur le bord qui fait le plus porter le cap sur le bâtiment en retraite. En faisant route, il l'amène par son travers ou sur la perpendiculaire à sa quille ; c'est généralement, alors, que, sur chaque bordée, le chasseur se trouve au moment de sa plus courte distance avec le chassé, et s'il continuait à courir ainsi, il s'éloignerait de celui-ci. Soit donc que le chassé ait, ou non, changé d'amures, le chasseur doit, en ce moment, virer, pour ne pas s'éloigner de lui. Il agira de même sur le nouveau bord ; et, en continuant de la sorte, il parviendra à se trouver à portée, et il pourra engager l'action.

Cette manœuvre se modifie cependant selon les circonstances et en général de la manière suivante : de très-loin, le chasseur suit la règle générale : lorsqu'il s'est rapproché des deux tiers de la distance, les bordées deviendraient trop fréquentes et l'on perdrait trop de temps en virements répétés : on continue alors la bordée parallèle, jusqu'à ce qu'en virant de bord, on mette le cap sur le chassé; s'il vire de bord, on le poursuit en allant chercher ses eaux, mais en évitant, lorsqu'on est à portée, de se tenir dans la direction de ses canons de retraite : il vaut mieux alors se placer par l'une ou l'autre hanche; si par suite le bâtiment qui fuit, *laisse arriver*, on le chasse comme nous l'avons dit précédemment; mais l'avantage du chasseur diminue, puisque, s'il croise la route du bâtiment en retraite, il portera plus vent arrière que lui, et s'il ne la croise pas, il parcourra une ligne brisée pour le joindre. Lorsque le chassé *ne laisse pas arriver*, il verra, par suite, le chasseur lui passer à contre-bord, et celui-ci ne virera plus que pour engager sérieusement l'affaire au vent ou sous le vent selon ses vues.

Quelquefois on préfère se rapprocher un peu plus encore du chassé en suivant la règle générale ; ensuite l'on poursuit la bordée parallèle jusqu'à ce qu'on relève le bâtiment en retraite sur la perpendiculaire du vent ; alors, en virant de bord, on lui coupe la route puisqu'on marche mieux que lui ; et si le chassé vire, on manœuvre comme il a été dit précédemment.

Nous avons, dans ce qui précède, supposé que les deux bâtiments faisaient des routes parallèles, quand ils étaient sur le même bord, ce qui peut ne pas exister quoiqu'ils soient tous les deux au plus-près. Le moment de la plus courte distance peut, alors, n'être pas celui où le chassé est exactement par le travers du chasseur ; mais il n'y aurait lieu à tenir compte de cette erreur, qu'autant qu'elle mettrait dans le cas de trop allonger ou de trop raccourcir la bordée du chasseur, et, par là, de permettre au chassé de virer de bord avec avantage. Toutefois, en suivant la règle donnée, il ne peut

jamais en résulter un véritable inconvénient, à cause
de la limite très-bornée qui peut marquer la différence
entre les routes des deux navires tenant chacun le plus
près. Mais lorsque les marches sont inégales, ce qui est
le cas supposé, le moment de la plus courte distance
n'est pas, non plus, réellement, celui où le chassé est
exactement par le travers du chasseur ; ainsi comme,
alors, le chasseur doit marcher mieux que le chassé, il
y a rigoureusement avantage à prolonger les bordées
jusqu'à ce qu'on ait amené celui-ci quelque peu sur
l'arrière du relèvement du travers.

Ces manœuvres ont l'assentiment général ; cependant, comme *Bourdé* les condamne dans son *Manœuvrier*
et que son assertion est d'un très-grand poids, nous
croyons devoir les motiver. Cet auteur dit, expressément
et avec force, qu'il y a de l'avantage à souvent virer de
bord, et il se fonde sur ce qu'on gagne en virant ; or,
il est démontré par les faits que, dès que la mer est un
peu forte, c'est seulement le très-petit nombre des trois-
mâts qui possèdent cette qualité ; et il est encore démontré par les faits que ces mêmes bâtiments s'élèvent
davantage en continuant leur bordée. Aussi ne vire-t-on
de bord que pour croiser une route et pour gagner
dans une direction voulue : nous en avons souvent fait
l'expérience sur deux bonnes frégates dont la voilure
égalisait la marche, louvoyant dans les eaux l'une de
l'autre, et placées à deux longueurs de navire de distance ; celle de l'avant avait évidemment le vent et elle
virait seule ; pendant cette évolution l'autre poursui-
vait sa bordée ; or, après ce virement, la première lui
restait sous le vent de la perpendiculaire du vent.
D'ailleurs, d'après les calculs irrécusables posés dans
le chapitre VIII, un bâtiment filant 4 nœuds 1/6 avec

un quart de dérive, et la supposition est peu favorable
à notre opinion, gagne par jour 19 milles et 1/2 ou
environ 37,000 mètres dans le vent. Par ce sillage, le
virement ne peut durer moins de huit minutes, pendant lesquelles, en conservant la même bordée, la proportion fournit plus de 200 mètres, ou plus d'une
encâblure de gagnée dans la direction du lit du vent ;
or un bâtiment, et on peut le voir à la mer par le
remous, ou près de la côte en louvoyant et même dans
une rade, n'a jamais gagné une encâblure en virant de
bord.

Le même auteur dit, en second lieu, que, si le chasseur courant à contre-bord était assez maladroit pour
ne pas virer avant d'être dans les eaux du chassé, celui-
ci, à cause de la grande distance qui les séparerait,
devrait revirer quand son ennemi aurait atteint ses
eaux ; or, cette manœuvre me paraît opposée aux intérêts de ce bâtiment, particulièrement à cause de
cette même distance, par la raison qu'elle servirait à
réparer la faute que le chasseur pourrait avoir faite en
cherchant les eaux du bâtiment qui fuit, ce qui laisserait à celui-ci la faculté de laisser arriver, et parce
qu'elle dédommagerait le premier du temps qu'il aurait
employé à s'en éloigner. Je crois pouvoir affirmer que
tout bon chasseur s'éparguerait beaucoup de virements,
et qu'il manœuvrerait, en commençant la chasse, pour
se placer dans les eaux du bâtiment en retraite, s'il
pouvait compter sur le virement de bord, en ce moment,
de ce dernier bâtiment. Dans tous les cas, une raison
puissante pour ne faire que le moins de virements possible, consiste dans le danger des avaries en virant,
même par le plus beau temps ; un bras, une amure,
une écoute, une bouline, qui viendraient à casser,

pourraient faire beaucoup perdre à un bâtiment ; il peut encore arriver, même au meilleur navire, de manquer son évolution, et c'est une raison de plus pour virer moins souvent.

Si le Bâtiment en Retraite est au Vent : Ce bâtiment prendra la bordée qui l'éloigne le plus du chasseur, et il s'y tiendra constamment. Si cependant le chasseur prolonge sa *bordée parallèle* beaucoup au delà de ce que prescrit la règle générale, alors le chassé virera en même temps que son ennemi ; et, profitant de sa faute, il s'en trouvera à une distance considérable. Si c'est la *contre-borée* qui est prolongée et que le chasseur laisse, de cette manière ou de toute autre, la faculté au chassé de laisser arriver, celui-ci doit en saisir subitement l'occasion, d'autant qu'il s'est déjà vu gagner au vent, et qu'il est dans une position à ne pouvoir que difficilement se garantir d'être observé pendant la nuit.

Quand le bâtiment en retraite est chassé par un navire de plus grandes dimensions que les siennes, et qui est sous le vent, il y a avantage pour lui à virer souvent de bord ; il le peut, par exemple, lorsque le chasseur vire pour courir la même bordée que lui ; par là, il force son ennemi à la même manœuvre ; et comme il est supposé être plus petit que le chasseur, il doit employer moins de temps et gagner davantage au vent, pendant ces virements. Il doit aussi, dans le commencement de la chasse, retarder autant qu'il le pourra l'instant où son ennemi pourra juger de l'infériorité de ses dimensions par l'entre-deux de ses mâts, et se montrer, par conséquent dans la direction de l'arrière à l'avant, autant et le plus longtemps possible.

CHAPITRE XXX

Considérations Particulières et Exemples sur la Chasse
et sur la Retraite.

Pour compléter le sujet que nous venons de traiter,
nous ajouterons quelques *Considérations Particulières*,
et nous continuerons à leur prêter l'appui de plusieurs
Exemples.

On ne saurait être trop attentif en *Chasse ou en Retraite*, à s'étudier réciproquement et à profiter des fautes
qui peuvent être faites ou des circonstances favorables,
quelque minutieuses qu'elles soient. Un très-petit
nombre d'encâblures peut suffire en effet pour sauver
un bâtiment ; la nuit, la brume, un grain, du calme,
du mauvais temps, un changement de vent peut sur-
venir ; des voiles peuvent être aperçues, et le salut du
chassé peut en dépendre.

Si le vent change pendant la chasse, il faut manœuvrer comme si ce vent existait depuis longtemps et que
l'on commençât à se découvrir ; si, en raison des parages, on connaissait certaines variations de vent réglées
ou ordinaires, comme vents de terre et de mer, brises
solaires, ou bien quelques parties plus ou moins exposées
à certains courants ou reversements de marées, comme
ouvertures de rivières, ras, entrées de pertuis ou de détroits, il faudrait profiter habilement de cette circonstance locale et tâcher de s'en prévaloir aux dépens de
l'ennemi. Si le bâtiment en retraite espère trouver des

protecteurs à tel air-de-vent, il doit tout tenter pour se
rendre vers eux ; s'il a un meilleur bord ou une allure
favorite, il doit éviter de s'en départir ; si la mer ou la
houle n'a pas tout à fait la direction du vent, il y a un
bord plus avantageux et l'on doit chercher à le prendre ;
si l'on est brig ou côtre, et qu'on soit gagné dans le
vent par un trois-mâts, on agira pour amener l'ennemi
droit vent arrière ; alors la voilure des deux bâtiments
se réduit à la valeur de celle d'un de ses mâts. Le bâtiment contre lequel on emploie un de ces moyens doit,
de son côté, se conduire de manière à n'en pas être la
dupe. Si, étant sous le soleil, on voit, à l'opposé, un
navire que l'on veuille fuir ou chasser, il faut profiter,
le plus longtemps que l'on peut, de la difficulté d'être
aperçu ; il en est de même si l'on est sous la terre. En
chasse ou en retraite, il ne faut pas négliger d'entretenir
l'attention des vigies. Si le bâtiment qui fuit découvre
des voiles, il doit chercher à entraîner le chasseur vers
elles, lorsqu'il les croit de son pavillon ; si ces voiles
sont ennemies, il doit au contraire engager l'action à
forces même inégales, avant d'être joint par ce surcroît
de forces, car il peut démâter son ennemi et se sauver
ainsi à la faveur de la nuit. Le vaisseau anglais *le Swiftsure*, que j'ai vu prendre dans la *Méditerranée* en 1801,
essaya cette manœuvre ; ce fut inutilement, il est vrai,
car il fut pris après avoir été fort endommagé par le
vaisseau français *le Dix-Août* sur lequel il avait laissé
arriver dans l'espoir de s'en faire abandonner et, ensuite,
de se sauver des autres bâtiments de la division qui
étaient, alors, encore assez loin de lui ; mais il fut très-
loué de sa tentative, et il le fut par ses ennemis, ce qui
devient très-honorable. Me sera-t-il permis d'ajouter
que ce fut dans ce combat du *Dix-Août*, et pendant

même l'action, que je fus nommé Enseigne de Vaisseau? Le chasseur doit compter sur sa marche, mais
il doit être prudent, quand il paraît de nouveaux navires.

On doit avoir étudié son bâtiment à l'avance, pour
savoir quels changements utiles on peut faire en cas
de chasse ou de retraite, afin d'accélérer sa marche.
On sait que le vaisseau *le Solitaire*, commandé par
l'illustre *Borda*, se détacha ainsi d'une escadre anglaise
qui l'avait surpris au point du jour, et qui le gagnait ;
mais un de ses ennemis, soupçonnant la vérité et voulant
aussi faire un essai, fit descendre son équipage dans le
faux pont ; aussitôt il dépassa toute l'escadre, atteignit
le *Solitaire*, le combattit, souffrit beaucoup, mais re-
tarda sa marche par quelques boulets heureux, et facilita
la jonction du gros de ses forces. Ces moyens consistent
à s'alléger en jetant à la mer plusieurs objets et même
des ancres, ou en vidant des caisses ou pièces à eau ; à
se charger au contraire, et si l'on est à la fin de la campagne et qu'on se croie trop léger, en remplissant les
caisses ou pièces à eau vides ; à placer l'équipage en repos sur un point du navire, à ôter les épontilles pour
affaisser les ponts et abaisser le centre de gravité ; à ne
pas charger trop tôt les bastingages du poids des hamacs,
et à les laisser au contraire en bas jusqu'au dernier moment ; enfin, à changer le lest volant de place. Mais,
nous le répétons, il ne faut pas attendre au dernier moment pour chercher de telles améliorations, il faut avoir
éprouvé son navire sous toutes les allures, sous toutes
les voilures, avec tous les changements possibles de
poids, et savoir, sans balancer, ce qui convient à tout
moment. Les moyens que nous venons d'énumérer ont
un effet physique sur le centre de gravité et sur les lignes

d'eau à la flottaison, ainsi leur influence sur la marche en bien et en mal est une vérité irrécusable.

Telles ne sont pas, toutefois, les pratiques capricieuses et bizarres de scier des baux et de les entamer, ainsi que des courbes ou bordages ; de suspendre des bouées ou des cages aux étais ; de décoincer les mâts, de mollir les rides et d'en larguer les genopes, ou autres pareilles ; et nous conseillerons d'autant moins de les adopter, que, si elles procurent un désavantage, il devient toujours presque impossible d'y remédier pendant la chasse. Il faudrait auparavant s'être assuré de leur effet, et alors, quoiqu'on ne pût en rendre raison, l'expérience serait sans réplique ; on a cependant essayé de justifier ces mêmes pratiques, par la prétendue réputation de marche avantageuse des vieux bâtiments qui, dit-on, sont déliés, et avec lesquels il faut, par des traits de scie donnés à de neufs ou autrement, effectuer cette ressemblance ; mais il est aisé de voir qu'un bâtiment vieux, s'il marche mieux qu'un neuf, ce qui n'est pas toujours vrai, le doit à ce que le bois des œuvres mortes est plus sec ; que les ponts étant plus affaissés, le centre de gravité de la coque du navire en est moins élevé, et que ces vaisseaux ayant fait plusieurs campagnes, leur devis est plus parfait et l'arrimage ou le grément mieux disposé. Au surplus, ce qui, par-dessus tout, doit le plus contribuer à la marche, c'est d'avoir les voiles bien orientées, bien établies, bien balancées ; de les arroser, surtout de calme et de petit temps ; de gouverner avec soin ; de n'avoir rien à la traîne ni au sec ; de ne laisser ni hommes ni aucun objet inutilement exposés au vent ; d'avoir les sabords du vent fermés pour prendre moins de vent au plus-près ; et d'adopter telles autres mesures dont nous avons parlé (Chapitres VII, VIII, IX et X) au sujet du bâtiment en route et tenant le plus-près, ou certaines qui sont indiquées par la pratique, comme de lacer la ralingue de fond de la brigantine à la bôme, afin de lui donner la plus grande tension et le plus de développement possible ; de lacer encore, à la ralingue inférieure des basses voiles, des bandes de toile disposées à l'avance pour cet objet et nommées Bonnettes Maillées, à l'effet de recueillir le vent qui peut s'échapper sous ces mêmes voiles ; de mettre en simple si le temps le permet, et pour plus de vivacité dans les évolutions, quelques manœuvres courantes qui étaient en double ; de dégager le grément de toutes poulies, manœuvres dormantes ou autres objets dont la suppression ne nuira pas aux vues du manœuvrier ou à la solidité qu'exige alors la mâture, et qui, en place et si l'on est au plus-près, peuvent recevoir, à contre, l'action du vent ; de balancer les voiles de manière à donner à la barre, la direction qui expose le moins le gouvernail au choc de l'eau ; et sur cela, nous rappellerous que, lorsqu'il y a de la dérive, le gouvernail n'est réellement sans effet que quand il se trouve dans la direction de la route corrigée de la dérive ; c'est-à-dire, lorsque la barre est sous le vent, d'une quantité angulaire égale à cette dérive.

C'est, surtout, pendant une chasse, qu'il serait utile d'avoir à bord un de ces *Sillomètres*, tel que celui qui a été inventé par M. *Clément*, mécanicien de *Rochefort*. Je conviens qu'une proportion exacte est extrêmement difficile à établir entre l'espace, quelquefois assez grand, parcouru par le navire en un temps donné toujours assez court, et le champ très-restreint où l'aiguille indicatrice se meut pendant ce temps. D'ailleurs, les mécanismes de ces instruments s'altèrent ; on ne peut les régler ou vérifier quand on est en pleine mer, et ce doit être une source d'erreurs pour l'estime de la route du navire. On peut donc leur préférer le loch, tout imparfait qu'il est pour cet objet, d'autant que la position du bâtiment est souvent rectifiée par les observations astronomiques, les montres marines, les vues de terre ou les sondes. Mais, comme ces sillomètres, par leur installation permanente, donnent des indications perpétuelles sur le sillage du navire et sur ses variations accidentelles, il s'ensuit qu'ils peuvent permettre de comparer, de moment en moment, la vitesse relative du bâtiment, et de mettre à même de constater l'effet instantané que peut produire, sur cette vitesse, un changement quelconque d'intensité ou de direction dans le vent, une modification de voilure, de poids, d'allure, d'orientation de voiles ou toute autre. Rien ne serait donc plus précieux qu'un sillomètre, dans une chasse, dans les évolutions navales, dans la plupart des manœuvres, ainsi que dans la recherche de la meilleure assiette ou des meilleures dispositions ou installations d'un bâtiment.

Un bâtiment gréé pour bien ouvrir ses voiles, peut porter plus près qu'un autre et le gagner considérablement au vent, sans virer de bord ; nous en avons eu fréquemment la preuve, notamment lors de la prise de la frégate anglaise *le Success*. Le vaisseau *le Jean-Bart*, au capitaine duquel on doit la suppression des poulies de drisse des basses vergues, gagna au vent toute l'escadre dont il faisait partie ; et quoiqu'il eût démâté de son grand perroquet pendant la chasse, il atteignit le premier la frégate. Ce fut une chose admirable que la promptitude et l'adresse avec laquelle ce mât de grand perroquet fut remplacé ; mais aussi dois-je dire que quelques personnes attribuèrent l'avarie à l'extrême orientement des voiles et à la plus grande obliquité des bras appuyés au vent.

Qu'on réfléchisse bien à la portée de ce fait, d'un vaisseau gagnant une frégate au vent, en serrant le vent plus qu'elle, tout en conservant une marche suffisante pour la tenir au même relèvement, et l'on verra que souvent le moyen le plus prompt, le plus sûr, le plus marin de mener la chasse à bonne fin, doit être de gouverner très-près et de s'élever au vent sans virer de bord ! Au surplus, il m'est, plusieurs fois, arrivé d'en faire l'expérience, étant chef de quart sur une frégate qui faisait partie d'une division en croisière : le plus souvent, pendant le jour, la division se déployait, pour embrasser un plus vaste horizon. Le soir, au signal de ralliement, quand notre frégate se trouvait sous le vent du commandant de la division, et avec l'assentiment du capitaine de cette frégate, je faisais orienter au plus strict plus-près, je tenais le vent le mieux possible en portant la plus grande attention à faire gouverner ; et, ainsi, nous gagnions toujours assez au vent (2 ou 3 lieues) pour rallier le commandant de la division sans virer de bord, et pour avoir repris notre poste avant la nuit.

Si le chassé est au vent et si la terre est en vue à bout de bord, il faut que le chasseur prolonge la bordée parallèle, jusqu'à relever son ennemi sur la perpendiculaire du vent ; le chassé virera probablement alors, et la chasse sera très-longue ; mais l'essentiel est de ne pas la rendre inutile par sa faute, en laissant au chassé la faculté d'entrer dans un port à bout de bordée ou de se jeter à la côte et de se brûler. Je le dis à regret, mais un vaisseau de la compagnie anglaise nous a ainsi échappé, parce que les signaux du chef de l'expédition enjoignirent au capitaine du bâtiment chasseur de virer de bord, suivant la règle générale, toutes les fois que, sur le nouveau bord, ce vaisseau nous restait par le travers.

Le chasseur étant ordinairement supposé plus fort que le bâtiment en retraite, il peut se dispenser de faire des signaux ; si le chassé lui en fait, il doit y répondre, ne fût-ce qu'au hasard, mais en plaçant ses pavillons, les pliant, ou les engageant de manière qu'on ne puisse les bien distinguer ; on peut ainsi prolonger l'erreur, et l'on gagne toujours du temps. Un jour, la corvette anglaise *le Victor* nous fit de très-loin des signaux avec ses voiles ; notre capitaine y répondit en serrant son grand perroquet ; cette manœuvre ne montrait aucun empressement, et, comme signal, elle réussit ; la corvette s'approcha et fit d'autres signaux avec des pavillons ; nous en fîmes aussi comme nous venons de le dire et en choisissant les dessins les plus analogues à sa série. Elle en renouvela ; nous aussi ; enfin ce ne fut qu'à portée et demie de canon qu'elle nous reconnut ; le temps vint malheureusement à changer, et j'ai dit (chapitre XV) quelle fut la cause qui la sauva.

Un bâtiment atteint doit mépriser et braver quelques bordées, s'il fait route vers un port ou s'il espère rallier la côte pour s'y échouer ou pour se faire protéger par un fort. Dans ce cas-ci, il cherchera les passes les plus difficiles pour y engager l'ennemi. La frégate *la Charente*, pendant la guerre de 1790, causa ainsi, aussi bien que par son feu, des avaries, devant *Bordeaux*, à deux vaisseaux (dont un rasé) et à une frégate commandés par l'amiral *Warren*, qui depuis eut la noblesse d'en féliciter lui-même le commandant. Cette frégate réussit à entrer en rivière, et, par sa manœuvre habile, le commerce de *Bordeaux* fut, pendant deux mois, délivré de cette incommode croisière. Si le bâtiment atteint se trouve enveloppé par plusieurs ennemis, il peut compter un peu sur leur confiance, et les tromper par de faux préparatifs de mettre en panne ou de les braver avec audace ; l'*Europe* a longtemps retenti de la valeur d'un chébec *Barbaresque* qui échappa au feu successif de six des vaisseaux de l'armée de l'amiral *Bruix* en 1799, et qui se serait sauvé sans un nouveau vaisseau qui revenait de découverte et qui lui coupa la retraite. Si l'on est joint par le bord du vent, on peut, avant d'amener, si l'on est trop faible pour une défense sérieuse, essayer de loffer où d'envoyer vent devant, en profitant pour cela d'une embardée sous le vent du chasseur ; on lui envoie alors une volée de long en long, et l'on se sauve si on le dégrée ou le démâte ; un bâtiment, quelque faible qu'il soit, ne doit même pas amener, sans essayer de se faire chasser de manière à pouvoir primer de manœuvre quand il est joint, à présenter le travers à l'avant de l'ennemi, et sans lui tirer au moins une volée pour essayer de le démâter. On laisse arriver pour atteindre le même but, si l'on est joint par la bordée parallèle de sous le vent.

Quand la nuit est venue, si le chassé n'est pas joint, il doit faire des *Fausses Routes* ; la première se dénotera de manière à être aperçue, tout en feignant de la vouloir cacher ; les autres seront subordonnées au vent, à la mer, au temps, et aux instructions du commandant ; toutefois, une des meilleures est de prendre une contrebordée, et de passer à la distance du chasseur strictement nécessaire pour n'en être pas vu. Avant de faire la dernière fausse route, on peut laisser un feu mal

masqué au haut du mât d'une embarcation qu'on abandonne, ou sur une bouée de sauvetage qu'on jette à la
mer, et se faire ainsi soupçonner de négligence. En
général cependant, il ne faut pas trop multiplier les
fausses routes, parce qu'en outrant ce moyen de décep-
tion, on s'éloignerait moins du lieu où l'on est ; et c'est
un point essentiel. Lorsqu'on se fait chasser par feinte
et qu'on est aussi fort que le chasseur, l'instant de faire
fausse route est très-favorable pour aller droit à lui, et
pour l'attaquer avec impétuosité.

Le chasseur n'a d'autres moyens pour découvrir les
fausses routes que de calculer les probabilités exis-
tantes sur le vent régnant, l'allure supposée la plus
avantageuse au chassé, le voisinage des ports ou des
croisières ; mais ces probabilités peuvent aussi être
affrontées par le chassé afin de les faire tourner contre
son ennemi.

Un bâtiment vu de nuit doit être accosté et interrogé
aussitôt, si l'on se voit de force à le combattre ; si l'on
a du doute, il faut l'observer toute la nuit en conservant
une bonne position telle que celle du bossoir du vent ;
si l'on se juge trop faible, il faut fuir ce fâcheux voisinage soit en diminuant de voiles tout à coup, soit en se
montrant debout pour être moins vu ; on disparaît ainsi
ou par l'effet de toute autre manœuvre pareille et
fondée sur les principes de la retraite ; on profite, si le
cas se présente, d'un surcroît d'obscurité produit par
quelque grain ou par quelque épais nuage. Si cependant, l'on avait une très-belle marche et qu'on ne vît
pas d'autre bâtiment, on pourrait passer le reste de la
nuit en observateur prudent, et au jour on s'assurerait
de la vérité.

Les principes de la chasse s'appliquent à la plus

prompte manière de passer à poupe, qui consiste généralement à aller se placer à portée de voix dans la hanche de sous le vent d'un autre bâtiment, et à se régler
alors sur la marche de celui-ci : ils enseignent encore
le moyen de se joindre en se chassant réciproquement
quand on le désire des deux parts, et si, ayant le cap
l'un sur l'autre, deux bâtiments sont indécis sur la
route à faire au point de rencontre, ils doivent se souvenir qu'il est prescrit à chacun de lancer sur tribord ;
si celui qui est tribord amures est strictement au plus-
près, il doit se disposer à faire faseyer ses voiles et
même à envoyer vent devant ; l'autre doit laisser arriver
davantage. La manœuvre peut même être marquée
quelque temps à l'avance par les Deux Bâtiments : l'un,
en filant ses écoutes de foc, indique qu'il se dispose à
tenir le vent ; l'autre fait connaître le contraire, en carguant son artimon. Sous nos yeux, et pendant le siége
de l'*Ile d'Elbe*, la corvette *l'Héliopolis* faillit être
coulée dans un abordage, parce que les deux bâtiments
oublièrent cette règle, en s'occupant trop de vaines formalités de préséance, dont la violation aurait dû être
référée à l'autorité supérieure par qui elle aurait été
plus raisonnablement jugée.

CHAPITRE XXXI

I. Des Avantages et des Désavantages du Vent et de Sous le Vent. —
II. Faits historiques.

I. Il est très-important sans doute de connaître l'art
d'atteindre ou d'éviter un bâtiment, mais toutes les

manières de le joindre ne sont pas également avanta-
geuses ; il n'est pas indifférent non plus, lorsque la
jonction est opérée, de se défendre dans telle ou telle
position et à telle ou telle distance. La force du vent et
de la mer, la hauteur de batterie, l'échantillon, la stabilité du navire, son armement, ses qualités, la proximité de la côte, l'approche de la nuit, sont autant de
motifs puissants qu'il faut considérer. Dans ce chapitre
et les suivants, nous aurons occasion de peser les principaux, et nous indiquerons ce qu'il convient de faire
dans les situations relatives. Nous commencerons par
énoncer quels sont les Avantages et les Désavantages
des positions du vent et de sous le vent.

Avantages du Vent. — On est plus maître d'accepter ou de différer le combat ; l'abordage est plus facile ;
la ligne de flottaison est noyée du bord où l'on se bat ;
les boulets reçus vers cette partie sont peu dangereux
pour le navire, et l'on a rarement besoin de détourner
des hommes du service de l'artillerie pour celui des
pompes ; le feu de l'artillerie est moins dans le cas
d'être porté sur les bastingages par le vent ; la fumée
est peu incommode ; on est plus à même de profiter de
l'épaisseur de cette fumée pour prendre une position
d'où peut dépendre le succès. Tous ces *Avantages* constituent autant de *Désavantages* de la position de *Sous
le Vent*.

Avantages de sous le Vent. — On peut tenter des
mouvements pour s'éloigner, si les chances du combat
deviennent défavorables : si l'on perd un mât de l'arrière, on peut prendre le vent en poupe, et n'avoir pas
de désavantage de marche sur l'ennemi : au vent, on
peut l'essayer, mais il est difficile d'y réussir : les huniers ne masquent pas le service des armes à feu des

hunes : on est moins exposé sur les gaillards à cause de
la bande, et par cette considération et la précédente, un
bâtiment au vent devrait éviter de se battre trop près :
les canons se rentrent d'eux-mêmes et sont plus faciles
à charger, mais il est vrai qu'il est plus pénible de les
mettre en batterie : une avarie peut faire casser un mât,
une vergue, des manœuvres, ou déchirer une voile qui,
tombant sous le vent, n'obstruent que la batterie qui ne
fait pas feu : le service de la batterie basse n'est interdit
ni par l'inclinaison du bâtiment sous une bonne brise,
ni par l'agitation de la mer, tandis que le bâtiment du
vent trouve quelquefois impossible de se servir de cette
batterie, même avec ses fargues. Tous ces *Avantages*
constituent autant de *Désavantages* de la position *du
Vent*, et l'on peut ajouter à ceux-ci que, s'il survient un
grain, il est difficile de fermer les sabords de la batterie
basse, et l'on est obligé de profiter du recul pour laisser
tomber et saisir les mantelets ; il faut aussitôt abaisser
la culasse pour que la volée porte en serre contre la
muraille du navire : au recul des pièces, il faut être
très-exercé pour les maintenir avec le palan de retraite,
et ne pas les laisser rouler en batterie avant de les avoir
rechargées : si les pompes jouent, l'ennemi peut s'en
apercevoir par l'eau qu'elles jettent : si la bande est
forte, les canons ne peuvent porter qu'en les pointant à
toute volée, encore cela ne suffit-il pas quelquefois, et
l'on est obligé d'ôter les roues de derrière, ce qui rend
le service des pièces très-fatigant.

On voit que ces avantages et ces désavantages sont
très-balancés ; quelques marins les trouvent égaux ;
d'autres craignent de prononcer entre eux ; il en est
enfin qui observent que les avantages les plus importants de sous le vent ne sont décisifs que par un temps

23

assez mauvais pour priver le bâtiment ennemi de l'usage
de sa batterie basse; ceux du vent au contraire, qui
consistent dans l'attaque, dans la position et dans les
secours que prête la fumée pour s'en prévaloir, sont de
tous les instants : au résultat, on donne en général la
préférence à la position du vent, sauf les cas où la brise
est forte, la mer grosse, et surtout lorsque la batterie
basse a peu de hauteur. Le vaisseau *le Blenheim*, trois-
ponts anglais rasé d'une batterie, ne put, la guerre dernière, envoyer un seul boulet à une de nos frégates qui
lui fit beaucoup de mal ; l'action commença grand
largue ; la frégate força de voiles, gagna de l'avant par
sa supériorité de marche et loffa ; le vaisseau, pour ne
pas recevoir une volée d'enfilade, loffa également, mais
étant nécessairement au vent, son feu fut tout à fait
paralysé ; il n'était pas seul, et la frégate, après l'avoir
harcelé, le dépassa, laissa arriver et s'éloigna.

Cette position d'enfilade que peut plus facilement
prendre le bâtiment du vent et en quoi il est favorisé
par la fumée, est sans contredit ce qu'il y a de plus
avantageux dans un combat, surtout si l'on est de l'arrière ; c'est en effet la partie où se trouve le gouvernail
et celle où l'ancien navire, orné de sculptures, était
entièrement ouvert. L'attaquant est ainsi très-peu exposé aux canons de l'ennemi, et les boulets qu'il lui
envoie parcourant son bâtiment dans toute sa longueur,
ont beaucoup plus de chances pour exercer de grands
ravages. Si, d'ailleurs, le bâtiment sous le vent a des
avaries préjudiciables à l'activité de sa batterie sous le
vent, si l'on voit qu'il ne peut gouverner ou, en un mot,
qu'il y ait de l'avantage à lui passer sous le vent, on s'y
rend en lui envoyant une ou plusieurs volées d'enfilade,
et l'on profite de la gêne où il se trouve.

La nuit, lorsque la lune paraît, il est aussi une position qui peut présenter quelques avantages et dont on
peut tirer parti si, d'ailleurs, d'autres combinaisons
ne s'y opposent pas. Cette position se trouve du côté
éclairé du bâtiment ennemi ; ainsi les canonniers poin-
tent mieux, l'on distingue plus clairement les manœuvres de son opposant, l'on peut plus facilement se
dérober à lui si l'on est le plus faible, et on ne lui
présente qu'une masse confuse. Cette considération
peut être fort importante dans les croisières, les chasses,
lorsqu'on veut observer un bâtiment, et j'en rapporterai
un exemple : une escadre anglaise croisait et fut ren-
contrée de nuit par deux de nos bâtiments ; ils coupè-
rent la queue de l'escadre, l'un d'eux passa vers le
bord éclairé d'un trois-ponts et il le reconnut pour tel.
Le chef de l'expédition, qui était sur l'autre bâtiment,
exprima à celui-ci qu'il se croyait dans un convoi escorté par un bâtiment de guerre et qu'il l'attaquerait
au point du jour. Le capitaine qui avait été en position
de voir, rendit compte de ce qu'il avait vu, il ajouta
qu'un trois-ponts n'était pas ordinairement chargé d'escorter un convoi, que ce corps de bâtiments avait ses
ris pris, et qu'ils tenaient tous un cap qui n'annonçait,
par le vent régnant, aucune route probable pour un
convoi. Cet avis ne fut point écouté et la position de ce
capitaine était fort difficile : insister eût été montrer
de la crainte ; il se permit seulement de répéter avec
modération ce qu'en honneur il croyait avoir vu, et la
suite prouva qu'il avait eu raison. L'escadre regardait
nos bâtiments avec beaucoup d'indifférence, et généralement elle les croyait neutres ; mais si, n'ayant pu les
distinguer, leur sécurité avait trompé l'ennemi, l'im-
passibilité du gros de l'escadre confirma le chef de

l'expédition dans sa croyance ; au point du jour le feu
commença, les forces anglaises étaient décuples des
nôtres, on fit des prodiges de valeur, mais il fallut
succomber. Jour fatal pour l'auteur de ce *Manœuvrier*,
car alors commença, pour lui, une captivité de huit
mortelles années !

On ne doit jamais négliger la science et les évolutions
habiles, car on s'exposerait souvent à être vaincu par
suite de cette négligence ; mais il est des élans généreux
qui surpassent tout, qui renversent tout. On sait ce
qu'avec le nom et le seing de *Louis XIV*, *Tourville* fit
éclater d'énergie, d'audace et de dévouement parmi
les Capitaines de son armée rassemblés à son bord, et
qui retournèrent sur leurs vaisseaux pour se battre un
contre deux. On sait aussi ce que *Nelson* dut à ce signal
devenu historique : « *L'Angleterre compte que chacun
fera son devoir !* » Quelques années auparavant, *la
Mothe-Piquet* en avait hissé un qui avait électrisé tous
les équipages : on aperçut des voiles au moins égales
en force, et sans savoir si elles accepteraient ou non
le combat, il mit le cap sur elles en signalant d'*Amariner les prises !* Sir *T. Duckworth*, avant le combat de
Santo-Domingo, suspendit à l'étai d'artimon un por-
trait de *Nelson* au-dessus de sa tête et, par la voie du
télégraphe marin, il hissa ce signal : « *Ceci sera glorieux.* » *Suffren*, à qui aucune inspiration belliqueuse
n'était étrangère, ayant eu son pavillon emporté et en-
tendant des cris de joie à bord des vaisseaux qu'il
combattait, fut irrité qu'on pût le croire amené : « *Des
pavillons blancs partout, s'écria-t-il, couvrez mon vaisseau de pavillons blancs !* » Ici le geste, le ton, le jeu
de la physionomie, tout exprimait à la fois et propageait
le noble enthousiasme de l'amiral. On ne peut discon-

venir que ces mouvements ne soient sublimes, aussi
sont-ils irrésistibles.

De si grandes inspirations ne sont cependant pas les
seules qui puissent émouvoir un équipage ; il suffit, en
général, à nos marins qu'ils voient leurs chefs animés
d'un bon esprit et d'une forte résolution, qu'ils leur
trouvent la contenance sereine, que le commandant
paraisse sûr de son fait, qu'en faisant une ronde un peu
avant l'instant de commencer le feu, il leur adresse des
paroles pleines de confiance ; qu'il nomme plusieurs
d'entre eux par leurs noms, ce qui flatte ceux-ci, et
persuade à tous que chacun pouvant être connu, l'éloge
ou le blâme, la récompense ou la honte les attendent
personnellement, qu'il les engage à prendre leurs officiers pour modèles. Si les circonstances font naître
l'occasion d'adresser une louange particulière, ou
de prononcer quelque phrase stimulante, on le
fera avec éclat, mais sans fanfaronnade ; et je vais, en
citant quelques-uns de ces heureux à-propos, montrer
que, sans atteindre à des traits de génie tels que ceux
que j'ai rapportés, on peut exciter son équipage au
dévouement le plus absolu.

Le commandant de quelques bâtiments de notre nation, avant l'attaque projetée d'un convoi qu'on sup-
posait riche et escorté, s'adressa à l'un des capitaines,
et lui demanda au porte-voix ce qu'il en pensait : « *C'est
le jour de la gloire et de la fortune*, répondit le brave
Bruilhac qui était ce capitaine.

Le Capitaine de vaisseau *Le Goüardun* combattait,
par le travers, le vaisseau *le Swiftsure*, dont j'ai parlé
précédemment ; l'amiral *Ganteaume* vint à portée de
voix et lui dit : « *Laissez arrriver, Capitaine, c'est ma
place que vous occupez !* — *Amiral*, lui répondit *Le*

Goüardun, ma marche m'a favorisé de ce poste, et si je n'en reçois le signal positif et bien distinct, je ne le quitterai pas ! » L'amiral vit bien que son signal ne serait pas remarqué ; il se résolut à doubler *Le Goüardun* par sous le vent, et il loffa sur l'avant du vaisseau anglais où il canonna celui-ci ; ce fut alors et aussitôt, que *le Swiftsure* amena. L'effet de cette réponse fut si prodigieux qu'un canonnier amputé qui l'apprit dans l'entrepont, monta sur le gaillard, et, quoi qu'on pût faire, il y demeura ; là, avec le bras qui lui restait, il ne cessa de travailler, et de menacer le vaisseau qui l'avait mutilé, tout en disant : « *Ni moi non plus je ne quitterai pas mon poste !* »

Des charniers, des bailles d'eau, seront placés dans les batteries pour désaltérer ou rafraîchir l'équipage ; on y mêlera du vin, mais en petite quantité, et point d'eau-de-vie ni d'esprit-de-vin. Nos marins supportent mal ces excès qui mènent à l'abrutissement ; et ce qui, chez d'autres, peut être un véhicule, n'est pour eux qu'un sujet de désordre et de confusion ; leur bravoure est d'une trempe plus heureuse, ils la trouvent dans leur cœur, et ils suivent toujours des officiers qu'ils aiment et qu'ils estiment. Le lieutenant de vaisseau *Sellomon*, qui depuis mourut si bravement sur *la Bacchante* qu'il commandait, dit un jour à un passager qui lui proposa un verre de vin : « *On penserait, monsieur, que j'ai besoin de me donner du courage.* » S'il eût accepté, le trouble était peut-être dans la batterie ; au contraire, ces paroles furent entendues, répétées, et chacun se fit un devoir de se laisser guider par les mêmes sentiments.

Ces faits prouvent qu'on peut compter sur le courage, l'enthousiasme et le dévouement de nos équipages, mais ici l'autorité est insuffisante et l'on n'en peut faire une loi ; toutefois, ce qu'il est possible d'exiger, c'est le silence, l'obéissance et l'ordre ; aussi doit-on les prescrire et les faire maintenir par tous les efforts des officiers ; on doit encore chercher à empêcher que rien de malheureux arrivé dans les batteries ou dans l'entrepont, comme pièces démontées, voies-d'eau, ne s'ébruite d'une manière fâcheuse, et que les avaries ou le feu, s'ils ne sont connus que des gaillards, ne soient divulgués dans la batterie. Le découragement est quelquefois aussi promptement répandu que l'enthousiasme, et il ne faut lui fournir aucun prétexte.

Si, dans l'armement du bâtiment, il se trouve quelque amélioration nouvelle importante, on manœuvrera et l'on se disposera à l'avance de manière à prendre une position qui puisse en assurer le succès. Les innovations sont en général très-utiles lorsqu'on peut en faire usage avant l'ennemi ou à son insu ; les caronades et les platines ou batteries ne l'ont que trop prouvé. Si donc, l'on a fait quelque découverte importante, le gouvernement doit se hâter d'en profiter, de donner ses instructions, et de faire livrer des combats avant que l'ennemi en soit informé. De même, il est utile d'observer et de pratiquer, aussitôt, ce qui se passe de bien chez ses ennemis, et l'on doit encourager chez soi l'esprit d'invention.

CHAPITRE XXXII ET DERNIER

I. De l'Abordage. — II. De l'Embossage. — III. Observations
Générales.

I. L'*Abordage* est l'art d'approcher tellement l'ennemi, qu'on puisse jeter à son bord des grappins, afin
de se tenir accroché à son bâtiment, et pour avoir la
faculté de sauter à son bord et de l'enlever. Avant de le
tenter, il faut, par un feu vif et soutenu, faire évacuer
les gaillards du bâtiment qu'on veut aborder. Si celui-ci
a intérêt à éviter l'abordage, il manœuvrera pour l'empêcher ; l'abordage sera ainsi très-difficile, et si l'on
ne suit pas d'un œil attentif les mouvements de celui
qui veut s'y opposer, on courra les risques d'être surpris en des positions très-critiques. On ne doit surtout
abandonner ses pièces, qu'à l'instant même de sauter à
bord ; car, si l'abordage manque, qu'étant au vent on ne
puisse, à cause des voiles, faire aucun usage du feu des
hunes, et qu'on soit à découvert à cause de la bande,
l'ennemi, qui n'a pas ces désavantages, mitraille ou
fusille les compagnies d'abordage réunies sur le pont,
et qui doivent être composées des hommes d'élite. Nous
allons voir comment deux bâtiments doivent manœuvrer
suivant leurs situations respectives ; et nous nous con-
vaincrons, par la finesse et la difficulté de quelques-
unes des évolutions à exécuter, que l'abordage, ainsi
qu'on l'a plusieurs fois avancé, n'est pas une manœuvre, une manière de combattre qui, de nos jours, con-

vienne, plus particulièrement, à une marine peu expérimentée. Le courage, il est vrai, doit y briller d'un grand éclat, mais, s'il n'est pas guidé par une tête prévoyante et habile, il est à présumer que ses efforts échoueront devant la simple présence d'esprit de l'ennemi.

ABORDER AU VENT. — L'abordeur étant supposé avoir la supériorité de marche, il doit, dès qu'il est très-près par la hanche du vent, commencer un feu bien nourri. Couvert par la fumée, il augmente de voiles pour amener l'ennemi par son travers ; il arrive sur son avant, et là il reçoit son beaupré dans ses propres haubans ; aussitôt il jette ses grappins, et le monde saute à bord. Il a ainsi l'avantage d'abriter le vent à son ennemi et de ralentir ses manœuvres. Le bâtiment qui veut éviter l'abordage, arrivera le plus tôt qu'il pourra ou mettra tout sur le mât pour culer ; l'abordeur sera nécessairement canonné en enfilade s'il manque l'abordage; mais, pour obtenir ce résultat, il faut bien observer et juger les manœuvres de l'abordeur. Nous avons vu un vaisseau de 74 perdre quatre-vingts hommmes en manquant un abordage pareil, et par l'effet d'une seule volée.

ABORDER SOUS LE VENT. — A l'instant où nous venons de supposer que l'abordeur augmentait de voiles, celui-ci doit quitter la position de la hanche du vent en laissant arriver sur la poupe de l'autre bâtiment ; il le canonne en passant de l'arrière, et il revient du lof pour l'élonger sous le vent, et jeter bau à bau ses grappins dans les grands haubans et dans ceux d'artimon ; l'ennemi doit laisser arriver quand l'abordeur vient du lof, et l'enfiler alors par l'avant, ou l'aborder lui-même en engageant le beaupré de celui-ci dans ses propres

grands haubans. Cependant l'abordage n'aura pas lieu,
si celui qui voulait aborder le premier et qui se trouve
dans le cas de l'être lui-même, envoie vent devant et
coiffe toutes ses voiles ; les deux bâtiments ayant en
effet des impulsions opposées, les grappins ne résiste-
ront pas. On voit combien il importe d'observer les
mouvements de l'ennemi pour régler ses manœuvres
sur ces mêmes mouvements.

Un bâtiment sous le vent peut encore feindre d'être
fatigué du feu de l'ennemi et de plier sous lui en laissant un peu arriver ; si celui-ci l'imite, le premier loffe
tout à coup et l'aborde en l'enfilant de l'avant. Étant
sous le vent et bau à bau, si, malgré l'abri du bâtiment
du vent, on voit qu'on peut le doubler en forçant de
voiles et en laissant un peu porter, on manœuvre ainsi
pour le dépasser, et l'on donne vent devant pour faire
engager, dans ses propres haubans, le beaupré de l'adversaire. Le bâtiment qui veut éviter l'abordage est dans
un péril pressant ; il n'a pas de temps à perdre, il
doit aussitôt virer, et, s'il n'est assez prompt pour
n'être pas abordé, au moins peut-il espérer de ne l'être
que travers à travers et de n'être pas canonné en enfilade.

ABORDER VENT LARGUE ET VENT ARRIÈRE. — Étant
largue, si l'on veut aborder *au vent,* on manœuvre
comme il a été dit plus haut ; si c'est *sous le vent*, l'abordeur se place dans la hanche de sous le vent pour prolonger l'ennemi et l'aborder de long en long ; si l'on a
un grand avantage de marche sur lui, on le double
jusque par son bossoir, et l'on vient du lof pour faire
engager son beaupré dans ses propres haubans. L'ennemi évite l'abordage en serrant le vent ; pendant qu'il
loffe, il peut encore coiffer ses voiles et culer ; mais il

est certain qu'étant alors sans air, il abattra et présentera l'avant au feu de l'autre bâtiment ; il ne doit donc coiffer ses voiles qu'autant que le danger serait imminent. Par un *vent arrière*, l'abordeur amènera le mât de misaine de l'ennemi par le travers de son grand mât ; il lancera sur lui et l'abordera. L'ennemi doit embarder sur le même bord ; s'il embarde vivement, il enfilera son adversaire par l'avant ; celui-ci, renonçant au contraire à son projet dès qu'il le voit découvert, peut, en rencontrant, enfiler l'ennemi par l'arrière.

Nous conseillons encore ici de s'exercer sur les diverses positions qui peuvent être prises, en supposant que les bâtiments continuent dans les divers exemples que nous venons de poser, l'un à chercher, l'autre à éviter l'abordage. Au résumé, l'on doit voir que les abordages les plus favorables sont ceux où le beaupré de l'ennemi s'engage dans les grands haubans de l'abordeur ; ainsi l'ennemi n'a plus que des canons inutiles, il peut être enfilé par ceux de l'abordeur, et la communication étant très-facile, il ne faut ni ponts volants, ni bordages, ni planches pour pénétrer à bord. Bau à bau, l'abordage peut être plus aisé à exécuter, mais le passage d'un bord à l'autre est dangereux, surtout si les bâtiments ont beaucoup de rentrée.

Il est, toutefois, une manière de faire disparaître les inconvénients de la rentrée dans un abordage, et elle fut employée par le brave capitaine de vaisseau *Lucas* qui commandait *le Redoutable* lorsqu'il fut abordé par *Nelson* montant le trois-ponts *le Victory,* lors du combat de *Trafalgar*. Le capitaine *Lucas*, jaloux de ne pas laisser s'échapper cette occasion, ordonna d'amener la grand-vergue de son vaisseau, afin d'en faire un pont pour passer à bord de l'amiral anglais : mais un

autre trois-ponts anglais (*le Téméraire*) et un 74 vin-
rent au secours de *Nelson ;* le *Téméraire* aborda le *Re-*
doutable du bord opposé au *Victory,* le 74 se plaça en
poupe, et ce ne fut que lorsqu'il restait à peine deux
cents hommes debout sur le *Redoutable*, que son capitaine put se décider à amener son pavillon. Dans cette
lutte mémorable, *Nelson* fut tué par un coup de feu
parti de la hune du *Redoutable !*

II. Un bâtiment est *Embossé*, lorsqu'en mouillant,
il frappe sur l'organeau de son ancre un ou, en cas
d'événement, deux grelins qui rentrent à bord, au
moyen de galoches, par un écubier spécial percé près
de l'arrière du navire et qui, étant roidis, tiennent le
bâtiment présentant le côté ou le travers à un fort ou à
un point qu'il s'agit de pouvoir battre ; on peut aussi
s'embosser sur deux ancres ; et en virant au cabestan
sur l'un ou l'autre des grelins, suivant l'exigence, on
peut présenter le travers à un fort, à une batterie, à un
vaisseau et être toujours prêt à saisir toutes les positions
d'attaque ou de défense qu'on peut prendre à l'ancre ;
on s'embosse enfin d'une manière très-simple et très-
expéditive, en frappant, sur l'organeau de chacune des
ancres, un bout de grelin d'une longueur égale environ
à la hauteur du fond ; ce grelin, terminé en boucle,
porte une bouée qui le fait surnager ; et quand on veut
s'embosser, on porte un grelin d'embossage pour faire
ajût avec le bout qui présente le plus d'avantages. Il y
a lieu d'observer que ce genre d'embossage ne fait que
mettre le navire en travers au vent et que, s'il fait calme,
il n'est plus possible d'en faire usage, dès qu'il s'agit de
céder au vent.

On peut attaquer un bâtiment embossé de cinq manières.

ATTAQUER UN BATIMENT A L'ANCRE ET EMBOSSÉ. 1° *Sous voiles*. — Nous allons supposer que le courant est nul. S'il n'en est pas ainsi, on comprendra facilement la différence qu'il faudra mettre dans sa manœuvre. De quelque manière que l'attaquant s'approche de son ennemi, il doit, pour y parvenir, et à moins d'être en panne et de se laisser dériver dessus, s'exposer à être enfilé par l'avant ; mais comme, en se battant de près, le bâtiment embossé ne peut plus virer sur l'embossure assez vite pour suivre les mouvements du bâtiment qui est à la voile, que d'ailleurs le cabestan gênerait son feu et qu'il est plus important que le monde soit aux pièces, il faut que l'attaquant affronte l'enfilade, et se donne le plus de moyens de harceler le bâtiment à l'ancre. Il se placera donc de manière que, lorsqu'il se trouvera à portée de canon, il ait à faire vent arrière sur le bâtiment embossé ; celui-ci virera sur l'embossure jusqu'à avoir le vent du travers, afin de faire jouer toute sa batterie. Alors le premier, ayant tout dehors, gouvernera sur le bossoir du vent du bâtiment qui est à l'ancre ; à demi-portée, il diminuera de voiles pour faire feu plus longtemps, et il loffera pour l'élonger par le travers ; en dépassant l'ennemi, il laissera arriver pour le conserver par son travers ; en continuant à le tenir ainsi du même bord, il lui passera inévitablement de l'arrière ; il le tournera par sous le vent en virant lof pour lof ; et en ralliant le plus près de l'autre bord, il lui enverra une volée par le bossoir ou presque en enfilade ; il ira ensuite virer hors de portée, et il recommencera la même manœuvre. La guerre passée, près de la barre de *Visigapatnam,* la frégate *l'Atalante* attaqua ainsi le vaisseau anglais *le Centurion*, et le désempara.

Rien, en effet, n'est plus désastreux que cette position

où les amarres, qui sont très-gênantes pour l'artillerie,
doivent être manœuvrées, où une brise molle ne rappelle
pas si on file l'embossure, et où il faut que les canonniers passent à chaque instant d'un bord à l'autre, ce
qui se fait rarement sans quelque confusion. Aussi le
bâtiment embossé ne doit-il rester à l'ancre que pour y
être protégé par des forts, et en se souvenant du combat
d'*Aboukir*, que dans le cas où il peut serrer la côte de
manière à ne pas laisser de passage entre la terre et lui,
au moins à un bâtiment de même force ou d'égal tirant-
d'eau ; alors il a de grands avantages sur l'attaquant,
qui doit recevoir une volée d'enfilade en l'approchant,
et qui a de plus à s'occuper de sa manœuvre. Si, outre
l'attaquant, il y a d'autres bâtiments au large, et qu'on
craigne de succomber, on s'embosse pour se défendre,
et quand on voit qu'on ne peut résister, on se jette
à la côte. C'est encore ce qui eut lieu pour le *Centurion*.

2° *Mouillé par son travers*. — Si l'attaquant ne peut
passer entre la terre et le bâtiment embossé, il n'a, pour
ne recevoir qu'une fois des volées d'enfilade, qu'à se
mouiller et s'embosser travers à travers de son ennemi.
Il peut encore se placer dans la direction du vent par
rapport à lui, et, si le courant ne le contrarie pas dans
cette évolution, il met en panne dès qu'il est à portée ;
il se laisse ainsi dériver en se battant jusqu'à ce qu'il
se trouve assez près ; alors il mouille en s'embossant.
Mais ordinairement, les chances ultérieures du combat
sont contre lui, parce que, s'il a du désavantage, il fuit
plus difficilement, tandis que le bâtiment embossé étant
près de ses terres a toujours la ressource de faire côte
et de s'y brûler. Aussi, un bâtiment ne doit-il attaquer
de cette manière qu'autant que le vent vient de terre,

ce qui lui permet la retraite vent arrière, et empêche
son ennemi de s'échouer ; dans un cas extrême, celui-
ci peut se brûler au mouillage, et l'équipage se sauve
dans les embarcations ou sur des dromes. Cependant
avec cette direction du vent, il y a plus de difficulté et
de danger à s'approcher du navire embossé. Si celui-ci
est protégé par un fort, il faut se mouiller à l'opposé
du fort, et très-près de l'ennemi, pour qu'il masque le
feu du fort. Le bâtiment protégé doit tirer dans le grément, pour empêcher l'ennemi de pouvoir s'éloigner,
et celui-ci pointera en belle, afin d'atteindre les câbles,
le cabestan, l'embossure, la flottaison, les pièces et les
hommes. A tout événement, on aura des ancres en
veille garnies de grelins d'embossage ; mais tous les
grelins et tous les câbles, en cas pareils, doivent être
bien embraqués et bien bossés, et le tour de bitte doit
être pris, de crainte que les bosses de bout ne soient
coupées pendant l'action.

3° *A l'abordage.* — Lors même qu'il y a plusieurs
forts qui cernent le lieu de l'attaque, si le vent et le
courant portent au large et permettent de se retirer
facilement, l'abordage présente des chances favorables ;
le bâtiment embossé, qui ignore comment il sera attaqué et qui peut-être ne s'attend pas à l'abordage, éprouverait alors un grand désavantage, car son ennemi est
décidé, il a la vivacité de l'agresseur et il marche avec
un plan déterminé. L'abordage peut s'exécuter en mettant en panne à petite distance au vent du bâtiment
embossé, de manière qu'on dérive dessus à couvert de
la fumée d'un feu bien nourri ; il est peut-être préférable
d'aborder, voiles portantes, de la manière qui paraît la
plus avantageuse. Si l'ennemi peut aller à la côte, il ne
faut pas négliger de mouiller en abordant pour le rete-

nir, et pour empêcher d'ailleurs qu'il ne vous entraîne
avec lui. Quand on est joint, l'abordeur ferme ses
sabords pour qu'on ne le surprenne pas par cette voie
ou qu'on ne vienne pas couper ses câbles ou mettre le
feu à bord ; il efface bien ses voiles en brassant ses vergues très-en pointe, afin d'éviter des avaries ; il tient
son monde ventre à terre jusqu'à l'instant de sauter à
bord, il évite de présenter, en masse au feu de l'ennemi,
ses compagnies d'abordeurs, qui doivent être composées des hommes les plus agiles et les plus aguerris ;
et après ceux-ci il doit envoyer les matelots qui sont
susceptibles de les seconder.

Le bâtiment abordé se défend en présentant toujours
le travers à l'ennemi et en tâchant, au moyen de ses
embossures, de prendre des positions d'enfilade. Il se
défend aussi par des estacades au large, des mâts, vergues ou forts espars qui saillent debout pour empêcher
le rapprochement, par des filets d'abordage qui sont
toujours en place, et quelquefois en double lorsqu'on
craint d'être abordé ; enfin par un feu soutenu de
mousqueterie bien dirigée, qu'on peut même faire pré-
céder d'une volée de pièces chargées de mitraille à
triple charge, et que l'on pointe de l'arrière à l'avant,
lors de la première irruption si l'on est abordé par
le beaupré. D'ailleurs, l'abordé peut préalablement
couper ses câbles ou appareiller ; et vraisemblable-
ment, en abattant, il enfilera l'agresseur à l'instant où
celui-ci fera tête sur son câble qu'il doit aussi couper
dès qu'il s'aperçoit de la manœuvre de son adversaire.
Si le bâtiment qui est au mouillage est abordé et qu'il
soit retenu par l'abordeur qui a laissé tomber une ancre
dans ce dessein, il se couvrira de voiles pour faire chasser son ennemi et l'entraîner à la côte.

4° *Par des embarcations.* — Ce moyen, que nous avons vu employer à la voile contre un navire acalmi, ne peut être considéré que comme un coup de main; on peut, pour l'exécuter, feindre de s'éloigner du bâtiment au mouillage, et revenir pendant la nuit. Dans tous les cas, il faut bon nombre d'embarcations, il les faut bien armées, il faut que les hommes soient tous lestes et décidés, et, une fois les embarcations lancées, rien ne doit plus les arrêter. Elles prennent le bâtiment par tous les points, et les abordeurs sautent à bord, ayant un mot d'ordre et un signe de reconnaissance. Il existe, en ce genre, des faits d'armes incroyables. Le bâtiment menacé, outre les précautions indiquées précédemment, doit en prendre d'autres telles que les suivantes : installer un filet ou un double filet d'abordage; pousser en dehors des espars, vergues ou avirons de galère pour empêcher les embarcations de s'approcher; placer des gueuses, des boulets, des grappins chargés de boulets aux bouts de vergue, pour les laisser tomber sur ces mêmes embarcations quand elles s'approchent; avoir bien à la main sur le pont et dans les hunes, les menues armes blanches ou à feu, les grenades ou artifices, et user d'une grande vigilance pour être prêt à s'en servir; les canons seront chargés à mitraille : si c'est la nuit que l'on présume que se fera l'attaque, on tiendra des canots en vigie un peu au large sur des bouées; on fera faire des rondes dans tous les sens par d'autres embarcations; et des factionnaires armés seront multipliés dans les hunes, sur le beaupré, sur le couronnement, sur les passavants et aux sabords si on les laisse ouverts. Des pièces de canon seront mises en chasse ou en retraite; une embossure restera frappée dans tous les cas sur chaque câble; elle passera par

24

l'arrière, dans une poulie coupée, et elle sera garnie au cabestan ; les câbles seront prêts à être filés, coupés ou séparés, et l'on mettra près de chaque pièce, des coussins et des coins de mire supplémentaires pour pointer aussi bas qu'il peut être nécessaire. Quelques-unes de ces précautions peuvent s'adopter à la voile, si l'on peut de même supposer qu'on y sera abordé. Enfin personne ne se reposera la nuit qu'habillé, pendant tout le temps que l'on pourra craindre l'attaque ; on préférera en pareil cas faire dormir l'équipage pendant le jour, et l'on usera dans tous les temps d'une vigilance extrême. C'est ainsi que la corvette *la Société* a si bien rempli le service d'escorte des convois, et que nous l'avons vue défier et repousser une et quelquefois deux frégates ennemies.

5° *Par terre.* — Si le point de la côte où se trouve le bâtiment embossé est mal gardé, on débarque à l'entrée de la nuit des hommes, avec tout ce qu'il faut pour ériger une batterie provisoire et bien abritée, et au point du jour ou plus tôt, si l'on voit le bâtiment, on le canonne. Celui-ci doit, sous ce rapport, surveiller les mouvements ou les projets de son adversaire, et, s'il est surpris par terre, il doit appareiller. S'il y a un fort, et si, comme il arrive très-souvent, ce fort est facile à prendre par le revers, on peut essayer de s'en emparer ; mais il y a toujours le grave inconvénient que le bâtiment attaqué venant à appareiller, l'agresseur n'a plus la même force, puisqu'une partie de son équipage est à terre, et probablement cette partie est alors sacrifiée ; aussi ce genre d'attaque mérite-t-il les plus sérieuses considérations.

III. *Observons* actuellement, *en général*, que le bâtiment abordé ou attaqué d'une manière quelconque doit, comme nous l'avons dit pour le chassé, trouver ici, dans les moyens expliqués pour lui nuire, l'indication des mesures qu'il doit adopter pour se préserver, que pendant toute affaire, les officiers, surtout celui de manœuvre, doivent suivre et écouter tous les mouvements et toutes les paroles du commandant ou de leur chef direct; que, lorsqu'une évolution est ordonnée, il faut qu'elle s'exécute de la manière la plus efficace; qu'ainsi non-seulement la barre, mais encore les voiles, tout doit y concourir; que si l'on est abordé et si l'on conserve son sang-froid et l'obéissance de la discipline militaire, on doit, toutes choses étant égales d'ailleurs, repousser l'abordeur et le faire repentir de son audace; qu'après une affaire, on doit se réparer et se regréer aussitôt pour pouvoir, comme la frégate *la Loire*, de glorieux souvenir, soutenir de suite, s'il le faut, cinq combats opiniâtres; que si l'on a une prise, il faut la mettre en bon état, ou même l'armer si elle est susceptible de vous seconder, mais seulement quand on le peut sans trop s'affaiblir; qu'en dernier lieu, si les vergues sont cassées, il est facile, faute de mieux ou dans un cas pressé, de faire vent arrière en installant des focs ou autres voiles avec des bouts de corde qui les tendent en partant de divers points de la mâture ou du gréement.

Quand un bâtiment a amené son pavillon et qu'il s'est rendu, on y envoie des officiers et des matelots pour en prendre possession ou l'amariner et pour l'armer; il est inutile de recommander l'humanité envers les prisonniers, c'est le devoir de tout galant homme, et c'est ainsi que nous devons nous venger de l'horreur des pontons; mais ce qu'il faut dire et répéter, c'est qu'il ne faut pas que la générosité dégénère en faiblesse, ni la bonté en insouciance; le second du bâtiment capturé reste ordi-

nairement à bord avec divers hommes pour donner des
indications locales, et ces hommes ou ceux mêmes que
le capteur reçoit à son bord peuvent vous enlever, et
s'emparer par surprise de vous et de votre bâtiment. Il
faut donc penser à ce point essentiel, d'autant qu'il s'en
est offert des exemples nombreux : la reprise de la frégate *la Vestale* par les prisonniers français au commencement de la guerre de la Révolution fut un beau coup
de main. On a vu même un capitaine laissé seul de son
équipage sur son bâtiment après l'amarinage, reprendre
ce bâtiment sur dix ou douze hommes qui s'y trouvaient
et sous le vent d'une frégate ennemie. Il passait devant
un port de sa nation, ce port était son pays ; il se représente sa femme, ses enfants, ses amis ayant les yeux sur
lui, reconnaissant ce bâtiment, leur espoir, et le voyant
arraché à leurs vœux avec leur unique soutien. Cette idée
l'exalte, il descend en furieux dans la chambre, où, les
yeux fixés sur une carte, le capitaine de la prise et son
second se trouvaient réunis; il savait que le capitaine
avait près de sa cabane deux pistolets à deux coups, il
les saisit, brûle la cervelle à ces deux officiers, remonte
avec la rapidité de l'éclair et se place près du timonier.
Il force celui-ci à laisser arriver, et il menace de la mort
quiconque s'approchera..... Le timonier obéit, tout le
monde est frappé de stupeur, et il rentre dans le
port!

Ces exemples prouvent la nécessité d'armer convenablement une prise; quand elle est riche et qu'on l'escorte,
on doit se tenir en éclaireur, l'avertir à l'avance de sa
manœuvre et la favoriser autant que possible en attirant
sur soi le feu de l'ennemi. Pareillement, si l'on a l'occasion de protéger un bâtiment de commerce de sa nation,
on ne doit pas le perdre, à moins d'avoir une mission ou

des instructions qui s'y opposent ; les vaisseaux de l'État doivent à ceux du commerce pendant la guerre, en paix, sur mer, en rade ou dans le port, secours et protection en hommes, embarcations, ancres, amarres et par la voie des armes.

Un bâtiment au lieu de se rendre peut enfin capituler et il était réservé aux Français d'obtenir les premiers cet hommage à leur vaillance ; au combat d'Aboukir, le capitaine de *la Sérieuse* eut la grandeur d'âme de stipuler que seul de son bord il resterait prisonnier ; et dans la guerre dernière, notre frégate de 8, *la Psyché*, du plus faible échantillon, dont le commandant, M. *Bergeret*, depuis vice-amiral, avait commencé sa réputation d'une manière si brillante sur la frégate *la Virginie*, se montra tellement redoutable à la frégate anglaise du premier rang *la San-Fiorenzo*, et soutint un admirable combat avec tant de gloire, que le capitaine anglais crut devoir adhérer à la proposition de renvoyer, libres et sans condition, les restes de l'état-major et de l'équipage, avec leurs armes individuelles et leurs effets particuliers.

La Psyché avait alors à son bord un jeune officier de la plus grande espérance qui, s'était également trouvé sur *l'Atalante*, dans son attaque du *Centurion*, dont nous parlions tout à l'heure et qui, comme nous, avait, précédemment, pris part sur le *Dix-Août* à la prise du vaisseau anglais *le Swiftsure*. Les sept premières années de nos campagnes, nous les passâmes ensemble ; mais, alors, je me trouvai séparé de lui, et je subis huit ans d'une longue captivité, après avoir été pris à la suite du combat de *la Belle-Poule !* L'amitié que nous avions contractée ne fut cependant pas affaiblie par ce triste épisode de ma carrière militaire ; elle ne s'est jamais démentie, et elle ne saurait m'ôter le droit de dire ici que cet officier était le *Vice-Amiral Hugon*, dont les manœuvres, l'audace et le talent ont, depuis cette époque, brillé d'un si grand éclat au combat de *Navarin*, dans l'expédition de la prise d'*Alger*, et lors de la brillante affaire de l'*Amiral Roussin* dans le *Tage*?

FIN DE LA PREMIÈRE SECTION.

SECTION DEUXIÈME.

BATIMENTS A VAPEUR.

Aide-toi, Dieu t'aidera.

CHAPITRE PREMIER.

APERÇU GÉNÉRAL.

Différences de cette édition et de la précédente.

Lors de la première édition de ce _Manœuvrier_ on avait pris soin de détailler les propriétés de la vapeur, et les applications qui en avaient été faites aux machines : on s'était efforcé d'initier d'abord le lecteur à cet admirable mécanisme, en lui faisant comprendre les fonctions de ses principaux organes. Cette fois, il paraît convenable d'agir différemment, en ce que de nombreux ouvrages sur les machines à vapeur ont été publiés depuis lors et en se basant les uns sur les autres et surtout sur les premiers, ils présentent au public maritime des moyens d'études variés et plus complets que ne pourrait l'être un exposé inséré dans ce _Manœuvrier_.

Il sera donc admis, dans ce qui va suivre, que le marin désireux de connaître les manœuvres des nouveaux navires s'est déjà occupé des machines à vapeur et qu'il n'est pas plus utile de les lui détailler pièce à pièce, qu'il ne l'a été de décrire le gréement et les voiles dans la première section. Toutefois, pour employer judicieuse-

ment de pareilles machines, il est nécessaire de chercher à les apprécier, ne fût-ce que pour connaître le
degré de confiance qu'il convient de leur accorder et le
nom des systèmes que le hasard fait rencontrer. On expo-
sera donc d'abord les divers genres usités et on les exa-
minera pour apprécier les qualités nécessaires à leur bon
fonctionnement. C'est la meilleure méthode d'aider le
marin à se former une opinion sur les moyens d'action
qu'il reçoit de mains étrangères à sa profession, et dont
il répond cependant pour la conservation de son équipage
comme pour son honneur personnel, toujours lié à celui
de son pavillon.

Qualités générales d'une machine.

Parmi les qualités les plus importantes d'un appareil
marin, il faut mettre en première ligne la solidité, qui
malheureusement est d'une appréciation difficile, et la
simplicité des mécanismes. Ne vous réjouissez qu'à
moitié si, en prenant un commandement, vous ne voyez
pas clair dans toutes les parties du mécanisme et si
vous apercevez des difficultés d'entretien et de visite.
Il y a bien des tribulations à redouter dans les fagots de
fer mobile. Ce n'est pas sans de grandes difficultés qu'on
est arrivé à replier sur eux-mêmes les renvois de mouvement employés dans le principe pour les machines de
terre, auxquelles la place ne manque presque jamais. Les
longues tiges et les balanciers supérieurs n'ont pu être conservés; on a été forcé de retourner le mécanisne et de
placer en bas les balanciers latéraux recevant de haut
en bas le mouvement du piston et le renvoyant dans le
sens opposé aux manivelles au moyen de la grande
bielle unie aux balanciers par une traverse ou té; mais
quoique de la sorte on trouvât sur les balanciers des points

d'attache naturels pour la pompe à air et les autres organes nécessaires, on a bientôt reconnu que ce premier
mécanisme était trop compliqué, trop volumineux et trop
lourd.

Inventions diverses pour les roues à aubes.

. On a donc passé par une suite d'inventions de machines, telles que celles en clocher avec bielle en retour; d'autres à traverses et à bielles pendantes en
dehors desquelles des tiges semblables renvoyèrent le
mouvement à la manivelle placée en dessus. On a inventé
les machines à fourreau dont le piston est uni à un cylindre mobile, et glissant dans le presse-étoupe du
couvercle du grand cylindre fixe. La grande bielle est
articulée à la hauteur du piston avec le fourreau, dont
le diamètre est assez grand pour laisser l'espace nécessaire à ses oscillations, en suivant le cercle de la manivelle. La nécessité de conduire la tige de piston en ligne
droite, tout en la liant à l'un des bouts de la bielle,
pendant que l'autre décrit un cercle, a été la source de
nombreuses inventions. Ainsi à l'opposé du fourreau on
a fait le piston annulaire entourant un cylindre fixe placé
au milieu du grand : de cet anneau partent deux tiges
unies à deux pièces ayant la forme de la lettre majus-
cule T, du pied desquelles part la grande bielle qui
oscille entre elles et dans le cylindre du milieu. On a
aussi mis la bielle à la suite de la tige de piston en maintenant celle-ci en ligne droite par des guides et des glissières; mais alors la bielle s'est trouvée trop courte,
puisque l'axe des roues a une position déterminée, et
que le creux du navire a une limite assez restreinte.
Dans ces divers appareils la pompe à air a nécessité des
mécanismes spéciaux qui, pour obtenir une course égale
à la moitié de celle du piston à vapeur, ont fait perdre

à ces types une grande partie de leurs avantages, c'est-
à-dire de la simplicité, ainsi que du petit volume occupé
dans le navire.

Cylindre oscillant.

Aussi a-t-on fini par s'arrêter au cylindre oscillant essayé depuis longtemps, et qui, porté comme un canon
sur deux tourillons situés au milieu de sa longueur, reçoit la vapeur par l'un de ces axes creux, et la laisse
sortir par l'autre. De la sorte le cylindre est libre de
suivre les angles de la tige du piston qui est articulée
directement aux manivelles, et qui oscille tout en glissant et entraînant le cylindre avec elle. M. Penn a
poussé ce genre de machine à un degré de perfection et
de simplicité remarquables, il a mis les pompes à air en
mouvement par un vilebrequin découpé dans l'arbre intermédiaire, et il a fait marcher les tiroirs par un levier
dont le bout est engagé dans un arc de cercle entraîné
par l'excentrique. Ces machines remarquables sont employées pour les appareils de 4,000 chevaux qui font
voler sur l'eau le *Connaught* et le *Leinster* (18,08 nœuds
dans les essais et 15^m,5 de moyenne en service réel et en
toutes saisons) comme à faire circuler les légers bateaux
omnibus de la Tamise. Elles sont trop connues pour
exiger des détails, et les modifications qu'on a cherché à
inventer postérieurement ont été loin d'être heureuses.

Machines adoptées pour les roues.

Après de longs tâtonnements et beaucoup de machines
mises au rebut ou conservées malgré leurs défauts reconnus, on en est arrivé à ne plus employer pour les roues
à aubes que les machines à balancier, lorsqu'il s'est agi de
longues traversées et celles dont il vient d'être question
pour les paquebots rapides. Les premières sont encore

usitées pour les paquebots qui, tels que le *Persia*, de
M. Robert Napier, et ceux de la Compagnie Péreire
en France, traversent l'océan Atlantique en neuf jours et
demi, et ont sur mer autant de régularité que des courriers. Elles fonctionnent avec autant de régularité et
aussi peu d'avaries que les machines pesantes des mines
ou des grands ateliers, et si elles pèsent plus par elles-
mêmes, elles compensent ce désavantage par leur économie de combustible : question du plus haut intérêt
lorsqu'il s'agit d'un trajet aussi long.

Variété des machines à engrenages pour l'hélice.

Les appareils destinés à mouvoir l'hélice ont offert
encore plus d'incertitude et de variété, parce qu'ils ont
été mis en usage à l'époque où ceux destinés aux roues
n'avaient que trop exercé l'esprit d'invention et excité le
désir de ne jamais rien produire de semblable aux dispositions des ateliers rivaux. La grande puissance des machines marines a d'abord paru très-peu assortie à une
vitesse de régime aussi rapide que celle exigée par l'hélice, pour développer le chemin voulu, et l'on a cru indispensable de multiplier le nombre de tours habituels, au
moyen d'engrenages. En obtenant ainsi un mouvement
de piston aussi lent que pour les roues à aubes, on a employé toutes les variétés usitées depuis quelque temps avec
l'ancien propulseur, et l'on a vu surgir presque à la fois
les cylindres oscillants disposés comme pour les roues à
aubes, sauf en ce qui concernait la direction de l'arbre
moteur qui, avec l'hélice, était parallèle à la quille au
lieu de se trouver en travers. La roue d'engrenage, placée en arrière de la machine, prenait dans le pignon
situé en dessous et monté sur l'arbre du propulseur.
MM. Watt, Miller, et surtout M. Penn, employèrent cette

machine avec succès au moyen des cylindres oscillants.
En France, elle le fut également par M. Barnes sur
l'Ariel et M. Moll sur *le Passe-Partout*. La même disposition de mouvement fut aussi usitée avec les machines à
double cylindre qui avaient si peu réussi pour les aubes,
avec des cylindres obliques, dont les tiges de piston,
guidées dans des coulisses, avaient la bielle à leur suite,
et enfin avec des machines à bielle en retour ou en clocher. Mais cette position respective des roues dentées
élevait beaucoup l'axe de la plus grande, et forçait même
à découper le pont pour son passage ; elle avait le désavantage de placer trop haut le centre de gravité de la
machine, de l'exposer au choc des boulets, et d'exiger
des bâtis plus solides. Aussi on songea bientôt à mettre la
grande roue sur le côté et à balancer son poids par celui
des cylindres mis à plat à l'opposé ; son axe fut généralement plus élevé que celui du pignon de l'hélice et sa hauteur varia suivant les proportions adoptées entre ces roues
dentées, ou suivant les formes du navire. Les bielles directes furent employées en Angleterre par MM. Rennie,
Maudslay, Miller, Napier, Scott et Sinclair. En France,
la machine de 900 chevaux nominaux du vaisseau *le
Napoléon* et celle de 400 du *Phlégéton* furent disposées
de la sorte. Il en résulta des appareils qui occupaient
une largeur énorme sur les carlingues latérales et qui,
par leur position au-dessus des varangues plates du navire, présentaient peu de solidité. Leur roue agissant à
la manière ordinaire, c'est-à-dire d'un seul côté du pignon, produisait sur l'arbre de celui-ci un frottement violent, et à cause de la rapidité du mouvement, il y eut des
échauffements. Pour éviter ce défaut, M. Seaward employa quatre cylindres et deux engrenages semblables,
qui, placés des deux côtés du pignon, tournaient en sens

inverse et, par suite, balançaient leurs efforts de manière à ne laisser d'autre frottement que celui dû au poids de l'arbre. Mais de la sorte, la machine occupa une surface encore plus grande, et elle exigea tant de place en travers du navire, qu'il eût été impossible de lui donner une puissance relativement considérable.

Meilleur type à engrenage.

De toutes les dispositions avec des engrenages, la meilleure fut sans contredit celle adoptée par M. Mazeline pour les avisos *la Biche* et *la Sentinelle,* ainsi que pour la corvette *le Roland.* Les deux cylindres furent adossés et mis à plat, en travers au-dessus de la quille : le mouvement fut transmis par des bielles en retour, à deux roues dentées, placées ainsi des deux côtés du navire et engrenant dans un pignon commun placé plus bas ; de sorte que les trois axes étaient au sommet d'un triangle dont l'angle inférieur se trouvait à la position de l'arbre de l'hélice. Les deux machines et leurs roues marchant à l'envers évitaient des frottements violents à l'arbre du pignon, presque autant que dans le système précédent, et de plus la machine était aussi concentrée que possible. Si l'on avait conservé les engrenages, c'eût été le système à employer de préférence. Enfin, pour les navires marchands, on a fait usage du balancier placé à la partie supérieure de l'appareil comme dans les premières machines de terre, en lui faisant mouvoir un engrenage latéral. Ce fut un des types qui fonctionnèrent avec le plus de régularité, et il présenta, comme pour les roues, le grand avantage de mouvoir directement les pompes à air, tandis que pour toutes les autres machines, le mouvement de cet organe entraîna souvent vers des mécanismes si compliqués, que l'avantage des mouvements directs disparaissait complétement. Il faut cependant excepter les machines de M. Mazeline, qui adoptèrent les pompes à air liées directement au piston à vapeur, et les clapets en toile de M. Holm, ce qui constitua un des perfectionnements les plus importants de cette époque, celui qui permit plus tard de donner un mouvement rapide aux pistons. (Pour les détails, voir l'article de chaque genre d'appareil dans le *Dictionnaire de marine à vapeur*, deuxième édition.)

Différences entre les navires de guerre et ceux de commerce.

On a dû remarquer dans ce qui précède qu'une partie des machines mentionnées avaient leur arbre de grande roue placé en haut, tandis que les autres le mettaient en bas; cela est venu de ce que les premières dispositions étaient destinées aux navires du commerce, tandis que les secondes devaient servir à ceux de guerre, et dès lors il devenait nécessaire de mettre tout l'appareil assez au-dessous du niveau de l'eau pour qu'il fût à l'abri du boulet. On profitait ainsi de l'avantage du nouveau propulseur, qui, par sa nature, permettait seul de faire des navires vraiment destinés au combat, en devenant lui-même invulnérable et en dégageant les côtés pour y mettre des canons.

Inconvénients des cylindres horizontaux.

Mais cela entraîna naturellement à l'abandon de la position verticale des cylindres, qui était considérée avec raison comme la seule qui promît de la durée; en mettant les cylindres à plat, on se jeta dans de nouvelles chances de détérioration rapide, puisque le poids du piston et de ses tiges produit plus d'usure au bas du cylindre qu'en haut, et que si la graisse et l'eau ne séjournaient

pas toujours dans la partie inférieure, l'usure serait très-
rapide. Cependant on assurait d'abord qu'elle serait
presque nulle, et si en effet il en a été ainsi sur des navires de guerre, c'est uniquement parce qu'ils ne naviguent presque pas. Ce qui reste en place ne craint que la
rouille et ne s'use point par le frottement : c'est la seule
raison ; car comment croire que des surfaces qui frottent
avec 2 mètres de vitesse par seconde ne s'useront pas à la
longue, quand on pense qu'elles font 7,200 mètres par
heure, ou 172 kilomètres par jour ? Donnez-leur cinquante
jours de chauffe par an, c'est-à-dire au plus la moitié de
ce que fait un paquebot, et voyez ce que ces surfaces auront parcouru. Si elles ont duré, c'est qu'on a mis six
ou sept ans à faire ces cinquante jours de chauffe, et
cela en ne marchant jamais qu'avec la moitié des feux
et n'ayant pas plus de $1^m,50$ de vitesse de piston. Aussi
n'est-ce que dans le commencement de l'adoption des
machines directes qu'un petit nombre de paquebots,
d'une seule compagnie, ont adopté ces cylindres horizontaux ; partout ailleurs on les a placés avec leur axe
vertical, et l'on en est venu à la machine à pilon. Donc
si les navires de guerre ont leurs cylindres placés de la
sorte, c'est qu'ils n'ont pas encore pu faire autrement,
et toute disposition qui rendra l'axe du mouvement vertical sera un perfectionnement, en ce qu'il donnera des
chances de durée. (Voir *Note sur les navires cuirassés.*)

Avantages et inconvénients des machines à engrenages.

Les machines à engrenages dont on vient de détailler
les diverses dispositions avaient des avantages et des inconvénients qu'il est utile d'apprécier, afin de se rendre
compte des raisons qui les ont fait abandonner. Elles

avaient, par la lenteur de leur marche, autant de causes
de sécurité de fonctionnement que celles à aubes, leurs
organes n'étaient point fatigués par un travail trop rapide;
mais elles exigeaient le surcroît de poids d'un engrenage
énorme, de ses arbres et de ses bâtis, au point que dans
la machine de 900 chevaux nominaux du vaisseau *le
Napoléon*, la grande roue pesait près de 100 tonneaux et
le pignon 25. A ce poids déjà si considérable il fallait
ajouter celui de l'augmentation de volume des cylindres
et de tous leurs organes; car si le rapport de la roue au
pignon est de 4 à 1, comme dans l'origine, il faut que
l'effort du piston à vapeur et par suite le volume utile du
cylindre soit quadruple, puisque ayant à produire un effort déterminé sur un arbre on lui donne un levier défavorable dans le rapport de 4 à 1 ; et comme tous les organes sont proportionnels à l'effort produit par le piston,
tout le mécanisme est quatre fois aussi lourd que s'il
tournait quatre fois plus vite. Mais il y a lieu de remarquer que si la machine éprouve cette différence de poids
dans les deux cas précités, la chaudière ne change pas
pour cela; car il lui importe peu de remplir dans un
temps donné un grand cylindre une fois, ou bien un
petit cylindre quatre fois. C'est la même dépense de vapeur, et comme l'appareil évaporatoire et son eau présentent un poids considérable, de même l'excédant
n'est pas aussi exagéré qu'on a pu le croire de prime
abord. Il faut ajouter que les dentures en bois sont chères,
demandent un ajustage très-précis, et une rigidité parfaite des bâtis pour que les axes des engrenages ne
changent pas de positions relatives et que les dents ne
s'écrasent pas sous des efforts inégalement répartis. Avec
un service actif il faut revoir la denture tous les ans
et souvent en changer beaucoup de pièces. Pour leurs.

paquebots de Chine, les Messageries Impériales ont pourtant préféré les engrenages.

Machines directes.

Cependant le poids et le volume de ce genre de machine sont encore gênants, et ils diminuent tellement les ressources déjà restreintes du navire à vapeur, qu'il a été naturel de chercher à se mettre dans le cas le plus favorable, c'est-à-dire à construire les appareils les plus légers possibles. Si le but a été atteint pour des essais de courte durée, l'expérience a prouvé qu'il avait été de beaucoup dépassé pour résister à un service réel, et cette légèreté si recherchée a été la source de dangers jadis inconnus. Une fois le problème des machines légères posé et la crainte des mouvements rapides mise de côté, les constructeurs se sont mis à l'œuvre, et le malheureux désir d'avoir chacun leur type marqué les a entraînés vers une variété aussi grande que pour les roues à aubes et les engrenages à hélice. On dirait que, poussé par ce fâcheux désir, chacun a pris ces gravures si connues des divers renvois de mouvement, et s'est mis à y choisir et à combiner jusqu'à ce qu'il obtienne une production originale ; faisant ainsi, aux dépens des navigateurs, une sorte de jeu dans le genre du casse-tête chinois avec ses nombreuses figures toujours composées des mêmes pièces.

Variété des machines directes.

Ainsi l'on vit surgir presque à la fois quatre cylindres horizontaux et oscillants, articulés directement sur un arbre à six manivelles dont les deux intermédiaires menaient deux pompes à air à simple effet. Cette disposition n'a été employée qu'une fois en Angleterre et une

25

fois en France ; les résultats ont été aussi malheureux d'un côté de la Manche que de l'autre. MM. Seaward et Rennie employèrent quatre cylindres horizontaux accouplés deux à deux sur deux paires de manivelles; le premier mit en mouvement les deux pompes à air verticales et opposées par deux vilebrequins découpés dans l'arbre intermédiaire, ce qui écarta les cylindres moteurs, et il fit couvrir une surface de carlingue exagérée aux dépens de la solidité. M. Rennie évita ce défaut en accolant les cylindres et rejetant les pompes à air verticales à l'avant pour les mouvoir par une manivelle extérieure aux bâtis. En France, l'usine du Creuzot adopta la même disposition, sauf pour les pompes à air, qui à double effet et horizontales furent placés dans les condenseurs situés entre les cylindres, de manière à mettre le chaud et le froid presque en contact. Des balanciers et des bielles articulées à la manivelle intermédiaire servirent à mettre ces pompes en mouvement avec une complication peu convenable pour une rotation rapide. L'usine d'Indret adopta aussi ce système et le compliqua par des pompes à air verticales à simple effet, dont le mouvement est produit par des équerres et des bielles articulées à la soye de la grande manivelle. Au milieu de tous ces renvois mobiles, la vue même ne peut pénétrer, et la surveillance des pièces est aussi impossible que leur visite est difficile. Plusieurs de ces machines existent encore; elles sont toutes sur des navires sans cuirasse. On a employé aussi des cylindres oscillants à course très-courte et articulés par des arbres horizontaux aux deux angles d'un triangle isocèle servant de bielle commune, et dont l'angle inférieur fut articulé à la manivelle de l'hélice; quoiqu'on ait dit du bien de cette machine, elle n'a pas été imitée. Il en a été de même d'une disposition très-ingénieuse inventée par Ericsson pour diminuer les défauts des mouvements trop rapides. Au lieu de pistons il fit usage de sortes de battants de porte à axe horizontal, se mouvant chacun dans une portion de cylindre et transmettant par leur axe le mouvement à l'arbre de l'hélice au moyen d'une bielle. Cet appareil est très-compacte et solide par la nature même de sa composition.

Machines à disque et à manivelles équilibrées.

M. Rennie a exécuté des machines dites à disque, formées d'un plateau rond tournant librement dans une portion de sphère, et prenant ce mouvement singulier d'une pièce de monnaie qui, après avoir tourné sur son bord, oscille d'autant plus bas que son mouvement est plus lent, et qui finit par tomber à plat. Une tige transmettait ce mouvement à l'extérieur et décrivait un cône autour de l'arbre. En France, l'amiral Labrousse a fait exécuter deux grands appareils basés sur l'idée ingénieuse de la manivelle équilibrée. Il a inventé un arbre en zigzag, disposé de telle sorte que les soyes opposées sont à la même distance de l'axe de rotation, des bielles placées à l'opposé poussent et tirent ces soyes en sens inverses en faisant des angles toujours égaux; de sorte que si l'arbre ne pesait pas il resterait en l'air, et qu'en réalité il n'éprouve aucune pression latérale dans ses paliers. En Norwége M. Carlsund a employé avec succès le même système dans ses machines à cylindre oblique pour des canonnières. Ses deux bielles s'articulent sur les boutons de manivelles opposées. M. Gâche, de Nantes, en a construit avec les cylindres disposés de même; mais les deux bielles sont articulées sur la même soye de manivelle.

Machines directes adoptées ; bielles en retour.

Enfin, au milieu de ces tâtonnements ruineux, deux types ont supporté l'épreuve de l'expérience, et sont restées en usage : ce sont les bielles en retour et les fourreaux. Ils ont dû leur succès à leur simplicité et surtout à l'adoption de pompes à air horizontales, à course égale à celle du grand piston, et unies directement à ce dernier. Il en est résulté que leur piston n'a en surface que le quart de celui à simple effet et à demi-course du piston à vapeur ; l'effort produit n'est donc que le quart. Il n'y a plus ainsi ces nombreux et fragiles renvois de mouvement nécessaires avec l'ancien système et l'inertie de plusieurs tonneaux d'eau contenus dans les conduits qu'il faut soulever avec une grande surface, quarante à cinquante fois par minute, sans compter plus de 2/3 d'atmosphère de pression ; le tout avec une surface de piston quadruple. Mais cette modification ne fut pas suffisante, il fallut avec de telles vitesses renoncer aux anciens clapets métalliques ; ils se brisèrent sous les chocs répétés, et avant l'invention du caoutchouc ce fut une idée des plus heureuses que celle d'employer la toile à voile cousue en plusieurs épaisseurs. Je crois que ces perfectionnements, si importants pour un organe aussi nécessaire que la pompe à air, sont dus à M. Holm lorsqu'il vint proposer d'essayer l'hélice d'Éricsson et présenter le tracé des machines à bielles en retour de l'*Amphion*, qui fut exécuté en Angleterre par M. Miller, et de *la Pomone*, construite en France par M. Mazeline. Depuis cette époque ce genre de machine a été très-usité ; il a éprouvé des modifications de détail qui n'ont pas toujours été heureuses ; on a croisé les cylindres en plaçant chacun de ces derniers près du condenseur, c'est-à-dire en mettant le chaud près du froid, et en rendant le mouvement moins régulier. On a gagné de la place en accolant les cylindres, et de la régularité en les mettant du même côté ; mais dans quelques appareils on a enterré la grande bielle sous le condenseur ou dans le condenseur et la pièce de mouvement la plus importante est devenue d'une surveillance difficile. On a renoncé à la simplicité du premier mouvement de tiroir, ou au double excentrique, pour un système d'engrenage ingénieux, mais qu'il ne faut employer qu'avec prudence, et qui reçoit les contre-coups du grand arbre.

En Angleterre ce genre de machine est devenu le type de M. Maudslay ; en France, M. Mazeline, M. Dupuy de Lôme et les forges de la Méditerranée l'ont adopté avec diverses modifications. Le Creuzot l'a disposé en dégageant la grande bielle et en simplifiant les mouvements, ainsi qu'en renfonçant un peu quelques pièces ; il est arrivé aux appareils, qui pour le moment, paraissent fonctionner en France avec le plus de sécurité, surtout dans les dimensions moyennes. M. Maudslay a mis souvent le tiroir sur le côté, pour qu'il fût mené directement par le double excentrique. Le Creuzot l'a placé de même, mais avec des excentriques séparés pour la marche en avant et celle en arrière, tandis que les autres ont mis le tiroir au-dessus du cylindre. A Toulon ainsi qu'à Marseille, M. Dupuy de Lôme a adopté l'ancien tiroir en D de Watt placé au-dessus du cylindre, et c'est à ce genre d'organe qu'il y a lieu, je crois, d'attribuer l'économie de combustible de ses appareils. L'une des machines à bielle en retour les mieux disposées nous paraît être celle exécutée par M. Maudslay pour les canonnières et les *despatch boats ;* le condenseur est à l'opposé des deux cylindres, tout est à découvert, très-accessible

et d'un simplicité remarquable. Il a fallu cependant
placer le tiroir verticalement sur le côté du cylindre, afin
qu'il fût conduit directement par le double excentrique
et son arc fendu. Il est probable que la bielle en retour
restera longtemps encore le meilleur type de machine
marine, c'est, tant qu'il ne s'agit que de disposition générale, celle qui doit inspirer le plus de confiance à un
capitaine.

Machine à fourreau.

L'autre système adopté pour les machines directes est
comme nous l'avons dit, celui à fourreau de M. Penn.
Il est formé de deux cylindres placés à plat et adjacents
dans lesquels se meut un piston de la même coulée que
deux cylindres d'un diamètre beaucoup moindre, ouverts
par les deux bouts, nommés *fourreaux*, et qui se prolon-
gent assez pour glisser dans de grands trous pratiqués
dans le couvercle et le fond du cylindre. Il en résulte
que ces fourreaux servent de guides, de sorte que la
bielle est articulée directement dans leur intérieur, et
qu'elle a une grande longueur pour que l'exagération
de ses angles ne fasse pas trop augmenter le diamètre
du fourreau. Le piston est donc un anneau et le cylindre
a un excédant de diamètre pour remplacer la surface
perdue au centre. Les paliers de l'arbre sont directement unis aux grands cylindres par des bâtis triangu-
laires; de sorte que tout est placé du même côté de la
quille, et présente plus de solidité que dans les autres
systèmes. Le nombre des pièces mouvantes est réduit
au minimum, et la suppression des pièces nécessaires
aux autres machines compense le poids des fourreaux.
Le condenseur placé à l'opposé du cylindre est presque
indépendant de celui-ci; il contient les pompes à air
menées par leur tige directement unie au piston. Le tiroir

est sur le côté; il est mené par un double excentrique dont le relevage est d'une grande simplicité; tout est très-accessible excepté le pied de bielle, dont on ne peut cependant augmenter la soye qui est trop petite, comme dans la plupart des autres appareils. En France il y a quelques machines à fourreau; mais elles ont été loin d'avoir la simplicité de celles de M. Penn, et elles ont eu des avaries graves.

Enfin MM. Humphrey et Tennant ont fait des machines avec une bielle directement articulée à la tige du piston ainsi qu'à la soye de manivelle, et par conséquent très-courte : elle est guidée par une savate qui appuie toujours pour la marche en avant, mais relève et n'est maintenue que par deux rebords pour celle en arrière. Le tiroir est conduit par le double excentrique au moyen d'un arc de cercle qui, au lieu d'être fendu comme dans les autres machines et les locomotives, est plein et passe entre deux segments de cylindre servant de coussinet dans la tête de la tige de tiroir : de sorte que les renvois de mouvement du tiroir sont dans le prolongement de la tige de ce dernier, et non placés en porte-à faux et sur le côté comme avec l'arc fendu.

Défauts des courses trop courtes.

Tous les appareils dont il vient d'être question présentent le grand défaut d'avoir des courses de piston trop courtes, et, par suite, des surfaces de piston énormes. Le rapport de ces deux éléments qui était jadis l'égalité, est d'habitude comme deux à trois, mais on a été jusqu'à faire des diamètres doubles de la course. Or la puissance développée par un piston est en raison du volume qu'il engendre dans un temps donné, tandis que l'effort qu'il exerce sur toutes les articulations et sur les paliers des arbres est dans la proportion de sa surface; plus celle-ci est grande, plus le mécanisme fatigue. Aussi, lorsqu'il n'y a aucune condition indispensable à remplir, la course égale au moins le diamètre, et elle est quelquefois beaucoup plus grande. Mais alors il faut que la rotation soit lente parce que la vitesse du piston frottant sur les parois et de ses tiges glissant dans les presse-étoupes a une limite qu'il n'est pas possible de franchir : c'est environ 2 mètres par seconde. D'après cela et s'il s'agit de mouvoir l'hélice, le nombre de tours est commandé par son pas, qui dépend de son diamètre, lequel est limité par le tirant d'eau, et la vitesse du piston l'étant également, il a fallu nécessairement augmenter la surface de celui-ci pour avoir le volume engendré nécessaire pour produire la puissance voulue. On a donc été entraîné à faire des appareils qui ont presque l'air de poinçons à percer directement des trous dans la tôle, ou à écraser les têtes de rivets avec leur boutrole. Or le frottement des surfaces est en raison des pressions, et puisqu'on a raccourci la course, et par suite diminué le rayon des manivelles, on a augmenté le frottement dans le même rapport. Il est impossible d'espérer que des pièces tournantes n'aient pas un peu de jeu dans leurs coussinets; ceux-ci remuent aussi, et enfin les bâtis cèdent aux efforts, surtout sur les navires en bois; on le sent très-bien lorsqu'on est sur le parquet supérieur. Il en résulte qu'outre son effort de torsion suivant l'axe, l'arbre supporte les poussées inverses de deux énormes pistons qui le tirent à contre avec une force de 60.000 kilog. de chaque côté, et qu'il se trouve dans le cas d'un morceau de bois qu'on veut casser en le tordant d'un côté, puis de l'autre. A cela s'ajoute la célérité du mouvement, et ces efforts énormes se répètent de cent à cent-vingt fois par minute, en faisant vibrer autant de fois et avec des vitesses moyennes de 2 mètres par seconde des pistons qui, avec leur équipage de tige, traverses bielles et avec la pompe à air, ont un poids énorme.

Dangers des efforts exagérés sur les métaux.

C'est abuser de la matière, lui demander plus qu'elle ne peut donner, et paraître tenir peu de compte du service réel, pour se contenter de la courte durée des expériences et du procès-verbal qui les accompagne. C'est exactement comme si on avait dit que l'ancienne mâture et son gréement avait un poids gênant et qu'on eût réduit à environ la moitié les diamètre des mâts, des vergues, des haubans et du gréement, tout en conservant la même surface; on n'irait pas loin de la sorte. Au moins alors on s'en apercevrait, l'œil habitué à des proportions avérées par la pratique serait choqué d'en voir sortir; on éprouverait des craintes. Au lieu que dans le fond de la cale on ne saurait juger des choses, puisqu'on ne voit pas la plupart des épaisseurs. Il est impossible que les métaux résistent longtemps à de pareils efforts sans être dénaturés, comme les essieux des courriers ou des diligences, ou enfin comme ceux des locomotives qui, malgré leur force relative et leur petit diamètre qui permet une meilleure confection, sont changés au bout d'un parcours déterminé, parce que l'expérience a prouvé qu'au delà ils devenaient cassants. Si des échauffements ont fait arroser à seau, que s'est-il passé dans le métal? On ne mesure pas plus les détériorations de ce dernier que celles du bois des mâtures, et des cordes des gréements, mais avec cette grande différence; que ceux-ci montrent longtemps à l'avance des indices de faiblesse, tandis que souvent les métaux détériorés par le travail, cassent sans aucun pronostic. Il en est de même de tout autre genre de travail : ainsi les canons ne peuvent tirer avec sécurité qu'un nombre de coups déterminé, aussi on en tient soigneusement note. On pourrait en faire de même pour les machines si leur service n'était pas trop irrégulier ; mais au moins que cette propriété reconnue serve à rendre les pièces plus solides, afin que leur service soit plus sûr et moins limité. Un métal qui a changé d'état par le travail ou par quelque variation brusque de température, ne reprend jamais son premier état. On cassera un tourillon de canon en lui donnant un coup de masse toutes les semaines, aussi bien qu'en le frappant sans discontinuer. Cela me rappelle un mot plein de justesse d'un vieux mécanicien : Ah ! disait-il, si vous saviez, commandant, comme le fer est rancuneux ! Les marins doivent se souvenir de cet effet du travail sur les métaux, afin de ne pas accorder une confiance aveugle à leur machine et de chercher à se procurer des garanties. Car il y a une grande différence avec le passé ; on pouvait encore changer assez promptement une mâture et un gréement au moyen des approvisionnements des ports ; mais on ne refait pas facilement des arbres ou des cylindres de 900 et de 1.000 chevaux nominaux, et si l'activité fébrile d'une guerre amène à demander aux machines ce que le public suppose qu'elles peuvent donner, on aura les plus cruelles déceptions et des catastrophes dont l'esprit est effrayé. A moins qu'on ne se console, en espérant tristement que les étrangers seront dans le même cas et que les mêmes causes produisent les mêmes effets. Car aucune marine militaire n'a des machines remplissant les vraies conditions nautiques comme celles des paquebots. Si les appareils des navires de guerre durent longtemps

et conservent le prestige de leurs courtes expériences,
c'est qu'ils ne déploient leur énergie que pendant les
six heures de leurs essais. Pendant le reste de leur navigation, ils n'emploient que la moitié de leurs chaudières; mais si au lieu d'avoir au plus deux ou trois jours
par an de chauffe à toute volée, ils en avaient cent
comme les paquebots, leurs pièces résisteraient moins
que ceux de ces derniers, dont les machines sont plus
petites et se trouvent établies sur du fer et non pas sur
du bois dont l'élasticité cède et laisse tout fléchir. Cependant, malgré leur rigidité, les paquebots cassent beaucoup d'arbres quand ils emploient des machines directes. Sur six paquebots à cylindres couchés et à bielle
en retour, cinq ont eu leurs arbres à manivelles cassés.
Enfin il faut compter qu'après soixante ou quatre-vingt
jours de chauffe, même modérée, les cylindres horizontaux et les garnitures métalliques sont rongées par le frottement au point de décentrer le piston et de commencer à
rayer les tiges.

Machine à pilon.

Aussi les navires du commerce qui n'éprouvent pas la
nécessité de placer leurs appareils au-dessous de l'eau,
n'ont adopté qu'une fois des cylindres couchés, et quelques fabricants seulement les ont incliné à 45° en mettant les bielles à la suite des tiges, comme on l'a vu
plus haut. D'autres, pour éviter à la grande bielle et à
l'arbre des efforts exagérés, et cependant pour modifier
la vitesse de piston, ont adopté un balancier supérieur
dont le levier défavorable est du côté du piston. Enfin, la
machine directement articulée à l'hélice qui a le mieux
réussi, la seule même qui ait soutenu un service actif,
est celle à pilon ou à cylindre renversé, dont le nom
indique la disposition générale. Les cylindres adjacents

ont les tiroirs entre eux ou sur les côtés de même que
celui du marteau-pilon ; ils sont portés par de vigoureux
bâtis en fonte, qui reposent sur la plaque de fondation
qui porte les paliers. La tige de piston sort par en dessous, elle est maintenue par des guides et s'articule avec
la bielle. La pompe à air a été plusieurs fois conduite par
un balancier et des mouvements compliqués faisant perdre à cet appareil son avantage le plus marquant ; d'autres
fois elle a été placée verticalement sous le cylindre et sa
tige est sortie par le fond de celui-ci ; alors les piliers
ont été faits creux et ont servi de condenseurs. Ces machines occupent très-peu de place dans le navire ; de
grands paquebots à vitesse moyenne en ont été pourvus,
comme les charbonniers à vapeur, et elles ont fait un service aussi prolongé qu'on peut l'espérer avec des vitesses de 100 et 150 coups doubles de piston. Elles exigent des assises très-solides et elles ne pourraient pas
être installées dans des navires en bois. Il faut aussi que
les navires aient une stabilité suffisante, puisque les cylindres sont au ras ou quelquefois plus hauts que le pont
et leur plaque de fondation presqu'au niveau de l'arbre.
Pour balancer la chute et la levée du piston et de son équipage, on a quelquefois mis un cylindre suceur au-dessus
de celui à vapeur, comme à bord du *Japon;* les deux pistons
sont unis par une tige, et celui du haut est à simple effet.

Machines à double cylindre dites de Woolf.

Quoique cet ouvrage ne soit pas destiné à expliquer
les machines, il est cependant nécessaire de donner au
marin une idée de celles qu'il est destiné à rencontrer,
ne fût-ce que pour éveiller son attention par quelques
idées générales et l'engager à ouvrir les livres spéciaux
où il pourra trouver tous les détails désirables. Aussi,

pour terminer cet aperçu, nous mentionnerons quelques appareils récemment employés sur mer pour diminuer la consommation de combustible : ce sont ceux à double cylindre de Woolf, qui, longtemps usités à terre avec la haute pression, qu'on leur croyait nécessaire, ont donné de bons résultats sur mer avec notre pression habituelle de 1 kil. à 1 kil. 25 par centimètre carré. Dans ces appareils, la vapeur, au lieu d'être détendue dans un seul cylindre, est introduite d'abord dans un premier, puis en sortant elle va en remplir un second d'un volume quadruple, où elle se détend.

Différence de détente dans un ou dans deux cylindres.

Il semble que ce soit la même chose que dans les machines ordinaires, où la détente s'opère dans un seul cylindre ; et en effet, s'il n'y avait pas des refroidissements, il n'y aurait de différence que pour les renvois de mouvement. Car si, pour économiser le combustible, vous n'introduisez que pendant le quart au lieu des trois quarts de la course, vous aurez un piston d'une surface à peu près double pour produire le même travail ; or, au commencement de sa course, il reçoit toute la pression de la vapeur, et comme tout doit résister à cet effort, il faudra que les mouvements et même les bâtis aient une force double. Au contraire, en détendant d'un cylindre dans l'autre, chacun introduit pendant toute la course ; l'effet est donc uniforme et moindre à égalité de travail produit : donc s'il y a plus de poids par l'addition d'un cylindre, il y a une compensation par la force moindre des mouvements et des bâtis.

Quant au refroidissement, nous observerons que si l'on introduit pendant toute la course, le piston et l'intérieur du cylindre passeront la moitié du temps en communi-

cation avec la chaudière, l'autre avec le condenseur ; et,
abstraction faite des influences extérieures, ils seront à
une température moyenne entre les deux. Si on n'introduit que pendant le quart, il ne sera entré que le
quart de la chaleur, tout sera plus froid, et sans que
rien l'indique, il arrivera, pendant l'introduction, beaucoup de vapeur, qui, au lieu de produire de la force,
ne fera qu'empêcher celle qui est déjà entrée d'en perdre,
et cela en lui apportant de la chaleur. Aussi a-t-il été
reconnu que toutes les économies attribuées à la détente,
en ne tenant pas compte de cette cause, n'étaient pas
réalisées en pratique, et qu'au delà du milieu de la course,
on perdait de plus en plus. Aussi la théorie, ne tenant
pas compte du refroidissement, a fait construire des chaudières trop petites qui ont été si insuffisantes qu'il a fallu
les remplacer par d'autres plus puissantes.

Machines de Rowan et de Humphrey.

Ces raisons ont donc fait revenir aux machines de
Woolf, et pour les assortir au navire, elles ont reçu
diverses dispositions. M. Rowan a mis trois cylindres con-
tigus dont les pistons marchent ensemble au moyen d'une
traverse qui unit leurs trois tiges et mène une seule
bielle ; la vapeur entre dans le cylindre du milieu, qui
est souvent le plus petit, et de là elle se détend dans les
deux voisins. Les six cylindres nécessaires pour con-
juguer les manivelles à angle droit sont réunies en un
bloc, et sont portés par des colonnes comme dans la
machine à pilon. M. Humphrey a imité exactement
cette dernière en mettant le petit cylindre au-dessus
du grand, comme sur *le Japon*, et les unissant par une
même tige. Chacun a son tiroir qui règle la vapeur
à la fin de la course, et pour le commerce aucune dispo-

sition n'est préférable, tant la simplicité de cet appareil le rapproche de celui à pilon. L'augmentation de diamètre du cylindre à détente est presque la seule différence. Ces cylindres sont portés sur quatre gros piliers contenant les conducteurs tubulaires. Ces appareils ont donné d'excellents résultats économiques, et ils fonctionnent très-bien sur des paquebots.

Machines de Randolph et Elder.

A Glasgow, M. Randolph a fait une modification importante en faisant fonctionner les pistons des cylindres adjacents à l'inverse l'un de l'autre pour que la vapeur s'échappant du petit entre directement dans le grand, au lieu d'aller chercher l'autre extrémité, comme dans les appareils précédents; c'est dans ce but qu'il a adopté la manivelle équilibrée dont il a déjà été question. Il a construit plusieurs appareils de cette sorte pour des paquebots à roues employés sur la côte ouest de l'Amérique méridionale. En renversant ses cylindres et en détendant du petit dans deux autres placés à côté, M. Randolph a également construit la machine de la frégate anglaise *la Constance*. Avec tous ces appareils, la vapeur allant travailler dans des cylindres différents exige que les mouvements des pistons se fassent aux mêmes instants : il en résulte la nécessité d'avoir quatre cylindres au moins. M. Mazeline a cherché à éviter cela en mettant trois cylindres adjacents avec leur bielle articulée sur des manivelles à 120°. Celui du milieu fonctionnait avec la vapeur de la chaudière, et comme les deux autres ne pouvaient la recevoir lors de sa sortie, à cause du désaccord des courses, elle allait dans un grand réservoir à double enveloppe situé en arrière des cylindres, d'où elle se distribuait aux deux autres, comme fait une chau-

dière, et elle occupait un volume suffisant pour que les
désaccords des introductions ne fasse pas trop varier
la pression. En essayant de marcher de la sorte, ou
bien avec les trois cylindres indépendants, comme
depuis longtemps sur la frégate américaine le *Niagara*,
ou sur la frégate anglaise l'*Octavia*, on n'a pas trouvé
d'avantage assez sensible dans la distribution d'un cylindre dans deux autres pour continuer d'après ce principe.

Cylindres concentriques.

L'exposition de Londres renfermait une disposition déjà
usitée en Alsace, celle des cylindres concentriques avec
deux pistons, dont l'un annulaire, et réunis tous deux par
trois tiges à une seule bielle. La vapeur arrive dans le
plus petit et se détend ensuite dans l'entre-deux au
moyen d'un seul tiroir. Ce joli appareil employé sur les
canonnières suédoises, était dû à M. Frestadius. Il était
certes la plus jolie application du système de Woolf à
la marine pour de petites machines.

Condenseurs tubulaires.

Enfin on est revenu aux condenseurs tubulaires destinés à condenser l'eau en la refroidissant par contact au
lieu de le faire par mélange, afin de n'être pas forcé d'a-
limenter avec de l'eau de mer, dont le sel abandonné par
l'ébullition est un embarras constant et force à sacrifier
beaucoup d'eau chaude pour les extractions. Pour arriver à ce but et avoir une surface suffisante, on a placé
dans des caisses des forets de tubes, disposés comme
ceux des chaudières. La vapeur arrive en contact de leur
intérieur, tandis que l'extérieur est constamment baigné
par un courant d'eau froide poussée par une pompe. La
graisse qui se dépose sur les tubes a été jusqu'à présent
un obstacle sérieux au refroidissement ; elle a aussi em-

porté avec elle de l'oxyde de cuivre, et en retournant dans la chaudière avec l'alimentation, elle a produit, dit-on, une action galvanique qui a rongé les tôles d'une manière très-inquiétante. La question de ces condenseurs, déjà essayés il y a vingt-cinq ans, est donc loin d'être résolue en pratique.

La haute ou la basse pression sur mer.

Il y a encore une question de la plus haute importance pour les marins, c'est celle de la pression de régime dans la chaudière, et pour en donner une idée, il convient d'apprécier d'abord les avantages et les inconvénients des différentes pressions. La plus basse entraîne à des cylindres d'une grande dimension, puisque l'impulsion produite est plus faible ; mais elle ne modifie en rien les renvois de mouvement et les bâtis, en ce que ceux-ci ont à résister à un effort, et qu'il importe peu que ce soit par un piston d'une surface un quart avec une pression quadruple ou l'inverse. Elle permet des surfaces plates dans les chaudières, et par suite d'avoir des formes assorties à leur arrimage dans le navire, mais elle exige toujours de grandes masses d'eau pour la condensation puisque la plus grande partie de la force est due au vide. La haute pression n'exige d'eau que pour la vaporisation, elle sert donc seule aux locomotives et aux localités où l'eau est rare ou chère. Elle exige des chaudières très-solides garnies de nombreux tirants sur leurs surfaces plates, et ayant à l'extérieur des surfaces de révolution qui transforment la pression en tension dans le plan des tôles. Dès lors elle entraîne à des formes dans lesquelles il est impossible d'atteindre pour enlever des dépôts. Sous le rapport du fonctionnement la haute pression est mieux assortie à la détente

26

que la basse, en ce qu'à détente égale, elle produit
moins de refroidissement, comme le montre la différence
des températures suivant les tensions. Quand elle est
employée sans condensation, elle exempte du condenseur et de la pompe à air, de manière à réduire la machine à sa plus grande simplicité.

La haute pression dangereuse sur mer.

D'après ce court résumé, il paraît donc que la haute
pression est avantageuse, et elle l'est en effet : pourquoi donc ne pas l'adopter sur mer? C'est uniquement
parce que les localités et l'eau salée présentent de trop
grands obstacles. En premier lieu le manque de place
force à faire les enveloppes plates, et par suite elles ne
sauraient résister à de fortes pressions, et puis la rouille
travaille plus vite à bord. Si donc une partie affaiblie
vient à céder, il y a une invasion de vapeur d'autant
plus rapide que la pression est plus grande, et une quantité de vapeur produite spontanément d'autant plus considérable que la température est plus haute. (Voir catéchisme.) Avec un appareil de mille chevaux, il sortirait
20 ou 25,000 mètres cubes de vapeur à 100°, qui tue-
rait les chauffeurs et empêcherait de circuler dans
le navire pour porter secours. On en a vu de tristes
exemples sur *le Comte d'Eu* et sur *le Rolland* : 14 hommes
sur le premier et 22 sur le second périrent dans d'affreuses tortures.

Quant à l'eau de mer elle-même, il y a lieu d'observer
que plus elle est chaude, moins elle tient de sel en dissolution, au point qu'entre 140 et 150°, c'est-à-dire vers
quatre atmosphères et demie de pression, le sel se forme
spontanément et tombe comme du sable. Dès lors les
extractions sont impuissantes, et les surfaces de chauffe

se couvrent d'une couche non conductrice, qui inter-
cepte une partie de la chaleur, diminue la production
de vapeur, détériore les métaux, les affaiblit et expose
à une déchirure. A 108°, température des anciennes
machines, 10 litres d'eau contiennent 0ᵏ,395 de sel et
les extractions sont efficaces; à 127° ou une atmosphère
effective, l'eau ne dissout plus que 0ᵏ,097; aussi avec
les chaudières actuelles a-t-on toujours du sel, parce
qu'il y a des parties où les températures sont plus élevées et que moins l'eau tient de sel en dissolution plus, il
faut en enlever par les extractions. Il est donc à craindre
que les pressions auxquelles on veut s'élever maintenant ne
puissent servir quelque temps sans présenter de dangers.
Les chaudières les supporteront peut-être pendant les expériences, mais ensuite il sera prudent de baisser la tension
en déchargeant les soupapes, ce qui entraînera, comme
toujours, à marcher moins vite. Donc, si vous embarquez
sur un navire ayant une pression trop élevée, exécutez
de fréquentes épreuves de vos chaudières : la vie de vos
chauffeurs en dépend, et faites vos réserves pour la
perte de marche éprouvée. Il est facile de comprendre
que c'est ce danger inhérent à l'eau de mer qui pousse
vers l'usage des condenseurs tubulaires, afin d'alimenter
à l'eau douce et d'élever la pression pour mieux employer la détente.

Vapeur surchauffée.

Pour terminer, il y a lieu de mentionner encore la
surchauffe de la vapeur après sa sortie de la chaudière,
tant pour faire vaporiser la quantité assez considérable
d'eau entraînée par l'ébullition, que pour donner à la vapeur un surcroît de chaleur, afin qu'elle résiste à la
perte que nous avons vu être occasionnée par la détente.

Les appareils de surchauffe se composent de tubes placés
dans la boîte à fumée au sortir des tubes bouilleurs. La
vapeur passe dans leur intérieur avant de se rendre à la
machine, et elle s'empare, à travers leurs parois, d'une
partie de la chaleur perdue par la cheminée. On a disposé les tubes de manières très-diverses : comme dans
les chaudières, entre deux plaques de tôle, en cloisons
verticales ou encore en serpenteaux s'élevant très-haut
dans la cheminée. Toutes les fois qu'il y a eu des rivets,
des fuites se sont promptement déclarées, comme lorsque,
par leur forme, les métaux n'ont pas été libres de se dila-
ter. Parmi ces appareils, l'un des plus solides et des
plus efficaces est celui de M. Lafond, capitaine de frégate, et sur les paquebots *l'Oasis* et *le Zouave*, ainsi
que plusieurs autres, un long service a prouvé qu'avec
cette surchauffe, la même quantité de charbon avait fait
obtenir 9,07 au lieu de 7,9, ce qui exprime un gain
de 30 p. 100 de puissance. Sur un vaisseau de 600 chevaux, on a eu, pendant des essais de courte durée,
12 p. 100 d'économie en marchant avec l'appareil
évaporatoire complet, 25 p. 100 avec la moitié, et
36 p. 100 avec le quart des chaudières.

Économie produite par une bonne conduite.

Ces méthodes économiques sont de la plus haute importance, nous le verrons plus loin ; mais pour être vé-
ridique, il faut dire qu'elles demandent beaucoup de
soins, et qu'avec l'état où se trouvent d'habitude les appareils, il y a au moins autant d'économie à obtenir
d'une conduite éclairée que des inventions les plus ingénieuses ; on en a vu de nombreux exemples. Il est naturel d'en déduire qu'il n'est pas nécessaire d'aller aussi
loin qu'on le croit, et que les machines rappellent plus

que toutes choses la fable de *l'Homme qui court après
la Fortune* : après bien des fatigues, il la trouve à sa
porte ; de même l'économie provient autant des soins
et de l'intelligence pratique que du système d'appareil.
Certes il vaut mieux jouir des deux ; mais sans des
hommes soigneux et instruits, on n'obtient pas plus avec
un mécanisme plus parfait qu'avec des moyens gros-
siers, mais faciles à employer. Les Messageries impériales gagnent annuellement plusieurs centaines de mille
francs sans avoir changé un boulon à leurs machines,
et cela en comptant le charbon consommé suivant les
services rendus pour distribuer le quart des économies
en primes payées aux capitaines et aux mécaniciens.
Que d'économies du même genre surgiraient avec un peu
de surveillance, si l'on voulait s'en donner la peine !
Dans la marine, l'annonce seule d'une surveillance active produirait 15 à 20 p. 100 d'économie et probablement plus sans toucher un boulon, et de plus les appareils
seraient entretenus. Il y a longtemps que je l'affirme.
(Pour les détails de ces divers appareils, voir les deux
éditions du *Dictionnaire de marine* et du *Catéchisme du
marin et du mécanicien*, le *Traité de l'hélice* et le compte
rendu de l'Exposition, sous le titre de *l'Art naval à l'Exposition universelle,* ainsi que plusieurs ouvrages de
M. de Fréminville, ingénieur de la marine, et de M. Du
Temple, capitaine de frégate, directeur de l'École des
mécaniciens.

Impossibilité d'un type de machine uniforme.

On a souvent parlé de n'avoir dans la marine qu'un
type unique pour les machines, comme jadis on avait
cherché en vain à en obtenir un pour chaque sorte de
navire. S'il eût été possible d'arriver à ce résultat pour

les anciens vaisseaux en bois, il n'y a jamais eu à l'espérer pour les nouveaux, non plus que pour leurs machines, à cause des inventions de l'industrie, des découvertes inattendues de la science et des conditions spéciales de chaque service ou même de chaque genre de guerre. Le matériel naval sera toujours modifié suivant les distances à parcourir, la force relative de l'ennemi, l'artillerie en usage, la nature de la guerre, c'est-à-dire, si elle se fait par des transports de troupes ou par une lutte directe des navires. Les profondeurs d'eau des points importants exercent une grande influence, les batteries flottantes et les monitors en ont été la preuve. On ne réussira donc jamais à avoir un type unique et encore moins à faire servir indifféremment des pièces à toutes les machines de la même force. Cependant pour les chaudières on est parvenu à un type à peu près unique; et, s'il éprouve des changements intérieurs, on a au moins l'avantage de conserver le même volume extérieur, afin de pouvoir changer facilement cette partie si périssable des machines marines et d'arriver à en faire presque un objet d'armement comme des caisses à eau.

Peu de variété en France.

Cependant en France il y a eu beaucoup moins de variété qu'en Angleterre; mais en dernier lieu la simplicité a été plus négligée. On s'est d'abord effrayé, avec raison, de concentrer l'effort de deux énormes pistons sur deux soyes de manivelles animées d'une rotation rapide et pour ménager les grandes bielles, on a été généralement porté à multiplier les cylindres, à en mettre quatre avec leurs bielles articulées deux à deux à une paire de manivelle, ce qui revenait à peu de chose près au même que de n'en avoir qu'une. De la sorte les cylin-

dres ont été placés l'un devant l'autre et il a fallu nécessairement mettre les bielles à la suite des tiges de
piston, ce qui a fait occuper une largeur exagérée.
Il en est résulté que tous les poids, cylindres, condenseurs et soutes à charbon étant placés sur les côtés et
presque rien au milieu, les navires ont eu des déformations que les bâtis ne pouvaient supporter et il y a eu des
échauffements, qui sans doute venaient des défauts d'alignement produits par cette cause. De tels appareils inspirent peu de confiance, d'autant que le désir de les faire
légers a fait tout peser chez le fabricant et a porté la
faiblesse des pièces à l'exagération : aussi après avoir à
peine rempli les conditions de leur marché et avoir servi
de transport en n'employant que la moitié de leurs chaudières, pendant quelques voyages de Crimée, ces machines auraient été mises hors de service si elles avaient
continué. Heureusement elles sont sur des vaisseaux en
bois qui ne sortent plus et dont le rôle n'est plus que de
servir de transports. Si donc vous prenez un tel appareil,
vérifiez si les axes des cylindres opposés sont encore en
ligne droite. S'il existe à bord des jauges comparant les
distances de coups de pointeau sur les fondations comparés à ceux sur le haut des cylindres, l'opération sera
facile et en lâchant les boulons de fondation, il est probable que tout reprendra presque sa place ou bien on
n'aura qu'à aider par des coins et à bien remplir tous les
vides par des cales avant de serrer les boulons. Si l'on
n'a pas de jauges, le meilleur est d'ouvrir les cylindres,
de mettre les pistons au fond ou même de les sortir, et en
plaçant le navire bien droit avec un fil à plomb sur une
épontille, de poser des niveaux dans les cylindres. Si
les niveaux sont trop courts les déformations du cylindre
par l'usure influeraient sur le résultat et il vaudrait

mieux avoir des planches rabotées bien parallèlement
pour mettre dans les cylindres afin de reposer sur leurs
deux bouts. On peut vérifier de même l'accord des cy-·
lindres et des guides des machines à bielle en retour.

Machines à quatre cylindres.

D'autres machines ont étagé leurs cylindres dans le
sens de la longueur en les alternant de manière que
chaque cylindre fût séparé du voisin par le condenseur
de celui qui était situé de l'autre bord. De la sorte le
prolongement des tiges de piston a trouvé de la place
pour employer des bielles en retour, et il y avait moins à
craindre d'éprouver des déformations latérales. Mais on
occupait une telle longueur de quille que l'arc avait une
grande influence, et cela d'autant plus que ces appareils
étaient sur l'arrière du grand mât dont le poids et l'effort
énorme du ridage des haubans tend à courber la quille
et à faire incliner la machine sur l'avant, tandis que l'arrière se déprime toujours de son côté. Aussi ces appareils
ont été assez notablement déformés pour qu'il ait été
nécessaire de les relier par le haut en embrassant les
boîtes à tiroir par un fort anneau en fer forgé muni de
puissants ridoirs. Mais ce n'est qu'un palliatif, et quand
les coques vieillissent, un coup de tangage peut faire
partir les boîtes à tiroir dont le boulonnage n'est pas fait
pour de tels efforts. On a obvié à l'inconvénient du défaut
d'alignement en interrompant l'arbre par une soye mobile placée entre la seconde et la troisième machine,
comme jadis entre la manivelle de l'arbre intermédiaire
et celle des roues.

La complication de quatre cylindres avec tout leur
attirail n'a pas produit le but espéré d'abord, celui
de rendre le service plus sûr en divisant la force et

d'empêcher les échauffements. La faiblesse des appareils, résultat de la légèreté des pièces, a été une cause d'échauffements et elle occasionnerait des ruptures si le service devenait aussi actif que celui des paquebots. La somme des efforts sur la dernière manivelle, somme qui, à puissance égale, est la même avec quatre comme avec deux cylindres, a paru être le côté faible de ces appareils ; cependant ce n'est généralement pas la dernière manivelle qui a chauffé, mais plutôt l'avant-dernière ; peut-être est-ce par suite de flexions difficiles à apprécier. Dans toutes les machines à quatre cylindres, on avait aussi eu pour but de marcher avec la moitié de l'appareil, afin de pousser l'économie plus loin qu'avec une grande détente. On devait démonter les bielles et fixer les tiroirs des machines laissées inactives, et M. Mazeline avait adopté une soye creuse portant la bielle et dans laquelle on en poussait une pleine, qui s'engageait dans la manivelle suivante. Ces procédés économiques n'ont pas été employés, on a brûlé plus de charbon pour ne pas se donner la peine de démonter quelques pièces, et l'on a souffert de la complication sans profiter du seul avantage qu'elle présentât.

Machines à deux cylindres ; défauts des cylindres croisés.

Pour les machines à deux cylindres, il n'y a eu de différence que dans la position respective de ces deux énormes pièces de fonte et des condenseurs. Sur *la Pomone*, première machine directe faite en France, on les a mis du même côté du navire, tandis que sur *l'Amphion* construit à la même époque en Angleterre on les a croisées. Depuis, les fabricants ont pris l'une ou l'autre disposition, mais cependant la première a prévalu, tant parce que la liaison des parties est plus facile, que pour éviter le con-

tact du vase plein de vapeur chaude, c'est-à-dire le cylindre, avec celui à eau froide ou condenseur, ce qui par
la conductibilité fait perdre un peu de chaleur. De plus,
en comparant les efforts des bielles à différents points
de la rotation avec ceux du piston suivant les degrés de
détente, on trouve que si les bielles agissent dans des
directions opposées comme avec les cylindres croisés, le
mouvement imprimé à l'hélice est beaucoup plus irrégulier. C'est au point qu'avec une introduction d'un quart
de la course, il y a des points où avec deux manivelles
conjuguées à angle droit l'effort de rotation est quadruple
de ce qu'il est à d'autres. On corrigerait en partie ce défaut en plaçant les manivelles à un angle de 120°. Au contraire, quand les cylindres sont du même côté, le mouvement de rotation est le plus régulier possible, quelle que
soit la fraction de la course pendant laquelle on introduit
la vapeur. Or une puissance qui agit uniformément sur
une résistance à peu près uniforme comme celle du navire, produit plus d'effet utile que celle qui agit par sac-
cades, surtout lorsque la masse à mouvoir est considérable
et s'oppose davantage à tout changement de vitesse par
son inertie. De plus ses pièces n'ont pas à souffrir des inégalités d'impulsion, et elles en ressentent plus le maximum
que si celui-ci était régulier. Un navire en marche est
un vrai volant en ligne droite, il résiste aux secousses
comme celui dont la jante pesante régularise le mouvement par les mêmes lois de l'inertie, et comme le point
d'appui des propulseurs n'est pas solide, qu'il cède
aux impulsions, il est probable que des intermittences
produisent plus de recul. Aucune expérience ne l'a cependant prouvé, et il serait difficile d'en organiser de
concluantes. A ce léger défaut, les cylindres croisés en
ajoutent un plus grave, c'est celui de soulever l'une de

leurs glissières; car si l'une des bielles tend toujours à coller cette pièce sur la surface qui lui sert de guide, l'autre tire au contraire de bas en haut. Il en résulte des chocs inévitables, parce qu'il est impossible que les guides ne laissent pas un peu de jeu entre leur surface et celle de la savate ou glissière, qu'en cas d'échauffement il y aurait même danger par l'excès de l'obstacle; le rebord supérieur a peu de surface et n'est jamais graissé, de sorte qu'il s'use et donne du jeu. Ces inconvénients sont aggravés lorsque la bielle oscille dans une sorte de tunnel qui empêche les soins qu'elle exige. Dans le cas des cylindres du même côté, les deux savates pressent constamment de haut en bas, mais elles relèvent lorsqu'on marche en arrière.

Un bon type isolé ne fait pas une bonne marine.

Les cylindres croisés sont abandonnés; mais il reste beaucoup de machines de cette sorte, et quoique ce soit un bien petit défaut, cela nous amène à observer qu'en fait de machines comme pour les constructions de navires, on paraît satisfait lorsqu'on croit être arrivé à un bon type et l'on s'inquiète peu des défauts de tout le matériel qui existe encore et qu'il faudra cependant que les marins emploient. Si l'on arrive à faire admettre dans les feuilles publiques et par procès-verbal qu'une question est suffisamment résolue, cela suffit au public et tout le reste est oublié; mais cela ne fait pas plus une force maritime que l'introduction de quelques bons chevaux ne formerait une cavalerie ou une artillerie montée sur des rosses. C'est le cas des marines considérables, et ce serait une cause d'infériorité marquée relativement à celles qui créeraient pour employer, au lieu de le faire pour remplir des procès-verbaux et garnir des arsenaux. Si les marines nouvelles ont à craindre les erreurs de l'inexpérience, les premières devront les redouter aussi et leur ajouter la somme des erreurs commises antérieurement. Qu'on prenne les listes des navires de France et d'Angleterre pour chercher ceux vraiment capables de marcher quelque temps à toute volée, et qu'on tâche de connaître les services réels de chacun : on sera effrayé, on n'en trouvera pas le quart sur lequel compter, et cela encore en admettant que tout est resté neuf. Mais qu'on examine ce que produisent la rouille, la déformation, le dépérissement des chaudières aussi rapide dans l'inaction qu'en marche et rendu plus sensible par de faibles épaisseurs, la pourriture du navire lui-même presque toujours construit ou modifié hâtivement, l'effet galvanique, etc., on sera effrayé des trésors que la vapeur fait engloutir relativement aux voiles. Aussi tout en reconnaissant que pour le commerce elle est un vrai perfectionnement, puisqu'elle fait gagner beaucoup d'argent, on ne peut éviter de se demander s'il en est de même pour des forces maritimes, si chères à produire, et si impossibles à conserver avec les moyens actuels. C'est au point qu'il n'est pas exagéré de dire que ce sont des tonneaux des Danaïdes budgétaires, et que les cuirassés ont chacun, et à part les frais de leur emploi, 2,000 francs par jour de dépérissement. Que les marins y songent, et qu'ils contribuent de tout leur pouvoir à dissiper les illusions et à entretenir ce matériel qui leur manquerait d'autant plus vite, qu'il est plus périssable. Car ce sont eux qui auront à subir les conséquences de tous les degrés de dépérissement et de perte de marche depuis le procès-verbal de recette jusqu'à celui de condamnation des navires, des machines ou des chaudières comme impropres au service. (Voir *Art naval.*)

CHAPITRE II.

EMBARQUEMENT SUR UN NAVIRE A VAPEUR, PRISE EN CHARGE
DE SON APPAREIL MOTEUR.

Ce qu'on examine en embarquant.

Quand un capitaine prend un commandement, il examine les diverses parties de son navire : le gréement, la voilure, l'armement et le personnel. Il se fait rendre compte des vivres, de l'arrimage et des moindres détails de l'approvisionnement, comme de la coque elle-même ; le devis renferme une partie de ces documents. Une longue pratique a tout fait prévoir à cet égard, et il n'y a pas un seul article intéressant la navigation, qui ne soit porté avec soin sur les feuilles, depuis celle du maître d'équipage jusqu'à celle du moindre employé chargé d'une petite partie du matériel. Presque tout est exposé à la vue : le gréement, la voilure, les rechanges eux-mêmes placés en leur lieu ; il n'y a que les vivres de cachés, et ils sont examinés en les recevant et en les consommant. Une longue habitude fait promptement apprécier chaque chose, et les défauts découverts amènent des réclamations appuyées sur des règlements d'une prévision remarquable. On a peu l'idée à terre de l'admirable ensemble d'un navire au personnel comme au matériel, combien tout y est combiné pour agir avec ordre et suivre la variété infinie des circonstances de la navigation. C'est ce qui fait dire que les marins sont bons à tout, et si ce n'est pas exact pour chaque individu, c'est au contraire d'une

parfaite vérité pour l'ensemble formant l'équipage ; que
de fois on en a vu la preuve.

Douceurs de la navigation à vapeur.

Mais au milieu de ces prévisions de l'expérience, il est
un objet généralement oublié ; on sait qu'il existe à bord,
voilà tout : pendant longtemps le personnel qui en est
chargé n'a pas obtenu un regard, il réside au fond de la
cale. C'est là que gît aussi la machine à vapeur, et cependant combien on trouvera plus tard qu'il est agréable
de s'en servir, d'échapper par son moyen à la surveillance et aux soins de l'ancienne navigation ! Combien
il sera commode de n'avoir seulement pas à regarder
la girouette et de se borner à sonner pour dire : *At-
telez!* puis d'attendre qu'on vienne dire : *Monsieur, la
voiture est prête!* et qu'alors il n'y ait plus qu'à indiquer le cap à tenir, comme on dirait à un cocher de
suivre une rue ou un boulevard : *A Alger, sud-ouest demi
sud, allez!* Il n'y a plus qu'à détailler aux passagers les
beautés de la rade et celles des vaisseaux dont elle est
l'agréable séjour : seulement le maître d'hôtel doit voir
s'il faut mettre la table à roulis ; car on roule beaucoup ;
c'est bien fâcheux. Une fois en route, on n'a plus qu'à
laisser mesurer les distances, à modérer ou à accélérer
la marche pour s'assurer une nuit tranquille et laisser le
navire entre les mains du mécanicien pour sa marche, du
timonier pour sa direction ; car l'officier de quart a si peu
à faire qu'il arrive à ne presque plus penser à ce que devient son bâtiment. Que font les grains, les sautes de
vent, les accalmies, on est si paisible quand on n'a pas
de voiles : on oublie les soucis des manœuvres inopinées ;
on perd l'énergie ainsi que la présence d'esprit que les
difficultés incessantes produisaient chez les marins depuis

l'officier jusqu'au novice d'hune. Je l'ai dit souvent, et
c'est une triste vérité, *la voile fait les marins, la vapeur
les défait.* Rien ne tend à l'empêcher. La mollesse produite par l'emploi du moteur mécanique agit sur les
marins, officiers et matelots comme une garnison trop
prolongée sur les troupes : c'est une Capoue mobile ;
on y séjourne toujours, puisqu'elle transporte partout ses
habitants.

Cependant la machine est négligée.

Il semblerait, d'après cet aspect des choses actuelles
que cette machine, source d'une vie si douce, attire au
moins l'attention de ceux qui jouissent si pleinement de
ses effets ; qu'elle est un sujet d'intérêt et d'étude ;
que, puisqu'elle fait oublier l'ancien métier de marin et
ses misères, chacun porte au moins toutes ses pensées
vers cette cause de tranquillité, jointe à une promptitude
de marche, qui efface le souvenir des privations des longues traversées et des calmes. Tant qu'elle marche, pas
ou peu de soucis ; tant qu'elle a du charbon, le navire
avance ; et s'il fait calme, elle produit une brise douce
et rafraîchissante, comme ces voitures qui galopent le
soir sur les bords du Gange pour donner un peu de
fraîcheur aux Européens. On est si doucement transporté
qu'on en vient à oublier que ces jouissances sont dues
aux fatigues de l'équipage, pour embarquer le charbon,
et à celles des chauffeurs, travaillant au fond de leur
antre obscur : ils y ont cependant bien chaud ; mais qui
va les voir ? Qui s'occupe de la mécanique, excepté le
timonier, qu'on envoie la tancer quand il annonce un
lock moindre que le précédent. Si ce que je dis n'est pas
tout à fait général, il faut convenir qu'on le voit bien
souvent. Mais si le combustible manque, la contrariété
est plus grande en ce qu'à l'obstacle se joint le manque

d'habitude. On a dit dans un temps : « *une figure de vent de bout* » pour peindre l'ennui causé par le retard lorsque le vent est contraire. On dira bientôt : « *une figure de soute vide,* » et en temps de guerre, le mot serait d'une vérité poignante. Alors il n'y aura jamais eu d'avaries dans la mâture qui ait produit un effet aussi terrible sur un équipage que l'annonce que le charbon va manquer dans quelques instants, ou que la machine s'arrête par des avaries. Ce sera la sensation d'un coup de talon sur des roches.

Tout devrait donc porter les marins à connaître ce mécanisme si précieux ; les officiers surtout auraient dû, dès le principe, se mettre en tête d'une science maritime toute récente, et servir de guide à la nouvelle maistrance, comme ils l'avaient jadis fait pour perfectionner la salubrité, l'ordre, le gréement, l'arrimage, le passage des poudres, les détails pratiques du canonnage, la manœuvre des ancres, les stoppeurs, le barbottin. C'est par leurs efforts persévérants que notre vaisseau avait tant devancé ses règlements et qu'il était devenu la perfection dans son genre pour l'ensemble et la promptitude d'action. Qu'on se souvienne de l'escadre de l'amiral Lalande, de celle de l'amiral Hugon. Les avons-nous imitées avec la vapeur? Aurait-on eu à son sujet ces idées du moyen âge, qui écartaient l'instruction du peuple et de la bourgeoisie pour éviter l'examen et la critique? Qu'ont produit quelques efforts isolés? Si nous avons de plus beaux procès-verbaux, nous sommes cependant plus bas qu'en commençant, et la génération dont les cheveux blanchissent en est coupable. Quand la vapeur est apparue, on ne lui a pas retiré l'autorité supérieure, et c'est elle qui a l'emploi des nouvelles machines. Pourquoi faut-il lui dire maintenant que sa meilleure époque, celle où sa

responsabilité et son honneur ont été le plus à l'abri, se
trouve être le temps des frégates à roues de 450 chevaux.
Leurs machines sont les seules qui marchent encore avec
quelque sécurité, malgré leurs vingt-cinq années de service, même sur des paquebots? Pourquoi la machine est-
elle déchue, lorsque du rôle de cheval de train, on l'a fait
passer à celui de l'artillerie, et que, par l'hélice, elle s'est
trouvée entraîner les plus beaux vaisseaux, au lieu de
porter des soldats ou des chevaux. On s'était occupé avec
fruit de toutes les parties du métier : cette nouveauté paraît, on voit qu'elle change tout et on ne la regarde pas!
Il y a là un contraste singulier qu'on n'ose ou ne sait trop
comment expliquer. On a dédaigné ces nouveautés ; on
est arrivé à dire : la voile est finie, sans songer qu'il
fallait ajouter : occupons-nous donc de la vapeur. A peine
a-t-on vu quelques officiers l'étudier ; il y en a qui se sont
cachés comme pour se préserver de l'opinion, d'autres
qui ne l'ont fait que pour acquérir des titres aux yeux
des compagnies actives. Si la vieille génération avait le
prétexte de l'âge et le souvenir de ce qu'elle avait fait
de remarquable, la nouvelle n'en a aucun pour se
dispenser d'avoir négligé ce qui est tout son avenir.
Pourquoi donc l'a-t-elle tant dédaigné? Pourquoi être
forcé de dire que l'ignorance des machines est bien
portée? D'où cela vient-il? A qui l'imputer? Il y a là, je
je le répète, des bizarreries qui semblent braver les explications plausibles : car pour s'instruire, chacun a sa
libre action.

Résultats déplorables de l'insouciance des marins.

Il est cependant résulté de grands maux de cet état
de choses : non-seulement il a fait négliger le matériel
existant et il en a compromis la durée, mais il a bientôt

exercé une aussi funeste influence sur sa production. Personne ne se donnant la peine de connaître les machines, les convictions ont manqué pour les apprécier avec une justice assez sévère. Puisqu'il est comme il faut de ne pas s'y connaître en pareille matière, il est naturel de tout approuver sans examen ; c'est s'éviter les objections des intéressés, auxquelles on serait fort embarrassé de répondre ; c'est se débarrasser de travailler dans une commission pour laquelle on est désigné, comme pour faire une recette de bois ou de médicaments. On satisfait tout le monde : le fournisseur, qui a son payement ; l'ingénieur, qui possède la garantie de son succès dans un procès-verbal en règle ; et l'on est plus tôt débarrassé d'une corvée à laquelle on était indifférent, puisqu'on examinait ce qu'on savait ne pas diriger un jour. Mais, dira-t-on, le commandant est souvent de la commission? c'est vrai. Il faut cependant observer que s'il signale des défauts importants, il risque de désarmer et de voir envoler ses espérances pour aller végéter en commission de port. Il sait qu'on est en paix, et que, bien certainement, il ne sera plus à bord si la guerre vient mesurer tout à sa vraie valeur. Il ne fait pas ce calcul en paroles ni même en pensée, mais un instinct naturel le lui fait sentir et le guide. Que de choses nous voyons sous le jour de notre position du moment : c'est un prisme qui nous fait tout distinguer sous des formes assorties à nos désirs, et qui change ses facettes suivant les conditions où nous nous trouvons. Que de mal l'individualisme a fait sous ce rapport ! Quels malheurs il a préparés, si une guerre vient jeter ses terribles réalités sur ces illusions entassées au point d'être prises pour des réalités, surtout dans le public ! Celui-ci n'a vu que les articles des revues ou des journaux, et ne les ayant pas entendus contredire, il se

repose sur un corps entier qu'il croit apte à juger les
engins qu'il est appelé à employer lui-même, et auquel il
sait que son honneur est lié ainsi que celui du pavillon.
Que répondre à ces mêmes journaux, lorsqu'en expri-
mant une opinion nationale aigrie par des mécomptes ou
par des défaites, ils accableront les marins de leurs reproches? On leur expliquera la vérité : ils répondront en
transcrivant les rapports des commissions de recette, et
la signature du président, qui méritera d'être maudit par
toute la jeunesse, qui, encore tenue éloignée des positions
qui décident de tout, souffrira sans avoir eu voix au chapitre. Qu'au moins cette jeunesse, profitant d'études
encore peu oubliées, s'adonne à ce qui est son salut à
venir et se forme déjà aux rôles élevés où ses qualités
acquises auront tant de prix. L'opinion publique demandera pourquoi dire si tard l'état des choses puisqu'il
n'est plus temps de corriger : il fallait le signaler alors
qu'on pouvait tout réparer. Se justifiera-t-on en objectant
cette idée que je vois si répandue maintenant : que les
machines ne sont pas faites pour déployer toujours leur
force. Pourquoi, dès-lors, les avoir payées si cher et les
avoir faites si puissantes, puisque ce n'est pas pour
compter sur leur force quand on en a besoin? Le procès-
verbal signale-t-il que la machine n'a été construite pour
faire filer douze nœuds que pendant six heures?

Moyens de garantir l'avenir.

Qu'au milieu de ces tristes vérités, il soit au moins
permis d'indiquer un peu comment il est possible d'a-
méliorer l'avenir ; car on ne changera pas les appareils
existants ; on les entretiendra mieux ; ils seront conduits
d'une façon plus éclairée ; ce serait un très-grand bien ;
mais on ne les refera pas ; ils sont nombreux, et une

nouveauté brillante ne peut modifier toute une marine.
Qu'au moins en voyant la vérité, on se fasse des garanties pour l'avenir ; il y aura là une personnalité utile au
service au lieu de lui être aussi nuisible que la première.
Cherchons donc ce que nous devons nous empresser d'apprendre, suivant le temps laissé libre pour le faire.

Il y a d'abord lieu de connaître la provenance, qui,
si elle n'a aucune signification pour l'officier ignorant les
machines, en possède au contraire une très-grande pour
celui qui a de l'expérience. Il y a en fait de machines,
comme pour les objets de commerce, des marques heureuses, d'autres très-funestes. Il y a des ateliers qui ont
produit des appareils qui ont fait le peu qu'on leur a demandé, d'autres qui ont à peine mené leur navire hors
de la vue des terres, et qu'il a fallu remplacer. Il faut
cependant savoir si ce même atelier ne s'est pas modifié ;
car si on a des exemples d'impénitence finale à ce sujet,
on en a aussi également d'un amendement presque
complet.

Une des informations importantes est l'histoire du
passé de sa machine, et l'on croirait tout d'abord qu'elle
est dans le procès-verbal de recette, au moins pour sa
première mise en marche ; mais on n'y trouvera que des
éloges exagérés, la machine a imprimé une vitesse de
12 nœuds ; mais le vent était contraire, les chauffeurs
surtout étaient inexpérimentés, le charbon mauvais ;
c'était 13 nœuds qu'il fallait compter : tout le monde
l'admet en signant. On a cependant vu que plus tard ces
13 nœuds se sont quelquefois trouvés réduits à 10 et
même à 9. Un de nos journaux exaltait nos résultats et il
expliquait dernièrement qu'en Angleterre la base n'était
que d'un mille, comme la partie adoptée sur la digue
de Cherbourg, que, chez nos voisins, le charbon était

le meilleur du monde; il est vrai que c'est celui du pays, dont on est sûr de se servir en temps de guerre, puisqu'on en porte dans toutes les colonies britanniques. Enfin il disait que tout favorisait et enflait les résultats. Les mêmes causes produisent les mêmes effets; il n'y a pas de différences entre ce qui se passe de l'un des deux côtés du détroit et ce qu'on remarque de l'autre. S'il en existe, ce n'est que dans le manque de contrôle public par les journaux. Ce n'est donc pas dans le rapport des expériences qu'un capitaine trouvera des documents, et il n'y découvrira qu'un acte d'accusation en règle, signé par deux de ses camarades et qui lui sera présenté plus tard, s'il ne remplit pas les promesses de cette pièce officielle.

Manière dont les machines devraient être transmises.

Quant à des données pratiques, elles manquent presque toujours. Ce n'est que depuis peu qu'on commence à tenir note de ce qui s'est passé; les avaries sont souvent imputées à la négligence ou bien elles en proviennent réellement, il vaut donc mieux les cacher, surtout vis-à-vis de chefs peu propres à les juger. Un mécanicien a donc bien de la franchise quand il met au grand jour les mésaventures qu'il a éprouvées. Il faut donc placer devant lui un intérêt opposé et intelligent dans la partie : c'est naturellement celui de son remplaçant, et cela en faisant peser la responsabilité de l'état présent de la machine sur ce dernier, afin de l'amener à l'examiner avec soin et à déclarer la vérité. Il ne faut plus qu'on se repasse des machines de 1,500,000 fr., auxquelles le sort d'un navire de 7 millions est si intimement lié, sans autant de précautions que pour le moindre article d'armement. On compte les limes, les tarauds, tout ce qui est porté sur la feuille, sans examiner si tout est en bon état dans le grand appareil moteur : on n'a même pas de données sur sa marche comme sur celle d'un chronomètre. La déclaration pour la transmission des machines devrait être une mesure réglementaire, et si elle ne l'est pas, le capitaine a bien le droit de l'exiger de ses subalternes et de la garder pour mettre sa propre responsabilité à l'abri, puisqu'il est presque admis qu'il n'entend rien à sa machine. Si le mécanicien prenant refuse de signer, qu'*il reconnaît avoir reçu tout en bon état, et à s'engager à en tirer un bon parti*, sa déclaration détaillée fait connaître les parties défectueuses, et permet de recourir à l'autorité pour les réparer, ou du moins pour se mettre à couvert par une réclamation. Si ce système de décharges de mécanicien à mécanicien était strictement opéré, il éclaircirait bien des questions relatives à ce matériel, et il servirait mieux que tout autre à faire apprécier l'intelligence et le soin du personnel. Les capitaines devraient le faire pour leur propre compte, ils ne commettraient pas un acte arbitraire et ils se transmettraient ces notes entre eux à titre de renseignement, puisqu'aucun règlement n'est encore intervenu dans ces questions importantes. Si en temps de paix leur intérêt est peu mis en jeu, en cas de guerre il y va de leur honneur. A ce sujet je cite plus loin une machine dont le hasard m'avait fait rassembler une longue nomenclature d'avaries, que je montrai au mécanicien étonné de tant de maux inconnus et qui lui dévoilaient les traces de réparations partielles qu'il ne s'expliquait pas. Comment compter sur l'avenir quand on ignore le passé et que celui-ci a été triste à bord des navires mouillés sur la même rade ? Ce qu'on peut trouver doit être donc réuni et communiqué à l'autorité.

Ensuite il faut examiner l'état présent des choses, et ce n'est pas aussi facile que pour toutes les autres parties du navire. Ici les organes importants sont cachés, les vît-on à découvert on se bornerait à savoir s'il sont rouillés ou non; mais il est difficile de vérifier leur état réel, il faut cependant le faire le mieux possible.

Examen de la machine.

Ainsi l'on devra faire ouvrir toute la machine, cylindres, tiroirs, condenseurs, boîtes de toutes sortes, chaudières, soupapes, etc. Si l'on veut savoir l'état des choses par soi-même, la vareuse doit être mise, et l'on s'introduit dans ces réduits graisseux, où les fonctions vitales s'exercent ensuite. La manière dont un mécanicien accepte une pareille visite est un indice; s'il est capable et soigneux, il verra le moyen naturel d'acquérir la confiance et l'estime de son chef; dans le cas contraire, il prévoira des reproches et craindra de se voir imputer ce qui lui appartient en propre, c'est-à-dire la responsabilité de son appareil, bien que le capitaine réponde de tout. En visitant l'intérieur, il suffit presque de voir si tout est sec, exempt de rouille, si aux environs des joints des siéges et des garnitures, on ne voit pas de traces de fuites; si les clapets jouent bien, si les tiges qui transmettent des mouvements ont gardé leur poli sur tout leur pourtour. Lorsqu'il s'agit du départ, les garnitures ne doivent pas être trop sèches ou pourries; il faut donc en faire lever les couronnes et les tresses, quoiqu'il y ait des gens qui, pour les laisser en place, disent que cela les dérange et produit des fuites. Vérifier si les pistons sont encore centrés quand ils marchent horizontalement, et sinon leur faire mettre des cales; voir si la surface des cylindres est piquée par la rouille ou rayée par le frottement ; s'assurer que les barrettes du tiroir et les bandes sur lesquelles elles frottent ne sont pas rayées ou n'ont pas de plaques noires, et si l'on en a le temps les vérifier avec une bonne règle en acier ; faire de même pour les soupapes de purge continue, lorsque la machine en est pourvue. Lorsque le tuyau de décharge est au-dessous de l'eau ,son robinet ou sa soupape doivent être l'objet d'un examen soigneux pour connaître s'ils se manœuvrent bien et s'ils sont étanches. Il faut s'assurer que rien ne porte sur ce gros tuyau, et que pour le travail du navire ses presse-étoupes ne sont pas trop à joindre et ne deviennent pas ainsi des collets de joints ordinaires. Tous les trous dans le navire, tels que tuyaux d'injection, de décharge, d'extraction, de prise d'eau, sont à examiner, ainsi que leur boulonnage. On doit savoir et noter depuis combien de temps le navire a passé au bassin , et quand la visite de ces joints importants a été faite. L'alimentation est aussi examinée ainsi que la pompe à air et ses boîtes à clapets qui d'habitude sont accessibles. Lorsque tout est ouvert dans une machine et beaucoup d'écrous dévissés, on peut en visiter l'intérieur dans trois ou quatre heures, et se former une idée de son état d'entretien , tout en recevant une foule de renseignements que l'examen fait sortir l'un après l'autre de la bouche, afin d'avoir de quoi baser une opinion et les observations destinées à mettre la responsabilité à venir à l'abri.

Surveillance journalière d'une machine.

Quant à l'extérieur, on s'est bientôt fait une idée de la confiance qu'il inspire suivant son aspect de solidité, ainsi que suivant sa disposition ; s'il est compliqué on y voit une série d'embarras et de retards , qu'il faut dé-

clarer ; pour chaque pièce importante il faut s'enquérir
de la manière de l'entretenir en marche par le graissage
et le serrage des coussinets, connaître la méthode de
démonter promptement soit pour reconnaître et réparer
une avarie, soit pour entretenir convenablement au
mouillage. Si sur le pont on a examiné avec soin le per-
çage des clans, le passage dans les poulies, la position
des pitons et des retours, celle du bossoir, du petit bossoir et du passage du capon pour opérer promptement
le tour de force de la mise à poste de l'ancre ; si, dis-je,
on s'est occupé des trous de poudres, du passage des
bidons et gamelles, enfin de mille détails du service
journalier ainsi que de la manœuvre, qu'au moins on se
donne la peine de consacrer son attention à cette machine plus délicate par son travail et par sa nature
qu'aucune autre partie de l'armement. Qu'on fasse ouvrir
devant soi des cylindres, des condenseurs, découvrir des
paliers enfin examiner tout cet intérieur dont il vient
d'être question ne fut-ce que pour savoir si l'on a bien
placé des pitons pour crocher des caliornes, s'il existe
des plans inclinés, ou des chemins pour faire glisser des
pièces lourdes, si l'on a des tins d'épaisseur convenable
pour les placer en regard de leur position. Enfin si tout
est disposé pour déplacer et replacer promptement ces
pièces plus lourdes que des ancres, et situées dans un
réduit obscur, où la place manque pour disposer des
appareils. Il faut qu'à ce sujet tout soit prévu ; s'il existe
des négligences elles devront être réparées aussitôt et la
plupart peuvent l'être par les moyens du bord ; ces dispositions devraient être prises dès l'armement, même par
le fournisseur qui en aurait fait son profit, comme du
vireur pour opérer son montage. Si les marchés portaient que l'une des conditions de la recette est qu'on

démontera toute pièce, dans moins d'une heure on aurait bientôt les appareils nécessaires pour le faire dans un quart d'heure. Tout mécanicien doit suppléer à ce qui manque ; s'il n'a pas préparé ces moyens d'action, il mérite des reproches lorsque à l'usage son chef reconnaît des imperfections. On fait de beaux exercices d'ensemble sur le pont, il en faudrait exécuter pour les démontages en bas. L'amiral Labrousse, auquel la marine navigante doit tant de reconnaissance pour tous les appareils qu'il a remis en état, était arrivé à des résultats remarquables sous ce point de vue, et il avait amené les machines à un état d'entretien inconnu antérieurement.

Prohibition des masticages au minium.

Tous les masticages au minium devraient être sévèrement interdits par les règlements et les marchés ; les ouvriers monteurs les préfèrent, parce qu'ils bouchent bien et que pour leur compte ils n'ont pas à songer à l'avenir. Mais il y a eu beaucoup de pièces fêlées, des couvercles cassés, d'énormes collets fendus et bien d'autres qui le seront lorsqu'il faudra ouvrir les cylindres. Les ateliers ne songent qu'aux expériences de recette et au procès-verbal suivi du payement. On en voit des preuves dans toutes les parties des machines, et c'est en examinant avec soin les détails qu'on peut arriver à ne pas endosser une responsabilité trop grande et à découvrir toutes les négligences de la parcimonie et de l'insouciance.

Examen des pièces extérieures.

Quant aux pièces extérieures, il faut tâcher de savoir un peu leur histoire, s'il n'y a pas eu des coussinets en métal doux fondu, si l'arrosage n'est pas une sorte de condition de marche, dès qu'il faut aller un peu vite, s'il n'y a pas eu des coussinets de cassés, des clavettes tordues antérieurement. Ces données ont surtout de l'importance si la machine a un peu longtemps fonctionné à toute volée, et malheureusement on en trouve peu qui, dans cinq ou six ans d'existence, aient marché dix jours à toute vapeur en comptant les heures. On aura donc bien de la peine à savoir sur quoi compter, si un service actif et surtout quelques chasses faisaient agir la machine avec toute son énergie. Tant qu'on se promène avec le tiers ou la moitié de ses chaudières, il faudrait que l'appareil fût bien mauvais pour ne pas y résister, puisqu'on n'exige de chacune de ces pièces que la moitié de ce qu'elles doivent faire, et cependant il y en a qui n'ont pas supporté un régime si modéré. Elles ne montreront leurs vérités que pendant la guerre, alors qu'il ne sera plus temps de les remplacer. C'est la différence avec les paquebots qui font leur service réel et déploient toute leur énergie dès le premier jour de leur service et pour faire dans un an ce que les autres ne font pas en vingt ans en moyenne. C'est là qu'il faut aller chercher les leçons, et elles ne sont pas rassurantes lorsque les machines sont semblables. On objecte à cela que les machines de guerre n'ont pas un service aussi actif; cela est vrai en temps de paix, mais ce serait l'inverse en cas de guerre.

Pour en revenir aux pièces mobiles extérieures, il est nécessaire de se rendre compte des moyens de graissage et de serrage de leurs articulations. Tâcher si c'est possible de dégager les abords des pièces importantes; malheureusement on y trouve des obstacles insurmontables et l'on semble s'être plu à entasser les pièces mouvantes, à cacher les plus importantes, telle que la grande bielle, sous une voûte-tunnel; comme si l'atelier se figu-

rait être arrivé à une perfection assez grande, pour
qu'en produisant une force énorme, son mécanisme dure
aussi longtemps que celui d'une montre. C'est une des
fâcheuses erreurs de nos machines directes ; elles sont
d'autant plus difficiles à surveiller qu'elles sont plus délicates. Il y en a dans lesquelles on semble avoir entassé
tous les renvois de mouvements connus et caché tout à
la vue : il faut risquer de se faire briser le bras pour
tâter seulement si une pièce chauffe. Il faut plaindre
ceux qui sont chargés de telles machines, et tâcher de
faire quelques sacrifices pour les dégager. Ainsi la purge
continue est certes une chose utile ; mais quand elle a
des mouvements compliqués renfermés ainsi qu'elle dans
le condenseur, il vaut mieux la supprimer que de courir
les chances d'avoir des fuites ou des avaries dans des
mouvements impossibles à visiter ou à graisser.

Ligne d'arbre et ses accessoires.

La ligne d'arbres et l'embrayage méritent aussi l'attention pour savoir si la première est dans son alignement et si le mécanicien possède les moyens de la rectifier. Le joint universel a des touches qui s'usent, prennent
du jeu et donnent de fortes secousses en stoppant ; c'est à
vérifier et à changer. Le désembrayage doit être maniable et solide à la fois. S'il a des pièces de fonte, il faut
les fretter en fer forgé ; ce manque de précaution en a fait
casser un et a causé de graves avaries. Le frein doit
être assez puissant et facile à serrer. Souvent tous ces
mécanismes sont dans un si petit espace qu'ils deviennent
difficiles à manœuvrer ; on peut alors se servir de cordes
ou de palans, et avec des retours, travailler dans le faux
pont. Le vireur doit être bien graissé ; son rayon doit
être le plus grand possible sous peine de produire des

frottements exagérés et de ronger les surfaces. Il y en a eu qui faisaient 1,500 tours pour que la machine en fît un ; ils étaient si compliqués qu'on les avait nommés *la merveille*. Ces écarts d'imagination sont à éviter et quand ils existent il convient de les signaler.

Soins assidus de la chaudière.

La chaudière réclame une attention toute spéciale ; c'est elle qui produit et emmagasine cette force énorme qui nous étonne ensuite par ses effets. C'est elle qui menace le plus la vie des hommes en cas d'accident ; explosion fulminante qui détruit tout, ou déchirure qui remplit le navire d'une vapeur brûlante. Aussi comme, malgré les soins de sa confection, il faut s'assurer de la solidité de toutes ses parties, on a été amené à lui faire subir des épreuves avant de la mettre en service, et après avoir été le triple de la pression de régime, on en est venu seulement au double, du moins pour les navires de l'État. Il en résulte qu'on les confectionne pour cette pression quand elles sont neuves, et que le temps les affaiblit beaucoup plus que jadis, puisqu'il y a moins de solidité. Il est impossible de savoir ce que fait la rouille dans les parties inaccessibles, telles que les fonds; ce n'est qu'en soumettant à de nouvelles épreuves qu'on peut s'en apercevoir. Aussi est-ce la première chose à faire quand on prend possession d'un appareil à vapeur, et pour la manière de procéder, on n'a qu'à se conformer à l'instruction du 23 juillet 1843. Pour éviter les secousses de la pompe foulante, on coince aussi la soupape de sûreté, pour remplir d'eau et compter la pression sur un bon manomètre, ou bien quand on n'a pas une pression élevée, on met un tuyau vertical dont la colonne est deux fois celle qui répond à la pression et on pompe jusqu'à

ce que l'eau sorte par le haut. Il n'y a aucun règlement
pour les épreuves des chaudières en service ; il serait
prudent de les essayer tous les ans, au moins à la moitié
en sus de la pression désignée, ce qui est facile avec les
moyens du bord : la pompe à bras suffit pour refouler,
et le manomètre Bourdon mesure avec assez d'exactitude.

Accidents dus à la négligence; précautions.

Ainsi le capitaine d'un navire à vapeur doit cette sécurité à ses subordonnés de la machine ; et le mécanicien
doit la réclamer auprès de lui. Ils sont l'un et l'autre d'autant plus engagés à le faire que des accidents très-graves
n'ont produit aucune enquête. Celui du *Comte d'Eu*, en
1847, qui a tué quatorze hommes, a bien été soumis à
l'examen d'une commission, mais les conclusions du rapport sont toujours restées secrètes, et les familles des victimes n'ont reçu de secours que de la charité publique.
Il y a eu des explosions dans le fleuve du Sénégal sans
qu'on ait rien su à leur égard. A bord de la corvette à vapeur *le Roland*, une déchirure de chaudière a tué vingt-
deux hommes, dont un capitaine de frégate ; il n'y a eu
aucune enquête, on a dit que c'était la faute du maître
chaudronnier, qui a conservé sa place. Dans l'Adriatique,
une canonnière, remorquée par un autre navire, a sauté
en faisant périr la majeure partie de l'équipage sans
qu'une enquête publique vînt éclairer la question et
faire apprécier les défauts du genre de chaudière de ces
navires. Cependant, depuis lors, un bâtiment semblable
a disparu près de Madagascar dans un moment où il n'y
avait pas eu de mauvais temps. Il est donc du devoir des
capitaines de veiller eux-mêmes à la sécurité de leurs
hommes et de pratiquer le proverbe : « Aide-toi, Dieu
t'aidera ! » Ils y arriveront au moyen des surveillances

indiquées et en marchant à des pressions moins élevées ;
mais il faut toujours décharger les soupapes de sûreté,
parce que si un cas imprévu, un homme à la mer, par
exemple, fait stopper subitement, la pression monte et
fait déchirer les parties faibles. Mais décharger la soupape ou baisser la pression, c'est diminuer la puissance
et la marche de la recette. Il en résulte qu'en guerre
c'est une perte de la qualité la plus importante, et il
faudrait naturellement la constater pour être à l'abri des
reproches. Les épreuves à terre ne sont pas une sécurité
aussi complète que celles exécutées à bord, parce que,
dans le dernier cas seulement, tout est en place, et qu'on
essaye en même temps les tuyaux et leurs joints : alors
il y a lieu de prendre des précautions spéciales pour que
l'eau comprimée n'envahisse pas la machine ; en général
il suffit de bien fermer les soupapes d'arrêt et de mise
en train.

Visite et entretien des chaudières, des tuyaux et des soutes.

Il résulte de ce qui précède qu'un capitaine doit visiter
assez fréquemment sa chaudière, pour voir si aucune
surface n'est déformée et ne menace de céder, s'il y a
des rivets qui pleurent. Il faut s'assurer que l'intérieur
n'est pas encombré de sel, que les tubes et leurs plaques
de tête en sont dégagés, ainsi que les ciels ou les surfaces
de chauffe, et pour faire piquer, s'il y a lieu, ainsi que
démonter les tubes et les gratter lorsque cela est devenu
nécessaire. Il faut s'assurer que les tirants et leurs points
d'attache ne sont pas rouillés, de même que leurs écrous.
Lorsqu'il y a de petits tirants taraudés dans la tôle, et
qu'ils commencent à fuir, il y a lieu de les remplacer
par d'autres à écrous, dût-on agrandir les trous pour
faire disparaître le taraudage. La chambre de vapeur

s'oxyde quelquefois beaucoup à l'intérieur comme à l'extérieur. On peut la peindre ou la frotter d'huile après l'avoir piquée; mais on ne saurait en faire autant des surfaces de chauffe, parce qu'il en résulterait des projections d'eau. Quant à l'extérieur, il est peint et surtout préservé par des reprises de calfatage pour éviter l'eau qui tombe du pont, ou qui s'infiltre le long de la cheminée. Celle-ci n'a besoin que de peinture et de l'entretien de son système de remontage.

Les tuyaux doivent être aussi l'objet de l'attention, en ce que souvent ils laissent beaucoup à désirer comme qualité de matière et comme confection ; leurs joints sont refaits à tems ; ils ne doivent pas être à pince, et quoique ce soit l'usage de laisser leurs boulons en place pour éviter la peine de les changer, il est bon de les démonter de temps à autre pour reforger leurs écrous et repasser les filets de vis, ou enfin pour les changer. Si les tuyaux sont dans le voisinage du pont et suspendus aux baux, il faut voir si le travail du navire ne force pas sur leurs joints et aviser à des moyens de fixation directe avec la chaudière ou avec la machine. Toutes les fois qu'on passe au bassin il y a lieu de visiter toutes les prises d'eau ainsi que leurs crépines et de roder ou du moins graisser leurs robinets.

Les soutes sont souvent mal fixées au navire par des grains d'orge cloués, et le travail des murailles fait casser ces jointures, aussi vaut-il mieux avoir des tirants obliques partant de la serre-bauquière et qui, s'ils gênent un peu l'arrimage du charbon, présentent au moins l'avantage d'agir normalement quelles que soient les déformations du navire. C'est surtout dans le voisinage des chaudières ou des tuyaux qu'il faut établir ces moyens de jonction, parce que si les roulis exagérés faisaient

ébouler une partie des soutes, les tuyaux risqueraient
d'être brisés, peut être même les chaudières seraient dé-
placées, et il en résulterait une invasion de plusieurs
milliers de mètres cubes de vapeur dans l'intérieur du
navire.

Dans une machine tout est nécessaire.

Enfin il n'est pas de partie d'une machine qui ne
réclame de la surveillance et un entretien continuel.
Toutes sont nécessaires au fonctionnement ; une seule
arrête l'appareil et fait courir des dangers aux chauffeurs,
ou au moins force le navire à s'arrêter et à retarder les
autres lorsqu'on est en escadre. Si jadis une avarie
grave dans la mâture a fait manquer des opérations
importantes, cela arrivera plus fréquemment encore avec
les machines, ce qui leur fera perdre l'avantage de la célérité ainsi que de l'exactitude. Du temps de la voile, on
n'a jamais vu aussi souvent que maintenant des signaux
monter en tête de mât pour déclarer des avaries de machines et demander à s'arrêter : et cela en ne marchant
qu'avec une puissance très-réduite, car jamais une escadre ou une division n'a encore marché quelques jours
à toute volée. On ignore ce qu'elle pourrait faire ou plutôt
on sait que cela durerait très-peu d'heures sans rester en
route. Quelles combinaisons peut faire un chef et même
un gouvernement avec de tels éléments? Citera-t-on la
Crimée, la Baltique, mais alors la paix régnait aussi
tranquillement sur mer, que la guerre était grande et terrible à terre, et une marche modérée avec la moitié des
chaudières ne comportait pas plus d'une demi-douzaine
de stoppages pour des avaries. Sur quoi compter, puisque,
par un malheureux contraste, ce fameux moteur mécanique par lequel les passagers et les dépêches arrivent à
heure fixe, se trouve être moins certain sur le navire de

28

guerre que les éléments qu'il dompte journellement ailleurs?

Marchera-t-on mieux à la poursuite ou en retraite de
l'ennemi que pendant une promenade animée? Aban-
donnera-t-on les traînards? Mais on a vu qu'ils forment
presque la totalité. Ils seront pris en détail. Si dans ses
châteaux en Espagne un officier se voit chef d'une escadre
actuelle, qu'il sonde le gouffre que l'état réel des machines et par contre la publicité de leurs succès ont creusé
devant lui. S'il sait voir la vérité avec franchise, son imagination effrayée rebroussera chemin pour se porter vers
des rêves paisibles. Au contraire des machines sûres seront des causes de victoires plus certaines qu'aucune des
anciennes qualités de bon voilier, et cela dans le rapport
de la part qu'elles auront enlevée au vent. Voyez les paquebots qui, tels que le *Persia*, font si régulièrement le service
d'Amérique sans avoir perdu une fraction de nœud ; ont-
ils besoin de canons pour se rire des cuirassés? Ils craignent tout au plus une rencontre inattendue dans la brume,
puisqu'ils savent que ces terribles guerriers ne peuvent
pousser leur monture sans rester en route.

La machine doit avoir des visites périodiques.

On sera sans doute effrayé de la nomenclature des
soins journaliers que nous avons exposée, et d'entendre
dire qu'elle est loin d'être complète; mais ce serait oublier que toutes les parties du navire reçoivent des soins
du même genre, que chaque jour les gabiers et les voiliers rendent compte de leur visite en haut et font aussitôt
réparer les moindres accidents. Qu'il en est de même du
charpentier, du calfat, du canonnier et même des patrons
d'embarcation. On ne le fait pas pour la machine parce
que ce n'est pas encore l'usage, mais si l'on veut qu'elle

soit en aussi bon état que le reste, il faut qu'elle ait ses
visites périodiques et cela dans son intérieur. Elle réclame
de grands démontages comme le gréement et les voiles,
en ce que le mélange des métaux qui la composent et l'eau
de mer ou la vapeur qui la remplissent en marche oxy-
dent toutes ses parties. Qu'on fasse donc un tableau de
service intérieur pour elle comme pour tout le navire, et
si les règlements ne l'ont pas prescrit, qu'on le rédige pour
son navire. Ce n'est pas une difficulté, surtout en se ré-
férant au journal dont il sera question plus tard, et une
machine souvent démontée est beaucoup plus prête à
fonctionner que si elle est toujours restée fermée. Dût-on
avoir des départs retardés de quelques heures, il faudrait
ne pas négliger ces soins constants. D'ailleurs quand
tout est bien disposé et qu'on a des hommes habitués à
faire des joints au suif, on a toujours le temps de remettre
chaque chose en place pendant qu'on chauffe pour
avoir de la vapeur, et à moins de circonstances extraordinaires, l'autorité sait de combien de temps elle peut
disposer pour permettre ces travaux.

Le charbon brûlé mesure les qualités d'une machine.

Un des objets les plus importants à examiner en prenant un navire à vapeur c'est sa consommation de charbon depuis son armement. Une machine mal soignée ou
mal dirigée brûle toujours plus et fait marcher moins
vite le navire. Si le mille parcouru à des vitesses données coûte plus de combustible, c'est que des parties vitales ne sont plus en ordre, dans la chaudière pour la production, dans la machine pour l'emploi. Par conséquent
un capitaine qui ne connaît pas les machines doit au
moins poursuivre son mécanicien, lui faire visiter, démonter, vérifier jusqu'à ce qu'il arrive à ne pas brûler

plus que son prédécesseur pour les mêmes vitesses. C'est d'autant plus nécessaire que l'excès de consommation réduit son rayon d'action et l'empêche de marcher aussi vite au besoin. Ces deux causes deviennent un obstacle à l'accomplissement des missions, et en escadre elles troublent toutes les combinaisons du chef et l'exposent à échouer dans ses entreprises. Ce n'est pas ici le lieu d'entrer dans des détails à ce sujet, non-seulement pour le combustible, mais aussi pour l'entretien et la rectification de l'appareil; des ouvrages spéciaux tels que l'*Utilisation économique*, le *Catéchisme du mécanicien* et plusieurs autres ont traité ces questions assez à fond pour qu'il n'y ait lieu que de renvoyer à leurs nombreuses pages. Mais, je le répète, le vrai moyen dont l'autorité dispose pour se faire une idée générale de l'état des machines, c'est de ramener les consommations de charbon à la même vitesse, de comparer les navires entre eux pour apprécier les capitaines qui méritent des éloges ou des reproches, et d'examiner aussi les résultats économiques de grandes compagnies de paquebots. On serait sans doute effrayé d'une différence qui est à peu près du simple au double (Voir *Utilisation économique des navires à vapeur*), c'est-à-dire qui réduit de moitié le rayon d'action des navires de guerre. Mais au moins ce serait en connaissant l'étendue du mal qu'on serait engagé à chercher des remèdes. Ici encore un capitaine intelligent aura tout profit à agir pour son compte, en ce qu'il se donnera des moyens d'action plus étendus que ceux qu'on lui avait remis entre les mains, et il remplira des missions impossibles avec une consommation exagérée ou une marche trop lente.

CHAPITRE III.

JOURNAL DE LA MACHINE.

Analogie de ce journal et du rôle d'équipage.

Le chapitre précédent nous montre tellement combien il faut que les marins se rendent compte de l'état de leurs machines, que je crois convenable d'exposer ici ce que j'ai tenté dans ce but en 1860, en cherchant à introduire l'usage d'une sorte de journal synoptique destiné à renfermer, d'une manière facile à consulter, les services rendus par l'appareil, ce qu'il a coûté à chaque époque, les éléments de son mécanisme et les mésaventures qu'il a éprouvées. Le journal actuel est loin de présenter des documents utiles, il ressemble à la table de lock, qui, avec tous ses détails, ne renferme presque rien d'intéressant dès que chaque jour qu'elle relate se trouve écoulé. Dans l'un et l'autre on voit une foule de choses insignifiantes, et fort peu de réellement utiles; de plus, tout y est porté par ordre chronologique, et par suite, les recherches sont longues, lorsqu'il s'agit de trouver tout ce qui concerne un objet spécial. C'est comme si le rôle d'équipage était tenu par ordre de dates de payements et délivrances au lieu de l'être par individu : le décompte d'un matelot ne serait pas aussi vite fait. Les rapports sommaires sont, lorsqu'ils sont bien tenus, la partie la plus utile de ce qui se fait maintenant; s'ils ne montrent aucun détail, au moins ils permettent d'apprécier par comparaison les résultats de l'ensemble.

Un journal tel que je l'entends pourrait aussi bien
s'appeler Rôle mécanique, Rôle de la machine, en ce
qu'il serait destiné à remplir, pour l'appareil, le même
but que le grand-livre du personnel pour l'équipage, et
si l'on ne trouve pas la comparaison trop exagérée, il
produirait pour les différentes parties du moteur mécanique ce que l'expérience fait exécuter pour le bien du
moteur manuel indispensable à la manœuvre des voiles.
Il devrait renfermer les éléments et les calculs qui ont
servi à déterminer ses diverses parties, afin que l'historique postérieur des accidents et des bons services de
cette même pièce servît d'instruction à l'atelier lui-même.
Ce serait un moyen d'arriver à des machines solides, au
lieu de rester dans le vague des usages d'ateliers, qui ne
s'occupent plus des machines le lendemain de leur payement; ce serait surtout présenter aux commissions de
recette des éléments de comparaison qui leur manquent
totalement, et sans lequel leur rôle important est trans-
formé en une simple formalité. Dans l'escadre de l'a-
miral de Tinan, où le journal en question fut rédigé, nous
manquions de presque tous les documents antérieurs,
tels que marchés, expériences. Il en est résulté que le
livre-journal ne fut pas aussi complet qu'il l'eût fallu, et
même l'histoire des machines eut de nombreuses lacunes,
tant on avait peu pris soin de mentionner leurs avaries.
Aussi, pour montrer ce que devrait être un pareil travail,
j'ajouterai ici l'indication de ce qui manquait en 1860.

C'est l'atelier de construction qui doit remettre le journal.

En premier lieu, ce serait l'atelier de construction qui
devrait donner ce registre avec la nomenclature détaillée
des pièces, disposée comme on le dira plus tard, et les
résultats de tous les calculs ou des analogies qui ont servi

à déterminer leur résistance, en faisant ressortir les genres d'efforts et le nombre de kilogrammes par centimètre ou par millimètre carré que porte chaque pièce, comme M. de Fréminville l'a fait dans son grand ouvrage sur les machines marines. Les marins béniront l'atelier qui, se sentant assez sûr de ce qu'il fait, prendra les devants, et viendra, de son propre mouvement, donner l'exemple en présentant un pareil travail au mécanicien chargé pour qu'il le contrôle et même le complète pendant le montage. Il y a bien des années que je sollicite cette addition importante aux papiers financiers; malheureusement je n'ai rien obtenu. C'est lors de la mise à bord de la première pièce que de tels documents doivent être remis pour que les observations soient portées sur toutes les parties et notamment sur celles qu'on ne visitera plus ensuite. De la sorte les commissions trouveraient des éléments préparés et déjà contrôlés pour asseoir leur jugement par des comparaisons avec d'autres appareils ; car il y en a eu qui ont bien fonctionné et qui ont duré longtemps. Si donc on se rapproche des proportions qui les ont maintenues en bon état, on a des chances favorables ; si l'on s'en éloigne trop, il y a des craintes trop fondées pour qu'elles ne soient pas exprimées. On sera sans doute effrayé de ces détails et on dira que les commissions n'ont pas le temps de s'en occuper : mais le travail serait très-simple en ce que le mécanicien, ayant intérêt à y porter ses observations, aurait tout noté au fur et à mesure, et cela avec d'autant plus de soin qu'il saura que le jour de la recette, il devra signer qu'il reconnaît que tout est en bon état. Ce n'est qu'en mettant en opposition des intérêts différents qu'il est à espérer de savoir un peu la vérité quand il s'agit d'un matériel aussi difficile à connaître, et qui, pour l'État, n'est jamais employé dans les conditions pour lesquelles il a été acheté. Le paquebot prend son vrai service le jour même de sa recette; il chauffe au moins cent jours par an à toute vapeur. Son possesseur compte en derniers, et sait beaucoup mieux à quoi s'en tenir que les commissions. La machine du navire de guerre n'est essayée que pendant six heures; on lui fait remplir une formalité : ensuite elle rentre dans le port ou ne marche qu'avec la moitié de ses chaudières, c'est-à-dire qu'elle double presque la force de toutes ses pièces, puisque l'effort devient moitié.

Format adopté pour le journal.

Pour en revenir au journal, il y a d'abord lieu de dire qu'on avait adopté le format in-folio, comme la plupart des registres de comptabilité, afin d'avoir des pages assez vastes pour y établir des tableaux comparatifs et des colonnes dont la largeur permît d'insérer les notes nécessaires. De plus, comme il y a beaucoup de détails qui exigent des dessins, la dimension des feuillets permet de les insérer sans les plier ou sans les réduire à une trop petite échelle. C'est ce qui a été fait pour toutes les parties importantes, tels que tiroirs, pompes à air, ainsi que pour le tuyautage et tout le système des robinets, avec l'annotation des marques pour leurs ouvertures et la désignation de leur emploi.

Après le nom du navire, ses dimensions principales, et surtout celles employées à évaluer les utilisations, se trouve une seconde page analogue à celle désignée sous le nom de tableau A.

Registre descriptif et historique

de la machine de..... chevaux nominaux du navire le.....

construite à..... sur les plans de.....

Système général. . . . . bielle en retour.
Nombre de cylindres. . . . . . . 2.
Propulseur. . . . . hélice.
Chaudières. . . . . tubulaires.

Tableau des positions du bâtiment et noms de ceux qui l'ont commandé et qui ont dirigé sa machine.

DATES.	POSITIONS administratives du bâtiment	COMMANDANTS		OFFICIERS de machine.	MÉCANICIENS chargés.	OBSERVATIONS.
		en premier.	en second.			
	Armé en guerre. En flûte. En disponibilité. Désarmé, etc.	Noms.	Noms.	Noms.	Noms.	

Le marché doit être inscrit.

Il y aurait lieu de mettre ensuite le marché pour que ceux qui emploient la machine sachent à quoi on s'était engagé en la construisant. C'est une pièce qui manque sur presque tous les navires, et qu'il est souvent difficile de se procurer : elle a eu différentes formes. C'est en général un marché de gré à gré, portant la nature de l'appareil, le nombre de cylindres et le mode de mouvement. Prenant pour exemple un appareil de 600 chevaux, les cylindres ont 1^m,75 de diamètre intérieur,

1^m,06 de course, et le nombre de tours est de 55, le tout conforme au plan coté et agréé par le ministre, et dont la copie est rarement à bord.

L'introduction de la vapeur par le tiroir dure de 0,65 à 0,70 de la course; le propulseur a le pas à droite, la détente fait varier l'introduction de 0,30 à 0,60 de la course, elle peut être modifiée ou suspendue en marche; la mise en train permet de mettre en marche en 30 secondes et de renverser en 60 secondes, étant à toute volée. Les ouvertures à l'évacuation ont 0^m,06 carrés par cheval nominal et ceux à l'introduction 0^m,03, les tuyaux de vapeur 50 p. 100 de section de plus que les orifices d'introduction. Suit une série de détails sur *les pompes à air, les condenseurs, les clapets, l'épaisseur des tuyaux, le boulonnage, la conformité des filets de vis avec ceux adoptés par la marine, les tubes d'hélice, les pompes, l'injection,* etc.

Les chaudières en tôle sont conformes au type de la marine, aussi le fournisseur n'est pas responsable de la quantité de vapeur produite. La charge des soupapes sera de 1^k,50 par centimètre carré; suivent des détails de confection. Chaque appareil aura les outils de chauffage avec des rechanges et diverses pièces de prévision, telles que un piston à vapeur avec tiges et garnitures, un couvercle avec ses boulons, un tiroir ajusté avec sa tige, une tige de pompe à air, *idem* de pompe alimentaire, de pompe de cale, un rechange de coussinets en bronze pour grands paliers et grande bielle. (Depuis quelques années l'adoption du métal doux a fait confectionner beaucoup de coussinets en fonte de fer, et dans le cas où il faudrait fonctionner quand même et où le métal doux fondrait, on serait beaucoup plus exposé à perdre les pièces principales.)

Quant à l'utilité de ces pièces de rechange les avis sont partagés en ce qu'elles n'ont presque jamais servi, et que leur ajustage n'est généralement pas vérifié par les commissions ; cependant elles ne sont utiles que si elles vont parfaitement aux anciennes pièces. Le mécanicien attaché au montage doit les vérifier ; mais souvent elles arrivent trop tard pour qu'il le fasse. Plusieurs fois on a trouvé plus prompt de réparer provisoirement, au lieu de dérouiller une pièce et de s'imposer une perte de temps si elle ne s'ajustait pas bien. Ces pièces chargent le navire d'un poids à peu près inutile, qui, s'il était réparti entre les pièces importantes de la machine, serait probablement plus utile au navire et plus profitable au fournisseur.

Toutes les pièces doivent être de bonne qualité : aucune ne sera couverte de peinture, vernis ou mastic avant la recette au port (cette clause n'est pas observée, et il serait difficile de s'y conformer lorsque le transport des pièces dure longtemps). Les ingénieurs surveillent l'exécution et la qualité des matériaux. Ils ont droit de rejeter toute pièce de mauvaise qualité ou de fabrication défectueuse ; la commission de recette conserve le droit de rebuter toute pièce dont les essais font reconnaître les défauts. (Elle ne le sait que s'il y a rupture, il faudrait donc que le mécanicien signalât ce qu'il a découvert.)

Clauses générales du marché.

Le fournisseur doit remettre à la commission une nomenclature complète de toutes les pièces faisant connaître leur nature, le poids et les matières. (Jamais on n'en a de traces à bord des navires, et c'est un document qui, d'habitude, n'est pas présenté à la commission. Cependant le poids des pièces est une manière de les

comparer à d'autres semblables pour se faire rapidement une idée de leur solidité.)

Depuis la circulaire du 8 août 1848 (émise après l'é-
vénement dont quatorze hommes furent victimes à bord
du *Comte-d'Eu*), on a essayé à l'atelier chaque chaudière
à une pression double de celle de régime. (On né la répète pas à bord avec tout le tuyautage en place; c'est
une grande garantie de moins.)

Pour les épreuves, la commission fait les essais propres à reconnaître si tout fonctionne bien. L'essai à toute
vitesse doit au moins durer six heures consécutives, que
la commission a la faculté de prolonger autant qu'elle le
jugera convenable pour constater que les chaudières
sont bien confectionnées, que les tôles se comportent bien
au feu, que l'alimentation est abondante et que les organes des machines fonctionnent sans fatigue inquié-
tante et *sans chauffements assez intenses pour exiger un
arrosage. (Quoique cette condition soit élastique, elle n'est
pas poussée assez loin, on ne dépasse pas les six heures,
mais on en aurait le droit; donc si l'on ne se donne pas de
garanties suffisantes, c'est la faute des officiers qui dirigent
les commissions.)* Le nombre de tours pourra être porté
jusqu'à cinquante-neuf sans toucher au registre ni modifier l'hélice.

A toute vapeur, le vide à l'indicateur ne différera que
de $0^m,21$ au plus de la hauteur du baromètre pendant l'expérience; au-dessous une retenue de 13 fr. par cheval
et par centimètre sera effectuée; à $0^m,31$ de déficit dans
les cylindres, la machine serait refusée. Suivent quelques
détails sur les expériences, les transports et enfin le prix
et le mode de payement : le cheval nominal est payé
1,300 fr., soit 780,000 fr. par appareil sans l'hélice, les
accessoires et les soutes. Il y a cinq mois dits de garan-

tie après la recette, pendant lesquels toutes les avaries sont au compte du fournisseur ; ce n'est qu'alors que le sixième terme est payé. (Cette clause n'a jamais de valeur en ce que les navires de guerre ne font pas de service actif, elle n'est réelle que pour le commerce). En cas d'avaries, la garantie reprend après la réparation. Pendant tout ce temps l'usine a le droit d'avoir un agent à bord.

On sera peut-être étonné de voir produire ici un résumé aussi étendu d'un marché ; mais il faut observer que très-peu d'officiers en ont connaissance, et que, dès lors, il est de quelque utilité de montrer à quoi l'on s'engage en fournissant des machines, et de faire connaître les garanties que les marins pourraient avoir s'ils voulaient s'en donner la peine.

Copie du rapport de la commission de recette.

Viendraient ensuite plusieurs pages portant la copie du procès-verbal de recette avec les tableaux et les courbes d'indicateur, adoptées par la commission pour que le capitaine et le mécanicien aient connaissance des engagements que les personnes qui ont fait les expériences, *les parrains de la machine,* ont, à bien dire, contractés pour tous ceux qui leur succèdent. Comme il y des essais postérieurs faits isolément ou en comparant avec d'autres navires, il faudrait des pages blanches pour inscrire tous ces éléments de la vie officielle de l'appareil et noter d'une manière succincte les résultats comparatifs.

Le charbon consommé est l'étalon d'une machine.

Il est malheureux que le charbon de France le plus usité dans nos ports n'ait pas toujours été employé dans les essais, puisqu'en temps de guerre maritime on n'en aurait pas d'autre. On a dit que pour comparer nos navires à ceux des étrangers, il fallait bien employer le charbon de ces derniers; mais si cela enfle les procès-verbaux et permet d'annoncer des succès de vitesse, ce n'en est pas moins préparer des déshonneurs au pavillon et surtout à ceux qui, chargés de le défendre, ont eu la faiblesse de se prêter à ces réclames. Si nous avons des charbons inférieurs, installons au moins nos chaudières pour produire la quantité voulue de vapeur; ne nous faisons pas, pour ainsi dire, des tables de tir et des graduations de hausse avec de bonne poudre, si plus tard nous n'en avons que de médiocre. Heureusement le charbon anglais est moins usité maintenant; mais on prend ce ce que nous avons de meilleur et dans les essais le capitaine et le mécanicien doivent réclamer pour leur avenir. Car je le répéterai, souvent un des éléments les plus importants pour l'appréciation des machines c'est le charbon brûlé pour une vitesse égale, il y aurait donc lieu d'en déterminer exactement les quantités pour diverses allures avec autant de soin que les courbes d'indicateur, les pressions ou les vides, qui servent à des études théoriques. Le charbon est l'*ultima ratio rerum* d'un navire à vapeur, il éprouve le contre-coup de tout ce qui arrive à la machine, à la chaudière ou même au navire. S'il y a augmentation pour une même vitesse ou perte sur le sillage, il y a dépréciation du navire entier. C'est son étalon, la mesure de sa valeur utile. C'est sur le charbon que l'autorité peut le mieux baser ses jugements généraux et faire chercher le mal si cette cause première dénote qu'il en existe. C'est sur cette énorme dépense de combustible que le commerce base tous ses calculs et qu'il choisit ses fournisseurs de ma-

chines. Il ne retournera pas faire de commandes à qui
lui fait brûler trop ou force ses navires à chômer par des
avaries. Il vaudrait certes mieux pour les marins que
les marchés fussent basés sur les consommations de
charbon que sur les courbes saccadées de l'indicateur;
au moins les fabricants rechercheraient l'économie et
pourraient y être poussés par des primes et des retenues.

Le temps a cependant une influence défavorable :
malgré des soins assidus les navires perdent une partie
de leur marche, mais ce n'est encore qu'en comptant le
charbon qu'on l'appréciera. Les navires en bois ont une
dépréciation périodique et irréparable qu'il est intéressant de suivre, c'est l'accroissement de poids par l'imbibition des bois. Ceux en fer en sont exempts, si les herbes
et les coquilles diminuent leur marche, un passage au
bassin la leur rend : les pertes définitives sont donc
alors du fait de la machine ou de la chaudière.

Espérons donc que l'on comptera exactement le charbon brûlé pendant des périodes suffisantes pour avoir des
résultats certains, que ce sera une donnée portée aussi
authentiquement au registre que le nombre de canons et
de coups par pièce le sont au devis. Ce chiffre du présent
et de l'avenir devra être débattu par la commission avec
le capitaine et le mécanicien. Il vaut mieux avoir quelques altercations en commençant que des mécomptes
pendant toute la durée du service. Ce serait à la suite
de tous les procès-verbaux d'expérience, que cet élément
important serait inscrit et signé par les parties intéres-
sées.

Utilité actuelle des rapports sommaires.

A la suite seraient deux ou trois feuilles destinées à
transcrire les observations faites par l'autorité sur les
consommations lorsque celles-ci auraient attiré l'atten-

tion : pour le présent on porterait les notes du conseil des travaux sur les rapports sommaires. Lorsque ceux-ci sont tenus avec le soin convenable, ils présentent le seul document d'après lequel on puisse juger de l'emploi du combustible et par comparaison de l'état respectif des machines. Malheureusement ils ne sont pas contrôlés pour les consommations de charbon et de matières grasses : il serait donc utile que ces chiffres fussent vérifiés par le commissaire et certifiés conformes à sa balance. Si cela ne contrôle en rien les recettes, c'est au moins un moyen de porter à rédiger les rapports sommaires avec exactitude, et si jamais on en venait à imiter les compagnies en appréciant les services rendus par le charbon, c'est d'après ces rapports que l'autorité pourrait remplacer les primes du commerce par des louanges ou des reproches. Une des trois expéditions rédigées chaque trimestre reste à bord, elle présente le seul document trouvé par un capitaine qui embarque.

Prise en charge officielle par le mécanicien.

Dans les registres rédigés à bord des vaisseaux de l'escadre, on avait consacré ensuite quatre pages (il en faudrait davantage pour les navires qui naviguent souvent) portant :

Résumé des services rendus par la machine du....., laquelle est sortie du port de..... le....., a été construite par M..... par marché du..... dont copie est page.....

Le montage, exécuté par M....., a été commencé le.....; la première mise en marche a été le..... l'appareil a été admis en recette (avec ou sans restrictions) par procès-verbal du..... (voir page.....).

Le montage a été suivi par M....., mécanicien....., qui a reconnu qu'il a été bien exécuté en signant la pièce suivante :

« Je soussigné....., mécanicien du navire le....., reconnais

« avoir reçu en bon état dans toutes ses parties et fonctionnant
« bien sous toutes les allures la machine montée par M..... de
« l'usine de..... et m'engage à en tirer un bon et long service. »

Si le mécanicien a remarqué des défauts de matière,
de confection ou de montage, il devrait les remettre par
écrit avant de signer cet acte, et la commission de recette examinerait ses réclamations, les jugerait et porterait son opinion. Mais les observations du mécanicien
ne devraient pas moins être consignées, afin que l'opinion des deux parties restât connue.

Lorsqu'il y aurait changement de mécanicien en cours
d'armement, remise de la machine à la réserve ou de
celle-ci à un nouveau mécanicien, un semblable acte
serait porté sur le registre et la copie laissée comme décharge entre les mains de celui qui débarque. Une machine dont la valeur s'élève quelquefois à un million et
demi et de laquelle dépend le sort d'un navire de six à
sept millions, vaut bien qu'on se donne la peine d'entourer la gestion de ceux qui la dirigent de formalités
usitées pour les moindres objets d'armement. C'est au
moyen de responsabilités nettement définies, que les
finances publiques ou commerciales nous présentent en
France un ordre et une probité si remarquables au milieu
de leur activité. Prenons donc le même moyen pour arriver à conserver nos machines et par suite la valeur de
nos navires de guerre. Si une telle mesure n'est point
réglementaire, elle peut néanmoins être adoptée par tous
les chefs. Il n'y a rien d'arbitraire à exiger d'un subal-
terne qu'il vous expose des faits par écrit. Un capitaine
ne connaissant pas les machines prend un commandement : pourquoi ne se ferait-il pas remettre une note de
l'état de la machine et ne la ferait-il pas signer au mécanicien. Il aurait au moins une pièce d'un homme

compétent pour établir des réclamations, et la faire réparer. De plus, le mécanicien sachant cette pièce entre les
mains du capitaine, *qui se servira de la machine*, ne serait pas tenté de la rédiger légèrement. Si nos appareils
à vapeur nous manquent souvent, sans qu'il en résulte
de corrections ou au moins d'enquêtes, la faute en est
aux officiers. Ils ont l'autorité ; qu'ils sachent s'en servir à l'égard de leurs subalternes, pour l'objet le plus
important de leur matériel, car le jour d'une guerre, ils
n'auront pas d'excuse. A Brest, le préfet maritime voulut
bien m'accorder de faire signer un acte pareil par le
mécanicien de la réserve. Une machine de grande frégate et trois de canonnières avaient été remises, comme
d'habitude, dans la matinée, et elles allaient rester à se
rouiller tranquillement. Mais quand le mécanicien de la
réserve vit qu'il allait signer ce petit acte, il se rétracta,
voulut tout voir, et il y eut un démontage complet après
lequel tout était en bon état. On se plaignit de la lenteur mise à faire passer ces machines à la réserve : mais
pendant toute cette visite étaient-elles moins prêtes à
fonctionner qui si on les avait laissé se rouiller ! On n'a
pas partout des officiers qui, comme M. Du Temple,
suppléent aux règles par leur surveillance, et qui rendent
les machines de la réserve en meilleur état qu'elles n'ont
été reçues, et cela, en faisant tout exécuter par les chauffeurs eux-mêmes, c'est-à-dire en des instruisant et en
ne dépensant que des matières premières.

Depuis cette époque la machine a été (1) :

DATES.			POSITIONS.	RÉSUMÉ DES AVARIES.	ACCIDENTS.	DÉFAUTS ET RETARDS ÉPROUVÉS DANS LES EXPÉRIENCES.
ENTRÉE.	SORTIE.	DURÉE.				
28 juill. 1856	4 août	7 jours	**En expériences.** Du 28 juin au 4 août 1856.	Le pied de bielle de l'AB a été grippé.	Les boulons de bride de l'un des robinets d'extraction directe ayant cassé, le navire a été en danger (ces robinets ne sont plus usités).	La réparation du tourillon de pied de bielle a été faite en place, elle laisse toujours à désirer, d'autant que le diamètre est beaucoup trop petit : il devrait être égal à celui de la soye de manivelle.
13 mai 1857	27 juin 1857	45 jours	Du 13 mai au 23 juin 1857.			
15 nov. 1859	19 nov. 1859	1 jour	Le 15 nov. 1859.	Une aile d'hélice cassée.		
26 nov. 1860	20 mars 1861	124 jours	Du 26 nov. 1860 au 20 mars 1861.			

En réserve. Résumé des corrections, changements de pièces, réparations et durée du séjour des pièces hors du bord et renvois.

Néant.

En disponibilité. Visites et réparations, dates des essais sur place ou en marche, résumé de leurs résultats et renvoi aux pages.

Néant.

15 mai 1856

En armement. Résumé des parties détériorées et trouvées en mauvais état (renvoi aux pages qui les concernent), retards éprouvés, réparations effectuées.

Le navire a été constamment armé, il a éprouvé les modifications portées ci-dessous à l'article Chômage, il a changé son coussinet d'étambot garni en métal doux pour un nouveau garni en gaïac (le.....). Les supports des arbres du registre ont été rendus indépendants du navire.

(1) Ce qui suit est groupé d'une manière hypothétique.

DATES.			
ENTRÉE.	SORTIE.	DURÉE.	

Séjour hors des ports. *Événements principaux, échouages, parages où le navire a navigué.* Le navire a été attaché à Toulon, après ses essais il a navigué dans la Méditerranée, a hiverné à Brest et retourné dans la Méditerranée, a fait en 1860 une visite générale de sa machine.

En marche. *Désignation des pièces qui ont eu des avaries, des échauffements ou des accidents.* Pied de bielle grippée; les cylindres rayés, deux ailes d'hélice cassées, pallier du milieu échauffé, tige de registre cassée, tiroirs et garnitures usées. Arrosage nécessaire à toute volée pour éviter les échauffements. Nombre de milles parcourus chaque année et totaux. . . . .

En chômage. *C'est-à-dire nombre de jours pendant lesquels une avarie ou une réparation met la machine hors d'état de fonctionner, comme lorsqu'il y a des pièces à l'atelier, c'est le temps pendant lequel le navire perd sa valeur comme force militaire.*

ENTRÉE.	SORTIE.	DURÉE.	
25 oc 1857	8 nov. 1857	13 jours	Passé 13 jours au bassin pour réparer un tourillon d'hélice et remplacer une aile perdue.
3 juin 1859	8 juin 1859	3 jours	Pour remplacer une aile cassée.
5 janv. 1860	14 fév. 1860	40 jours	Dressé les plaques de frottement des registres, remplacé le métal doux des coussinets d'arbre et de ceux des têtes de bielle. Ces coussinets qui étaient à juste portée sont maintenant assemblés sur des cales minces qui permettent un serrage facile. Visité les garnitures métalliques de piston. Cassé, en voulant la retirer, la couronne de celui de l'arrière qui n'avait pas été démontée depuis plus de quatre ans. On l'a réparé comme l'indique le dessin porté page..... Cassé un couvercle de tiroir de détente à cause du joint au minimum, on l'a réparé avec une frette en fer qui l'entoure, (tous les joints du montage sont au minimum, ce qui devrait être expressément défendu, aussi on risque de casser les couvercles des cylindres, comme dans d'autres machines, s'il faut démonter ces pièces pour de grandes réparations intérieures).

NOTA. Pour apprécier ce qui précède, voir sur les tableaux de détail les dates des avaries et les comparer au tableau trimestriel des services de la machine afin de savoir au bout de combien de jours et avec combien de chaudières on a éprouvé les avaries mentionnées.

Résumé des services rendus par l'appareil évaporatoire du navire le....... ;
sorti des ateliers de M...... ; posé à bord le..... ; mis en feu le..... ; admis
en recette le..... ; (voir la copie du procès-verbal page.....).

Depuis cette époque l'appareil a été :

DATES			
ENTRÉE.	SORTIE.	DURÉE.	
18 mars 1858	13 avril 1858	18 jours	**En disponibilité, réserve ou armement, c'est-à-dire sans être remplies. Réparations opérées.**
11 juin 1859	15 juin 1859	5 jours	Depuis la mise en feu des chaudières, le ....., elles sont restées vides pendant 1535 jours. Un ciel de foyer a été changé aussitôt
28 juill. 1860	14 août 1860	1 jours	après les essais, le ..... changé un fond de foyer. En 1859 et le .....
26 mars 1861	16 avril 1861	19 jours	1861 rodé les soupapes de sûreté. En mars 1861, par ordre du commandant, leur charge, qui était de 105 centimètres de mercure ou
·			pour mieux dire 1k,300 par centimètre carré, a été réduite à 85 centimètres. Après les essais à froid à cette dernière pression, ordonnés par le commandant, on a changé 22 entretoises de chaudières, notamment dans celles de l'arrière.
			Durée des séjours hors des ports.
			. . . .
	NÉANT.		**Chômages pour réparations.**
			Les réparations de 1858 ont tenu deux corps de chaudière en chômage pendant 55 jours ; les autres étant prêts à fonctionner.
			Nombre de jours pendant lesquels les chaudières ont été pleines d'eau douce ou salée.
			Les chaudières ont été pleines d'eau salée en moyenne pendant 187 jours, en 1861, en 1862, en 1865.
			Époques des piquages de sel et des visites de l'intérieur.
			15 août, 13 et 29 septembre 1856. 7 et 24 juillet, 5 et 19 octobre 1857, etc.

Les indications qui précèdent doivent avoir entre elles des espaces de papier blanc assez grands pour porter les documents pendant un long laps de temps et en regard. Il est utile d'avoir plus loin des feuilles blanches pour inscrire les dessins et les détails les plus utiles.

Pour résumer les services de l'appareil et sa consommation de combustible, on avait rédigé pour tous les vaisseaux de l'escadre des tableaux semblables à celui que M. Dougados, mécanicien principal de l'*Algésiras*, avait formé d'après les journaux et les rapports sommaires, depuis l'époque où ces derniers contenaient les documents nécessaires. Nous donnons ce tableau, parce qu'il exprime le service de la machine la plus économique de l'escadre, celle dont aucune autre n'a jamais approché sous ce rapport. La disposition des divers éléments est trop claire pour exiger des détails, elle permet de juger les qualités de la machine, surtout en la comparant aux autres, et fait voir la dépréciation, lorsqu'il y en a, comme dans beaucoup de cas.

Le charbon et les matières grasses comptés en argent.

Il est, à ce sujet, un usage qu'il serait très-utile d'introduire ; ce serait de compter le charbon et les matières grassés en argent, parce que le nombre de francs dépensés frappe beaucoup plus que celui des kilogrammes d'une matière, qui semble n'avoir pour valeur que des formalités à remplir, du moment où elle est entrée en magasin. Si les billets jaunes, gris ou verts portaient le nombre de francs qu'ils représentent, ils feraient souvent reculer les subalternes et même les chefs devant l'aspect des dépenses réelles. S'il a été trop difficile d'adopter un tel système pour les diverses parties du matériel, il n'en est pas de même pour les trois denrées consommables des machines. Qu'est-ce qui empêcherait d'avoir pour le charbon, l'huile et le suif, des sortes de mercuriales du prix en France pour l'année courante? En pays étrangers, les marchés et les traites ne disent que trop ce que coûtent les machines, et le commissaire a tous les éléments pour régler les sommes, tandis que le mécanicien possède celles pour montrer le résultat. La valeur en argent d'un mille parcouru à une vitesse commune, huit ou dix nœuds, et celle du tonneau de déplacement transporté à un mille à la même vitesse seraient des éléments de comparaison ; tandis que l'argent dépensé pour se rendre d'un point à un autre dans un certain temps, présenterait une idée générale et souvent effrayerait les capitaines ou attirerait sur eux l'attention de l'autorité. Si nous ne pouvons compter en deniers la production de notre matériel, tâchons au moins de compter son emploi pour profiter un peu du guide du commerce. Si les rapports sommaires portaient ces dépenses en numéraire, ils permettraient de guider les navires en cours de campagne, puisqu'ils arrivent tous les trois mois et qu'on les renvoie aussitôt après l'examen. Ainsi je crois qu'il serait très-utile d'ajouter au tableau qui va suivre celui du service estimé en argent, disposé d'une manière analogue et vérifié par le commissaire. La manière d'exposer les choses influe beaucoup sur celle de les voir ou de les apprécier ; c'est ici le cas.

(Ce tableau a été beaucoup trop rétréci, afin de le faire entrer dans le format du *Manœuvrier;* mais il est facile d'en déduire la largeur à donner à chaque colonne lorsque le format in-folio est employé.)

Résumé des rapports sommaires à bor[d]

L'appareil évaporatoire est divisé en 8 co[rps]

Années	Trimestres	Nombre de jours et d'heures de chauffe avec				Chauffage moyen d'un corps de chaudière	CHARBON CONSOMMÉ				Escarbilles en dixième du charbon	Provenance et appréciation générale des combustibles employés, Dépréciation rapportée à la quantité de poussier.
		1/4	1/2	3/4	tout l'appareil évaporatoire		en expériences	en allumages et stoppages	en route	en dehors de la machine, c'est-à-dire pour le bord		
		h. m.	h. m.	h. m.	h. m.	h. m.	kilog.	kilog.	kilog.	kilog		
1re ANNÉE 1856	1er	»	»	»	»	»	»	»	»	»	»	
	2e	»	»	»	»	»	»	»	»	»	»	
	3e	»	33 11	»	102 00	143 45	296.723	59.563	»	12.000	7	
	4e	»	99 00	»	»	49 30	20.747	15.134	»	12.000	7	Newcastle et Cardiff
	Total ou moyenne.	»	182 11	»	102 00	193 15	»	»	»	24.000		
2e ANNÉE 1857	1er	»	»	»	150 40	183 40	240.021	60.400	»	12.000	7,00	Cardiff et Newcastle
	2e	»	68 00	»						12.000		
	3e	»	62 25	»	»	31 12	»	22.310	40.300	12.000	9,14	
	4e	»	11 00	»	»	5 30	»	10.500	48.530	12.000	7,00	Cardiff, Newcastle, Gi-sessie, Rocher à Grand'Combe.
	Total ou moyenne.	»	138 25	»	150 40	220 22	»	»	»	48.000		
	Total général.	»	32 40	»	253 40	413 37	»	»	»	72.000		
3e ANNÉE 1858	1er	»	»	»	× »	»	»	»	»	12.000	»	Cardiff, Graisses à Grand'Combe, n... vais, en poussier...
	2e	68 00	38 15	56 35	»	78 34	»	24.500	490.170	12.000	9,30	
	3e	»	14 20	»	»	7 10	»	5.000	10.030	12.000	9,30	
	4e	24 45	97 45	»	»	55 05	»	5.000	175.090	12.000	11,2	
	Total ou moyenne.	92 45	150 25	56 35	»	140 49	»	»	»	48.000		
	Total général.	92 45	471 05	56 35	253 40	554 26	»	»	»	120.000		
4e ANNÉE 1859	1er	33 10	98 00	»	»	57 17	»	16.900	99.830	12.000	10,80	Newcastle, Cardiff, Gr-sessie, Rocher N... Grand'Combe, Bec bleu, Cardiff, Newc...
	2e	175 30	844 15	»	»	465 59	»	131.000	447.885	12.000	12,00	
	3e	8 45	620 45	»	»	312 33	»	70.150	324.000	12.000	10,96	
	4e	»	84 08	»	»	42 04	75.780	23.600	12.900	12.000	10,20	
	Total ou moyenne.	207 25	1647 08	»	»	877 53	»	»	»	48.000		
	Total général.	310 10	2118 13	56 35	253 40	1432 19	»	»	»	168.000		
5e ANNÉE 1860	1er	»	37 00	»	»	18 30	»	5.000	»	12.000	10,10	Newcastle, Cardiff.
	2e	44 25	161 47	»	»	91 59	»	52.900	47.000	12.000	10,40	— Graisses
	3e	45 45	74 50	»	»	48 57	»	22.000	225.050	12.000	10,30	Newcastle, Cardiff.
	4e	»	64 11	29 45	14 50	69 14	80.650	29.350	216.000	12.000	12,00	— Graisses
	Total ou moyenne.	90 10	337 48	29 45	14 50	229 00	»	»	»	48.000		
	Total général.	400 15	2455 01	86 20	268 30	1661 19	»	»	»	216.000		

(1) Pour les années 1856, 1857 et 1858, la machin[e]

u vaisseau *l'Algéziras* de 900 chevaux.

; 4 foyers chacun (total des foyers 32).

CONSOMMATION D'HUILE ET DE SUIF (1)								Vérification des consommations de charbon, huile et suif d'après la balance du commissaire à la fin de l'année.	Nombre de corps de piston pendant le trimestre.	Nombre de milles parcourus pendant le trimestre.	Vitesse moyenne en nœuds.	Charbon brûlé pour parcourir un mille.	Charbon brûlé pour transporter un tonneau de déplacement à la vitesse moyenne.	Charbon brûlé pour transporter un tonneau de déplacement à la vitesse de 10 nœuds.	OBSERVATIONS.
totale		par heure		par mille parcouru		pour les travaux intérieurs									
uile.	suif.	huile.	suif.	huile.	suif.	huile.	suif.			mille.		kil.	kil.	kil.	
kil.(1)	kil.(1)	kil.(1)	kil.(1)	kil.(1)	kil.(1)	kil.(1)	kil.(1)			»	»	»	»	»	
										1.227	10.68	241,60	0.044	0,038	
										92	7.03	285,50	0.041	0,076	
										1.320	8.99	»	»	0,057	
										619	10.16	387,63	0,070	0,068	
										325	5.65	127,09	0,023	0,072	
										70	8.05	169,31	0,031	0,042	
										1.044	8.01	»	»	0,061	
										2.334	8.54	»	»	0,059	
										1.421	7.73	437,26	0,080	0,086	
										51	8.12	196,66	0,036	0,054	
										998	7.04	173,44	0,032	0,058	
										2.170	7.75	»	»	0,066	
										4.504	8.28	»	»	0,066	
465	45	5,700	0,687	0,881	0,106	100	4			112.086	414	5.07	240,90	0.044	0,083
1.260	300	3,300	0,931	0,627	0,150	420	70			402.312	1.978	8.09	226,40	0,041	0,054
1.430	400	4,357	1,335	0,653	0,133	340	58			399.358	2.191	7.04	147,87	0,027	0,054
680	150	8,837	2,415	2,829	0,600	115	59			74.135	241	7.07	267,96	0,067	0,083
										987.821	4.826	7.33	»	»	0,068
										»	9.329	8.02	»	»	»
360	85	6,550	1,550	1,674	0,395	170	40			54.882	215	7.40	218,50	0,040	0,073
916	373	5,299	2,423	0,939	0,342	190	40			243.786	975	7.73	230,80	0,043	0,072
625	305	8,071	3,757	0,683	0,334	60	42			211.628	914	6.90	236,32	0,043	0,090
575	190	8,520	3,400	2,178	0,718	240	88			21.104	264	9.60	305,40	0,056	0,060
										531.400	2.368	7.91	»	»	0,070
										1.519.225	11.697	8.00	»	»	»

Colonne *Nombre de corps de piston* : Il est impossible de porter les chiffres du compteur jusqu'en 1850. Les journaux de mon prédécesseur ne donnent pas de quoi le faire, même approximativement.

Colonne *Observations* : Pour tir au large, le chemin parcouru autour du but ne doit pas être compris.

ne possédait pas de documents relatifs à ces colonnes.

Historique de la machine.

Pour commencer l'historique de la machine, on porterait d'abord les dimensions en groupant les éléments
avec ordre, comme M. de Fréminville, ingénieur de la
marine, l'a fait sur les tableaux qui accompagnent son
Cours pratique de machines marines. On y trouve exposé
tout ce qui regarde les principaux types usités dans la
marine française, de manière à en connaître les diverses
parties. Seulement, il y a lieu d'observer qu'il n'existe
aucun détail sur les services postérieurs de ces appareils;
ce n'est que leur signalement détaillé le jour de l'entrée
au service; leur matricule s'arrête là, on ne sait ni ce
qu'ils ont fait, ni comment ils se sont conduits une fois
leur vie active commencée. Mais si avec les nombreuses
figures et les tableaux groupés avec ordre de ces ouvrages, on ne peut se rendre compte de ce qu'on a
pu tirer réellement des appareils, au moins trouve-t-
on des chiffres exacts qu'il eût été difficile à un marin
de se procurer, même à son bord, à moins d'exécuter
un relevé de la machine comme on l'a fait quelquefois.
Ces tableaux sont si clairs que si tous les appareils se
ressemblaient exactement, il suffirait de recourir à leurs
chiffres; mais il n'en est pas ainsi, et les détails, qui
intéressent surtout les marins, changent si souvent, qu'il
faut que chaque navire ait ce qui regarde sa machine,
comme tout ce qui concerne son personnel est porté sur
le rôle. C'est pour familiariser avec ce genre de documents que nous emploierons les lettres adoptées par
M. de Fréminville. Ainsi prenant sur ces tableaux ce qui
regarde la machine de la frégate de 800 chevaux du type

Foudre, on commencera par porter les données principales de sa construction :

Longueur à la flottaison. . . . . 73^m,98
Largeur. . . . . 14^m,78
Tirant d'eau moyen. . . . . 6^m,54

Au tirant d'eau des épreuves.
{ Surface immergée du maître couple. . . . B^2. . 69^{m2},20
{ Nombre de chevaux { nominaux } par mètre { $\frac{F}{B^2}$ . . 11 ,58
{   { de 75^{Km} } carré   { $\frac{F'}{B^2}$ . . 28 ,18

En pleine charge.
Déplacement total. . . . . 5812^T
{ Surface immergée du maître couple. . . B'^{2}. . . 70^{m2},5
{ Nombre de chevaux { nominaux } par m^2 { $\frac{F}{B'^2}$ . . . 11 ,57
{   { de 75^{Km} }   { $\frac{F'}{B'^2}$ . . . 20 ,75

Poids bruts. . .
{ De la coque terminée. 1752
{ De l'armement ou du chargement. 928
{ Du charbon embarqué pour la machine. 624

Par cheval nominal. . . . .
{ Déplacement total en charge. 4.760
{ Armement ou chargement. 1.160
{ Charbon pour la machine. 0.780

Par cheval de 75^{Km}
{ Déplacement total en charge. 1.954
{ Armement ou chargement. 0.475
{ Charbon embarqué pour la machine. 0.520

A toute puissan-ce d'après les épreuves. . .
{ Consommation de charbon par 24 heures. . . . . 97^t,000
{ Id.   par heure et par cheval { nominal. . 4^t,450
{   { de 75^{Km}. . 1^t,860
{ Nombre de jours de chauffe. . . . . 7^j 5^h
{ Distance franchissable. . . . . 2030^{milles}
{ Consommation de charbon par mille. . . . . . . 506^k
{ Id.   Id.   par mille et tonne. . . 0^k,529

A la vitesse de 10 nœuds (ré-sultats calcu-lés). . . . . .
{ Consommation de charbon par mille. . . . . . . 212^k,000
{ Id.   Id.   par mille et par tonne. 0^k,228

Avec moitié des chaudières (résultats cal-culés). . . .
{ Vitesse en eau calme. . . . . 9^n,5
{ Consommation par 24 heures. . . . . 48^t,000
{ Nombre de jours de chauffe. . . . . 14^j 8^h
{ Distance franchissable. . . . . 5265^{milles}
{ Consommation de charbon par mille. . . . . . . 191^k
{ Id.   Id.   par mille et par tonne. 0^k,205

Utilisation économique lors des essais.

Avec 5812 tonneaux de déplacement :

70,5 mètres carrés de maître-couple immergé, et 14,78 de maître-bau ;
Vitesse sur base courte de 12,0 ;
97 tonneaux de charbon par 24 heures, et par heure, 4042 kilogrammes, et 1950 chevaux de 75 kilomètres sur les pistons.

Utilisation théorique. 62,5

Valeur de m' dans. . . . . $V' = m' \sqrt{\dfrac{F'}{B^2}} =$ 2,02

Utilisation économique :

par rapport à la maîtresse-section. . . . . . . $\dfrac{V^3 \times B^2}{\text{charbon}} = 30,14$

par rapport au déplacement $^2/_3$ . . . . $\dfrac{V^3 \times D^2/_3}{\text{charbon}} = 104,5$

relative. . . . . $\dfrac{V^3 \times D^2/_3}{\text{charbon} \times b} = 7,06$

Le capitaine et le mécanicien doivent se rappeler ces chiffres et notamment la vitesse et le charbon consommé pour parcourir un mille à la vitesse de dix nœuds. C'est 212 kilogrammes calculés d'après 9,5, et par conséquent peu éloigné de la vérité. Du reste, il est admis par la commission. En se chargeant l'un du navire, l'autre de la machine, ils ont pris l'engagement, en ce qui les regarde, de conserver au moins ces résultats ; s'ils ne les obtiennent plus, ils doivent chercher à y revenir et en expliquer les causes afin de se justifier s'ils n'y parviennent pas. Que de réparations seraient faites à propos, si on faisait plus attention au charbon consommé !

Résultats suivant que le charbon est compté ou non.

Il y a d'autres manières de calculer l'utilisation du combustible, mais celles-ci sont si simples qu'on peut s'y borner et les données qui leur servent de bases sont les seules usitées dans la pratique. Ainsi les Messageries impériales les ont admises pour leur système économique et pour les rémunérations distribuées chaque année aux capitaines et aux mécaniciens. Ce beau service a obtenu ainsi plusieurs centaines de mille francs d'économie de combustible, sans diminuer sa vitesse, et quoiqu'il soit difficile d'agir de même avec les navires de l'État, à cause des économies factices si faciles à produire avec une vaste voilure, il n'en est pas moins très-malheureux de ne rien compter. Il en est résulté des consommations exagérées, des rayons d'action très-rétrécis; on a vu des corvettes allant moins vite et brûlant pourtant plus que des vaisseaux, au point d'être forcées de relâcher en route. J'ai souvent proposé de porter tous les résultats par navire, pour toute la marine, sur un grand tableau : chaque année on calquerait la précédente avec une encre de couleur différente et en la plaçant par dessus la dernière, on comparerait en peu de temps les résultats économiques de chacun et de l'ensemble. Si on ne peut donner de primes, les éloges ou les reproches obtiendraient quelques résultats, et au moins on saurait à quoi s'en tenir. Il y a des sommes considérables à économiser de la sorte, il y a l'espoir de conserver autant que possible la marche et le rayon d'action ; enfin, il y a des chances d'avoir des machines bien entretenues, parce que le capitaine qui recevra des reproches demandera immédiatement les réparations nécessaires; peut-être est-ce là que se trouve l'embarras d'une telle mesure? Quant à l'utilisation économique relative qu'on voit portée plus haut, de nombreux résultats montrent qu'elle suffit pour établir les comparaisons entre navires de dimensions différentes ; tandis que les autres méthodes ne conviennent qu'à ceux dont les grandeurs diffèrent très-peu.

Le passé comparé au présent.

Il sera utile de laisser ici du papier blanc ou des colonnes vides pour porter plus tard les résultats d'expériences et de navigation ; car il ne faut malheureusement pas s'attendre à conserver les chiffres primitifs, mais au moins s'il y a des déficits trop marqués, on recherchera les causes : telles que mauvais fonctionnement dans la machine, dans les chaudières, pression diminuée par mesure de sûreté ou augmentation de tirant d'eau. Ainsi, à bord de l'*Algésiras*, la machine qui est restée la plus économique de la marine, s'est trouvée perdre de la vitesse en ce que la carène, s'étant imbibée, le vaisseau a calé 21 centimètres de plus avec les mêmes objets à bord, ce qui l'avait amené au tirant d'eau moyen de 8 mètres avec $1^m,23$ de différence ; son déplacement était donc devenu 5340 tonneaux et sa maîtresse section de $103^m,3$. Sa vitesse pendant des expériences assez prolongées est devenue de 11 nœuds. Il a donc perdu 1 nœud ou d'après les idées reçues comme $12^3 : 11^3$, c'est-à-dire 23 p. 100 de sa valeur mécanique. Pour en arriver là, il s'est écoulé cinq années d'armement constant sur lesquelles il n'y a eu que 56 jours de chômage, et on a marché 72 jours, soit 15 jours par an, dont seulement 13 jours et 7 heures à toute volée à différentes époques. La machine a toujours été soignée, elle n'a pas fatigué, les pertes irrévocables sont donc dues à des causes naturelles, telles que l'affaiblissement des chaudières et l'imbibition de la carène. Avec un navire en fer, cette dernière perdrait son action et les paquebots semblent prouver que la perte serait très-petite avec la carène propre.

Il est curieux de comparer ce dernier résultat avec celui des premières expériences : à 8 chaudières à toute volée, la consommation par jour devait être de plus de 100 tonneaux, puisqu'avec 6 chaudières elle était de 90 tonneaux ; comme à la première de ces allures le charbon ne fut pas mesuré, on ne peut comparer qu'avec la moitié des chaudières ; de la sorte la vitesse a été de 8",8 à 9",3, soit 9,0, la consommation par heure de 2^{t},288 et par 24 de 54^{t},900, ce qui donne une dépense de 321 kilogrammes pour parcourir 1 mille, et l'approvisionnement de 600 tonneaux ne permet plus de franchir qu'une distance de 1900 milles. Voici les résultats obtenus de la sorte :

Utilisation économique	par rapport à la maîtresse-section. 55,48
	par rapport à déplacement $^2/_3$. 99,50
	relative. 6,12

En juillet 1856, aux premiers essais, c'est-à-dire cinq ans avant, on avait 5120 tonneaux de déplacement, 99 mètres carrés de maîtresse section, 12",2 de vitesse, avec 89^{t},430 de charbon en 24 ou 3^{t},726 par heure, l'utilisation relative calculée de la même manière était 8,99, on ne brûlait que 0^{k}049 pour porter un tonneau de déplacement à un mille avec la moitié des chaudières à 10 nœuds de vitesse, et 305 kilogrammes pour parcourir un mille à 12",2. Ces résultats remarquables étaient obtenus alors sur des bases d'une longueur assez grande. (Voir *Utilisation économique des navires à vapeur.*)

Il y a lieu d'observer qu'il y a eu des machines qui ont gagné depuis leurs essais, parce que plusieurs mon-

tages ont été faits avec négligence et qu'il a fallu des
corrections postérieures pour amener à un fonctionnement convenable. L'amiral Labrousse a obtenu ainsi des
résultats très-remarquables en rendant à des vaisseaux
la marche et par suite la valeur qu'ils auraient dû avoir
dès le premier jour. Par contre. si on trouve que *l'Algé-*
siras a éprouvé une perte de marche, c'est que sa machine fut montée avec un soin remarquable sous les
yeux de M. Dupuy de Lôme et qu'elle produisit ainsi
son maximum d'effet dès les essais. Mais aussi on conclut de ces faits que les capitaines et les mécaniciens ne
sauraient trop corriger les machines défectueuses,
comme on en a eu quelques exemples isolés, puisque
par des soins plus ou moins éclairés, on gagne ou on
perd des qualités qui produiraient des succès ou de hon-
teuses catastrophes en temps de guerre.

Voici un exemple de plusieurs changements de ce
genre :

	A	B	C	D	E	F
Vitesse aux essais à toute volée, moyenne lorsqu'il y a aller et retour.	12,5	12,95	11,6	12,2	11,62	10,59
Vitesse la dernière fois qu'on a marché à toute volée. .	12,85	Néant.	12,0	11,06	10,20	long trajet 9,4
Différence.	+0,55	»	—0,4	—1,15	—1,42	—1,0
Dépréciation en faisant V^3 : 100 :: V'^3 : x.	gain —0,08	»	perte 0,10	perte 0,26	perte 0,52	perte 0,26
Vitesse aux essais avec la moitié des feux.	9,5	11,2	10,2	10,52	9,0	8,54
Vitesse la dernière fois avec la moitié des feux. . . .	9,6	10,0	9,6	11,05	8,00	7,50
Différence.	+0,1	—1,2	—0,6	—0,47	—1,00	—0,84
Dépréciation en opérant de la même manière.	gain —0,04	perte 0,29	perte 0,17	perte 0,11	perte 0,50	perte 0,27
Charbon pour faire un mille à toute volée aux essais.	653^k	274^k	455^k	218^k	544^k	208^k
Charbon pour faire un mille la dernière fois qu'on a marché avec tous les feux.	519^k	Inconnu.	585^k	365^k	395^k	191^k
Différence.	114^k	»	70^k	147^k	51^k	17^k
Dépréciation en opérant de la même manière.	gain —0,154	»	gain —0,10	perte 0,27	perte 0,25	gain (1) 0,07
Charbon brûlé aux essais pour parcourir 1 mille avec la moitié des feux.	529	277	Inconnu.	225	185	155
Charbon brûlé maintenant aux essais pour parcourir 1 mille avec la moitié des feux.	292	250	»	200	254	111
Charbon pour parcourir 1 mille à 10 nœuds aux essais.	405	220	339	389	255	196
Charbon pour parcourir 1 mille à 10 nœuds maintenant.	514	200	533	440	379	175
Dépréciation à vitesses égales.	gain 0,039	gain 0,121	gain 0,02	perte 0,12	perte 0,55	perte 0,08

(1) Emploi de la surchauffe.

La machine de LA FOUDRE adoptée pour type du journal.

Pour donner une idée de la disposition du journal de la machine, pièce par pièce, nous prendrons pour type

50

l'appareil de *la Foudre*, construit par le Creuzot. C'est une des meilleures dispositions générales actuelles, elle a donné de bons résultats, surtout avec des puissances de 400 chevaux ; la plupart des pièces importantes sont plus accessibles que dans les autres. Les résultats économiques n'ont pas égalé ceux de la machine de *l'Algéziras*. Est-ce parce qu'à bord de *l'Impératrice* les tiroirs sont en coquille et placés sur le côté comme sur les locomotives, tandis que dans les machines de M. Dupuy, c'est l'ancien tiroir en D de Watt qui est employé ? Comme tous les autres organes ont beaucoup de ressemblance et qu'en général les machines à tiroir en coquille, mis à plat comme sur le côté, ont brûlé plus de charbon, il est permis de croire que la différence des résultats vient en grande partie de celle des organes de distribution.

Données principales.

Foudre, frégate de 1er rang.

MACHINE A BIELLE RENVERSÉE SORTANT DE L'USINE DU CREUZOT.

Nombre de cylindres. . . . . a	2	
Puissance nominale par la formule. . . . . $a \times \dfrac{D^2CN}{0,59}$	800[chev.]	
Diamètre des cylindres. . . . . D	2m,060	
Course des pistons. C	1m,20	
Nombre de tours correspondant à la puissance nominale. . N	46,34	

Résultats des épreuves.		
	Nombre de tours par minute. . . . . n	46,44
	Puissance nominale correspondante. . . . F	801,60
	Effort moyen sur les pistons. . . . . p	0,869
	Travail brut développé sur les pistons (en kilogrammètres).	146.300[km.]
	Nombre de chevaux de 75[km]. . . . . . . F′	1.950
	Vitesse en nœuds. V	11,99
	Id. en mètres par seconde. . . . . . . V′	6.164
	Valeur de m dans la formule. $V = m\sqrt[3]{\dfrac{F'}{B^2}}(p-6)$	1.225
	Id. de m' dans la formule. $V' = m'\sqrt[3]{\dfrac{F'}{B^2}}\,p - 6$	2.022

Poids bruts. . .	Machines et chaudières complètes.	508.650^k
	Machines, parquets, accessoires.	205.880^k
	Chaudières, soutes alimentaires, tuyautage. .	214.850^k
	Eau des chaudières.	90.000^k
Poids par cheval nominal avec N.	Machines et chaudières complètes.	0^k,655
	Mécanisme proprement dit.	0^k,254
	Chaudières, soutes et tuyautage.	0^k,268
	Eau des chaudières	0^k,112
Poids par cheval de 75^{km}. . . .	Des machines et chaudières complètes.	0^k,260
	Mécanisme proprement dit	0^k,104
	Chaudières, soutes et tuyautage.	0^k,110
	Eau des chaudières.	0^k,046

Date des épreuves à Toulon. . . . . 27 août 1855

Il serait utile de tout rapporter à la courbe d'indicateur.

On connaît si généralement l'indicateur, et sa courbe exprime si bien ce qui se passe (voir *Cathéchisme du marin et du mécanicien*, pages 168 et suivantes), que je crois que cette courbe doit être portée comme étalon de ce que la machine doit produire. On peut aussi bien prendre sur elle que sur des chiffres de pression les éléments du calcul de toutes les autres pièces. En traçant celle qu'on appelle théorique, on voit ce qui a été promis, et, à côté, celle prise pendant les essais, montre le meilleur résultat obtenu, comme celles prises postérieurement présentent les déficit produits par l'usure ou par la négligence. On dira sans doute, et avec raison, que la courbe d'indicateur n'est pas une mesure certaine; je l'ai publié depuis longtemps; c'est, financièrement parlant, une bascule pour peser les diligences qu'on emploie au pesage de l'or. Mais ce n'en est pas moins la seule expression connue du fonctionnement intérieur comme de la force produite, et celle-ci est très-variable, un coup de crochet dans les grilles, une voile bordée, changent son énergie à l'instant, comme une clavette trop serrée, ou une fuite de presse-étoupe diminuent sa puis-

sance. Aussi on a beau faire sur les courbes des calculs
avec des décimales de chevaux, on n'a qu'une estimation.
Mais puisqu'on n'en possède pas d'autre, elle peut au
moins être prise pour étalon tant que dure une machine,
aussi bien qu'elle l'a été au commencement, et si la commission a dit, d'après cette donnée, qu'une machine fait
3,541 chevaux et des centièmes, les gens du bord
peuvent bien voir, par le même procédé, s'ils les retrouvent, et s'ils ont un déficit de plusieurs centaines de
chevaux, ils en chercheront la cause. On aurait donc une
feuille du registre consacré à coller les courbes, avec
leur date, leurs éléments ordinaires et la signature du
mécanicien qui les accepte ou qui les a tracées.

La courbe théorique servirait de base à tous les calculs, parce que les pièces doivent résister à des maxi-
mums, et qu'en partant avec toute pression à la chaudière, on a des périodes où la machine, retardée par
l'inertie du navire, se trouve avoir alors des orifices et des
conduits suffisants pour son peu de vitesse ; dès lors le
piston produit le maximum d'effort. A ces deux courbes,
il serait bon d'en ajouter aux différentes détentes pour
apprécier la manière de fonctionner de cette dernière ;
ce serait le moyen de savoir plus tard par comparaison
si les moyens de fermeture de la détente sont bien
étanches. Enfin, pour avoir l'effort de rotation de l'arbre, il est facile de construire la courbe qui totalise les
efforts des deux, des trois ou des quatre cylindres, comme
on en voit des exemples dans le *Traité de l'hélice*,
pages 525 et suivantes. De la sorte, on a l'effort de rotation supporté par l'arbre et par le propulseur aussi
exactement qu'avec des formules, et, avec les règles les
plus simples de l'arithmétique, on peut se rendre compte
de tout sans effaroucher les praticiens par un étalage al-

gébrique. Il n'est pas dans la nature de cet ouvrage de
donner des figures et de trop longs détails, il doit se borner à montrer ce qui est nécessaire au marin pour tirer
un bon parti de son navire, et pour éviter les dangers qui
le menacent. Aussi, pour terminer plus tôt cet aperçu,
on va se borner à donner la forme du journal pour
quelques pièces de la machine, la même disposition de
colonnes étant adoptée pour toutes. Il y a toutefois lieu
d'observer que c'est uniquement dans le but de se renfermer dans le format de ce livre qu'on a autant con-
centré les tableaux suivants, et qu'avec l'in-folio il y a
eu grandement assez de place à bord des vaisseaux de
l'escadre.

Grande bielle

NOMENCLATURE DES PIÈCES. Dimensions, poids, résultats du calcul des résistances, sections, épaisseurs, boulonnage, grandeur des orifices et autres données fournies par l'atelier, vérifiées par le mécanicien lors du montage.		DATES DES VISITES ou des DÉMONTAGES.
		(1)
Longueur de la grande bielle. l	2^m,30	15 janvier 1860.
Longueur de la manivelle. . . . . $\frac{1}{2}$ C	0^m,60	20 septembre 1860
Valeur du rapport. . . . . $\dfrac{h}{\frac{1}{2}C}$	5,82	1er mars 1861.
Obliquité maxima.	15°	
Effort dans le sens de la bielle. . . . . $\dfrac{P}{\cos a}$	53.875^k	15 décembre 1861.
Effort perpendiculaire à l'axe du cylindre P tang a.	13.936^k	25 avril 1862.
Grand diamètre. . . . . d	méplat	13 octobre 1862.
Petit diamètre. . . . . d'	méplat	
Grande section. . . . . S	590	
Petite section. . . . . S'	308	
Charge par centimètre carré sur S.	158^k,12	
Charge par centimètre carré sur S'.	174^k,91	
Diamètre du coussinet de tête. . . . . δ	0^m,400	Mêmes dates que
Longueur du coussinet de tête. . . . . λ	0^m,450	ci-dessus.
Rapport de la longueur au diamètre.	1,102	
Section diamétrale. . . . . λ.δ	1800	
Charge par centimètre carré.	29^k,90	
Nombre de tours de la machine.	46,5	
Vitesse moyenne à la surface.	0,972	
Coefficient d'usure.	29,062	
Chape.		Mêmes dates que ci-dessus.
Clavette { Hauteur.	0^m,200	
Largeur.	0^m,060	
Section doublée.	240	
Charge par centimètre carré.	241^k,14	
Godet graisseur.		
Frein.		

NOTA. Sur la page en regard serait le plan quoté de la grande bielle et de ses détails.

(1) Tout ce qui est porté sur ce tableau est hypothétique et n'est présenté que pour donner une idée de c

rrière.

AVARIES, USURE. DÉFAUTS REMARQUÉS.	OBSERVATIONS DU MÉCANICIEN PENDANT LE MONTAGE ET L'ARMEMENT. Données du montage, coups de pointeau, jauges et leurs marques, cales ajoutées, modifications proposées ou exécutées et leur date.
(1) Une légère usure et quelques rayures au coussinet de pied	**(1)** La grande bielle est beaucoup moins difficile à démonter que dans plusieurs autres machines; cependant le tuyau d'évacuation gêne la pose des palans. La jauge de la longueur totale est prise d'un coup de pointeau sur la traverse située entre deux traits de burin, à la tangente à la soye de manivelle, sa marque est BAR. Elle est en fer forgé, et pour la vérifier, si elle se fausse elle est portée avec ses marques sur la main courante de tribord, le navire ne possédant pas de planche des jauges.
Le **25 avril 1862**, changé le métal doux après 59 jours de marche avec la moitié des feux, le 19 décembre 1862, après un échauffement, raboté les parties en regard des coussinets pour donner du serrage.	Au lieu d'être forcé à enlever du métal à chaque fois, ce qui est incertain avec les moyens du bord et toujours assez long, il aurait mieux valu enlever plus de métal et interposer des cales minces de diverses épaisseurs; de la sorte on est sûr de serrer normalement et l'on suit mieux les progrès de l'usure. Il a fallu creuser davantage les pattes d'araignée.
En bon état. La clavette un peu juste par des bords, ce qui rend le démontage difficile, mais en marche il n'y a aucun inconvénient, lors de la grande visite on les a légèrement limées.	La chape est un peu dure à démonter, et pour le faire, il faut mettre le piston à fin de course. On la suspend par un piton à vis mis dans le trou du godet. Il est à lécheur et sa mèche trop ronde a été aplatie. En marche à toute vitesse il ne donne pas assez d'huile, et le meilleur serait d'avoir deux lécheurs successifs ou l'un à côté de l'autre pour les employer suivant les besoins. La clavette est retenue par un écrou; il se desserre facilement et il a fallu ajouter un contre-écrou. Le serrage est difficile en marche à cause de la rapidité du mouvement et des contre-poids de manivelle qui exposent beaucoup les hommes. En marche forcée il serait un sujet sérieux d'inquiétude et probablement de danger.

qui a été fait en 1864 dans l'escadre de l'amiral de Tinan.

Traverse et coussinet

NOMENCLATURE DES PIÈCES. Dimensions, résultats des calculs de résistance, sections, épaisseurs, boulonnage, grandeur des orifices et autres données fournies par l'atelier, vérifiées par le mécanicien lors du montage.		DATES DES VISITES ou DÉMONTAGES.
Diamètre du tourillon................	$2r$ $0^m,240$	18 décembre 1860.
Distance du centre des tourillons des guides à ceux des bielles........................	q $0^m,800$	25 octobre 1860.
Distances verticales des tiges de piston à l'axe du joug.	p' $0^m,360$	15 décembre 1861.
Effort horizontal	26.000^k	25 avril 1862.
Effort vertical......................	6.968^k	13 octobre 1862.
Moment de flexion horizontale...............	$1.560.000^k$	17 septembre 1863.
Moment de flexion verticale...............	557.120^k	
Charge par centimètre carré au tourillon de la bielle { par flexion horizontale... par flexion verticale.... par torsion.........	1.151 410 384	
Coussinet en bronze sans métal doux.		Juill. et déc. 1862.
Boulons-écrous.		Visités et graissés aux époques désignées ci-dessus.
Freins.		
Graissage.		
Assemblage avec des tiges de piston. Il est à douille avec des portées suffisantes.		Les écrous ont été démontés pour changer la traverse.
Freins.		

pied de bielle.

AVARIES, USURE.	OBSERVATIONS DU MÉCANICIEN
DÉFAUTS REMARQUÉS.	PENDANT LE MONTAGE DE L'ARMEMENT. Données du montage, coups de pointeau. jauges et leurs marques, cales ajoutées, modifications proposées ou exécutées et leur date.

e tourillon a été grippé ainsi ... son coussinet lors des expé-...ces de recette. On l'a poli à ... me et à l'émeri, mais il laisse ... isirer, et quand on marche à ... e volée il exige un graissage ... arfois un arrosage abondant. ... o on opère une visite générale, ...ra utile de le mettre sur le ...: et de faire de nouveaux ...ssinets. Ceux qui sont en ...: e sont déjà creusés, et c'est ... cause d'échauffement. ...e 17 septembre 1863, on a ...vé une paille à la naissance ...la branche de l'arrière de la ...erse; elle était en partie de ...lle date et paraissait prove-...de fatigue. On a fait une nou-...le pièce, mais il est très à re-...:tter qu'elle ne soit pas plus ...e dans ces parties anguleuses; ...a n'eût gêné aucun mouve-...nt et l'addition de poids eût été ...gnifiante. En fait de machine, ...peut cependant bien dire en ... te vérité *qui a cassé cassera*. ...n jeu assez sensible se fait ...tir au pied de bielle; on ne peut ...rer trop de peur d'échauffer; ...st probable que ce coussinet ...creusé et qu'il pince le touril-...: L'huile pénètre mal sur toute ...rface, quoiqu'on ait creusé ...: pattes d'araignée en décem-...: 1861.

Les écrous se desserrent faci-...ment; lors des essais, on leur ...ais un frein.

Les coussinets sont à juste portée; il a fallu enlever un mil-limètre sur les parties en contact pour avoir du serrage. Ils ont souffert dès les expériences et sont un objet de souci. Il vau-drait mieux avoir des cales entre les parties en contact, afin d'éviter de limer, ce qui prend du temps et n'a pas assez d'exac-titude.

Les boulons de pied de bielle sont impossibles à serrer en marche et quand on stoppe l'espace manque pour les grosses clefs. Un serrage à clavette serait-il préférable?

Les freins sont bien disposés maintenant et les écrous ne se dévissent pas.

Le graissage se fait à la main, et par suite il est très-incer-tain, peut-être des échauffements n'ont-ils eu d'autre cause que de l'huile tombée à côté du godet. Je crois qu'il serait utile de lui mettre un lécheur comme à la tête de bielle.

Néant.

Les filets des écrous et des ...es en très-bon état, il n'y ...ait d'oxyde qu'à leur nais-...nce du côté de l'écrou.

Jauge particulière. Marquée _bA_ et _bA_ donnant la distance de la tangente au tourillon à un coup de pointeau au centre de trois autres sur les faces A et A de la bielle.

Je crois qu'il est fâcheux que le tourillon de pied de bielle n'ait pas le même diamètre que la soye de manivelle; ce serait plus solide et surtout les coussinets se creuseraient moins vite et chaufferaient moins.

Les écrous qui unissent chaque tige à la traverse sont dispo-sés comme on le voit sur le plan ci-joint. Ils sont très-accessibles et faciles à démonter. Seulement pour les décommer il faut un grand effort qui fait tourner la tige à cause de sa grande lon-gueur; un ergot dans la traverse obvierait à ce défaut. C'est peut-être pour cela qu'on a eu beaucoup de peine à démonter la traverse et qu'il a fallu la chauffer légèrement.

Les écrous sont tenus par une vis mi-partie taraudée dans l'écrou et le filet de la tige; ces freins tiennent très-bien, mais lorsqu'on a démonté les tiges, il a été impossible de rendre les écrous au même point et il a fallu tarauder un nouveau trou.

NOMENCLATURE DES PIÈCES. Dimensions, résistances, sections, résultats des calculs, graisseurs, boulonnage, grandeur des orifices et autres données fournies par l'atelier, vérifiées par le mécanicien lors du montage.	DATES DES VISITES ou DÉMONTAGES.
Guides au nombre de 2 placés latéralement. Ils sont en fonte de même coulée que le condenseur et laissent entr'eux un chemin à faces plates. Voir le plan à la page suivante.	En bon état.
Glissières.	17 septembre 186
Longueur.. . . . . 0^m,700 Largeur. . . . . 0^m,228 Nombre. . . . . 2 Surface totale. . . . . 3.080 Pression par centimètre carré. . . . . 4^k,511 Vitesse moyenne. . . . . 1^m,586 Coefficient d'usure. . . . . 7^m,154	
Métal doux des glissières.	
Graissage.	

lissières.

AVARIES, USURE. DÉFAUTS REMARQUÉS.	OBSERVATIONS DU MÉCANICIEN PENDANT LE MONTAGE ET L'ARMEMENT. Données du montage, coups de pointeau, jauges et leurs marques, cales ajoutées, modifications proposées ou exécutées et leur date.
Les guides sont en bon état ~oique noircis, leur poli n'est ~s attaqué. Leur forme plate ~d le graissage très-difficile, ~ ce que l'huile s'échappe aus-~ôt par les côtés et rien ne ~te sur la surface. Leur forme ~ celle des glissières excluent ~sage d'un rebord additionnel ~ur maintenir la graisse.	On a une petite jauge entre le dessus du guide et un coup de pointeau sur la traverse. Elle montre maintenant, juillet 1864, un affaissement de 0ᵐ,005.
Les glissières inférieures com-~encent à s'user, quoique de-~is les essais on n'ait que ~ jours de marche, presque ~ujours avec la moitié des ~audières. Quand on stoppe ou ~arche en arrière, il y a un cla-~ement assez violent; avec ~eaucoup d'air ce serait très-~rt. . L'affaissement due à l'usure ~est joint à celui des pistons ~ont les tiges sont rayées en-~essous et les presse-étoupes ~ensiblement ovalisés.	Il est très-difficile de mettre une cale entre la glissière et sa savate, parce qu'il faut tout démonter et sortir les tiges de la traverse. Il est à regretter qu'il n'y ait pas une clavette pour corriger cette erreur, qui deviendrait très-nuisible si on avait un service actif.
Le métal doux, qui seul de-~rait porter sur les guides, est ~sé et le frottement se fait en ~rande partie sur les rebords ~ui ne tarderont pas à marquer ~ar les guides. Le changement ~u métal sera très-long et très-~ifficile.	Il est douteux qu'on puisse changer le métal doux par les moyens du bord pour l'obtenir bien plat et avoir le parallélisme des faces dessus et dessous. Une demande à réparer a été faite le 25 septembre 1863. On n'a pu encore y faire droit.
	Le graissage des glissières n'a aucune disposition spéciale, on verse de l'huile sur les guides et elle s'en va comme on l'a dit plus haut. La consommation est très-forte sans que les surfaces soient bien lubréfiées. Avec le suif on consomme moins, mais on a eu des échauffements.

Clavetage et suspensio

NOMENCLATURE DES PIÈCES. Dimensions, poids, résultat du calcul des résistances, sections, épaisseurs, boulonnage, grandeur des orifices et autres données fournies par l'atelier, vérifiées par le mécanicien lors du montage.	DATES DES VISITES ou DÉMONTAGES.
Clavette de jonction. Pour la disposition de la clavette unissant l'hélice à l'astre, voir le dessin ci-joint.	N'a jamais été vi sitée.
Coussinet d'étambot. Sa surface paraît un peu petite.	29 avril 1859, 28 jan vier 1860, 20 jan vier 1861, 2 mar juillet 1861.
Tringle de suspension.	Mêmes dates que ci-dessus.
Visite du coussinet d'étambot.	Mêmes dates que ci-dessus.

e l'hélice.

AVARIES, USURE.	OBSERVATIONS DU MÉCANICIEN
DÉFAUTS REMARQUÉS.	PENDANT LE MONTAGE ET L'ARMEMENT.
	Données du montage, coups de pointeau, jauges et leurs marques, cales ajoutées, modifications proposées ou exécutées et leur date.

On ne sait si les clavettes en ... sont en bon état, car à la vi-... de celles des ailes, on en a ...uvé de fortement attaquées ... l'action galvanique, quoique ...rs extrémités fussent bien gar-...s de minium sous une plaque ... bronze ajustée et rivée en ...ue d'aronde à l'entrée et à ...sortie de ces clavettes.

Ce coussinet datant de l'arme-...nt avait en janvier 1860 une ...alisation de son métal de ...pill⁰ˢ et le métal devenu canne-...x avait besoin d'être changé. En bon état.

Néant.

Le 28 janvier 1860 ce coussinet fut remplacé par celui de re-change, il fut garni de bandes de gaïac, et ce dernier fut mis en place le 2 mars. En juillet 1861 deux des lames de gaïac étaient un peu rongées et on mit en place le coussinet de rechange récemment garni de gaïac à Toulon.

Le démontage est facile, mais la plaque sur laquelle agit l'écrou est difficile à enlever à cause du pas à gauche des quatre vis en cuivre qui servent à faire son joint sur les bords du petit puits. Le frein de l'écrou ne permettant qu'un quart de tour pour son arrêt, oblige à avoir le coussinet à un ou deux millimètres plus haut que n'exige la position des arbres, mais au bout de peu de jours de marche ce défaut est corrigé.

La visite du coussinet est difficile et nécessite le démontage d'une portion d'arbre, voici les dispositions à prendre. Après avoir viré l'arbre de manière à placer un quelconque des six re-pères tracés sur le tourteau d'embrayage à la partie supérieure et mis la tête de mort verticale, enlevé les dessus de pallier ainsi que le chapeau de celui de poussée, on fait courir le frein sur l'avant jusqu'à ce qu'il ne soit plus en prise avec le tourteau et on démonte le levier d'embrayage pour laisser l'arbre libre.

On frappe alors un palan sur le frein maintenu par deux vis et le dormant sur une traverse dans la batterie un peu sur l'avant du milieu du panneau. Un deuxième palan est fixé sur l'arbre en avant du frein, son dormant sur une traverse en bois dans le faux-pont et son courant en bas. La traverse se place en avant du premier palan. Les garants passent dans deux pou-lies coupées, celle du premier palan à tribord est fixée sur un piton du bau arrière du panneau d'opération et celle du deuxième palan fixée sur une herse en toron au milieu à peu près de l'ou-verture du panneau et le garant est passé à bâbord. Les deux garants ainsi disposés sont mus par d'autres palans. Il est utile de manœuvrer les palans bien ensemble et en douceur pour permettre la manœuvre de l'autre extrémité de l'arbre qui se fait avec des crics suivant l'inclinaison de l'arbre. Lorsque le bout avant de l'arbre est soulagé de 0ᵐ,22 environ et que l'autre extrémité vient porter sur une engoujure faite dans le fond de la soute à biscuit arrière, le tourteau a environ 0ᵐ,02 de jeu au-dessus du frein et la manœuvre de l'arbre est possible pour les 0ᵐ,28 qu'il faut le faire avancer sur l'avant pour désemparer son point d'appui. L'arbre rentré, on enlève la plaque d'appui dans la batterie et on remet l'écrou sur la tringle, une caliorne cro-chée dans l'anse de l'écrou sert à hisser la tringle.

(Lorsque des détails excèdent la surface de cette colonne on les écrit sur la page blanche laissée en regard.)

Ce qui précède montre suffisamment la disposition de la partie détaillée du journal et dans quel esprit elle a été établie, pour servir plus tard de guide aux personnes qui se succèdent à bord. Si on voulait donner à ces documents l'extension convenable, je crois qu'il serait bon d'avoir un de ces registres à la majorité de la flotte, et de délivrer aux navires des papiers fins portant les trois dernières colonnes pour expédier, en cours de campagne, des copies de tout ce qui est important, et notamment des avaries, en indiquant à quelle place du registre de la majorité de la flotte le document doit être collé.

Partie du journal relative à la chaudière.

Quant à la chaudière on consacre une ou plusieurs pages à chaque corps et on y détaille les accidents de rivets, de tirants, de moines, de fuites, de démontage et de grattage des tubes, ainsi que des bagues mises ou changées, enfin les dates des piquages de sel, des peintures, etc. Les accidents des foyers et notamment ceux de leurs ciels seront notés, ainsi que les plaques mises dans diverses parties et les dates.

La chaudière réclame beaucoup de soins et de surveillance, en ce qu'elle expose aux accidents les plus graves et que ses défauts ou ses usures se montrent beaucoup moins que les accidents des machines. Cela tient à sa nature, au peu d'épaisseur de ses tôles relativement aux pressions qu'elles supportent, et surtout au manque de pronostic des défauts. Le désir de l'avoir légère porte trop à la faire peu solide et à ne pas se donner des garanties suffisantes contre les affaiblissements partiels dus à la rouille. Elle a des parties plus périssables que les autres, qui devraient être plus épaisses et souvent c'eût été chose facile, puisqu'on mettait du lest en fer

au-dessous. Au commerce les foyers sont usés avant le
reste et généralement un appareil use deux jeux de
foyers, parce qu'on chauffe constamment : mais à bord
des navires de guerre le peu d'activité du service produit un effet contraire et ce sont les fonds qui s'usent
les premiers; pourquoi dès lors ne pas les faire plus
épais? Ce serait d'autant plus important qu'ils sont établis
sur du bois dont l'humidité active l'oxydation et dont la
surface empêche de pénétrer partout pour gratter, peindre ou opérer des réparations. Une fuite sur une carlingue en bois est irréparable à moins de démonter et il
n'y a qu'à voir la liaison des parties et surtout le manque
de place à cause des soutes, pour se figurer quel travail
il y aurait. Aussi il est à regretter que, même à bord
des navires en bois elle ne porte pas sur des carlingues
en fer, avec des planches mobiles glissées en dessous
pour préserver des pertes par rayonnement; ou plutôt
on renoncerait aux lames d'eau inférieures en portant le
tout sur des sortes de consoles, comme on l'a fait à bord
des paquebots des messageries.

Décharger les soupapes au moindre pronostic de faiblesse.

Lorsque des fuites, des bosses ou des affaissements de
ciels de foyer font craindre un affaiblissement local ou
général, il ne faut pas hésiter à décharger les soupapes
de sûreté et à en porter les raisons sur le registre à côté
de la nouvelle charge adoptée. C'est perdre de la force
et de la vitesse, mais c'est se donner la sécurité nécessaire. Le mécanicien doit donc en informer le commandant, dire de combien il y a lieu de diminuer les contre-
poids et, cela fait, exécuter l'épreuve réglementaire, qui
est assez peu sévère pour être employée en cours de
campagne comme à l'atelier. Il ne faut pas se borner à

dire qu'on ne dépassera pas une pression désignée, parce qu'un ordre imprévu peut faire monter subitement la pression et que l'ouverture à la main des soupapes doit être très-prudente. Un homme à la mer, un abordage à éviter, peuvent faire tomber en bas l'ordre impérieux de stopper en pleine marche avec tous les feux en train et faire monter la pression avant que les portes de foyers soient ouvertes. La chaudière doit avoir sa sécurité en elle-même en dehors de toutes les chances de négligence ou d'inattention. C'est la soupape de sûreté qui seule la donne, elle doit donc être réglée en conséquence.

En réarmant, la chaudière est le premier objet à examiner.

Lorsqu'on prend charge d'une chaudière qui a séjourné longtemps dans le port, la première chose est de faire l'épreuve, afin de se donner le temps de réparer pendant l'armement, si on reconnaît des défauts. Que de navires ont été arrêtés pour n'avoir vérifié leurs chaudières que le jour où ils ont chauffé pour mettre en rade, et de la sorte ils se sont exposés à des accidents aussi graves que celui du *Rolland*. Il faut encore moins de demi-mesures pour la chaudière que pour la machine; c'est sur elle que tout repose et en temps de guerre ce sont ses accidents qui seront le plus à redouter.

Dans une chasse le poste périlleux est sur les carlingues.

Que de regrets de n'avoir pas été prudent lorsque dans une chasse on verra des rivets pleurer et que si on baisse la pression on aura la certitude d'être pris ou de laisser échapper. Que faire ? la mort des chauffeurs est là, aussi imminente que si on entrait avec une bougie dans la soute à poudre; le déchirement d'une partie faible et l'invasion d'une vapeur brûlante sera aussi inattendu

que l'explosion de la poudre et s'il ne détruit pas tout
le navire, il fait périr dans des tortures tous ceux qui
sont en bas. Aussi j'ai déjà dit que pendant une chasse
le poste périlleux sera sur les carlingues ; s'il n'y a
qu'à suivre la ligne droite pour atteindre ou échapper,
le capitaine devra s'y trouver, juger lui-même et diriger ;
il devra être là comme en tête d'une colonne d'attaque
et ne monter qu'au premier coup de canon, alors que
la manœuvre réclamera sa présence. En pareil cas les
chauffeurs ne doivent point paraître abandonnés de leur
chef, puisque ce sont eux qui courent le plus de dangers.
Dans les douceurs du service tranquille de la paix ce que
je dis semble une exagération ; mais qu'une guerre arrive et on verra bientôt que c'est une vérité. Qu'on soit
donc prévoyant et sévère dans les recettes, soigneux
dans le service et qu'on note tout ce qui arrive à cette
partie si importante du pouvoir moteur.

Le tuyautage et les robinets sont l'objet de détails
particuliers et il faut un plan général de tous les passages, des communications avec la mer, ainsi que des
courants d'eau, suivant la position des robinets. C'est
une des données importantes, parce que les méprises
dans l'ouverture ou la fermeture d'un robinet peuvent
causer de graves accidents. Le personnel de la machine
doit connaître aussi bien les robinets, leurs marques,
leurs directions et les clefs servant à les mouvoir *ainsi
que leur place*, que les matelots du pont arrivent à connaître les manœuvres du pont, de manière à ne pas se
tromper pendant les nuits les plus obscures. Un des premiers soins d'un mécanicien est de faire l'école des robinets et l'autorité du bord doit y veiller, pour tous les
nouveaux embarqués.

L'ordre dans lequel les différentes pièces doivent être

31

successivement inscrites, a je crois peu d'importance, les
en-têtes des pages présentant un guide facile pour les
recherches, et l'usage adopté dans divers ouvrages
peut servir de modèle pour commencer, par exemple
aux carlingues et aller de pièce en pièce jusqu'au propulseur. Toutefois comme un type unique est toujours
avantageux, il vaudrait mieux qu'on en adopte un qui,
une fois imposé aux fabricants de machines pour les appareils neufs et délivré aux navires pour ceux en action,
aurait tous les avantages de l'habitude prise et facilite-
rait surtout les comparaisons avec d'autres appareils. On
pourrait adopter celui des ouvrages dans lesquels on en
a groupé un grand nombre comme sur les tableaux de
M. de Fréminville : mais il faudrait beaucoup plus de
détails et de place.

De telles comparaisons sont très-instructives et
comme je l'ai déjà dit, elles serviraient de guide aux
commissions qui arrivent à bord d'un navire pour y
passer deux ou trois matinées sans avoir les moyens et
le temps de bien connaître, et qui de la sorte sont com-
promettantes pour la marine en ce que leur but rempli
en apparence est loin de l'être en réalité.

Inspections et visites périodiques nécessaires.

L'appareil moteur doit être fréquemment inspecté
dans ses détails, il devrait même y avoir des jours de
visite intérieure des cylindres, des condenseurs, des
chaudières ainsi que des démontages de tiroirs, de
pompes, de boîtes à clapet ou des visites de tuyaux,
de robinets et de boulonnage. Cela vaudrait bien la
peine d'avoir un service suivant le tableau et comme pour
le régler : la semaine serait une période trop courte,
on pourrait prendre le mois pour certains objets ou

même le trimestre pour d'autres moins importants, afin d'arriver à un roulement général de démontages et de visites. J'ai fait à plusieurs reprises des propositions à ce sujet: il est inutile de les répéter ici et quoique l'uniformité soit aussi désirable en pareille matière, que pour le service général du bord, chaque capitaine peut établir un pareil service à bord de son navire et la pratique amènera bientôt à un système préféré, comme on l'a vu pour tant de perfectionnements de détail intérieur qui commencés isolément, sont devenus d'un usage général. Il n'y a donc pas lieu d'attendre des prescriptions réglementaires, chacun peut agir ainsi pour le bien réel du service.

Les machines sont plus prêtes en les visitant souvent.

On s'est récrié que de la sorte on n'a plus les machines à sa disposition ; mais le sont-elles davantage et sont-elles prêtes à tout faire lorsqu'on les entretient mal ; elles donnent tout au plus la satisfaction de les avoir vu partir. A-t-on toujours besoin de tous les navires à la fois, même dans une escadre? Quand tout est disposé pour les visites et que le personnel y est exercé, on se fait peu l'idée de la célérité qu'on y met ; l'insouciance seule a des lenteurs. L'amiral Labrousse a opéré des améliorations très-remarquables dans ce genre comme dans la correction des machines, nul n'a mieux compris le service intérieur. Si les commandants, croient que leur rang et leur âge soient au-dessus d'un pareil service, s'ils répugnent à mettre une vareuse pour s'assurer que les organes sont en ordre dans leurs réduits graisseux, qu'ils cherchent au moins parmi leurs officiers un agent direct et intelligent, dont la jeunesse et le rang se prêtent à ces détails ; qu'ils l'excitent au travail, le questionnent, l'encouragent pour savoir à quoi s'en tenir sur cette mécanique à laquelle leur sort est lié; ils rendront service à ces officiers eux-mêmes et leur ouvriront au moins la carrière des paquebots. Qu'ils se persuadent qu'une machine ne s'entretient pas plus d'elle-même que le reste du navire et que ne pas la visiter c'est la mettre hors d'état, comme ne pas inspecter la cale est le moyen d'en faire un réceptacle de saleté. Le maître mécanicien devenu par la force des choses le plus important du navire, doit être au moins aussi surveillé que le calfat et le charpentier. S'il fait bien son service il aura la satisfaction de se voir apprécier, s'il est enclin à la négligence il sera maintenu par la crainte et au moins ses chefs rendront compte de lui avec connaissance de cause.

Précautions à prendre en désarmant.

Les changements trop fréquents du personnel dirigeant sont très-funestes aux machines et il y a longtemps que j'ai dit que le maître mécanicien devrait être rivé à sa plaque de fondation. Cela n'est malheureusement pas possible en pratique, les avancements, les maladies, le partage du service, sont autant d'obstacles journaliers et c'est pour cela que je propose tant de précautions quasi-administratives. C'est surtout pour passer à l'inaction de la réserve qu'il faut le plus de soins et que toutes les réparations nécessaires soient faites le plutôt possible en cas de réarmement. Les pièces mobiles et leurs coussinets sont démontés après vérification de leurs jauges, les garnitures en caoutchouc enlevées, essuyées et numérotées pour être placées dans une caisse à l'abri de l'humidité, et même dit-on de la lumière. Les garnitures en chanvre ou en coton sont enlevées et bouillis dans de l'huile contenant 1/3 de suif épuré, on aura soin de conserver leur forme ; si on les remet en place elles seront très-lâches. Si les garnitures métalliques ont des ressorts en acier, il sera bon de sortir ces derniers, parce qu'ils perdent leur bande, les tiroirs seront sortis, et les barrettes graissées, si le chômage doit être long ; autrement l'on ouvre leur boîte pour les entretenir à l'huile et les faire jouer pour voir s'il n'y a pas de rouille. Tout l'intérieur de la machine doit être ouvert, les condenseurs, les boîtes à clapets de toutes sortes, les clapets tenus levés sur leurs siéges par une boule d'étoupe. Partout où la rouille a marqué on pique on lime pour nettoyer et peindre au minium. Les pistons de pompes de toutes sortes sont sortis et nettoyés leurs garnitures démontées, les corps de pompe, boîtes à clapets et tous les endroits où l'eau séjourne naturellement sont séchés, on doit en faire autant quand la machine est montée, et qu'on arrive au mouillage. Les noix des robinets sont sorties, essuyées et graissées ainsi que les boisseaux, leurs repères sont vérifiés. Tous les écrous des boîtes, jonctions et pinces des tuyaux seront dévissés, les écrous et boulons passés à la filière au besoin et graissés ou changés avant de remettre en place, cette précaution est très-importante pour tout ce qui est au fond de la cale. Il y a cependant les écrous des tuyaux d'extraction, qui lorsqu'ils sont sous la chaudière sont trop difficiles à démonter, il faut au moins les battre en dehors pour faire tomber la rouille, et tâter avec une clef s'ils tiennent encore. Si l'on passe au bassin il faut visiter avec soin les crépines, les prises d'eau, et notamment les énormes tuyaux de décharge et leur robinet ; il en sera de même de tous ceux qu'il est impossible de démouler à flot. Le presse-étoupe de l'arbre d'hélice, la gaïac de ses portées et tout ce qui ne se verra plus une fois sorti du bassin, sera examiné avec soin, et l'état des choses ou les réparations seront portés en détail sur le journal.

Soins à donner aux chaudières.

Quant aux chaudières l'extérieur sera piqué, peint à nouveau à deux couches de minium ; on s'efforcera surtout d'arriver à le faire en dessous, autant que les carlingues et le peu de place le permettent ; il en sera de même des cendriers, de la boîte à vapeur, et de la cheminée. L'intérieur aura sa surface grattée pour recevoir tous les deux ou trois mois un frottage d'huile, qui s'il expose à des projections au moment du départ conserve les surfaces pendant la durée de l'inaction. Les tubes seront démontés, s'ils ont besoin d'être grattés, ainsi que les plaques de tête, et leurs rivures refaites avec soin ou visitées en ajoutant au besoin des bagues ; les rivets et les tirants seront tâtés au marteau là où ils inspirent de la méfiance. Les soupapes de sûreté seront nettoyées et tenues levées. Toute la chaudière restera ouverte pour que l'air y circule et qu'on puisse facilement juger de son état. Enfin une surveillance fréquente fera connaître au fur et à mesure les parties qui réclament des soins.

Importance d'une planche des jauges.

Le mécanicien prenant doit exiger tous les renseignements antérieurs, et au moins les journaux ainsi que les rapports sommaires; il doit réclamer toutes les jauges et les présenter à leurs coups de pointeau pour en vérifier l'exactitude, ou reconnaître les déformations survenues dans la machine, il doit en prendre charge sur un état détaillé indiquant leurs marques. Il y a bien longtemps que je demande aux ateliers une planche couverte d'une feuille ou de plaques de cuivre tenues par des vis, et portant grandeur naturelle par des coups de pointeau, toutes les dimensions utiles au dressage des pièces mobiles, et à la vérification des parties fixes pour connaître les déformations. Elle devrait être exigée par le marché, vérifiée et acceptée par le mécanicien. Les fabricants et les commissions ne sont pas assez intéressés à une telle mesure; c'est donc aux marins à la réclamer. Les jauges ordinaires peuvent être faussées, en les transportant, leurs pointes sont exposées à rencontrer un objet et à se courber, dès lors elles induisent en erreur au lieu d'être utiles, et elles entraînent à des vérifications aussi longues que difficiles. Ces données de la construction géométrique sont plus importantes que la remise en règle des clefs et outils attenants à la machine, et elles ne sont pas remplacées par les chiffres ou les plans portés dans le journal.

On aura sans doute été frappé de la complication des moyens que je propose, on dira naturellement qu'on marche depuis longtemps sans toute cette suite de papiers, qu'on peut donc continuer à s'en passer. Mais comment marche-t-on? se contentera-t-on de fonctionner de la sorte en temps de guerre? or la guerre est le seul but des navires de l'État. On peut en effet se passer presque de tout, même de laver les navires tous les jours comme on l'a fait jadis, mais on avait des maladies. A quoi bon jeter si souvent le lock, visiter chaque matin le gréement, la voilure, se faire rendre compte des moindres détails; le second aurait bien moins de tracas et n'en donnerait pas autant aux autres. Il en est de même de l'artillerie; à quoi bon tant de tables de tir, de micromètres, de hausses, et toute cette instruction qu'on donne à tant de frais aux matelots canonniers, et ces exercices de chaque jour si ennuyeux par leur monotonie. On s'est contenté si longtemps de la mèche, pourquoi ne pas y être resté? Il en est de même de toutes choses, et si la machine à vapeur est en arrière des autres parties du matériel, ce n'est pas une raison pour ne pas commencer à la surveiller réellement, c'est-à-dire en dedans afin d'éviter cette ignorance du passé qui jette souvent dans l'embarras, et ne permet pas d'apprécier ce qu'on est appelé à employer. Je n'en citerai qu'un exemple. En examinant une machine remarquable à beaucoup d'égards, je fus étonné de voir que le mécanicien ignorait nombre d'avaries dont j'avais entendu parler, et les souvenirs vagues de quelques chauffeurs ne s'étendaient pas à deux années, tant le personnel est mobile sur les rades de France. Je me souvins alors d'avoir eu dans le temps une nomenclature des accidents de cette machine, et je la présentai au mécanicien étonné, qui vit alors l'explication des particularités singulières qu'il avait remarquées : brisé un couvercle de pompe à air; changé les pistons de cette pompe pour remplacer les clapets métalliques par ceux en caoutchouc; fondu le métal doux d'une bielle; à toute volée il faut arroser abondamment presque partout; échauffements dans les renvois de mouvement de tiroir, usure prématurée de coussinets; brisé une tige de tiroir d'évacuation, on s'en aperçoit à des chocs violents et à la forme bizarre d'une courbe d'indicateur; brisé les ailes de l'hélice, stoppé aussitôt; mais après avoir fait voler en éclats les couvercles de pompe à air, faussé les tiges du tiroir, crevé le tuyau d'alimentation, coupé sur le coup une clavette de grande bielle, et défoncé une boîte à tiroir : cassé une bielle de pompe à air on la répare, elle casse de nouveau en même temps que le cou-

vercle et le presse-étoupe de cette pompe. Dans une traversée presque tous les clapets de pompe à air manquent
et sont très-longs à changer ; crevé un tuyau d'alimentation ; les pompes de cale ne peuvent fonctionner parce
que par leur position leurs crépines sont impossibles à
visiter, stoppé souvent en mer pour changer des clapets
de pompe à air, cassé une clavette de bielle, cassé à
plusieurs reprises des ressorts de garniture de piston,
fendu un fond de cylindre sur une longueur de 1^m,50.
Tout cela s'était passé pendant deux années, en fonctionnant presque toujours avec la moitié des chaudières
y compris les essais que des avaries partielles avaient
prolongés, et depuis les dernières réparations le navire
n'avait presque jamais marché à toute volée. Sa machine
doit-elle inspirer beaucoup de confiance ?

S'il y a des appareils qui ont donné de meilleurs résultats, il s'en est trouvé aussi qui n'ont jamais pu marcher, et qui après deux ou trois années de séjour à bord
et de réparations continuelles ont dû être débarqués et
mis à la ferraille. Certes l'histoire des mésaventures est
aussi utile au moins que celle des réussites, et c'est pour
cela que je crois que les marins devraient rédiger les
journaux que j'indique pour se mettre au courant de ce
qu'ils emploient, et se précautionner lorsqu'ils découvrent
des médiocrités.

Différences des compagnies commerciales et de la marine.

On peut cependant y faire encore une objection : et
dire que le commerce se passe de toutes ces écritures.
Cela est vrai, mais son personnel n'a pas d'émargement
assuré, il est renvoyé quand il fait perdre de l'argent ;
et récompensé largement quand on lui doit des gains.
L'arbitraire financier lui donne une action puissante sur

ses agents. De plus il emploie ses machines dès le premier jour de la manière dont il s'en servira toujours ensuite. Il voit donc la réalité dès la mise en service. Ce n'est pas que les compagnies négligent de conserver tous les éléments nécessaires ; ce qui se voit à la Ciotat en est la preuve. Enfin, et c'est, je crois, la clef de presque tout ; le commerce compte en deniers, il se rapporte au doit et avoir, et cette balance si simple l'éclaire plus sur ce qu'il doit penser et faire de son matériel, comme de son personnel, que les rapports les mieux rédigés et les règlements les plus entourés de précautions. Si une machine pouvait avoir un compte courant depuis sa mise en construction et qu'une fois remise entre les mains d'un mécanicien, toutes les dépenses d'entretien et de fonctionnement fussent comptées en argent, on saurait mieux à quoi s'en tenir qu'avec tout ce que j'ai cherché à expliquer pourvu toutefois qu'elle fonctionne beaucoup à toute volée : c'est encore une grande difficulté pour la marine. Mais comme jusqu'à présent on n'est point parvenu à ce résultat, et qu'on n'y arrivera probablement jamais, qu'on prenne au moins d'autres précautions telles que celles que j'indique et que les officiers de marine y voient les meilleures garanties qu'ils puissent espérer.

CHAPITRE IV.

MANŒUVRES DU NAVIRE A VAPEUR ISOLÉ.

Modifications produites par le moteur mécanique.

Il est facile de comprendre que l'emploi d'un moteur mécanique a changé complétement les règles de la manœuvre. Si d'un côté sa force agit à volonté lorsqu'elle est dans de bonnes conditions, et si elle est aussi facilement réglée que celle du vent échappe à notre influence, de l'autre, la manière de l'employer au moyen des propulseurs diffère de l'action des voiles sur le navire; bref, si au moyen d'une paire de roues ou d'une hélice on peut pousser de l'avant ou de l'arrière quand on veut, et aussi fort qu'on le veut, suivant la puissance relative de l'appareil), il faut dire aussi qu'on se borne toujours à une impulsion parallèle à la quille, et cela sans avoir les moyens de modifier cette direction par le moteur lui-même, c'est-à-dire sans recourir au gouvernail (1). On profite tout au plus de l'inégalité d'immersion pour les roues comme pour l'hélice. Les voiles, au contraire, font céder la partie du navire où elles se trouvent; les focs font arriver, la brigantine fait loffer; leur suppression produit des effets contraires; pour loffer énergiquement on file le foc en bordant la brigantine. Les voiles carrées de l'avant ou de l'arrière produisent des effets semblables, comme on l'a vu dans la première partie de cet ouvrage : au gouvernail, on ajoute donc à bien dire le levier agissant des voiles.

Cette différence serait absolue si le navire à vapeur n'avait pas généralement une voilure dont les proportions varient beaucoup, et qui souvent même égale celle de l'ancien navire : il en résulte que dans beaucoup de cas cette voilure peut être utilisée, nonseulement pour marcher d'une manière économique, mais aussi pour coopérer à la manœuvre en combinant les impulsions toujours à peu près directes du moteur avec les obliquités des voiles

---

(1) Excepté avec les hélices jumelles.

dirigées avec promptitude. La manœuvre des navires actuels présente donc trois cas : 1° celui où les voiles seules sont employées, c'est l'objet de toute la première partie de cet ouvrage, c'est avec cela seul que nous faisions le tour du monde et des découvertes il y a trente-cinq ans ; 2° le cas où le calme, annulant et réduisant l'ancien navire à une immobilité complète, laisse tout faire au moteur mécanique, et légitime les énormes dépenses qu'il occasionne ; 3° celui où à l'action du moteur mécanique s'ajoute celle du vent, qui permet d'employer des voiles à accélérer ou à retarder la marche, ainsi qu'à faire céder l'avant ou l'arrière du navire sous l'obliquité de leur impulsion. C'est alors que le navire à vapeur possède réellement toutes les ressources possibles, et qu'il peut faire facilement ce qui lui est interdit de calme, comme ce qui est impossible au bâtiment qui ne possède que des voiles.

Variétés suivant les proportions de la machine ou des voiles.

De ce qui vient d'être dit, il résulte une variété qui est augmentée par celle des proportions de la force mécanique ou de la voilure entre elles et relativement au navire. Si la première est faible, comme sur les premiers navires mixtes, elle ne peut surmonter des obstacles, dont les machines puissantes ne tiennent pas compte, et par suite on ne peut en tirer parti avec des brises fraîches. Ainsi, le vaisseau à trois ponts *le Montebello* ne pourrait même pas assurer un virement de bord vent devant avec sa machine s'il avait grosse mer. Quant à la voilure, il y a lieu de remarquer que les navires de guerre ont seuls conservé son ancienne étendue, lorsque la puissance motrice est très-grande, capable, par exemple, de faire filer 12 nœuds dans les expériences ; sur les transports et sur les navires destinés spécialement aux marchandises, elle a encore des proportions assez grandes pour que le navire puisse au besoin naviguer à la voile. Mais sur les paquebots rapides, elle n'a plus d'autre rôle que d'appuyer le navire contre le roulis et d'aider un peu les évolutions. Il en résulte que, pour les premiers, les voiles peuvent jouer un rôle important, tandis que pour les derniers elles mettent le navire à peu près dans la position du calme, et cela quelle que soit la force de la brise ; celle-ci n'ayant d'influence que si elle est d'autant plus fraîche que la voilure est plus réduite.

Différences d'action des deux propulseurs pour les évolutions.

D'après ce qui précède, on comprend que les règles de manœuvres ne sauraient être aussi absolues pour la vapeur que pour les voiles, dont les proportions étaient presque invariables pour chaque sorte de navire, et surtout elles ne sauraient être d'une application aussi simple et aussi certaine que celles de l'école de peloton ou de bataillon. Sur mer, les règles absolues sont presque toujours impossibles à établir, et il faut appliquer avec intelligence des principes généraux qui, s'ils étaient ignorés, il y a peu de temps, pour les navires à vapeur, sont établis maintenant d'une manière assez certaine pour servir de guides et donner des idées premières pour bien employer le coup d'œil et la présence d'esprit dont on est doué. Il faut donc se bien pénétrer des principes fondamentaux du mode d'action des propulseurs et les avoir assez présents pour les appliquer avec autant d'intelligence et de rapidité que ceux de l'équitation. C'est ce que nous allons tenter de faciliter par quelques explications.

Il convient d'abord d'examiner si par leur mode d'action les deux propulseurs mécaniques ne présentent pas des différences notables, et pour plus de clarté nous placerons ce qui regarde les roues sur une colonne située à gauche de la page, et ce qui concerne l'hélice sera sur la droite. Cette disposition a déjà permis des explications claires et précises dans un ouvrage précédent.

En considérant la position des roues et le peu d'immersion de leurs aubes, on remarque qu'elles n'agissent qu'à la surface de l'eau, qui se trouve projetée vers l'arrière en deux courants latéraux et superficiels qui se réunissent à peine à l'arrière, de manière à n'agir que sur la partie supérieure et inutile du gouvernail. Il en résulte que l'impulsion donnée à l'eau par les roues n'exerce aucune action sur le gouvernail.

La conclusion naturelle est que le navire à roues ne peut évoluer qu'en se déplaçant, en marchant, pour faire arriver un courant d'eau sur son gouvernail. Il lui faut donc de l'espace pour tourner et cela est en raison de sa longueur.

Pour que les roues aident par elles-mêmes à tourner il faut qu'elles soient inégalement plongées, afin que la différence des résistances éprouvées par

Il n'y a qu'à voir un navire à hélice au bassin pour comprendre que ces ailes de moulin à vent tournées quelquefois par des milliers de chevaux agissent comme un ventilateur à ailes obliques, et que si elles poussent le navire de l'avant, elles projettent aussi une masse considérable d'eau vers l'arrière. Or le gouvernail est juste au milieu de ce courant factice, il en profite donc et cela quand même le navire serait arrêté ou très-retardé par un obstacle ou par l'inertie non encore vaincue de sa masse, lorsqu'il s'agit du départ. De plus comme l'hélice est plongée très-bas, elle jette l'eau sur la partie la plus large du safran.

L'hélice fait donc gouverner avant qu'un navire ait commencé à marcher; elle le fait même s'il est totalement arrêté.

Il y a encore lieu de remarquer que bien que ne sortant pas entièrement de

leurs aubes agisse sur le levier de la distance des roues. On peut utiliser cet effet pour assurer un abattée en faisant passer tous les passagers du bord opposé à celui où l'on veut abattre en marchant de l'avant, et on vient du même bord si on cule. Mais ce moyen est très-peu énergique.

Il faut donc établir en principe que le navire à roues ne gouverne qu'en allant de l'avant.

l'eau, les ailes ne trouvent pas autant de résistance vers la surface qu'au fond et que la différence de ces résistances produit un effet latéral, qui détourne le navire de sa route et force à mettre quelques rayons de barre pour le compenser quand on marche de l'avant ; tandis qu'il domine presque toujours lorsqu'on marche en arrière. Cet effet est d'autant plus énergique que l'axe de rotation est plus voisin de l'eau, il augmente beaucoup si les ailes sortent et il serait à son maximum si l'axe était à la flottaison. Un pas très-allongé augmente aussi son énergie.

Ces propriétés remarquables, quoique longtemps inappréciées, serviront de base aux méthodes indiquées plus loin pour résoudre toutes les questions de manœuvre avec plus de célérité et surtout beaucoup plus de certitude que par le passé.

Différences pour la navigation.

En navigation, les deux propulseurs présentent également des différences très-marquées et qu'il est utile de définir.

Les aubes agissent directement sur l'eau ou plutôt normalement à leur surface, elles exercent sur elle une pression qui dépend de l'impulsion de la machine. Elles repoussent toujours l'eau avec une vitesse dépendante de leur surface et de la force exercée, d'où il résulte que dans les conditions ordinaires de marche leur vitesse de rotation est *à peu près* proportionnelle au chemin parcouru ; tant qu'elles restent dans les mêmes conditions d'immersion. On conclut de là qu'elles consomment de la force, c'est-à-dire du charbon, *à peu près* en raison du chemin parcouru et que les différences apportées par les obstacles du vent sont assez faibles, puisque la machine marche moins vite et par suite consomme moins lorsque le bâtiment est ralenti. Mais les grands trajets exigent de grandes provisions de charbon, qui font plonger les aubes au départ et entraînent à dépenser beaucoup de force à faire en-

Les ailes d'hélice ont par le fait de leur obliquité une action toute différente des aubes, si elles poussent en partie suivant l'axe, elles projettent aussi l'eau par côté. Elles sont dans une position intermédiaire entre une surface perpendiculaire à l'axe et une autre parallèle : la première ne ferait que frotter ; la seconde brouillerait de l'eau, mais ne produira aucune impulsion suivant l'axe de rotation. Il résulte de cette position intermédiaire, que lorsque l'hélice se transporte facilement dans une eau non encore touchée par ses ailes, elle y trouve un bon appui et par suite exerce une meilleure impulsion. Mais si l'eau pressée par sa surface a déjà subi une impulsion antérieure elle ne résiste plus, cède comme l'eau d'un courant ; elle laisse donc le propulseur s'emporter inutilement, et par suite, consommer beaucoup de vapeur à la faire tourbillonner. Dès lors on voit que l'hélice tourne à peu

foncer ou relever les palettes, au point que le navire marche quelquefois plus vite que l'aube verticale ; les roues sont, pour ainsi dire, comme une voiture embourbée dans un chemin fangeux. Au contraire, à l'approche du port les aubes grattent à peine l'eau, comme la roue de locomotive qui patine sur les rails. De calme l'inconvénient n'est pas grand puisque par l'émersion le navire résiste moins. Mais avec vent debout les roues manquent d'appui, tournent plus vite sans que pour cela le navire marche bien et elles brûlent ainsi des quantités considérables de charbon en pure perte. C'est l'inconvénient le plus grave des machines à roues pour le service des machines transatlantiques qui fait embarquer plus de 1.200 de charbon et qui déjauge ainsi le navire de 1ᵐ,50 en une traversée. Ce grave défaut fait maintenant abandonner les aubes qui étaient cependant arrivées à une perfection extraordinaire pour les services très-rapides et fait préférer l'hélice. Est-ce à tort ou à raison? C'est à l'expérience à juger.

près le même train, que le navire avance ou non ; et des navires amarrés à un point fixe, ou des vaisseaux arrêtés par le vent ont vu fréquemment tourner leurs hélices presque aussi vite que lorsqu'ils filaient 12 nœuds.

Il en résulte que l'hélice consomme de la vapeur et par suite du charbon proportionnellement au temps et indépendamment de la vitesse : les obstacles lui sont donc beaucoup plus nuisibles qu'aux roues. Cependant les paquebots Cunard viennent d'obtenir de bons résultats des machines à hélices e les paquebots français les adoptent aussi maintenant, sans doute parce que l'immersion toujours totale de l'hélice compense et au delà ce que nous venons de dire pour les roues, et il est probable que cet avantage serait moindre pour une traversée plus courte telle que celle d'Holyhead à Kingston. Il faut, il est vrai, que toutes les circonstances de la navigation exercent leur influence et qu'elles doivent être prises en considération, ce qui entoure de tant de difficultés les résolutions à prendre par les grandes compagnies.

De ces deux propriétés différentes, il y a lieu de conclure que si le tirant d'eau ne varie pas beaucoup, le navire à roues prend une provision de charbon *à peu près* proportionnelle à la longueur du trajet qu'il doit opérer, tandis que celui à hélice doit embarquer un excédent, s'il s'attend à du vent debout, et que cependant il doive arriver à une époque fixe. Pour ce qui regarde le chargement, la différence de consommation, si elle existe au détriment de l'hélice, se trouve en partie compensée par la légèreté relative des machines, avantage qui, poussé trop loin, a enlevé toute sécurité aux appareils directs actuellement employés par les navires de guerre.

Comment naviguer suivant les puissances et les propulseurs.

Les propriétés que nous venons de définir influent sur la manière d'employer les deux propulseurs suivant les circonstances où l'on se trouve, et suivant la nature des navires qu'on dirige. Ainsi, une grande puissance est une cause d'économie de force pour les navires dont la dimension et les formes peuvent supporter une impulsion énergique : de calme elle permet la détente et un chauffage modéré ; vent debout, elle surmonte les obstacles au lieu de rester en place. Ainsi, dans le cas où 300 chevaux suffisent pour étaler le vent et la mer, on les emploie en pure perte, si l'on n'en possède pas davantage, ou plutôt ils ne servent qu'à résister; mais si l'on en a 300 autres disponibles et qu'on les mette en jeu, ils font aller de l'avant et diminuent le temps pendant lequel les autres auraient fonctionné inutilement. Ceci se rapporte aux deux propulseurs et surtout à l'hélice qui ne se ralentit pas; les Anglais le prouvèrent en attachant l'un derrière l'autre deux navires semblables, *le Basilic* à roues et *le Niger* à hélice. L'hélice fit reculer les roues avec une vitesse de 1ⁿ,4, mais elle dépensait 529 chevaux, tandis que les roues n'en faisaient que 341. Luttant vent debout contre une grosse mer, la différence était aussi sensible. (Voir le *Traité de l'hélice*, 1ʳᵉ partie.) *Le Napoléon* remorquant *le Jean-Bart* en a donné une autre preuve; ils ne filaient que 5',5 avec la moitié des chaudières; tandis qu'avec toute la puissance, ils allèrent à 8',8, et comme la quantité de charbon est en rapport du nombre des chaudières allumées, les utilisations économiques sont comme $\dfrac{5,5^3}{1}$ à $\dfrac{8,8^3}{2}$, c'est-à-dire comme 44 à 340 ou comme 1 à 7,6, de plus, la durée du temps était diminuée dans le rapport de 1 à 2,5.

Influence des formes et de l'élévation par rapport au poids.

Quant aux formes et aux dimensions, elles ont aussi une influence sur la manière de conduire un navire. La mer est déjà grosse pour un petit navire, qu'elle ne l'est pas encore pour un grand, l'élévation sur l'eau est moindre, et le temps, déjà dangereux pour l'un, ne l'est pas pour l'autre.

Quant aux formes grosses aux extrémités, elles produisent un tangage exagéré qui fait employer la plus grande partie de la force à produire de l'écume et à tourmenter le navire qui s'obstine à lutter contre la mer. En arrivant sur l'avant, la lame trouve un énorme déplacement extérieur qui, s'il facilite beaucoup le passage au-dessus de sa crête, produit un mouvement vertical violent, qui a ses composantes horizontales pour la pousser de l'avant, et celui-ci une fois enlevé reste d'abord en l'air et retombe d'autant plus violemment qu'il a été levé plus haut et que la vague est allée soulever un gros arrière. Un vaisseau de guerre vent debout est dans le cas d'un balancier à battre la monnaie; à cela près que celui-ci est horizontal, tandis que l'autre tangue dans un plan vertical. Il se fait pour ainsi dire à lui-même une mer plus grosse qu'elle ne l'est réellement. La conclusion naturelle est que de tels navires ne peuvent lutter directement contre la mer, qu'ils soient à roues ou à hélice, que dans le premier cas le gaspillage de force est beaucoup moindre que dans le second, et que, par conséquent, s'il y a profit ou nécessité pour les deux de se servir des voiles et de prendre le plus près, c'est pour l'hélice beaucoup plutôt que pour les roues. C'est le résultat naturel des propriétés de chacun des propulseurs expliqués plus haut et de ce que nous verrons confirmé plus loin.

L'élévation des navires au-dessus de l'eau relativement à leur poids, c'est-à-dire à leur déplacement, exerce aussi une grande influence et force à modifier leur vitesse. Ainsi la lame arrive de l'avant, et comme le navire résiste par son inertie, il faut une force pour le soulever. Celle-ci est produite par le déplacement accidentel occasionné par la vague montante. Son énergie est à bien dire exprimée par le nombre de mètres cubes immergés. Si le volume n'est pas suffisant, le mouvement n'a pas le temps d'être produit, et l'eau passe par-dessus l'avant. Cela peut se voir même au mouillage. Mais si la vitesse à l'encontre de la mer vient diminuer le temps du passage des vagues, il faut un soulèvement plus fort, puisque pour mouvoir plus vite un corps pesant il est nécessaire d'employer plus de force. Il en résulte donc qu'il faudrait que l'eau monte plus haut, et si le navire n'a pas assez d'élévation, il passe en partie sous la vague. C'est ce qui a forcé à couvrir d'un toit arrondi, s'étendant jusqu'aux tambours, les légers et rapides paquebots d'Holy-head à Kingston. Mais lorsqu'à cet effet vient s'ajouter un poids considérable, mais avec peu de hauteur, il devient impossible de marcher contre un peu de grosse mer, le navire ne résiste plus; il a moins de temps pour s'élever, et surtout moins de force pour le faire; c'est ce que les navires cuirassés ont éprouvé en France comme en Angleterre. Nous verrons plus loin l'influence de ces effets naturels sur la manière de naviguer.

Emploi simultané de la voile et de chacun des propulseurs

Puisque nous avons parlé de l'emploi simultané de la voile et du propulseur, il est utile d'établir les influences réciproques de ces manières de marcher.

Les roues sont gênées par l'action des voiles toutes les fois que le vent n'étant pas de l'arrière, elles tendent à faire incliner; la roue du vent se trouve plus émergée, elle gratte à peine l'eau, tandis que celle de sous le vent est trop enfoncée; or rien n'est plus nuisible à l'action des aubes qui, destinées à pousser le navire horizontalement, perdent d'autant plus de force qu'elles s'éloignent de la verticale. Car si la roue était plongée jusqu'à l'axe, l'aube entrante et l'aube sortante ne feraient rien pour l'impulsion, toutes éprouveraient un retard énorme, puisque l'eau est très-peu repoussée relativement à la marche du navire. Il en résulte que toutes les aubes étant solidaires, celles qui sont verticales, et par suite les plus utiles à l'impulsion, se trouvent retardées par les autres. Aussi voit-on souvent un navire marcher plus vite que l'aube verticale, lorsque des voiles font trop incliner, et il arrive d'augmenter le sillage en serrant des voiles, qui nuisent plus en faisant pencher, qu'elles ne servent en poussant.

Ces conditions de la roue du vent et de celles sous le vent ressemblent à

L'hélice étant toujours immergée a une action plus constante que les roues; si au tangage elle part avec vitesse, lorsqu'elle se rapproche de la surface de l'eau, c'est un danger pour la machine et une petite perte de force, surtout sur les navires très-longs et dont le propulseur affleure la surface, ou même sort un peu de l'eau. On a cherché à y obvier par des régulateurs, mais l'usage ne s'en est pas répandu en France, du moins, quoi qu'ils soient une grande garantie. Avec les voiles, l'hélice agit d'autant mieux que, ne variant pas d'immersion, celle-ci se trouve en outre aidée dans le changement d'eau, qui lui conserve ses avantages en présentant un appui, qui manque lorsque le propulseur reste dans la même eau, et comme celle-ci ne résiste que par son inertie, elle ne présente plus d'appui dès qu'elle reçoit constamment une impulsion, qui la fait d'autant plus tourner que le pas du propulseur est plus allongé. C'est ce qui fait l'avantage de la division des ailes, parce que chacune trouve une eau qui n'a pas encore été touchée. La faculté de séparer l'hélice de son arbre moteur et de l'affoler permet au navire de devenir

32

ce que nous avons dit plus haut pour le navire trop chargé au départ et trop peu à l'arrivée.

Les tambours ont un volume et une position également nuisibles à l'usage des voiles ; ils offrent une grande surface au vent et se trouvent placés ainsi que la cheminée là où il y aurait le plus d'avantages à mettre des voiles. Ils ont forcé à éloigner les mâts outre mesure et à laisser vide un espace qui est rempli par les voiles sur les autres navires. Sous le rapport militaire, les roues sont, non-seulement exposées aux coups, ainsi qu'une partie du mécanisme, mais elles prennent la meilleure place pour les canons : ce qui a forcé à reporter l'artillerie vers l'avant et l'arrière, à très-mal charger les navires et à faire inventer autant d'affûts que de navires, pour leur donner un grand champ de tir.

Pour marcher à la voile, il faut démonter les aubes ou les laisser tourner librement, comme on l'explique plus loin. Les aubes articulées diminuent beaucoup les inconvénients des roues, mais ne les font pas tout à fait disparaître.

De tout ce qui précède, il faut conclure que le navire à roues marcherait mieux à la vapeur sans ses voiles, et avec ses voiles sans ses roues.

Quant à la manière de manœuvrer, il est facile d'en conclure que le navire à roues a profit à lutter contre le vent, tant qu'il va d'avant et que ses formes ne le fatiguent pas trop; son propulseur se trouve dans de bonnes conditions, tant qu'il est assez immergé.

un vrai voilier, et comme cela s'opère en quelques instants, il en résulte une grande facilité pour économiser le combustible. Aussi lorsqu'il n'y a pas de raisons de diminuer le chiffre de l'équipage, ce genre de navire trouve des avantages à employer l'ancienne voilure ou du moins à s'en rapprocher en conservant les voiles de brise fraîche. Il en tire plus de parti qu'il n'en éprouve d'obstacles par la résistance de son gréement exposé au vent debout. Sous voiles et vapeur au plus près, l'hélice diminue la dérive en aidant le navire à avancer; de plus, dans un virement de bord incertain, elle conserve la vitesse par son impulsion et l'effet du gouvernail par l'eau qu'elle projette sur lui. Elle peut être complétement supprimée en la remontant dans un puits, mais la complication des mécanismes au fond de l'eau et l'isolement de l'étambot arrière ont fait abandonner cette méthode. L'hélice reste donc au fond de l'eau et ne retarde pas sensiblement, lorsque la brise est fraîche, au-dessus de six nœuds, trois vaisseaux semblables, dont un seul avait une hélice à six ailes, portaient la même voilure. Au-dessous de ce sillage, la différence de marche devenait plus sensible, surtout vers trois nœuds, alors que l'hélice s'arrête naturellement. Les hélices à deux ailes doubles de M. Mangin ne retardent sensiblement pas plus quand elles sont maintenues droites au fond de l'eau que lorsqu'elles sont remontées. La longueur du pas influe aussi ; dans le cas où elle est exagérée, le propulseur se rapproche du ventilateur et perd beaucoup de son effet vent debout : de calme et avec une machine puissante, il est dans de bonnes conditions, et à la voile il tourne avec facilité. Les pas courts ont les avantages et les inconvénients inverses, aussi ont-ils forcé à démonter les hélices, tant ils avaient nui à la marche à la voile.

En résumé, le navire à hélice marche mieux à la vapeur avec ses voiles et à la voile avec sa vapeur. Principe qui, de même que celui posé de l'autre côté, a été établi depuis longtemps par l'amiral Halsted.

Le navire à hélice doit prendre le plus près dès que, par défaut de puissance, il ne va plus franchement de l'avant. Il est forcé à en venir là d'autant plutôt que ses formes sont plus grosses. Souvent alors il gagnera plus au vent avec voiles et vapeur en louvoyant qu'en luttant directement.

Quel que soit le propulseur, la voilure ne doit jamais être dédaignée ; elle accélère la marche, et surtout elle diminue les fatigues de l'équipage ; car jamais le travail de la manœuvre ne sera aussi pénible que celui d'embarquer une quantité correspondante de charbon et de le faire brûler par les chauffeurs. Il n'y a que le capitaine et les officiers qui en profitent : il est si commode maintenant de se laisser transporter de la sorte.

Quelle différence avec la voile seule ! Comme le marin est devenu peu de chose en mer !

Chacun des propulseurs avec un vent favorable.

Lorsque le vent est favorable, chacun des propulseurs fait agir d'une manière particulière.

Dans le cas qui nous occupe, les roues sont un embarras. Il est long, difficile et quelquefois dangereux de démonter leurs aubes ; si on les conserve, l'addition de leur effort ajoute très-peu à la vitesse ; la force est employée surtout à immerger les palettes en faisant une écume inutile. La machine, ayant son mouvement accéléré, consomme beaucoup sans profit. Aussi on peut dire que le vent arrière est la plus mauvaise allure sous le rapport de l'utilisation du moteur.

La difficulté de démonter les aubes a donné l'idée de laisser tourner les roues ; mais les embrayages n'ont pas réussi et le plus simple est de distribuer de l'air dans les machines. Pour

L'hélice reste dans de bonnes conditions avec un vent favorable, et surtout elle est supprimée avec une facilité remarquable au moyen des désembrayages. Le navire à hélice change donc de rôle d'une manière très-rapide ; il peut économiser beaucoup de combustible, et au besoin faire des traversées entièrement à la voile. C'est ce qui l'a rendu aussi propre au transport des marchandises que celui à roues l'est aux dépêches, et l'on est arrivé à ce que, pour des vitesses moyennes de 7 nœuds à 8 nœuds, ce genre de navire transporte à meilleur compte que le navire à voiles, qui n'ont pas plus de 3 à 4 nœuds de moyenne en bonne route excepté dans les grandes

cela, ouvrez un trou d'homme de chaudière et celui de chacun des condenseurs, puis enclanchez les tiroirs. L'impulsion de l'eau sur les aubes tend à tourner l'arbre et par suite à faire monter ou descendre les pistons, qui, agissant comme dans une pompe, aspirent l'air par un côté, tandis qu'ils le refoulent par l'autre. Filant 9 nœuds de la sorte pendant plus de 10 heures, les roues d'une frégate à vapeur ne marchaient que 15 p. 100 moins vite que le navire. Le passage de la marche à la vapeur est aussi prompt que simple, puisqu'il n'y a qu'à boucher les deux condenseurs et à purger. Tout se passe en dedans du navire. Pendant la guerre de Crimée, il a été proposé d utiliser ce procédé pour unir un vaisseau à voiles et une frégate à roues de 450. Ils se seraient entr'aidés de la sorte et auraient, sans doute, effectués des transports rapides.

traversées. Aussi ce genre de navire devient le meilleur caboteur, et il est de plus en plus employé au transport de la marchandise qui a le moins de valeur, le charbon. Les navires de l'État en profitent encore plus, en ce que leurs missions sont très-rarement pressées et qu'ils ont conservé beaucoup de voilure, ainsi que le nombreux équipage nécessaire au service de leur artillerie. Pour eux, brûler beaucoup de charbon est une cause de retard pour les relâches où ils ne trouvent rien de prêt et où il faut plus d'un jour avant d'avoir trouvé ce dont on a besoin. S'il y a gain de vitesse, c'est très-peu de chose, et récemment une frégate a brûlé pour une somme énorme de charbon, en ne gagnant qu'une dixaine de jours à un transport à voiles parti en même temps de Chine. En pareils cas, l'équipage souffre beaucoup plus à embarquer et brûler des centaines de tonneaux, qu'il ne l'eût fait à manœuvrer des voiles, et l'emploi de la machine est un abus des deniers et des hommes.

Influence des propulseurs sur le loch.

Les propulseurs exercent aussi leur influence sur la manière d'estimer la route par le loch. Si jadis, on filait une longueur de navire avant de compter, pour que le bateau de loch cessât d'être dans l'eau agitée, et pour ainsi dire attiré par le sillage, maintenant il faut filer deux fois cette longueur pour que l'eau, repoussée par le propulseur, ait le temps de se mettre en repos. Avec les voiles seules, une houache trop courte aurait fait compter trop peu de chemin ; avec le propulseur, elle en ferait estimer beaucoup trop, parce qu'au lieu de pousser l'eau devant soi par la force des voiles, on la projette en arrière par celle du propulseur.

Avec les roues, la répulsion du loch n'est sensible qu'avec vent debout, et elle l'est trop peu pour causer de graves erreurs : un allongement des graduations du loch suffit. Le recul est à peu près invariable, et on compterait presque sa route par le nombre de tours des roues, si la consommation de

L'hélice par sa position et son genre d'action repousse l'eau avec une énergie telle que, lorsque le vent est contraire, elle produit un courant qui s'étend à une grande distance. Aussi le loch est repoussé en dépit de la longueur de la houache : avec vent debout on compte, souvent le double du

charbon n'allegeait pas chaque jour le navire et ne faisait pas sortir les aubes au point de les faire manquer d'un appui suffisant, lorsqu'elles ne font plus guère que gratter l'eau.

sillage réel, et trois vaisseaux semblables, qui par l'allure de leur machine et le nombre de leurs tours d'hélices, auraient filé plus de 10 nœuds, se sont trouvés arrêtés complétement près de terre par la violence du vent. Alors le lock jetté de l'arrière donnait plus de 6 nœuds, tandis que d'un canot on en avait beaucoup moins. Il y a là une grande cause d'erreur, et les navires à hélice doivent très-peu compter sur leur estime lorsqu'un vent debout frais retarde leur sillage : toutefois, ils doivent savoir qu'alors il comptent toujours trop de chemin. Je doute qu'on puisse établir des règles à ce sujet, au point de connaître le degré de répulsion ; les éléments manqueraient ; il faut l'aspect d'une terre voisine pour s'en apercevoir, et eût-on mesuré sur de telles bases quelles sont les répulsions avec différents vents, il faudrait connaître la vitesse de l'air et l'influence plus inappréciable des vagues sur le navire.

Mesurer le charbon pour savoir ce qu'il donne.

Pour apprécier les cas variés dont il est question, il convient surtout de connaître ce que son propre navire consomme de combustible sous diverses allures. Si ces données sont peu utiles au paquebot qui doit marcher au plus vite, elles importent beaucoup au navire de guerre dont la navigation, plus douce, n'est pas soumise à l'exactitude, et qui par suite peut profiter beaucoup des circonstances de temps et de mer. Il y est en outre forcé par l'exiguité de la provision de combustible et par l'étendue quelquefois très grande de ses missions. Aussi est-il nécessaire de mesurer le charbon avec exactitude, et de porter ce qu'on brûle en regard des vitesses obtenues dans diverses circonstances. La meilleure manière est de déterminer la quantité de charbon que coûte un mille parcouru à différentes vitesses, 4, 5, 6, 7, 8, 9 ou 10 nœuds. On sait ainsi à quoi s'en tenir, et si l'allure adoptée est la plus profitable, lorsqu'à la fin de chaque quart on a connaissance de la consommation et du lock.

Pour de longs trajets, il est bon d'établir une sorte de table de Pythagore, en portant les vitesses dans les cases de la ligne horizontale du haut ; les distances parcourues de 10' en 10' dans celles de la colonne verticale à gauche et dans celles du milieu le charbon consommé. On peut trouver plus commode de connaître combien un tonneau de charbon fait parcourir de milles avec chaque degré de détente, ou chaque nombre de feux allumés, ou encore combien on brûle pendant qu'on parcourt un mille dans chacune des circonstances précédentes.

Ainsi, avec tout l'appareil évaporatoire, on parcourt 9 milles pendant qu'on
brûle un tonneau ; avec la moitié, c'est 12 milles : avec le quart, c'est 16 milles.
Il y a des navires où ces proportions sont plus fortes. Si à ces données on ajoute
les sillages correspondants, on aura tous les éléments de temps et d'économie
utiles à une bonne direction de la machine ; mais ils ne serviront qu'au navire
sur lequel les observations ont été faites, et ils ne devront être considérés que
comme des données générales que le capitaine doit employer avec intelligence,
suivant le temps et les qualités du navire.

On comparera les navires entre eux, et cette appréciation devrait être un des
principaux éléments de la navigation en escadre. La valeur relative du
charbon employé à parcourir un mille devrait être connue pour savoir ceux des
navires qui peuvent atteindre le but ou ceux qui manqueront de charbon. Il y a
sous ce rapport des inégalités énormes entre navires réputés semblables. Elles
feraient manquer les expéditions les mieux combinées, et si l'on ne mesure pas
journellement ce que chacun est susceptible de faire, on aura d'affreuses déceptions lorsqu'il faudra réellement agir ; les chefs auront là une chance des plus
défavorables pour leurs combinaisons.

Ce que coûte la vitesse.

Pour le commerce, l'estimation du service rendu par le combustible brûlé est
aussi de la plus haute importance, et quoique les loix de la résistance des navires soient loin d'être connues, les compagnies ont tiré un grand parti des méthodes qui, sous le nom d'*utilisation économique*, ont été publiées il y a quelques années. On admet que la résistance au mouvement d'un navire est en
raison de la surface de sa maîtresse section et du carré de sa vitesse. Dès lors,
la dépense de force est comme le cube de la vitesse, puisque, si le sillage est
doublé, le navire résiste quatre fois et la machine marche le double. Mais
comme pour faire un trajet donné elle met moitié moins de temps, il en résulte que la dépense de force est en raison inverse du carré du temps employé
à se rendre d'un point à un autre. Comme la consommation de charbon est en
rapport de la puissance, on voit qu'en réalité, pour aller plus vite, il faut augmenter le poids de la machine et celui du charbon consommé par heure dans le
rapport du cube des vitesses ; tandis que pour aller d'un point à un autre
la machine suit la raison du cube et le charbon brûlé celle du carré. Cela
fait voir quel prix exorbitant la vitesse coûte sur mer, et quelles valeurs attei-
gnent les machines. Que reste t-il pour la cargaison ? Rien, lorsque les vitesses
sont très-grandes ou les parcours longs.

Mais les deux principes établis ne sont malheureusement pas vrais ; les navires résistent dans une beaucoup plus grande proportion que le carré de la
vitesse ; vers 8 ou 9 nœuds, c'est déjà comme la puissance 2,26, et plus haut, il
est probable qu'on arrive à la raison des cubes, tant l'utilisation des paquebots
capables de filer 18 nœuds devient mauvaise avec la loi admise. S'il en est ainsi,
la dépense de force serait alors presqu'en raison de la puissance quatrième de la
vitesse, et on voit, dès lors, ce qu'il faut dépenser en capital premier pour la machine, et en frais courants pour le charbon. Ainsi *le Connaught* a fait $18^n,08$ ou
$55^k,5$ dans les essais et conservé $15^n,5$ ou $28^k,72$ en service courant par toutes
les saisons ; il a été forcé de déployer 4,750 chevaux de 75 kilogrammètres,

ce qui, pour 30ᵐᶜ,5 de surface de maître couple immergé, font 155,7 chevaux, pour chaque mètre carré, tandis qu'à 12 nœuds des navires de même longueur n'en exigent que 25 à 28 : d'où il résulterait qu'en partant de ces derniers et calculant en raison des cubes des vitesses, on trouverait qu'il ne faudrait au *Connaught* que 85 chevaux par mètre carré pour filer 18 nœuds, tandis que nous venons de voir qu'il en faut presque le double. Il y a donc à ce sujet une incertitude sur laquelle aucune expérience n'est venue jeter le jour.

Influence de la dimension des navires sur leur marche.

Il existe encore une autre dissidence entre les principes admis et la pratique : c'est l'influence de la dimension des navires. On sait, en effet depuis très-long-temps que les vaisseaux sont moins voilés que les frégates, que les bricks ou les goélettes, et que cependant ils marchent à peu près également. En groupant les utilisations des navires à vapeur, M. Le Bouleur avait obtenu une courbe moyenne ; je l'ai confirmée par de nombreuses utilisations, et en voyant on obliquité, j'ai pensé qu'il y avait probablement un rapport entre l'utilisation et la dimension des navires. En effet, en divisant toutes les utilisations moyennes par le bau du navire, on trouve des nombres égaux, c'est-à-dire que la courbe passant par tous les points est une droite parallèle aux ordonnées. Or l'utilisation étant rapportée au maître-couple, c'est-à-dire à une surface, on en déduit qu'en la divisant par une ligne, le résultat est proportionnel à une ligne, c'est-à-dire à des unités au lieu de l'être à leur carré. La résistance des navires se rapproche donc plutôt de la proportion de leur bau que de celle de la surface de leur maître-couple, et il y a cela de remarquable pour les voiles, c'est qu'en considérant leur surface comme proportionnelle à la force d'impulsion, la loi est exactement semblable à celle obtenue du nombre des chevaux mesurés par l'indicateur.

Les grands navires ont donc des avantages beaucoup plus grands qu'on ne le pense, et si la marche de plusieurs d'entre eux a surpris le public, c'était dû à leur taille plutôt qu'à leur forme. Au lieu d'exiger un certain nombre de chevaux par mètres carrés, il ne faudrait leur en donner qu'en raison du nombre pour avoir la même vitesse de mètres du bau ; dès lors, la dépense de force serait comme les unités de dimensions au lieu de l'être comme leur carré et la quantité de poids transportés est dans tous les cas comme les cubes de ces mêmes dimensions. Quoique la pratique s'écarte de ces deux hypothèses, il y a lieu de remarquer qu'elle diffère moins de celle qui admet que la résistance des navires est en raison de leurs dimensions linéaires. Il faut dire que *le Great Eastern* n'a pas confirmé cette doctrine, mais qu'il est difficile de rien conclure d'un navire en fer dont la carène n'a pas été peinte et dont les machines n'ont jamais bien fonctionné.

Incertitudes sur les navires.

On est étonné qu'à notre époque on laisse de telles questions indécises, et qu'à bien dire, on ne connaisse pas plus les lois de la résistance des navires que celles de leur roulis, dont l'amplitude n'a pas de précédents. Au sujet de la résistance, les erreurs ont été des plus profitables, et à mesure que les dimensions des navires à vapeur se sont accrues, on a éprouvé l'agréable surprise d'atteindre des marches tout à fait imprévues. Des constructions, auxquelles on assurait 10 nœuds en osant à peine espérer 11, ont eu, grâce à leurs grandes dimensions, un sillage de 12 nœuds et même de 13 avec des circonstances très-favorables, c'est-à-dire sur une base courte. Ces marches inespérées ont accoutumé à l'exagération et elles ont fait distinguer les essais et leurs procès-verbaux de la réalité, c'est-à-dire du service à la mer. Ainsi, pour les paquebots rapides, il faut rabattre 2 nœuds; pour les navires de guerre, il en est au moins de même au bout de peu de temps : souvent, c'est dès le lendemain des essais. Il y a une accumulation d'illusions qui seraient aussi funestes aux compagnies qu'aux gouvernements, si les premières ne les reconnaissaient dès le jour qui a suivi l'achat et n'avaient pas leur opinion formée par le service réel que leurs navires feront tant qu'ils existeront. Au contraire, les navires de guerre ne déploient leur énergie que pendant quelques heures ; ils constatent comme faits acquis des apparences trompeuses en ce qu'ils sont restés toujours loin des vraies conditions de marche en temps de guerre. Les marins laissent accumuler les charges effrayantes d'une responsabilité qu'ils ont prise trop légèrement. Ce qui a déjà fait dire une vérité, c'est que, dans toutes les marines, les procès-verbaux de recette étaient les condamnations anticipées des officiers signées par eux mêmes.

Pour terminer ce qui regarde la navigation, avant d'entrer dans les détails des manœuvres, il convient de considérer les nouveaux navires lorsque le temps est mauvais, et finit par forcer de prendre la cape.

De la cape à la vapeur.

Avec les roues, la nécessité de prendre la cape dépend de la force de la machine et des formes du navire. Plus le moteur est puissant, plus il prolonge la lutte et sur les paquebots transatlantiques il est arrivé à surmonter tous les obstacles de l'une des mers les plus venteuses du monde. Au contraire si la machine est faible le navire ne va plus de l'avant, il vient en travers et s'il ne craint pas de fatiguer la barre par des arrivées et des acculées fréquentes, il peut stopper sa machine. Mais s'il roule trop et que surtout si son gouvernail fatigue il est prudent de mettre la machine à petite vitesse. Alors la roue de sous le vent travaille presque seule, elle ramène dans le vent, permet de tenir la barre presque droite et diminue beaucoup la dérive. Quant à la voilure, il vaut mieux avoir à chaque mât des voiles de cape comme les artimons des anciens navires, parce

Le navire à hélice est resté trop bon voilier pour qu'il n'ait pas avantage à prendre la cape comme l'ancien navire à voiles. Il n'y a que sa grande longueur qui puisse engager à faire autrement; car elle contribue à faire beaucoup rouler et elle a fait augmenter la surface du gouvernail, pour lequel il y a une double cause de fatigue, surtout lorsqu'on ne peut pas se tenir assez près du vent. Alors l'hélice mise en action à très-petite vitesse jette de l'eau sur le safran, permet ainsi de gouverner et quand même on n'irait pas de l'avant, elle produit un courant qui en agissant sur le safran maintient le gouvernail droit et ménage la barre. Il y a donc des cas, où il convient d agir ainsi pour le navire lui-même, bien qu'on soit assez au large pour n'avoir pas à s'inquiéter de la dérive vers la terre. Enfin il y a des navires assez fins et assez dépourvus d'agrès et de mâture

qu'elles sont plus hautes que des grandes goélettes avec les ris pris et qu'elles établissent mieux. Le meilleur est en général de n'établir que celles de l'arrière et sur l'avant, d'avoir au plus le petit foc bordé. En forçant un peu la machine, la fatigue du navire augmente, mais on peut s'arranger de manière à ne pas perdre du tout, même sur nos anciens navires à petite puissance; de plus, on peut dans les embellies virer vent devant s'il faut changer d'amures.

pour se tenir debout au vent, sans changer de place et en ne fatiguant pas plus qu'au mouillage en rade foraine. La dimension du navire influe beaucoup aussi sur le moment auquel il convient de prendre la cape. Il est évident qu'alors les petits navires ressentent plus violemment les effets des vagues que les grands, et s'ils ne fatiguent pas davantage c'est parce qu'il cèdent plus facilement aux impulsions et sont proportionnellement mieux liés.

Quant aux formes, elles ont les mêmes influences, quel que soit le propulseur; lorsqu'elles sont grosses; nous avons vu qu'elles soulèvent outre mesure l'avant et le laissent retomber sur la vague montante. Il en résulte des secousses qui font fouetter les navires à grosses façons au point de décrocher naturellement un cadre et de faire sortir toutes les étoupes pour quelques heures de vent debout, permettant les perroquets aux navires qui couraient vent arrière. Si toute l'impulsion d'un moteur puissant était ajoutée à ces mouvements, on disloquerait les navires en bois, surtout lorsqu'ils sont chargés d'artillerie ; on en a eu plusieurs preuves, notamment à bord de la frégate à grande vitesse l'Orlando. Le bois est si peu lié à lui-même, qu'il ne pourrait pas plus résister au service des paquebots qu'à construire un pont dans le genre de ceux de Menai ou de Brest.

Navires cuirassés avec grosse mer.

De nouveaux navires sont venus compliquer les questions en changeant toutes les anciennes conditions : ce sont ceux qui, revêtus de cuirasses, ont abaissé les poids en supprimant les anciennes mâtures ainsi que les ponts supérieurs avec leurs canons pour les placer sur les flancs, depuis 2 mètres sous l'eau jusqu'au ras du pont supérieur. Il en est résulté un abaissement du centre de gravité qui, ajoutant sa stabilité à celle due à des murailles droites, a produit des roulis inusités et dangereux pour la guerre ainsi que pour la navigation.

Les sabords sont déjà percés trop bas pour des navires aussi grands, car pour les mêmes angles, l'eau monte d'autant plus que le navire est plus large et plus difficile à mouvoir. On voit le brick garder les sabords ouverts presque aussi tard que la frégate, quoique les premières ouvertures soient situées beaucoup plus bas. La moindre mer empêche d'ouvrir ceux des nouvelles constructions et annule l'artillerie. Ce ne serait que demi-mal, puisqu'on est invulnérable, si en même temps le roulis ne faisait perdre en grande partie cette dispendieuse qualité de recevoir des coups sans en souffrir. Il n'y a pas de navire blindé dont la cuirasse descende à 2 mètres sous l'eau de bout en bout, et lorsque le charbon est brûlé, il y a au contraire des parties qui ne sont pas à plus de 0,60 au-dessous de la flottaison ; aussi la partie vulnérable émerge facilement; des roulis ordinaires font voir à chaque mouvement le cuivre du doublage et présentent ainsi aux coups de l'ennemi des parties vulnérables qui se montrent à des intervalles égaux et dont la position serait cause d'une violente introduction d'eau. Si sur des eaux très-

tranquilles ces navires sont très-manœuvrants et bien disposés pour le combat,
on ne peut s'empêcher de craindre qu'il n'en soit pas de même avec un peu de mer
et surtout avec les longues houles à peines visibles qui existent dans l'Océan. Mais
ce n'est pas de qualités militaires qu'il s'agit ici, c'est de la manière de manœuvrer
sur ces navires en temps forcé. C'est assez difficile à établir, en ce que s'ils veulent se tenir de bout au vent, la mer passe par-dessus, par la raison toute naturelle qu'ils pèsent autant qu'un trois ponts et un tiers, qu'ils sont longs une fois
et un quart comme l'ancien vaisseau, et que cependant ils ne sont pas plus hauts
sur l'eau qu'une frégate. Ce sont des intermédiaires entre un navire léger et
suffisamment élevé au-dessus de la mer et une roche immobile que l'eau couvre
à chaque vague. Ils ne peuvent donc aller à l'encontre d'une grosse mer, et dans
l'Océan cette cause les arrêterait souvent et les empêcherait de déployer toute
leur puissance pour courir sur des paquebots qui, bien que marchant moins vite,
se riraient d'eux en ce qu'ils pourraient au moins déployer toute leur énergie
sans être inondés. Il faut un volume extérieur suffisant relativement au poids
pour passer par-dessus les vagues, et dès que la vitesse raccourcit le temps de
chacun de ces passages, il est nécessaire d'être plus élevé, ou de se couvrir
comme de rapides porteurs de dépêches ont été forcés de le faire au moyen d'un
pont arrondi s'étendant depuis l'avant jusqu'aux tambours.

Avec le roulis l'eau embarquée reste en grande partie à bord.

Les roulis excessifs de ce nouveau genre de navire font aussi embarquer de
l'eau par-dessus le bastingage, et de plus ils empêchent celle qui est à bord de
s'écouler. Il n'y a qu'à considérer ce qui se passe alors dans une batterie ; l'eau
n'arrive du côté incliné que lorsqu'il est au point le plus bas, et que celle du dehors entrerait plutôt par les dalots; elle passe ensuite violemment de l'autre bord
en sautant par-dessus les hiloires pour tomber en bas, d'où les pompes seules peuvent l'extraire, et elle va s'accumuler de l'autre bord pour ne pas trouver une issue
plus facile que du premier. Ce n'est pas exagéré de croire qu'avec un grand
roulis il ne s'écoule pas la moitié, peut-être pas le tiers de l'eau, dont le navire
serait débarrassé s'il restait droit ; de plus, les pompes n'étant qu'aspirantes
versent leur eau dans la batterie et dans les positions répétées où le bout de leur
manche engagé dans le dalot se trouve plus haut que le sommet du corps de
pompe, l'eau déborde dans la batterie et s'ajoute à celle qui s'y promène
déjà. Il y a bien longtemps qu'on demande de donner aux navires des pompes
aspirantes et foulantes qui soient exemptes de ces inconvénients. Comme les différences entre les navires complétement cuirassés actuels sont peu marquées,
que ce sont tous des bâtiments à fonds arrondis, extrémités fines, murailles
droites et proportions égales de longueur et de largeur; comme enfin ils ne diffèrent que par leur pavillon et par le lieu de leur construction, il est de quelque
utilité de citer l'exemple du *Prince-Consort*, qui a 84 mètres de long, 18 mètres de large, 7',20 de tirant d'eau et 5,600 tonneaux de déplacement ; si, relativement à d'autres navires cuirassés, il est plus long, il y a lieu de remarquer
qu'il est plus élevé sur l'eau. Au mois de novembre 1863, il s'est trouvé pris
dans le canal d'Irlande par du mauvais temps, que les journaux n'ont cependant
pas signalé comme violent. La frégate a beaucoup roulé ; elle a embarqué tellement d'eau que les pompes de la machine ne pouvant l'extraire, il a fallu

mettre tout le monde aux pompes à bras. Il y eut deux voiles emportées par le vent. La frégate fatiguait beaucoup, et embarquait de l'eau par-dessus le bord. Avant le mauvais temps, elle faisait 10 nœuds, elle allait encore 8 nœuds au loch (ce devait être au plus 4 nœuds à cause de la repulsion). Il y avait tant d'eau que les chauffeurs étaient obligés de porter le charbon sur leur pelle, sans cela les feux n'auraient pas pu être tenus plus d'une demi heure. Une fois au mouillage, on ne faisait plus d'eau, et on ne sait à quoi attribuer celle qui était à bord (Voir ce qui a été dit plus haut). La disposition à retenir l'eau et ses mauvaises qualités sont généralement augmentées par l'effrayante tendance à rouler du *Prince-Consort* et autres ; plusieurs hommes ont été blessés ; l'un d'eux a eu une jambe cassée. Étant au vent. il a les mouvements très-doux ; c'est parce que le tangage n'a pas le temps de finir, la lame passe par dessus le navire avant de l'avoir soulevé. Ce défaut est inhérent à l'espece de bâtiment. Aussi d'autres bâtiments du même genre ont également embarqué beaucoup d'eau et ont perdu un grand nombre d'embarcations pendant un de ces gros grains qui passent dans la Manche et durent cinq ou six heures. Cependant le vent n'avait pas été assez fort pour être signalé par le bulletin météorologique qui, pour le matin suivant, portait : Brest, O. presque nul, ciel très-nuageux, et Penzance, près du cap Lézard, O.-N.-O. faible, ciel nuageux, pluie, mer agitée; tant il est vrai qu'on estime le temps par la manière dont les navires se comportent, comme on juge d'une route par celle dont une voiture est suspendue Ce défaut n'est diminué que dans les cuirassés dont les extrémités sont vulnérables et qui s'ils sont meilleurs pour la navigation, sont plus dangereux pour le combat, au point de se rapprocher presque des anciens vaisseaux lorsque leurs extrémités sont en bois. On ne peut être lourd et ras sur l'eau sans de graves inconvénients; c'est le cas de l'excès de chargement qui est prohibé par les lois du commerce, parce qu'il est un danger. Il y a un rapport, inconnu il est vrai et probablement impossible à mettre en chiffres, entre le volume extérieur d'un navire et son poids ; l'eau embarque d'autant plus qu'il est insuffisant, ou que le navire est accidentellement trop chargé ou qu'il le soit par les matériaux employés.

Manière de manœuvrer de gros temps avec des cuirassés.

Comme à bord des navires cuirassés le marin ne peut rien changer, le seul moyen de les préserver de l'eau serait de les couvrir en grande partie d'un toit comme les paquebots rapides ont été forcés de le faire; sans cela ils seront forcés de ralentir leur marche, lorsqu'ils lutteront contre une mer que leurs machines sont capables de surmonter. Qu'on me passe le mot, les paquebots leur feront facilement les cornes, dès que la mer sera un peu grosse, si l'on ne corrige pas ce défaut naturel par des précautions additionnelles semblables à celles dont il vient d'être question, c'est-à-dire en couvrant ces navires pour qu'ils passent à travers les lames sans être envahis par l'eau. Quant au roulis on en ignore tellement les lois que le meilleur paraît être de se rapprocher des constructions antérieures qui roulaient moins. Ce sont ces deux raisons qui ont porté à présenter le plan basé sur le plus célèbre vaisseau du temps de Louis XVI Voir la note sur les navires cuirassés, novembre 1862 . Quant à la manière de se tirer d'affaire avec ce qui existe maintenant il est probable que le plus sûr serait de se mettre debout à la lame, en ne gardant que juste la vitesse du navire nécessaire

pour gouverner. Si on allait encore trop de l'avant et qu'on eût un perroquet de
fouque, on pourrait le tenir masqué au bas ris en soutenant le mât ainsi que les
vergues par des cordes appelant de l'avant et la voile par d'autres passées derrière elle : de la sorte on gouvernerait sans aller de l'avant. Au moins l'eau
qui embarquerait s'écoulerait presque constamment, puisque le navire resterait droit, la crête de la lame passerait si vite le long du bord qu'elle n'arrêterait pas l'écoulement. De plus l'eau entrée dans la cale ne s'élèverait
pas d'un bord et de l'autre comme avec le roulis et les feux risqueraient beaucoup moins d'être éteints, pour la même quantité d'eau embarquée. Enfin les
écoutilles du pont supérieur peuvent alors être bouchées par des planches et des
prélats bien cloués. Un capitaine prudent aura tous ces moyens prêts à l'avance
et il peut y arriver facilement avec les ressources du bord. Il en résulterait
il est vrai, une chaleur très-élevée dans l'intérieur du navire, mais il est probable
que l'appel énergique des foyers ferait entrer des quantités d'air suffisantes par
l'hôpital, par le block-house et par la dunette qui peuvent avoir quelques ouvertures libres. Quoiqu'en bouchant tous les passages on empêche l'eau de tomber en bas
en quantités dangereuses, il faut cependant lui laisser de l'écoulement ne fût-ce que
pour ne pas en charger le pont ; pour cela on peut enlever une virure de gouttière
de chaque bord. ou mieux en mettre le bordage à charnière. Avec du roulis ces
ouvertures laisseraient entrer de l'eau et elles n'en débiteraient en dehors que
pendant la moitié du temps ; tandis que vent debout elle la laisserait presque
constamment écouler. Dans l'état actuel, l'aspect des choses me fait croire que
c'est la meilleure sécurité qu'une fois à la mer on puisse se donner, en attendant
que l'expérience fasse apporter des corrections successives et inaperçues, qu'il
serait préférable d'adopter de prime abord. C'est d'autant plus à souhaiter,
qu'il est de la nature de ces navires d'être aussi paresseux en temps de paix,
que les chevaux des anciens chevaliers, et que leurs promenades coûtent trop
de centaines de tonneaux de charbon pour qu'on les apprécie eux et leur machine avant qu'une guerre les éprouve réellement au moment même du danger.
De plus il est à espérer qu'on finira par en venir à employer une partie considérable de la puissance du moteur à extraire l'eau ou qu'on aura une machine
spéciale (Voir *Dictionnaire de marine à vapeur*, 1849, et *Catéchisme*, 1852).
C'est plus important encore pour la guerre que pour la navigation, car l'équipage entier d'une pièce de canon produit à peine la force d'un cheval de 75^{km},
s'il est employé à mouvoir les brinqueballes d'une pompe et lorsqu'on n'a plus
que quatorze ou quinze canons en batteries et aucun homme pour la manœuvre
des voiles, il ne faudrait pas une forte voie d'eau pour avoir à opter entre
couler ou abandonner la moitié ou toutes ses pièces.

Expériences sur l'étendue et la durée des évolutions.

Avant d'entrer dans les détails des manœuvres, il est utile de mentionner les
expériences qui ont été faites sur la durée des évolutions, leur étendue et la
orme des courbes décrites Ces questions sont nécessaires à connaître pour apprécier les idées remarquables de l'amiral Boutakov dont un extrait est donné
à la fin de cet ouvrage. En mesurant tous les éléments avec exactitude on a
trouvé que tous les navires à hélice décrivent sensiblement une circonférence de
cercle, à partir du moment où la barre a été mise d'un bord ou de l'autre et la

route en arrivant à ce point comme en le quittant a été tangente à ce cercle. Cependant au commencement de l'évolution la courbe est un peu plus étendue et le navire décrit une spirale jusque vers la moitié du tour, ensuite c'est un cercle. On a remarqué une différence assez sensible entre les deux bords ; en venant sur bâbord le cercle est un peu plus petit que sur tribord, cela dépend du pas et de ce qu'en route directe il faut deux ou trois rayons de barre à tribord, selon l'immersion de l'hélice ; plus le propulseur se rapproche de la surface plus il faut de rayons. On n'a pas remarqué de relation entre le diamètre du cercle et l'angle de barre sans doute à cause des différences dans les dimensions des gouvernails. Les différences de vitesse changent peu la dimension du cercle ; cependant on a cru remarquer que c'était avec environ six nœuds qu'il avait le moins d'étendue. Les variations de vitesse pendant la durée de l'évolution influent sur l'étendue de cette dernière ; si après avoir commencé en marchant doucement on accélère la rotation de l'hélice, le cercle est diminué, si la machine est ralentie c'est l'inverse, parce que dans le premier cas l'action du gouvernail est augmentée, dans le second elle se rapproche de celui où il n'y a pas d'hélice. L'inclinaison du navire n'a aucune influence. Sur huit navires sept abattent toujours sur tribord en reculant, il y en a qui reculent quelque temps en ligne droite puis abattent tout d'un coup. La plupart tournent plus vite en reculant et décrivent un cercle moins grand qu'en marchant de l'avant. La barre ne s'oppose presque jamais à ces abattées rapides ; mais elle les accélère. Le navire se met moins vite en mouvement quand il marche de l'arrière que lorsqu'il fait aller en avant ; cela vient de ce que l'hélice jette l'eau vers le navire et le place dans un courant contraire et aussi de ce que la face avant des ailes est loin d'avoir la forme d'une hélicoïde. Le vent a d'autant plus d'influence sur les évolutions en arrière que le gouvernail en a moins ; lorsqu'il est frais il domine souvent et en tout cas on peut se servir des voiles. Lorsqu'on marche en arrière pour arrêter le navire il parcourt encore une distance égale à deux ou trois fois sa longueur et l'action oblique se fait sentir dès que l'air est assez amorti pour diminuer celle du gouvernail, et elle détourne quelquefois beaucoup le navire avant qu'il soit complètement arrêté. C'est une des propriétés de l'hélice à laquelle il faut faire le plus attention, parce qu'il est quelquefois très-gênant de se trouver détourné de trois quarts ou plus, avant d'être immobile et de ne pas être placé comme on l'espérait pour reprendre la manœuvre. J'ai éprouvé fréquemment toutes ces propriétés de l'hélice et c'est leur observation qui m'a porté à les utiliser pour la manœuvre, comme je vais le détailler.

Propriétés avantageuses des hélices jumelles.

L'adoption, tous les jours plus fréquente des hélices jumelles est venue modifier ces règles. Toutes les actions latérales dont on a tiré parti pour plusieurs manœuvres, n'existent plus ; on recule en ligne droite. Si les deux hélices font le même nombre de tours, la barre n'a pas besoin de maintenir le navire en route lorsqu'on marche en avant. Mais l'avantage le plus précieux est de tourner sur place en marchant en avant d'un bord en arrière de l'autre. De nombreuses expériences ont prouvé que la durée de l'évolution est de très-peu de chose plus longue que lorsque le navire va de l'avant et qu'on pivote exactement sur son

centre, ou bien qu'on le fait en allant un peu de l'avant ou un peu de l'arrière
suivant la différence de rapidité des hélices. Si on ne se sert que d'une hélice
elle détourne un peu de la route au moment du départ, et ensuite il suffit d'un
très-petit angle de gouvernail pour se tenir en route. On gouverne aussi bien
qu'avec une hélice et la différence des évolutions est très-petite sur un bord ou
sur l'autre.

Toutes ces propriétés précieuses sont prouvées maintenant par plusieurs navires qui naviguent réellement et de plus les hélices jumelles conviennent aux
navires à petit tirant d'eau parce qu'elles présentent une surface suffisante et
qu'elles se trouvent dans une eau plus libre qui leur donne un meilleur appui.
Aussi étant à Kil-bouroun en 1855, je les avais proposées pour les batteries flottantes auxquelles il est probable qu'elles auraient donné 5 à 6 nœuds de vitesse
comme on l'a éprouvé depuis, au lieu de 2,5 qu'elles n'atteignaient que de
calme. Mais à cet avantage elles ajoutent celui de laisser un propulseur intact,
si une corde ou un choc casse l'autre, et de permettre de diviser les machines
devenues trop puissantes pour présenter la sécurité nécessaire avec les forces et
les vitesses actuelles. On abuse si souvent de la matière, on lui demande tellement ce qu'elle ne peut supporter, qu'il faut considérer la division des machines
sur deux hélices comme un port de salut pour éviter des conditions devenues trop
rigoureuses pour obtenir rien de durable et de certain en fait de machines puissantes.
Les raisons en sont expliquées au sujet du projet de frégate cuirassée publié
récemment. Quant aux navires béliers il est évident qu'ils ne sauraient avoir
d'autre moyen de propulsion et que s'il est déjà très douteux qu'un navire à une
seule hélice puisse faire du mal à son semblable, il est bien certain que celui qui
aura deux hélices et saura s'en servir se rira complétement de l'éperon de son
adversaire et parera ses coups avec assez d'agilité pour rendre inutile ce poids
énorme toujours porté à l'avant et aussi à redouter des amis que des ennemis.
C'est trop évident pour chercher à le prouver et pour conserver le moindre doute
à ce sujet.

Canot à hélices jumelles.

Pour les canots l'hélice double convient seule, en ce qu'ils ont peu de tirant
d'eau relativement à leur largeur et que leur rôle étant de remorquer, ils ne
sauraient avoir une trop grande surface de propulsion ; en outre la position des
deux arbres dégage le milieu et l'étambot conserve sa solidité. M. Mazeline fils
est le premier qui ait réellement réussi un canot à vapeur pour le yacht du
prince Napoléon. Il est construit en tôle d'acier : il a 8m,50 de long, 1m,80 de
large 1 mètre de creux, son poids total est de 1.200 kilogr., celui de la machine
1.200 kilogr. avec l'eau de la chaudière, ce qui n'empêche pas de le tenir sur
porte-manteaux. Il a filé sept nœuds de calme et en rade de Toulon, il a remorqué
à la fois avec une vitesse de 3 nœuds une chaloupe de vaisseau armée en guerre
avec cent hommes, l'obusier et les munitions et un grand canot avec soixante
hommes et son armement en guerre. La machine est à un seul cylindre vertical
faisant mouvoir à la fois deux hélices au moyen du mécanisme nommé parallé-
logramme de Cartwright, le diamètre du cylindre est 0m,20, la course 0m,15,
la pression à la chaudière 5k,5, le nombre de tours 240, et le diamètre des
hélices 0m,55. Depuis la réussite de ce canot on a songé à mettre des hélices
aux chaloupes en disposant les machines de manière à être mises en place

ou enlevées à volonté pour permettre de lever des ancres, élonger des amarres et autres travaux de force. On a fait ensuite de nombreux projets, on est venu à n'avoir qu'une seule hélice et les canots à vapeur se sont un peu trop rapprochés des navires de plaisance, ce qui porte à craindre qu'ils ne rendent pas des services aussi réels que leurs expériences le promettent. Toutefois c'est une des additions les plus heureuses au matériel naval, surtout à bord des gabarres à vapeur qui encombrées d'hommes, de matériel et de munitions, manquent de personnel pour remorquer les chalands

Venons-en maintenant aux manœuvres proprement dites et commençons par l'appareillage. Celui-ci offre moins de difficultés qu'avec les voiles seules, il exige surtout moins de place et il suffit de bien préparer la machine et de marcher en avant en dérapant l'ancre. Il n'y a que le cas où un obstacle très-voisin force à dévier beaucoup la direction au moment du départ.

Appareiller avec un obstacle de l'avant : pivoter sur l'ancre.

S'il y a de la brise et des navires très-près de l'avant ainsi que de l'arrière, le navire à roues peut masquer et brasser son petit hunier et marcher très-doucement au moment où il dérape, la voile oblique le fait abattre et les roues lui évitent l'acculée du navire privé de moteur. On peut de la sorte tourner sur place jusqu'à ce que le vent vienne du travers et même au delà au moyen des focs.

S'il fait calme il est à peu près inutile de marcher en avant, puis en arrière en changeant sa barre. Le navire à roues semble alors avoir une sorte d'esprit de contradiction et il défait dans un sens l'obliquité obtenue de l'autre. Comme l'évolution n'est ordinairement gênée que par des objets voisins, le plus sûr et le plus prompt est d'avoir une amarre par le travers en avant et de pivoter vers elle en la tendant par une marche lente en avant et si par la position du point fixe, il faut venir du bord opposé à lui, on prend le grelin par l'arrière et en marche en arrière. Dans les deux cas on largue dès qu'on fait route. Il y a beaucoup de ports dans lesquels on ne prend ou ne quitte son poste que par ce procédé.

Avec du vent l'hélice présente des ressources précieuses : puisqu'elle fait gouverner avant que le navire ne se déplace et qu'il suffit d'un peu de marche en avant pour que le gouvernail commence une abattée qui fait prendre un foc du bord voulu et qu'entraîne ensuite le navire sans qu'il se déplace. En calme son genre d'action est plus précieux encore ; il suffit de garder dehors assez de chaîne pour ne pas déraper l'ancre et de marcher en avant doucement en mettant la barre du bord convenable. En courant sur l'ancre on tend la chaîne à contre et il y a un moment où le navire revient malgré sa barre ; mais en continuant la résistance de l'ancre permet de jeter de l'eau sur l'hélice sans changer de place et le navire tourne sur lui-même. Il ferait ainsi le tour de l'horizon, mais lorsqu'il a un peu dépassé la direction voulue, il suffit de virer doucement et de déraper pour faire route sans avoir été sensiblement détourné. Il faut prendre soin de ne pas donner de chocs à la chaîne et les machines qui ne peuvent marcher très-doucement à cause de leurs pompes à air à simple effet sont peu convenables pour cette manœuvre. Elles tirent trop sur la chaîne et entraînent l'ancre, mais l'évolution est encore très-raccourcie. De la sorte un ancien vaisseau de 100 a tourné dans le Pirée et il est sorti par la direction où se trouvait son arrière quelques instants auparavant.

Tourner sur place de calme sans avoir une ancre au fond.

S'il s'agit de tourner dans un petit espace sans avoir une ancre au fond,

Les roues ne présentent d'autre ressource que de résister à des voiles obliques, mais celles-ci n'agissent plus dans certaines directions : de calme il faut nécessairement marcher en avant et décrire un cercle très-étendu ou se faire abattre par des embarcations.

L'hélice au contraire utilise toujours et surtout lorsqu'il fait calme les propriétés combinées de faire gouverner et de détourner le navire de sa direction lorsqu'il marche en arrière. Ainsi dans le cas où il faut venir sur tribord on marche en avant avec la barre à bâbord. Avant que le navire ait parcouru la moitié de sa longueur, il est venu de deux ou trois quarts, alors on marche en arrière et on vient presque toujours encore sur tribord ou au moins on reprend du terrain pour recommencer. Nous avons dit que l'hélice faisait alors venir sur tribord ; cette direction dépend du côté de son pas et cette action provient de ce que l'aile supérieure trouve moins de résistance que l'inférieure, et le navire a son arrière entraîné de côté par cette différence. On ne peut donc pas faire le tour des deux bords ; il n'y a que celui sur tribord avec son pas à droite où les deux actions réunies opèrent l'évolution. Avec nos hélices très-immergées cet effet latéral est quelquefois peu sensible, il est même incertain, et on vient quelquefois à contre du bord proposé lorsqu'il y a du vent. Mais lorsque les ailes s'approchent de la surface ou se montrent au dehors, il est très-énergique, et il peut arriver de faire le tour dans un très-petit espace en marchant en arrière ; mais cela n'est, en général, que du côté du pas, et une fois le fait acquis par une expérience en mer, le capitaine sait à quoi s'en tenir pour éviter les inconvénients de cette action latérale et en profiter souvent pour manœuvrer.

Tourner sur place avec de la brise. Rester en place.

S'il y a de la brise, l'action des voiles de l'avant ou de l'arrière peut activer les évolutions, et, avec les roues, elle seule rend possibles des mouvements qui ne le sont pas de calme. Les voiles ne sont pas assez employées pour manœuvrer les bateaux à vapeur, on ne se fait pas l'idée des ressources qu'on en tire pour faire, avec facilité, ce qui est impraticable en se bornant comme d'habitude à la barre avec la marche en avant ou en arrière.

Avec les roues on recule quelquefois très-loin sans dévier, mais aussi le navire tourne d'un côté ou de l'autre, quand on ne s'y attend pas; alors le petit hunier peut rendre le même service que pour l'hélice à laquelle il est indispensable. Il est aussi possible de rester en place avec l'arrière dans le vent, lorsqu'on balance l'effort des roues par celui du petit hunier qu'on brasse dans le sens convenable. Enfin vent du travers on ne change pas, puisque c'est la position naturelle du bâtiment en dérive, ou bien on a le foc et la brigantine pour se rappeler ou se maintenir en direction.

On ne peut pas reculer en ligne droite avec l'hélice, si elle agit seule, mais en contre-balançant son action oblique par des voiles obliques aussi, on parvient à reculer tout à fait en ligne droite. Si, par exemple, c'est vent arrière, le petit hunier établi et brassé maintient non-seulement le navire, mais permet même de gouverner en reculant. Et cela peut être très-avantageux lorsqu'on s'est trompé sur la position des navires mouillés et qu'il faut se retirer d'un point où il n'y a pas assez d'espace pour tourner.

On peut aussi rester en place avec le petit hunier brassé et la machine en arrière de manière à balancer les deux effets, et cela peut être utile pour attendre des ordres ou un canot sans cesser d'être en route. Ces manœuvres ont été exécutées souvent, et elles sont d'une simplicité qui en rend l'usage très-facile.

Panne debout au vent.

Enfin, il y a le cas plus fréquent où il est utile de se maintenir immobile, debout au vent et prêt à prendre un navire à la remorque.

Le navire à roues est alors forcé de se présenter après avoir fait un grand tour, et il ne trouve rien qui le maintienne en direction. Il ne peut compter y rester assez longtemps que s'il fait presque calme, et ce n'est qu'alors qu'il y a lieu d'espérer avoir le temps d'échanger les remorques. Mais avec de la brise, il tombe d'un bord ou de l'autre, et il ne peut se redresser et revenir en route, parce que pour donner de l'ac-

L'hélice évite toutes les incertitudes des roues, elle agit à coup sûr, quelle que soit la brise et voici comment. On largue le perroquet de fougue prêt à border, et si la brise est molle on ajoute la perruche. Puis on fait route et on gouverne suivant sa position primitive pour venir se placer de l'avant du navire. Quand on en approche, on stoppe et on borde le perroquet de fougue masqué, puis on fait agir la machine

33

tion à son gouvernail, il faut nécessairement qu'il s'éloigne du navire à remorquer. Aussi le plus sage pour un navire à roues est de mouiller de l'avant du navire qu'il doit entraîner, d'élonger les remorques, puis de faire lever l'ancre à l'autre et de ne faire route que lorsque les amarres sont bien roides. Si une telle manœuvre doit être souvent répétée le plus commode est d'avoir une ancre à jet ou de détroit en galère.

de manière à balancer l'impulsion rétrograde de la voile et on reste de la sorte autant de temps qu'on le veut, tout à fait immobile et conservant cependant toutes les facultés de gouverner, les canots ont le temps d'échanger les grelins et le second navire de déraper. Il faut seulement faire attention à ne pas s'éloigner, parce qu'il est difficile de reculer sans embarder. Beaucoup de remorques ont été prises de la sorte avec le vaisseau *le Fleurus* et il en résulte une célérité de manœuvre très-importante.

Le vent debout présente plus de sécurité pour la manœuvre.

D'après les propriétés des deux propulseurs il est aisé de conclure que le vent arrière n'est plus la direction du vent la plus favorable pour la manœuvre, que le vent debout est au contraire celle qui présente le plus de facilités pour évoluer ou s'arrêter, qu'il inspire beaucoup plus de confiance lorsqu'on entre dans une rade encombrée de navires, enfin c'est la direction qui, avec une marche rapide et la nécessité d'arriver à l'heure, présente le plus de sécurité, en ce qu'avec gros temps l'approche de la terre est annoncée par la diminution des vagues, tandis que vent arrière on tombe sur les dangers sans aucun pronostic, et lorsqu'il faut arriver à l'heure, c'est un grand péril avec les temps brumeux de nos côtes de l'Ouest. Le navire à voiles devait aussi craindre le vent arrière, parce qu'il pouvait plus difficilement réparer une erreur lorsqu'il s'était sous-venté; mais il était admis qu'il pouvait attendre au large une embellie ou des observations. Au contraire le vapeur ne remplirait pas son but s'il agissait de la sorte. Aussi on peut dire que sur des atterrages difficiles un capitaine doit maintenant souhaiter du vent debout, autant que le désir d'arriver faisait désirer le contraire jadis et de même que pour peindre la contrariété on disait une figure de vent debout, on dira peut-être, un jour que la voile sera oubliée, une figure de vent arrière pour représenter l'inquiétude.

Différences des roues et de l'hélice pour aller au mouillage.

D'après le rôle que nous avons vu que les machines jouaient pour l'appareillage et la navigation, il est aisé de conclure qu'il en est de même pour le mouillage. En effet, le pouvoir mécanique permet non-seulement d'entrer dans les ports avec vent debout et en évitant de longs louvoyages, mais de pénétrer dans des passes étroites et au milieu des navires mouillés à petites distances. Pour ce qui regarde la circulation au milieu de dangers ou de bâtiments, le coup d'œil et la présence d'esprit du capitaine sont indispensables et en fait de règles générales on est forcé de se borner à dire que pour le navire à roues :

Il est nécessaire d'avoir assez de vitesse pour bien gouverner lorsqu'on

L'hélice entraîne à manœuvrer d'une manière toute différente, parce qu'elle arrive au point où il faut manœuvrer promptement. Sans cela, les évolutions seraient d'autant plus étendues que le navire aurait le moins de vitesse et que la brise étant plus fraîche exercerait sur lui une influence plus énergique. Cette nécessité d'avoir de l'air pour manœuvrer, jointe à l'étendue plus grande des évolutions, présente plus de difficultés pour le maniement des navires à roues que pour celui des bâtiments en hélice, en ce qu'il faut mieux prévoir les positions et prendre son parti plus vite. Il est vrai qu'avec du calme on a tout le temps d'attendre, et qu'avec de la brise l'on a des voiles pour faciliter les évolutions. Mais on profite rarement de cette précieuse ressource.

fait tourner d'autant plus court que le navire a moins d'air, en ce qu'à partir du repos, l'inertie de la masse à mouvoir résiste encore à l'impulsion et fait que l'hélice jette beaucoup d'eau sur le gouvernail sans que le navire avance encore; de même lorsqu'après une marche lente on rend de l'énergie au propulseur, on augmente celle du gouvernail dans une beaucoup plus grande proportion qu'on ne fait avancer le bâtiment. Il en résulte qu'en arrivant sur le lieu de la manœuvre avec peu d'air, on se donne, non-seulement le temps de bien reconnaître les lieux et de prendre son parti, mais on a l'avantage de pouvoir exécuter dans un très-petit espace les manœuvres nécessitées par la position. Une longue frégate se trouva dans la nuit au milieu d'un groupe de navires tellement voisins qu'il aurait été impossible de mouiller sans en aborder plusieurs en venant à l'appel de l'ancre : après avoir stoppé et amorti l'air pour se reconnaître, elle se retourna sur place en marchant alternativement devant et derrière, et elle sortit par la petite passe qui avait servi d'entrée.

Précautions pour la chaîne en mouillant.

Quant à la manière de laisser tomber l'ancre, elle ne demande d'autre précaution que de n'avoir pas trop de vitesse surtout si le fond est petit, parce que la chaîne manquant encore plus d'élasticité ne pourrait pas résister au choc des milliers de tonneaux que pèse le navire ; mais en arrivant trop lentement on expose la chaîne à tomber sur l'ancre si le fond est grand et la fait filer avec vitesse. D'habitude on file deux ou trois nœuds au moment de mouiller, alors il faut mettre toute la barre d'un bord et filer beaucoup de chaîne, afin qu'au moment où l'on serre les stoppeurs le navire soit venu de quatre ou cinq rhumbs et que lorsque la chaîne est tendue il ne soit pas arrêté. Mais il continue à tourner et à user l'énorme moment qu'il possède en décrivant un cercle.

Affourcher à la vapeur ou prendre un corps mort.

Quand il s'agit d'affourcher à la vapeur :

Le navire à roues doit se mettre dans la direction de l'affourchage avant

Par cela même que l'hélice permet de tourner sur place avec une ancre au

de laisser tomber la première ancre, et aussitôt après il continue à marcher doucement pour arriver avec très-peu d'air au point où la seconde ancre doit tomber.

Lorsque étant déjà au mouillage, on veut affourcher, il faut que ce soit dans une direction voisine de l'évitage primitif, sans cela il est impossible de faire tourner le navire. Avec un vent frais, on peut le faire abattre avec un foc en filant beaucoup de chaîne à la fois, afin de laisser, autant que possible, son action à la barre. Si l'on se trouve trop près de terre et qu'on craigne de chasser, il est possible de porter de la sorte une ancre dans le vent et d'assurer ses moyens d'amarrage.

Quant à la manière de prendre un corps mort, le navire à roues peut venir debout au vent en perdant son air, ou s'il vente frais et qu'il craigne de n'avoir pas le temps d'embraquer la grosse chaîne avant de faire tête, il peut se mettre en travers au vent, maintenir le coffre sous le vent de son avant en marchant de l'arrière ou de l'avant, et se donner ainsi du temps en se laissant dériver. Il faut avoir soin de n'abraquer le corps mort qu'à la demande, parce qu'en tirant trop fort, il ferait arriver, sans qu'on pût se redresser.

fond, elle met à même d'affourcher dans toutes les directions, en se faisant éviter avec son gouvernail et en filant de la chaîne pour faire route dès qu'on est en direction. Avec le calme, cette manœuvre est aussi facile que certaine ; mais avec de la brise il faut avoir soin de donner plus de vitesse à la machine pour augmenter l'action du gouvernail et en même temps filer de la chaîne pour qu'elle n'agisse pas à contre sur l'avant. Lorsqu'il vente, il n'est pas possible de pivoter sur l'ancre, et si la direction où l'on veut en mouiller une seconde est éloignée de celle du vent, il faut employer les focs pour obliquer davantage.

Avec l'hélice, la prise d'un corps mort est simplement une panne vent debout avec le perroquet de fougue sur le mât, tenue sous le vent d'un coffre, tandis que pour prendre la remorque, nous avons vu que c'est la même panne au vent d'un navire mouillé. Il n'y a pas plus de difficultés dans un cas que dans l'autre.

Remorquage.

Il ne nous reste plus qu'à parler de l'un des rôles les plus importants des navires à vapeur, celui de remorquer des bâtiments à voiles ou ceux à vapeur désemparés. A ce sujet on vient d'expliquer comment on se présente devant un navire au mouillage : s'il se trouve sous voiles, il n'y a pas de méthode, et comme presque toujours celui à remorquer est en travers au vent ou en panne, il en résulte que le remorqueur y reste naturellement aussi pendant la transmission des aussières, seulement il est utile qu'il soit placé droit de l'avant de l'autre. C'est une fois en route qu'il y a des règles à observer entre le remorqueur et le remorqué : elles sont les mêmes avec les roues qu'avec l'hélice, et cette dernière exige seulement une grande surveillance et quelquefois de l'adresse dans la manœuvre pour éviter d'entortiller autour de ses ailes des cordes trop grosses pour être coupées par un plongeur et qui paralysent longtemps toute action, comme on en a eu de nombreux exemples.

Avant de détailler les manœuvres respectives, il convient de donner connaissance du règlement établi par la marine, et quoiqu'il se trouve dans les recueils des ordonnances, il est préférable de le transcrire en entier, parce qu'il faut avoir de tels documents sous la main et prêts à servir comme ceux relatifs à l'hydrographie. De plus ils peuvent être utiles aux capitaines du commerce comme à ceux de l'État.

Règlement sur le remorquage.

« Art. 1er. — Le capitaine du bâtiment remorqué fait connaître à celui du remorqueur la direction où il veut être conduit. Le capitaine du remorqueur est chargé de la direction du groupe sous sa responsabilité.

« Art. 2. — Le capitaine du remorqué peut, quand il le juge convenable, modifier son premier projet, mais si cette faculté lui est accordée en vue de lui laisser tous ses moyens d'action, particulièrement pendant le combat, il doit en user toujours avec la plus grande modération.

« Art. 3. — Le capitaine du remorqueur fait gouverner d'après ses signaux le bâtiment remorqué et manœuvre les remorques ; le remorqué les largue quand il le juge convenable.

Prendre les remorques en arbalète.

« Art. 4. — Lorsqu'un bâtiment au mouillage devra être remorqué, il virera à long pic et fera connaître par signaux combien il lui reste de chaîne dehors, il disposera ensuite deux canots pour porter au remorqueur ses faux-bras qui devront avoir en tout au moins 150 brasses (212 mètres).

« Art. 5. — Le remorqueur viendra se placer devant le bâtiment qui doit être remorqué et mouillera, s'il n'est pas assuré de pouvoir rester sans cette précaution un temps suffisant à la même place, il filera ses remorques sur les faux-bras du remorqué.

« Art. 6. — Le remorqué ayant amarré les remorques hissera le pavillon jaune et se tiendra prêt à déraper dès que le remorqueur hissera le même pavillon pour indiquer qu'il s'occupe de déraper ; il amènera le pavillon jaune à mi-mât et quand son ancre ne touchera plus le fond il le hissera en tête de mât une seconde fois.

« Art. 7. — Les pavillons jaunes seront amenés dès que le groupe fera route.

« Art. 8. — Si la remorque doit être prise sous voiles, le remorqué réduira le plus possible son sillage tout en restant gouvernant et tiendra les canots prêts à porter les faux-bras.

« Art. 9. — Si la remorque doit être donnée par un navire à hélice, il est préférable que le remorqué reste complétement sans vitesse en dérivant cependant le moins possible.

« Art. 10. — Le remorqueur passera au vent à petite distance du remorqué, en le prolongeant de l'arrière à l'avant avec une vitesse très-peu supérieure à la sienne ; il appellera à lui les canots quand il le jugera convenable, filera ses remorques à la demande des faux-bras ; puis il attendra pour faire route que le remorqué ait hissé le pavillon jaune, alors il prendra la direction du groupe.

« Art. 11. — Quand il s'agira de donner des remorques à un remorqueur déjà attelé et ne pouvant stopper pour une cause quelconque, on évitera de se servir d'embarcations et le nouveau remorqueur lancera à la main sur le pont du remorqué une ligne de sonde sur laquelle celui-ci frappera ses faux-bras.

« ART. 12. — Si plusieurs bâtiments doivent être attelés les uns devant les autres, ce sera toujours celui de devant qui fournira les remorques à celui de derrière ; ce dernier les enverra prendre avec des faux-bras.

« ART. 13. — Si un homme tombe à la mer d'un des navires du groupe, c'est le dernier de ceux-ci qui doit s'efforcer de le sauver en n'hésitant pas même à larguer les remorques, pourvu que cette manœuvre n'offre pas de sérieux inconvénients.

« ART. 14. — Lorsqu'un bâtiment à vapeur doit remorquer plusieurs bâtiments à voiles, il est préférable de les placer par ordre de dimension, c'est-à-dire le plus grand le premier et le moindre le second.

« ART. 15. — Si plusieurs vapeurs sont attelés à un vaisseau, il est préférable que le plus puissant soit le plus rapproché de ce vaisseau et le plus faible en tête.

« ART. 16. — Le remorqué aura toujours soin de ne pas courir sur les remorques. Il diminuera de voiles s'il s'aperçoit que les remorques ne travaillent pas ; en un mot, il doit toujours se laisser traîner.

« ART. 17. — Les remorques auront la longueur voulue pour que la distance des deux navires soit d'environ 60 brasses au plus ; le remorqueur les aura fourrées d'avance au portage des écubiers et de l'étrave du remorqué. Cela pourra s'étendre depuis la quatorzième brasse jusqu'à la vingtième (de 24^m à 32^m) à partir de l'extrémité du grelin ; chacun des bouts de la remorque se terminera par un œil.

« ART. 18. — Le remorqueur tiendra toujours une aussière aiguilletée sur les remorques pour pouvoir au besoin en filer une plus grande quantité.

« ART. 19. — Si, par une cause quelconque, le remorqueur est forcé de stopper sur-le-champ, il le fera connaître au remorqué et il lancera vivement dans le vent pour éviter un abordage et masquera s'il a des voiles.

« ART. 20. — S'il faisait calme ou que ce fût vent arrière, le remorqueur obligé de stopper viendra sur tribord, faisant signe au remorqué de venir sur bâbord.

« ART. 21. — Si un incendie éclate à bord du remorqueur et qu'il ne puisse s'en rendre maître, il larguera promptement les remorques pour s'éloigner ; le remorqué rentrera les remorques.

Mode de communication entre le remorqué et le remorqueur.

« ART. 22. — Les bâtiments attelés communiqueront au moyen de quatre fanaux pendant la nuit et de quatre ballons pendant le jour.

« ART. 23. — Le remorqueur fait gouverner le remorqué au moyen d'un pavillon national placé du bord où l'on veut faire venir le remorqué : ce pavillon est remplacé la nuit par un fanal.

« ART. 24. — Le dernier remorqué jette le loch et fait connaître le sillage en écrivant sur un tableau noir pendant le jour et montrant la nuit un fanal à tribord pour indiquer les nœuds et à bâbord pour les dixièmes. Ces fanaux seront abaissés ou élevés autant de fois qu'il y aura de nœuds ou de dixièmes.

Remorquage à couple.

« ART. 25. — Lorsqu'un remorqueur prendra un navire à couple, la direction du groupe appartiendra au commandant du plus gros bâtiment.

« ART. 26. — Le gouvernail du plus faible sera amarré droit.

« ART. 27. — Les amarres et les défenses seront fournies par le remorqué. »

Détails et précautions pour les remorques.

Après ce règlement il reste quelques détails à donner. Ainsi il est bon d'avoir les aussières lovées dans la batterie ou sur le pont avec leur longueur mesurée et bien marquée, comme lorsque jadis on prenait la bitture. On les passe dans de grandes cosses qui amarrées sur des bouts filins servent de suspensoirs: avec les navires à hélice c'est très-important. On prend les remorques presque par le travers et elles risquent beaucoup de se raguer; quand elles sont bien roides il est très-difficile de les filer surtout à bord du remorqueur, tandis que le remorqué les a tourné à ses bittes. Par l'arrière elles ne gêneraient pas plus pour gouverner et si on entreprenait une longue traversée ce serait préférable. Quand il y a de la mer il y a profit à avoir la plus longue touée possible, pour l'élasticité propre des remorques et pour les embardées. On tourne aussi court avec de longues remorques qu'avec des courtes et on a plus de temps pour manœuvrer.

En général tout vapeur qui prévoit qu'il a une remorque à prendre doit se tenir de l'arrière de ce dernier, pour n'avoir qu'à marcher en avant au lieu de faire le tour. S'il s'agit de prendre un navire au mouillage on tourne par les procédés indiqués plus haut. Je l'ai effectué plusieurs fois dans des circonstances différentes et toujours avec la même facilité.

Il faut, autant que possible, qu'avant de mettre en route, le remorqueur soit dans la même direction que le remorqué : faire tourner celui ci en partant est chose difficile, et avec de la brise, il est impossible de se conserver la même direction, si l'on n'est pas l'un devant l'autre. Il résulte de la résistance de chaque navire qu'ils font tous deux des embardées inverses, qu'il est difficile de redresser plus tard, et le plus petit des deux y est de beaucoup le plus sensible, qu'il soit à vapeur ou non.

On agit sur de telles masses qu'il faut modérer le plus possible les vitesses lorsque les amarres ne sont pas roides, parce que les navires prennent des mouvements différents, et leur masse acquiert un moment auquel les amarres ne peuvent résister. Il y a eu des hommes tués par des ruptures d'amarres, tant elles fouettent alors avec violence.

Influences mutuelles des deux navires en marche.

Quand on est en route, les deux navires ont une influence mutuelle, qui exige d'être observée avec soin pour gouverner convenablement. Liés entre eux et par suite ayant la même vitesse, ils possèdent des quantités de mouvement proportionnelles à leur masse, et la force mécanique développée par l'un des deux la maintient, mais ne la change pas. En ligne droite, le remorqué n'est qu'une résistance constante ; mais s'il sort de cette ligne par bâbord, par exemple, il agit obliquement sur l'arrière du remorqueur et le tire de manière à le faire venir

sur tribord, et à ce que les deux navires tendent à s'éloigner de plus en plus
de leur direction primitive. Nous avons tous remarqué un esparre, et nous nous
sommes aperçus de la difficulté de le faire tourner; il semble obstiné à continuer dans sa direction primitive, et il faut un tour énorme pour l'amener le
long du bord. C'est d'autant plus sensible que l'esparre est plus gros. Les navires exercent les mêmes actions réciproques. Ainsi, lorsqu'un petit vapeur remorque un vaisseau qui pèse dix fois autant que lui, il le met, il est vrai, en
mouvement; sans lui, le vaisseau resterait en place; mais aussitôt qu'ils vont le
même train, leur moment est en raison de leur masse, et le trois-pont conduira
son remorqueur où il voudra, il le fera embarder, tourner même, et cela du
bord qu'il voudra, le vapeur n'ayant d'autre ressource que de stopper ou de larguer; encore dans le premier cas, il est sûr d'être traîné à reculons, parce que
le vaisseau conserve beaucoup plus longtemps son air que lui. Il y a donc bien
des choses à considérer dans les mouvements relatifs de deux navires liés par
des aussières; mais il résulte des influences mutuelles quelques principes généraux utiles à connaître pour manœuvrer avec le tact nécessaire.

Le remorqué suit toujours la houache du remorqueur.

D'abord nous avons vu que les influences réciproques sont d'un côté comme les
masses, et nous ajouterons que de l'autre elles dépendent des longueurs, puisque
les évolutions ont d'autant plus d'étendue que les navires sont plus longs. Le
petit navire remorquant un grand, doit donc se garder de mettre trop de barre;
il doit faire des *évolutions aussi étendues que l'autre*, sans cela il tombe en
dedans du cercle, et il est dévié par la masse de l'autre navire. S'il est
égal, les cercles sont égaux, et s'il est plus grand, il tient d'autant moins de
compte du remorqué que la différence est plus grande. Le rôle réciproque des
navires en marche ensemble est rarement compris; il peut cependant se définir d'une manière générale en disant que, puisque dans une route directe,
il faut que les deux navires soient en ligne droite, de même dans une évolution
courbe, ils suivent une même courbe pour que le plus petit ne soit pas forcé
d'en sortir malgré lui. C'est à cela que le remorqué doit surtout s'appliquer. Sa
direction doit toujours être celle d'une tangente à la partie de la houache du
remorqueur où il se trouve; s'il a le cap en dehors, il diminue le cercle décrit
en faisant tourner plus vite le remorqueur; s'il l'a en dedans, il retarde l'évolution, mais plus cette action est énergique, plus il faut en user modérément,
parce que si l'on reste trop longtemps en dehors de la tangente, l'éloignement ne
fait qu'augmenter, on a beaucoup de peine à y revenir.

Il ne faut jamais venir du même bord, soit au départ, soit en route; ce serait
se mettre en échiquier en dépit des amarres. C'est toujours le remorqueur qui
commence le mouvement, et le remorqué ne cherche qu'à se tenir dans les eaux
du premier : il ne saurait être passif avec sa barre droite, parce qu'il voudrait
toujours continuer sa ligne droite comme l'esparre; mais il doit user d'autant plus
sobrement de sa barre qu'il est plus gros et plus long. Lorsque après avoir tourné,
on veut prendre une route directe, le remorqueur s'y prend à l'avance et rencontre avec sa barre avant d'être en direction, parce que l'autre en est encore
trop éloigné et lui ferait continuer l'évolution; le remorqué, au contraire, ne
vient en route qu'après le premier, au moment où il va arriver dans sa houache.

S'ils tournaient en même temps, ils se placeraient comme des navires en échiquier, et l'action oblique des amarres les empêcherait tous deux de rester en route.

Principes généraux.

Il est possible, je crois, de définir la manière de manœuvrer d'une manière générale, en disant : le remorqué considérera la houache du remorqueur comme un canal étroit dans le milieu duquel il doit se tenir aussi exactement que s'il y avait des berges des deux côtés. Il ne commencera jamais son mouvement semblable que lorsqu'il sera arrivé au point où le remorqueur a commencé le sien ; il s'y appliquera d'autant plus qu'il sera plus gros relativement au remorqueur, et il ne sortira du cercle de la houache que s'il faut activer l'évolution, comme il n'y rentrera que s'il faut la retarder.

S'il faut s'arrêter avec un navire en remorque, le navire à roues est souvent forcé de la largeur ; celui à hélice, au contraire, prend la panne vent debout en faisant border sur le remorqué le perroquet de fougue ou même le grand hunier et en maintenant la machine à petite vitesse ; de la sorte il peut rester des heures entières en changeant à peine de quelques mètres. De calme le meilleur est de faire des ronds, et c'est toujours la ressource du navire à roues, s'il a de la place.

En général, il vaut mieux garder les remorques tant qu'on peut leur conserver assez de tension, parce que l'opération de les rentrer et de les donner de nouveau est toujours longue et un peu dangereuse pour le propulseur sous-marin. A bord des vaisseaux, la meilleure manière de rentrer les remorques et de les garnir au cabestan, c'est aussitôt fait et avec peu d'hommes.

Enfin, il reste deux mots à dire du remorquage à couple qui ne sera presque plus usité, puisque chaque navire de guerre a son moteur et que ce procédé avait pour but de mettre un bâtiment à roues à l'abri d'un vaisseau. Le remorqueur à roues se plaçait aussi près que possible par le travers, l'amenait à toucher par des amarres en ayant soin de disposer les vergues pour qu'elles ne se rencontrent pas. Les deux navires s'amarraient solidement en mettant des défenses. Dans l'instruction citée, on a eu raison de dire que le plus faible des deux navires devait amarrer son gouvernail, parce que, s'il y avait désaccord dans les directions, les amarres auraient des efforts énormes à supporter.

CHAPITRE V.

MANŒUVRE DES NAVIRES EN ESCADRE OU EN CONVOI.

Différence entre l'ancienne tactique et la nouvelle.

Si, comme nous l'avons déjà observé, le moteur mécanique a changé la manière de diriger le navire isolé, il a naturellement modifié et surtout simplifié la manœuvre des navires réunis. Au lieu d'avoir toujours à compter avec le vent et d'être subordonné à ses directions, il est devenu possible de manœuvrer sur mer comme sur terre et d'amener les évolutions navales à des sortes d'écoles de peloton ; avec la différence cependant que les troupes présentent leur force sur leur front, tandis que les bâtiments n'ont guère de puissance militaire que par les côtés. Il en résulte que l'ordre de file est celui de bataille sur mer.

L'ordre de front plus commode en marche.

En marche, la même différence existe en ce que sur la plaine illimitée de la mer on peut s'étendre et que surtout la vitesse est plus difficile à règler que la direction ; d'où il résulte que de nombreux navires placés à la suite les uns des autres auraient beaucoup de peine à conserver leurs distances. Ces irrégularités sont plus fréquentes avec les machines à vapeur qu'avec les voiles qui, une fois réglées, sont à peu près soumises à la même impulsion du vent, dont les modifications sont apparentes pour

tous. La machine, au contraire, agit en secret au fond
de la cale; des différences dans le chauffage ou dans la
condensation changent sa force, et par suite sa vitesse,
sans qu'on s'en aperçoive aussitôt. Il en résulte donc
quelques difficultés, bien petites il est vrai, relativement
à celles éprouvées avec les voiles seules. Cependant si jadis
le titre de bon manœuvrier était très-flatteur, il l'est
encore avec la vapeur.

Principe de la tactique de l'amiral Boutakov.

Dès que les anciens vaisseaux eurent des hélices, les
méthodes de les manœuvrer en escadre commencèrent à
préoccuper, et en 1857 l'amiral Bouët–Willaumez publia un essai intéressant sur la nouvelle tactique, et pour
faire route, il imagina l'ordre par pelotons. Peu après parut une tactique à vapeur officielle et rédigée d'après les
idées de l'amiral. En Angleterre, on publia des traités
du même genre. Mais toutes ces méthodes ne furent point
basées sur la manière spéciale dont chaque navire à vapeur évolue. C'est à l'amiral Boutakov, de la marine impériale Russe, qu'on doit d'avoir appliqué aux évolutions
en escadre la propriété remarquée depuis longtemps
sur les navires à vapeur; celle de décrire sensiblement
une circonférence de cercle, lorsque l'angle de leur
barre ne varie pas pendant la durée de l'évolution. Des
expériences précises faites avec plusieurs vaisseaux ont
confirmé que cette forme était exacte excepté au premier moment, et qu'en pratique on peut l'admettre
comme tout à fait circulaire. Il en est ainsi du calme;
mais la brise produit des déformations qui varient suivant son intensité et suivant la mâture ou la longueur
des navires. Le vent allonge la courbe dans une direction qui n'est pas la sienne; c'est avant d'avoir doublé

le lit du vent par l'avant ou par l'arrière. Les navires cuirassés sont beauconp moins exposés que les autres à ce genre d'influence. Quant à ce qui se passe de calme, on a trouvé que le vaisseau *la Bretagne* de 81 mètres de long décrivait un cercle de 620^m de diamètre, *le Napoléon* et *l'Arcole* de 450 à 520, et que les navires à grosses façons à l'avant tournaient plus court. Le *Warrior* de 115^m,9 de long et de 8 mètres de tirant d'eau arrière décrit une circonférence de 4,316 mètres, dont le diamètre est 1.374 mètres, et il lui faut 11′ 4″. Le vaisseau russe le *Vola* de 64^m,66 et 7^m,04 de tirant d'eau, a un diamètre de 600 mètres; *le Constantin*, de 65^m,58 et 7^m,02 à l'arrière, a de 1,000 mètres à 600 suivant sa vitesse. La frégate *Gromoboy*, de 65^m,27 et 6^m,71 à l'arrière, 600 mètres environ. La moyenne de plusieurs canonnières de 34 mètres de long et 2^m,28 de tirant d'eau est d'environ 210 mètres; l'une d'elles décrit un cercle de 168 mètres de diamètre dans quatre minutes.

Changements produits par les hélices jumelles.

A d'autres avantages très-importants nous avons vu que les hélices jumelles ajoutent celui de pouvoir faire tourner sur place en marchant en avant d'un côté, en arrière de l'autre. Il en résulte qu'au lieu de décrire des cercles, on pourra tourner sur place, avoir un pivot comme des soldats, ou bien changer de direction sans être forcé de parcourir beaucoup de chemin. Il y a dans l'adoption de ce nouveau mode de propulsion des ressources inattendues qui changeront encore ce qui existe et qui ajouteront aux qualités des navires à hélice. (Voir la *Note sur les navires cuirassés.*)

Toute la tactique basée sur les arcs de cercle décrits.

Quoique faites sur une grande échelle et avec précision, les premières expériences étaient restées sans résultats pratiques, et c'est, comme nous l'avons dit, l'amiral Boutakov qui a su les appliquer à une théorie nouvelle et complète qu'il a expérimentée et perfectionnée en 1861 avec quarante canonnières. Nous allons chercher à en présenter une idée succincte (1). Admettant pour plus de simplicité qu'on met toute la barre d'un bord ou de l'autre, il résulte de ce principe qu'en arrivant successivement aux différents points de la circonférence divisée en 32 rhumbs de vent, comme la boussole, on connaîtra pour chacun la *direction* du navire par rapport à celle du point de départ K, sa *distance* à ce point, de combien il a appuyé à droite ou à gauche en travers et de combien il a marché en avant ou en arrière *parallèlement à son premier cap*. Ce sont de simples cas de triangles, comme la figure ci-jointe le montre.

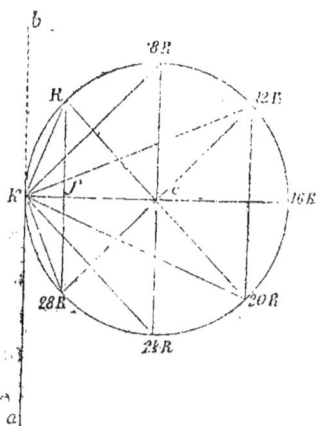

De plus il y a lieu de remarquer que le navire suit une tangente au cercle qu'il décrira dès le moment où il mettra toute sa barre et qu'il suivra également la tangente à ce cercle lorsqu'il mettra sa barre droite. La sé-

---

(1) L'ouvrage complet de l'amiral Boutakov, intitulé : *Nouvelles bases de tactique navale*, a été traduit en français par M. de la Planche, lieutenant de vaisseau. — Arthus Bertrand, éditeur, rue Hautefeuille, 21, Paris.

rie de ces tangentes, qu'il est inutile de représenter, forme
ce que l'amiral Boutakov appelle le *compas d'évolution*
dans lequel les rhumbs de vent partent de la circonférence
sous forme de tangentes, au lieu de rayonner du centre,
comme sur le compas de route. Si au lieu de mettre
la barre toute, on n'en met qu'une partie, on aura un
autre compas d'évolution d'un plus grand diamètre.
Tous ces éléments de déplacement et de directions ont
été réduits en tables.

Se transporter latéralement par des arcs de cercle.

Mais en quittant le cercle, il peut se faire qu'on ne
suive pas une ligne droite et qu'en changeant la barre à
contre on décrive un nouvel
arc de cercle inverse qui,
s'il n'y a pas d'intervalle,
sera tangent au premier
comme le montre la figure
ci-jointe et si chacun des
arcs est de 8 quarts, le navire se trouvera en fin de
compte au même cap, mais
transporté latéralement d'un
diamètre de son cercle naturel, à droite ou à gauche
suivant les directions qu'il
a prises. En principe le navire décrira toujours des
lignes tangentes entre elles que ce soient des droites ou
des arcs de cercles.

En outre *ayant fait d'un côté un arc quelconque, puis de
l'autre côté un arc semblable, le navire revient toujours à
son premier cap,* et ce principe est vrai quel que soit le
nombre de degrés, seulement si au lieu de 90° c'est un

nombre moindre, la translation latérale ne sera plus égale au diamètre du cercle, mais à la somme des cosinus des deux arcs. L'amiral Boutakov déduit d'un tracé géométrique le principe suivant ; *si ayant placé la barre d'un bord, le navire parcourt un arc quelconque, et qu'ensuite changeant la barre de bord, il parcourt un arc du même rayon tangent au premier,* autant *le second arc sera moindre que le premier, autant le cap s'inclinera du côté avec lequel est dirigé le premier arc. Si l'arc second est plus grand que le premier, le cap s'inclinera du côté opposé à la direction du premier arc de la différence entre celui-ci et le second.*

Coordonnées mesurant les changements relatifs.

L'amiral Boutakov nomme coordonnée du travers et coordonnée de l'avant, la quantité linéaire dont le navire se déplace en travers ou en avant par rapport à sa première déviation et à sa première position lorsqu'il décrit des arcs de cercle, et il montre par une figure qu'en mettant un certain temps la barre à tribord, puis le double du temps à bâbord et le simple à tribord on se retrouve sur la même ligne et dans ces évolutions il y a cela de remarquable, que, lorsque après les deux premiers coups de barre, les navires se retrouvent au même cap, ils sont placés sur une circonférence *ab* (fig. 1) et *ch'k* (fig. 2) dont le rayon est le diamètre du cercle primitif du navire 1, 2, 3, 4, 5 etc. , et le centre l'extrémité du diamètre opposé à celle où l'évolution a commencé. Mais ils n'y arrivent qu'après avoir parcouru des chemins d'autant plus grands, qu'ils ont gardé leur barre plus longtemps, c'est-à-dire qu'ils ont décrit de plus grands arcs de cercle, et, si au troisième changement, ils conservent la barre et font 16 quarts, ils se retrouvent encore tous, sur la

circonférence de ce cercle ayant pour rayon le diamètre
de celui de leur évolution, et cela juste au moment où ils
ont le cap renversé. S'ils répètent une seconde fois, c'est
sur une circonférence ayant un rayon d'un diamètre de
plus, et ainsi de suite. En suivant avec soin les arcs de cercle
décrits par les différents navires sur les figures 1, 2 et 3,
planche 1, on se fera une idée plus exacte des propriétés de l'évolution par le cercle, qu'en lisant de
longues descriptions ou même en suivant les chiffres
des tableaux au moyen desquels tous les déplacements
relatifs sont donnés par des nombres exacts. Si une fois
arrivé sur le cercle $ch'k$, on garde la barre telle qu'elle est
pour faire encore un demi-cercle, on se trouvera tous dans
des positions semblables, mais renversées cap pour cap ;
enfin si au quart de cercle à droite on ajoute un quart
de cercle à gauche en partant de la figure 2, on se
retrouvera toujours dans les mêmes positions ; mais en
s'éloignant de plus en plus du centre du premier cercle,
et cela en faisant 15° avec le cap des navires à droite ou
à gauche suivant la direction des courbes suivies. Par
ces courbes successives, il est évident qu'on peut aussi
transporter le navire en travers, et cela d'autant plus que
les arcs sont plus étendus, au point que si l'on opère
par demi-cercles, quand on en a fait un à droite puis un
à gauche, on se trouve transporté par le travers d'un diamètre du cercle naturel. Ainsi avec des fractions de
cercle connues et répétées en sens inverse, un navire
peut se trouver placé à une longueur déterminée par son
propre cercle, et cela en avant comme en arrière et par
le travers à bâbord ou à tribord, tandis que par les procédés ordinaires cette distance est indéterminée. Des
tables étendues donnent les résultats géométriques de
ces diverses évolutions.

Coordonnées en arcs inégaux.

Outre les coordonnées en arcs égaux dont on vient de parler, on peut en produire en arcs inégaux, de manière que partant d'un cap on arrive à un autre désigné, tout en s'étant transporté à droite ou à gauche d'une distance déterminée. Les figures 4, 5, 6 et 7 montrent ce genre de manœuvre, et en prenant pour unité le rayon du cercle naturel, qui est égal à un arc de 57°,3 redressé, on peut exprimer facilement les translations latérales en fractions de ce rayon. Sur les figures en question la lettre K représente le point où chaque coordonnée se termine et la quantité dont le navire s'est transporté par le travers est égale à la somme de toutes ces fractions du rayon. Il est facile de comprendre que ces mouvements sont faciles à traduire en chiffres et à grouper en tables, comme l'amiral Boutakov l'a fait.

Pour se placer dans une direction donnée par rapport à un objet et à un cap donné, tel qu'un navire A ayant le cap N voulant passer au point B, il faut décrire à partir du point A un arc de 150°, puis changer la barre et faire un arc de 60°, puis dresser la barre, autrement dit faire 13 rhumb 1/2 à droite et 5 rhumb 1/2 à gauche comme le montre la figure ci-jointe.

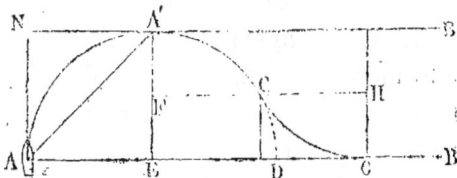

Des tables montrent les étendues du premier et second arc pour passer à un relèvement donné.

34

Égaliser les cercles de différents navires.

Comme les cercles décrits avec la barre d'un bord ne
sont pas tout-à-fait égaux à ceux sur l'autre bord, l'a-
miral Boutakov observe qu'on peut les égaliser par dès
angles de barre différents, en plaçant des navires sur une
ligne de file mettant tous la barre à la fois et la dressant
au bout de 16 rhumbs, on voit aussitôt quels sont les
cercles à augmenter ; après avoir rectifié la ligne, on recommencera jusqu'à ce qu'on soit arrivé à l'égalité, c'est
de la sorte qu'en 1860 l'amiral Boutakov a fait manœuvrer une escadre de vaisseaux, frégates et corvettes, et
en 1861 quarante chaloupes canonnières de 35 à 38 mètres
de long et qu'il a fait évoluer des corvettes de $48^m,8$
avec des vaisseaux de $65^m,6$.

Je pense que les chances de réunion entre navires qui
ne se connaissent pas, et même l'utilité de connaître une
distance aussi difficile à apprécier que le diamètre du cercle
décrit, devrait engager à faire dès l'armement des expériences précises avec différents angles de barre, pour
connaître les diamètres correspondants, et à marquer
ces diamètres sur la tamisaille de la barre, afin qu'on
sache toujours qu'avec tel angle on décrit un cercle de
tel diamètre. Ce serait très-utile au navire isolé, et des
navires qui se rencontreraient pourraient s'entendre de
prime abord par signaux et coordonneraient leurs mouvements sans hésitation ni expériences préliminaires. De
la sorte tout le monde arriverait à connaître à peu près
le diamètre de chaque type de navire. En faisant une
telle expérience on pourrait déterminer de chaque bord
les positions de la barre qui donnent des cercles égaux
et ce serait chose faite pour toute l'existence du navire.

Trois ordres différents.

Quant aux ordres simples il y en a trois : ceux de file, de front, et oblique ou en échiquier.

Pour faire évoluer ensemble des navires il faut, outre ce qui précède, leur donner la vitesse du plus mauvais marcheur, de la sorte on a des cercles égaux dans des temps égaux, et en considérant les lignes droites suivies comme tangentes aux cercles, on arrive à des évolutions très-régulières et faciles à connaître.

Partant de ce qui précède voyons quelles seront les positions des navires d'une escadre en ligne de file ; supposant l'ennemi par tribord s'ils décrivent à droite 4 rhumbs ils arrivent à l'ordre oblique le côté de tribord en avant.

8 R., ils seront en ordre de front.
12 R., en ordre oblique, le côté de bâbord en avant.
16 R., en ordre de file.
20 R., en ordre oblique, le côté de bâbord en arrière.
24 R., en ordre de front.
28 R., en ordre oblique, le côté de tribord en arrière.
Enfin 32 R., de nouveau en ordre de file.

On comprend d'après cela ce qui se passerait en mettant la barre du côté opposé ou en partant de l'ordre de front.

Moyens de changer de direction et d'ordre.

Il y a six moyens de changer la direction d'une ligne de file :

1° Par ordre successif, comme le montrent les figures 8, 9, et 10 sur lesquelles le nombre de rhumbs dont on a tourné dans chaque sens, est porté de manière à faire voir la facilité de la manœuvre ;

2° Par ordre inverse comme le montrent les figures 11, 12 et 13, ou bien encore celle n° 14 qui montre un changement d'ordre ajouté à un changement de direction, et qui fait comprendre combien de combinaisons on peut obtenir en désignant les nombres de rhumbs de vent dont il faut venir avant de reprendre la route;

3° L'ordre inverse successif (fig. 15 et 16), qui est susceptible d'autant de combinaisons que les précédents, et ne peut être employé que lorsque la longueur de la ligne n'excède pas le développement du cercle d'évolution, sans quoi il faudrait que les derniers navires traversent la ligne.

Chacun de ces trois mouvements peut s'opérer par la tête ou par la queue en suivant des coordonnées. Les figures 11, 12, 13 et 14 montrent quelques-unes de ces évolutions, et, en variant le nombre de rhumbs de vent du dernier cercle, il est facile de voir que la file peut prendre toutes les directions ou se placer en échiquier. On manœuvre de même pour passer de la ligne de file à celle de front et réciproquement, ou pour changer du front à deux colonnes et réciproquement comme on le voit sur les figures 19 et 20, ou encore pour se mettre sur deux colonnes en ligne de file et réciproquement comme le montrent les figures 21, 22, 23, 24 et 25. L'amiral Boutakov a tellement étudié les évolutions basées sur l'idée mère de se rapporter au cercle décrit qu'il y a consacré près de 300 figures qui donnent des types différents, mais qui présentent par le fait une beaucoup plus grande variété de cas suivant les angles décrits à chaque évolution. Il entre dans beaucoup de détails et donne des tables pour servir de guide ; il indique également les méthodes de rapprocher ou d'éloigner les navires sans changer l'ordre : aussi faut-il recourir à son ouvrage pour se faire une idée de la manière dont il a été conçu et rédigé.

Enfin pour la pratique de cette théorie étendue, il a établi des signaux pour régler l'élément le plus important de la marche en escadre : la vitesse relative. Il se sert d'un ballon qui reste en bas à toute vitesse, est élevé au-dessus du bastingage pour la vitesse moyenne ; on le met à la corne pour la petite vitesse et à bloc pour la machine stoppée ; si l'on s'arrête pour avarie on hisse un autre ballon.

Principes généraux en escadre.

Pour naviguer en escadre l'amiral Boutakov établit quelques principes généraux :

1° Si le matelot avant cule, celui qui le suit doit le dépasser ; car non-seulement il doit maintenir sa distance à l'égard de son matelot avant, mais surtout avec son chef de file ;

2° Il faut gouverner plutôt dans les eaux du chef de file que dans celles du matelot avant ;

3° Si un navire n'est pas en ligne, pour y arriver il doit mettre la barre toute d'un bord, puis la changer, afin d'y rentrer au plus vite ;

4° Si l'on a diminué de vitesse parce qu'on tombait sur le matelot avant, il faut mettre en route aussitôt que la distance paraît augmenter ;

5° Il ne faut pas avoir peur de trop se rapprocher, parce qu'avec la barre il est facile de s'éloigner. Au contraire il faut faire tout son possible pour ne pas *étendre la ligne*, parce qu'il est très-difficile de la rectifier sans perdre beaucoup de temps.

6° Si le chef de file diminue de vitesse, c'est uniquement pour donner aux autres navires le temps de se rattraper. Par conséquent le chef de file d'une autre colonne doit *seul l'imiter* et non les autres navires qui au contraire doivent profiter de cela pour se serrer sur leurs matelots d'avant;

7° Si pendant une formation successive quelconque, les navires qui commencent la manœuvre arrivent, par rapport au vent et à la houle, dans une position telle que leur marche doive en être augmentée, il faut qu'ils diminuent immédiatement de vitesse pour ne pas étendre la ligne;

8° Quand au contraire la nouvelle route diminue la marche et qu'ils ne peuvent pas l'augmenter, les autres doivent diminuer leur vitesse proportionnellement.

9° Pendant l'évolution successive d'une ligne de file, il est très-facile d'augmenter les intervalles, en mettant la barre en abord avant d'arriver au point où le navire en avant a commencé de tourner;

10° Comme chaque manœuvre s'accomplit en mettant la barre en abord, puis rendu au cap voulu, en la redressant ou la plaçant à l'autre bord (ce dernier mouvement quand on fait des coordonnées), celui qui observe au compas de combien de rhumbs est venu l'avant du navire, doit crier *en route!* ou commander *la barre droite! tribord la barre* ou *bâbord la barre!* en se rappelant que pour dresser la barre quand elle est à tribord par exemple ou bien la passer tout d'un coup à bâbord, il faut que le navire soit encore à 1 rhumb ou à un 1/2 rhumb de la direction voulue, pour ne pas la dépasser; par conséquent il faut commander de dresser ou de changer la barre et crier en route un rhumb ou un demi rhumb avant que l'avant du navire soit arrivé au cap voulu, suivant les qualités du bâtiment.

Détermination du temps exigé par chaque manœuvre.

Le temps consacré à chaque manœuvre a aussi son

importance, et le passage d'un ordre à un autre est plus ou moins long suivant la méthode usitée, c'est ce que l'amiral Boutakov étudie d'une manière spéciale en comptant les arcs de cercle décrits et la longueur de la ligne des navires, et réduisant les uns et les autres en mètres. Les intervalles sont égaux au rayon supposé de 100 mètres, et l'on peut connaître la durée en mètres, rhumbs, degrés ou rayons. D'après ces éléments on forme des tables qui donnent la durée pour chaque genre d'évolution, en admettant que la vitesse reste invariable pendant qu'on tourne, ce qui n'est pas exact; mais comme les navires cassent leur air à peu près également, ils sont influencés par cette cause d'une manière proportionnelle qui change peu les positions relatives.

Manière d'augmenter ou de diminuer les distances.

Pour augmenter ou diminuer les distances on agit également par des arcs de cercle, qui écartent ou rapprochent naturellement des navires du travers, et qui éloignent des matelots avant, en faisant perdre un peu de chemin. Des tables donnent encore des éléments numériques sur ces manœuvres. C'est dans le livre lui-même qu'il est possible d'étudier vraiment le système de l'amiral Boutakov, et cet aperçu ne donne qu'une idée imparfaite de ses nombreuses combinaisons. Il n'a guère pour but que de montrer que, sur un navire à vapeur, le cercle décrit avec toute la barre étant presque invariable, il est possible d'en prendre les parties pour unités de longueur dans toutes les directions et par suite de calculer les positions d'une manière exacte; tandis que par des méthodes ordinaires on manque d'unité pour compter certaines positions. Si l'on parvient à régler la marche des machines de manière à ce qu'elle ne change pas, et cela est aussi possible sur mer que dans une filature, et qu'on égalise bien les cercles décrits, toutes les manœuvres s'exécuteront avec une exactitude et un ensemble remarquables. Aussi est-il à désirer que ces méthodes soient employées et qu'on les amène au degré de perfection possible, en ajoutant la pratique à ce que leur théorie a de simple et d'ingénieux.

Abordage avec des navires à éperon.

On peut ne quitter le livre de l'amiral Boutakov sans mentionner ses recherches sur les moyens d'aborder un ennemi ou de l'éviter. Ce sont, je crois, les premières études sur l'escrime de ces grands navires armés d'un dard, dont ils ne savent pas encore comment ils se serviront, et dont la fixité est une menace continuelle pour les navires au mouillage. On a surchargé les avants sans savoir comment utiliser la nouvelle arme, dont le poids est ajouté à des navires pliant déjà sous leur cuirasse. L'éperon a été fait en sorte de couteau rond vertical au moyen d'une forme arrondie de l'étrave ou bien on l'a rendu pointu et très-saillant, mais dans les deux cas il est singulier qu'il ait été placé, presque à la flottaison, là où il s'adresse à la partie la plus solide de la charpente et aux plaques de fer les plus épaisses. C'est l'exposer à être arraché lui-même si le choc est oblique, et à ne faire que peu de mal s'il ne perce qu'à la flottaison. L'éperon ne saurait être trop bas; il n'y a de limite qu'à la longueur qu'il faudrait lui donner pour atteindre des formes de plus en plus rentrantes. Mais en principe il faut qu'il soit au-dessous de la cuirasse, et qu'en s'adressant à un navire en fer, il ait des chances de le découdre avec facilité à une profondeur où la colonne d'eau rende la voie d'eau encore plus dangereuse qu'à la flottaison. Ce n'est pas de pareilles considérations déjà développées ailleurs qu'il s'agit ici, c'est de la manœuvre à faire pour aborder un navire qui ne veut pas se laisser aborder, et qui n'y est exposé que si sa marche est inférieure, encore lui est-il possible d'évoluer de manière à n'être jamais choqué que très-obliquement et avec la différence des vitesses. C'est du reste ce que l'amiral Boutakov prouve par des figures et des calculs. Toutefois comme en pareil cas chacun des antagonistes est libre de ses mouvements, et qu'avec deux hélices ils peuvent tourner sur place, les règles deviennent d'une application très-difficile, et laissent presque tout à l'initiative personnelle et au coup d'œil : aussi est-il peu à espérer de voir une pareille question résolue autrement que par l'expérience et de savoir s'il y a un avantage réel à porter au bout de l'étrave ce poids énorme qui, à bien dire, n'est encore qu'une menace.

FIN DE LA SECTION DEUXIÈME ET DERNIÈRE.

TABLE DES MATIÈRES

PAR ORDRE ALPHABÉTIQUE.

FIN DE LA TABLE DES MATIÈRES.

Paris. — Imprimé par E. Thunot et Cᵉ, rue Racine 26.

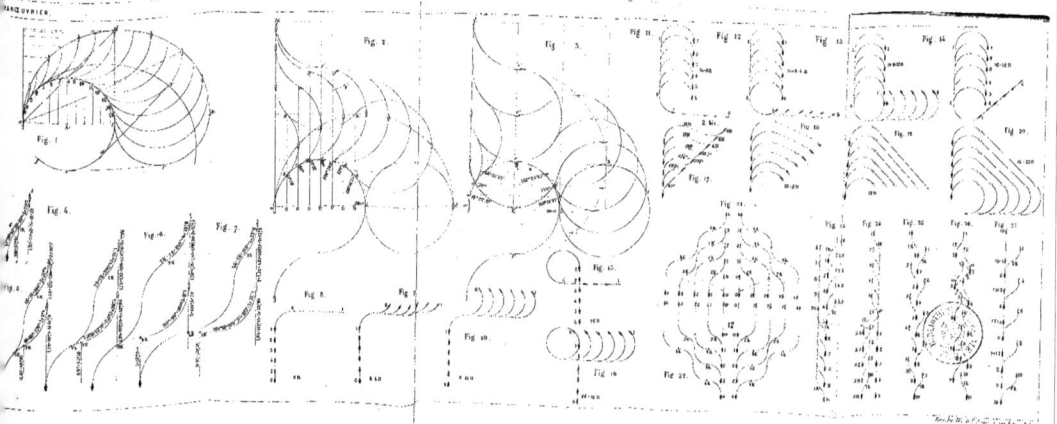

www.ingramcontent.com/pod-product-compliance
Lightning Source LLC
Chambersburg PA
CBHW031345210326
41599CB00019B/2648